中等职业教育国家规划教材
全国中等职业教育教材审定委员会审定

# 电器及 PLC 控制技术

DIANQI JI PLC KONGZHI JISHU

## 第 3 版

主　编　高　勤

高等教育出版社·北京

内容简介

本书是中等职业教育国家规划教材，是在第 2 版的基础上结合新的教学需求、新的教学改革成果，以及新技术、新设备、新标准修订而成的。

本书共分 9 单元，主要内容包括常用低压电器的基本原理和使用方法；电气控制系统的基本电路原理及常见故障分析；FX 系列 PLC 的指令系统及使用方法；PLC 控制程序的设计方法；PLC 的实际应用举例；PLC 的通信技术；编程设备及编程软件的使用。另外，在每单元后都附有针对性较强的习题，并编写了与课程内容相配套的实验项目。

本书配有学习卡资源，请登录 Abook 网站 http：//abook.hep.com.cn/sve 获取相关资源。详细说明见本书“郑重声明”页。

本书可作为中职机电技术应用、机电设备安装与维修等相关专业的教材，也可供电气技术人员参考使用。

**图书在版编目（CIP）数据**

电器及 PLC 控制技术/高勤主编.--3 版.--北京：高等教育出版社，2022.4（2023.9 重印）

ISBN 978-7-04-057849-2

Ⅰ.①电… Ⅱ.①高… Ⅲ.①电器控制系统-中等专业学校-教材 ②PLC 技术-中等专业学校-教材 Ⅳ.①TM571

中国版本图书馆 CIP 数据核字（2022）第 019210 号

策划编辑 王佳玮　　责任编辑 王佳玮　　封面设计 张　志　　版式设计 李彩丽

责任校对 刘娟娟　　责任印制 赵　振

| | | | |
|---|---|---|---|
| 出版发行 | 高等教育出版社 | 网　　址 | http://www.hep.edu.cn |
| 社　　址 | 北京市西城区德外大街 4 号 | | http://www.hep.com.cn |
| 邮政编码 | 100120 | 网上订购 | http://www.hepmall.com.cn |
| 印　　刷 | 北京鑫海金澳胶印有限公司 | | http://www.hepmall.com |
| 开　　本 | 889mm×1194mm　1/16 | | http://www.hepmall.cn |
| 印　　张 | 17 | 版　　次 | 2008 年 6 月第 1 版 |
| 字　　数 | 360 千字 | | 2022 年 4 月第 3 版 |
| 购书热线 | 010-58581118 | 印　　次 | 2023 年 9 月第 5 次印刷 |
| 咨询电话 | 400-810-0598 | 定　　价 | 43.50 元 |


物 料 号　57849-00

# 第 3 版前言

本书是中等职业教育国家规划教材，是依据教育部颁布的《中等职业学校机电技术应用专业教学标准》，在《电器及 PLC 控制技术》（第 2 版）的基础上修订而成的。本书本着以“注重基本原理和应用”为宗旨编写理论知识，“以提高学生操作技能”为准绳编写应用示例和实验内容。

本书的修订力图突出如下几个特点：

1. 淡化课程的理论，注重原理和方法的应用。为便于读者的阅读和理解，提高教学效果，编写时特别注意将专业技术资料，转化为简洁易懂的文字叙述，并做到分析和论述均归纳有序。

2. 为进一步强化本课程专业技术的应用和操作技能的培养，本书新增 PLC 通信技术及实验内容。本书中的应用举例、课后习题以及实验内容都环环相扣，紧紧围绕每章节的授课内容，加深读者对理论知识的理解，进而促进对实际操作技能的掌握。

3. 本书配套有多媒体课件。课件内容完整、图文并茂。在课件后还附有习题集，可供师生参考使用。

本书由高勤任主编，王戈静、武付香参与了本书的编写。

在本书的编写过程中，编者参阅了相关的教材和厂家的技术资料，在此表示感谢！

由于编者的水平和经验有限，书中难免存在错误和疏漏，敬请读者批评指正。对本书的意见和建议请发邮件至 347215251@qq.com。

编者

2021 年 5 月

# 第 1 版前言

可编程序控制器是以微处理器为基础，综合计算机技术、电子应用技术、自动控制技术以及通信技术发展起来的新型工业自动化控制装置。可编程序控制器自问世以来，经过了 30 多年的发展，已成为许多发达国家的重要产业，近些年来在国内也已得到了全面的普及应用。可编程序控制器的应用与推广，使工业自动化控制进入了新的阶段。电气控制和可编程序控制两部分内容有内在关联，属同一体系，但是两者的发展阶段不同，鉴于可编程序控制器在工业自动化控制中日趋广泛的应用，为满足社会的需求，特编写《电器及 PLC 控制技术》一书。

本书是根据教育部 2001 年颁发的中等职业学校机电技术应用专业《电器及 PLC 控制技术教学基本要求》编写的。本书综合了“工厂电气控制”与“可编程序控制器”两门课的内容，为掌握可编程序控制器的实际应用提供了方便，也使教学内容更具有科学性和先进性。同时为便于教学，本书这两部分内容的安排又具有相对的独立性。

本书以较新型的 FX 系列 PLC 和 C 系列 P 型机为蓝本，从实际应用出发，对小型机的指令系统及编程方法，做了较详细的介绍。根据职业教育的特点，本书在编写时力求由浅入深，通俗易懂，摒弃纯理论性的分析探讨，注重实用性，力求做到理论联系实际。同时选择一些实际应用的设计内容，以提高学生的学习兴趣、拓宽其知识面。同时，为配合每章节的内容还设置了适当的思考题、习题。

本课程教学时数为 88 课时，学时安排建议如下(供参考)：

| 课程内容 | 学时 | 实验 |
|---|---|---|
| 第一章　控制用电磁组件 | 6 | 18 |
| 第二章　电气控制系统的基本电路 | 14 | |
| 第三章　可编程序控制器的基本概况 | 6 | |
| 第四章　FX 系列 PLC 的指令系统及编程方法 | 16 | |
| 第五章　C 系列 P 型机的指令系统及编程方法 | 14 | |
| 第六章　可编程序控制器的实际应用 | 10 | |
| 第七章　编程器的功能及使用 | 4 | |
| 合计 | 88 | |

本书的第四章、第五章以及第七章的第一节、第二节为两种不同机型的 PLC 内容，教学时可根据实际设备选用。

为加强实践教学环节便于教师指导教学及学生尽快掌握PLC技术，本书实训部分单独编写成册，与本书配套出版。

本书共七章，高勤任主编。第一、二章由王淑英编写，第三至七章由高勤编写。在本书的编写过程中，参阅了许多相关的资料和书籍，得到了北京市仪器仪表学校蒋湘若、黄净老师以及西安仪表工业学校PLC实验室曹建民老师的帮助，在此一并表示诚挚的谢意！

限于编者的水平和经验，书中难免有错误和不妥之处，恳请广大读者批评指正。

编者

2001年12月

# 目　　录

# 单元 1　控制用电磁组件

## 1.1　低压电器的分类及发展概况

低压电器是指工作在直流电压 1 200 V、交流电压 1 500 V 及以下的电路中，以实现对电路或非电对象的控制、检测、保护、变换、调节等作用的电器。利用电磁原理构成的低压电器，称为电磁式低压电器；利用集成电路或电子元器件构成的低压电器，称为电子式低压电器；利用现代控制原理构成的低压电器，称为自动化电器、智能化电器或可通信电器等。因而**电气技术人员必须熟悉常用低压电器的原理、结构、型号、规格和用途，并能正确选择、使用与维护低压电器。**

### 1.1.1　常用低压电器的分类

低压电器种类繁多，功能多样，用途广泛，结构各异。其分类方法有很多，常用的分类方法有以下几种。

**1. 按用途分类**

（1）控制电器是主要用于各种控制电路和控制系统的电器，如转换开关、控制按钮、接触器、继电器、电磁阀、热继电器、熔断器等。

（2）配电电器是用于电能输送和分配的电器，如刀开关、熔断器、低压断路器等。

（3）执行电器是用于完成某种动作或传送功能的电器，如电磁铁、电磁离合器等。

**2. 按动作方式分类**

（1）手动电器是通过人工或外力直接操作而动作的电器，如按钮、刀开关、转换开关、行程开关等。

（2）自动电器是按照外来的信号或某个物理量的变化而自动动作的电器，如接触器、继电器和断路器等。

**3. 按电器执行功能分类**

（1）有触点电器。电器通断电路的执行功能由触点来实现。

（2）无触点电器。电器通断电路的执行功能根据输出信号的逻辑电平来实现。

（3）混合电器是有触点和无触点结合的电器。

### 1.1.2 我国低压电器的发展概况

低压电器产品是电气系统中的基础元件，涉及各行各业及千家万户。我国低压电器行业经过数十年发展，已经形成比较完善的体系，目前低压电器产品的品种、规格、性能、产量基本上满足了我国国民经济发展的需要。

我国低压电器产品销售市场主要在国内，作为发电设备、自动控制设备等的配件。据统计，每新增 1 万 kW 发电设备，约需 4 万件各类低压电器产品与之配套，其中约需框架式空气断路器 230 台、塑壳式断路器 2 200 台。

当前，低压电器继续沿着体积小、重量轻、安全可靠、使用方便的方向发展，主要途径是利用微电子技术提高传统低压电器的性能；在产品品种方面，大力发展电子化的新型控制电器，如接近开关、光电开关、电子式时间继电器、固态继电器与接触器、漏电继电器、电子式电机保护器与半导体启动器等，以适应控制系统迅速电子化的需要。

## 1.2 主令电器

主令电器属于控制电器，是用来发出指令的低压操作电器。主令电器的种类很多，除控制按钮、行程开关外，还有十字开关、主令控制器、接近开关、光电开关等。

### 1.2.1 控制按钮

控制按钮是一种结构简单、应用广泛的主令电器，在低压控制电路中，用于发布手动控制指令。

控制按钮由按钮帽、复位弹簧、桥式触点和外壳组成。其结构示意图如图 1-1 所示，按钮在外力作用下，首先断开动断触点（又称常闭触点），然后再接通动合触点（又称常开触点）。复位时，动合触点先断开，动断触点后闭合。

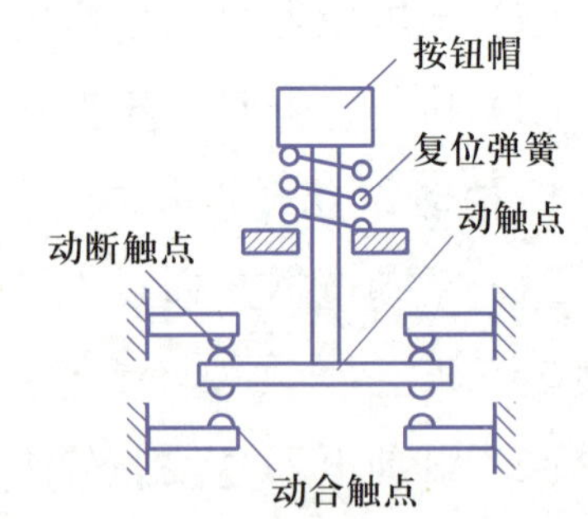

图 1-1 控制按钮结构示意图

目前应用较多的控制按钮产品有 LA18、LA19、LA20、LA25 和 $LAY_3$ 等系列。其中 LA25 系列为通用型按钮的更新换代产品，采用组合式结构，可根据需要任意组合其触点数目，最多可组合 6 个单元，$LAY_3$ 系列是根据德国西门子公司技术标准生产的产品，规格品种齐全，其结构形式有按钮式、紧急式、钥匙式和旋转式等，有的带有指示灯，适用工作电压 660 V（AC）或 440 V（DC）以下，额定电流 10 A 的场合，可取代同类进口产品。

随着计算机技术的不断发展，控制按钮又派生出用于计算机系统的弱电按钮新产品，如

SJL 系列弱电按钮，其具有体积小、操作灵敏等特点。

控制按钮的选用要考虑其使用场合。对于控制直流负载，因直流电弧熄灭较交流困难，故在同样的工作电压下，直流工作电流应小于交流工作电流，并根据具体控制方式和要求选择控制按钮的结构形式、触点数目及按钮的颜色等。一般以红色表示停止按钮，绿色表示启动按钮。通常所选用的规格为交流额定电压 500 V、允许持续电流 5 A。

控制按钮的图形符号及文字符号如图 1-2 所示。

图 1-2　控制按钮的图形符号及文字符号

按钮型号有国产型号 LA 系列，统一设计新型号为 LA25 系列，引进德国 BBC 公司的 LAZ 系列。

### 1.2.2　行程开关

行程开关又称为限位开关，一般由执行元件、操作机构及外壳组成，利用生产机械的某运动部件对开关操作机构的碰撞而使触点动作，控制机械运动的方向和行程的大小，或实现极限位置保护。行程开关的种类很多，按结构分有直动式、滚动式和微动式。

**1. 直动式行程开关**

直动式行程开关如图 1-3a 所示。其结构与按钮相似，只是它用运动部件上的挡块来碰撞行程开关的推杆。这种行程开关触点的分合速度取决于挡块的移动速度，在挡块移动速度低于 0.4 m/min 时，触点断开较慢，电弧易烧坏触点，此时不应采用这类行程开关。

**2. 滚动式行程开关**

为克服直动式行程开关的缺点，还可采用能瞬时动作的滚轮旋转式结构，滚动式行程开关如图 1-3b 所示。这种结构的开关通过左右推动滚轮，带动小滑轮在擒纵件上快速移动，从而使触点迅速地与右边的静触点断开，并与左边的静触点闭合。这样就减少了电弧对触点的烧蚀，并保证了动作的可靠性。这类行程开关适用于低速运动的机械。

**3. 微动式行程开关**

微动式行程开关具有弯片式弹簧瞬动机构，如图 1-3c 所示。当推杆被压下时，弓形片弹簧变形，储存能量。当达到预定位置时，弹簧连同动触点产生瞬时跳跃，实现电路的切换。当操作力小时，弹簧释放能量，反向跳跃，触点分合速度不受推杆压下速度的影响，克服了直动式行程开关的缺点。这种行程开关不仅动作灵敏而且体积小,适用于小型机构。

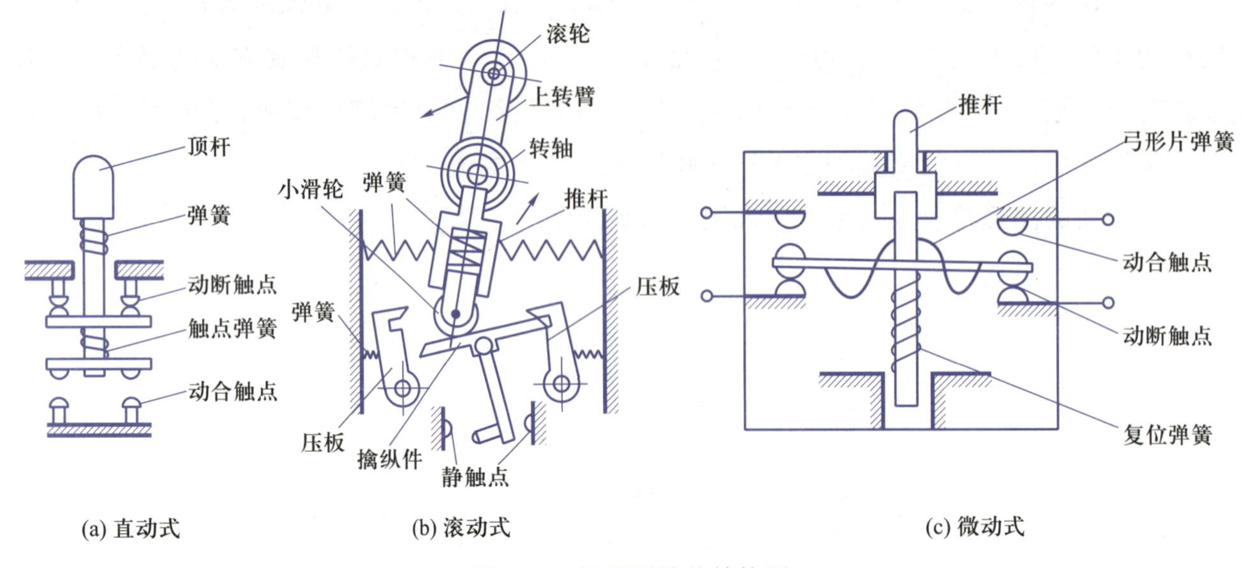


图 1-3 行程开关的结构图

行程开关的主要技术参数有额定电压、额定电流、触点换接时间、动作力、动作角度或工作行程、触点数量、结构形式和操作频率等。全国统一新设计的行程开关有 LX31、LX32、LX33 系列,其他常用的行程开关有 LX19、LXW－11(微动式)、JlXK1(快速式)、LW2、LX5、LX10 等系列,引入产品有德国西门子公司的 3SE、法国柯赞公司的 831 系列。

行程开关的图形符号及文字符号如图 1-4 所示。

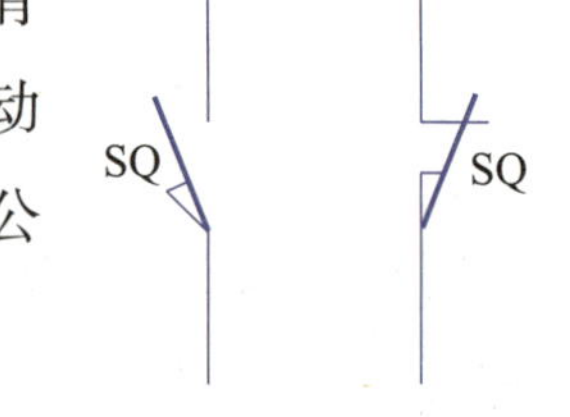


图 1-4 行程开关的图形符号及文字符号

### 1.2.3 霍尔接近开关

霍尔接近开关在工业中主要用于产品计数、测速、确定物体位置并控制其运动状态,以及自动安全保护等。

#### 1. 霍尔接近开关的结构及工作原理

霍尔接近开关的工作原理基于霍尔效应。若将一块半导体薄片置于磁场中,当有电流通过薄片时,在垂直于电流和磁场方向上将产生电动势,此现象为霍尔效应,半导体薄片即霍尔元件。目前使用的霍尔接近开关是将霍尔元件和转换电路集成化的芯片。

图 1-5 所示为霍尔接近开关集成电路。霍尔接近开关主要由霍尔元件、稳压电路、放大器、施密特触发器、OC 门等电路构成。霍尔接近开关在外加磁场强度超过释放点时,OC 门由高阻态变为导通状态,输出变为低电平;当外加磁场强度低于释放点时,OC 门重新变为高阻态,输出高电平。

#### 2. 霍尔接近开关的应用

霍尔元件可以完成接近开关的功能,但它只能用于铁磁材料,并且在使用时还需建立一个

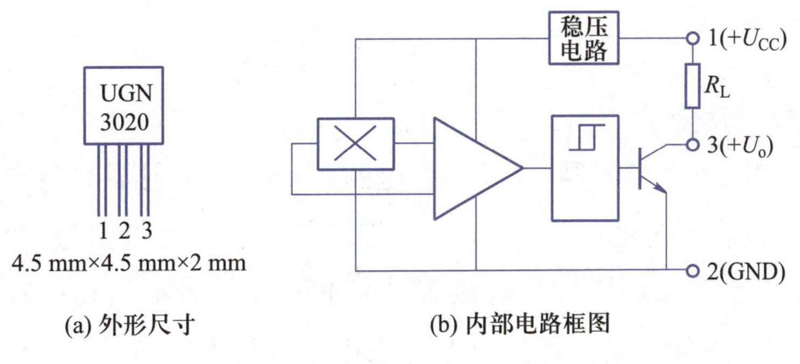


图 1-5　霍尔接近开关集成电路

较强的闭合磁场。图 1-6 所示为霍尔接近开关的工作示意图，该图为霍尔接近开关在机械手控制方面的应用。

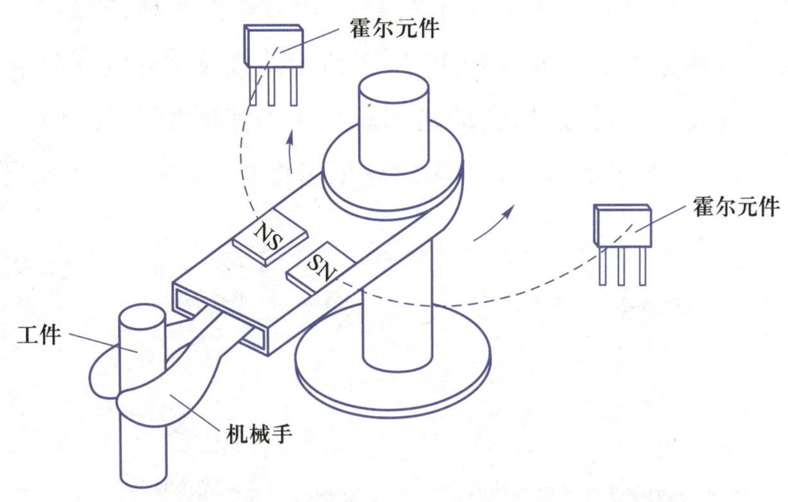


图 1-6　霍尔接近开关的工作示意图

在图 1-6 中，机械手的手臂上安装有两个磁铁，磁铁与霍尔接近开关处于同一水平面上，当磁铁随机械手运动到距霍尔接近开关几毫米时，霍尔接近开关的输出由高电平变为低电平，经驱动电路使控制机械手动作的继电器释放，控制机械手停止运动，起到限位的作用。磁铁随运动部件沿水平面顺时针或逆时针方向移动时，两个霍尔元件输出的低电平，可以实现对机械手两个方向的运动进行限位。

### 3. 霍尔接近开关的特点

霍尔接近开关与机械开关相比，具有如下特点：

(1) 非接触检测，不影响被测物的运动工况，无机械磨损和疲劳损伤，工作寿命长。

(2) 由于是电子器件，故响应快( 一般响应时间可达几毫秒或几十毫秒)。

(3) 采用全封闭结构，防潮、防尘、可靠性高且维护方便。

(4) 可以输出标准电信号，易与计算机或 PLC 配合使用。

## 1.2.4 光电开关

### 1. 光电开关的原理及分类

光电开关由光发射器、光接收器,以及转换电路组成。光发射器是将电能转换为光能的元件,如发光二极管;光接收器为光电传感器,它是把光信号转变为电信号的一种传感器,主要有光电二极管、光电晶体管、光敏电阻、光电池等。光电开关一般采用功率较大的红外发光二极管(红外 LED)作为红外线发射器。而接收器可采用光电晶体管、光敏达林顿三极管或光电池。为了防止荧光灯的干扰,可在光敏元件表面加红外滤光透镜。

光电开关可分为两类:遮断型和反射型。图 1-7a 所示为遮断型光电开关,光发射器和光接收器相对安放,轴线严格对准。当有物体在两者之间通过时,红外光束被遮断,光接收器接收不到红外线而产生一个电脉冲信号。反射型光电开关分为两种情况:反射镜反射型(接收型)及被测物体反射型(散射型),分别如图 1-7b、c 所示。接收型光电开关单侧安装,需要调整反射镜的角度以取得最佳的反射效果,它的检测距离不如遮断型光电开关。散射型光电开关安装最为方便,并且可以根据被测物体上的黑白标记来检测,但散射型光电开关的检测距离较小,只有几百毫米。

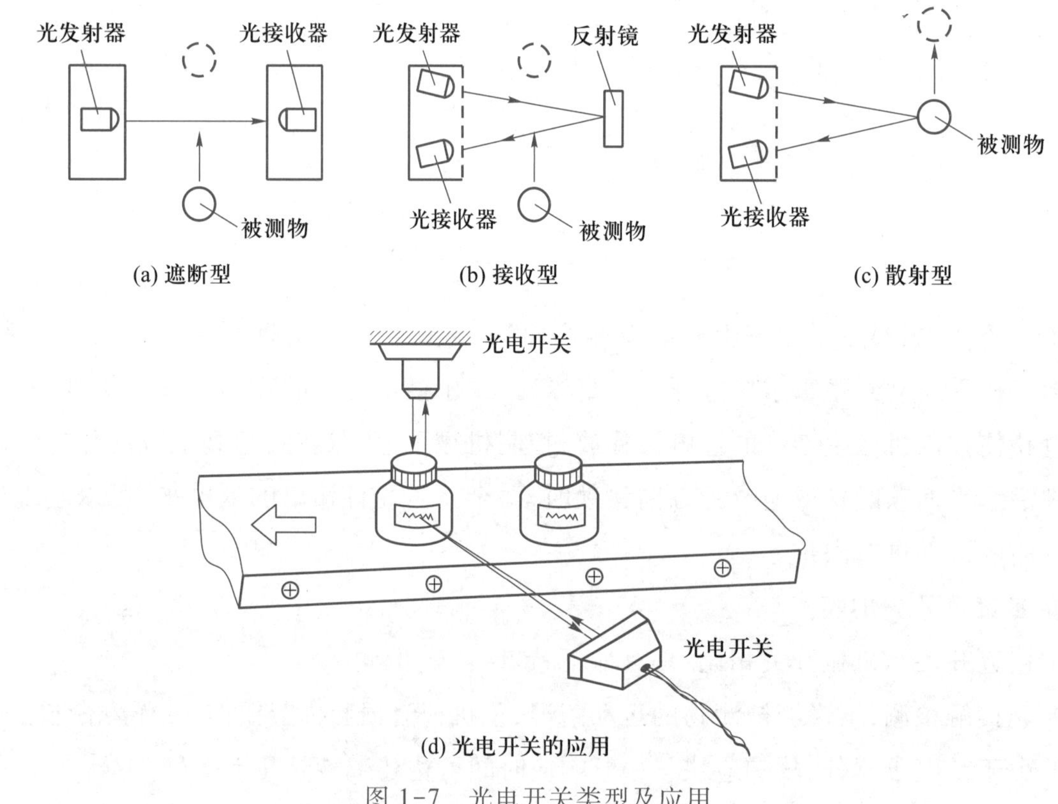


图 1-7　光电开关类型及应用

### 2. 光电开关的应用

光电开关广泛使用于非电量的检测控制中。用光电开关对物体的靠近、通过等状态进行检测,可实现对自动装置的控制。近年来,随着生产自动化、机电一体化技术的发展,光电开关已发展成系列产品,其品种及产量日益增加,用户可根据生产需要,选用适当规格的现成产品,而不必自行设计光路及电路。

光电开关的应用如图 1-7d 所示,图中用光电开关对通过自动传输机的药瓶数量进行检测,同时还采用光电开关对药瓶标签的封装情况进行检测。

在生产实践中,光电开关可用于自动包装机、自动灌装机、装配流水线产量的统计,装配件到位与否及装配质量的检测,还可用于交通运输、安全防盗、自动门等的控制中。

## 1.3 接触器和继电器

### 1.3.1 接触器

接触器是用于中远距离频繁接通与断开交直流主电路及大容量控制电路的自动开关电器,主要用于自动控制交、直流电动机,电热设备,电容器组等设备。接触器具有大的执行机构,大容量的主触点及迅速熄灭电弧的能力。当电路发生故障时,能迅速、可靠地切断电源,并有低压释放功能,与保护电器配合可用于电动机的控制及保护,故应用十分广泛。

接触器按操作方式分,有电磁接触器、气动接触器和电磁气动接触器;按灭弧介质分,有空气电磁式接触器、油浸式接触器和真空接触器等;按主触点控制的电流性质分,有交流接触器、直流接触器;按电磁机构的励磁方式可分为直流励磁接触器与交流励磁接触器。其中应用最广泛的是空气电磁式交流接触器和空气电磁式直流接触器,简称为交流接触器和直流接触器。

**1. 接触器的结构及工作原理**

1) 接触器的结构

接触器主要由电磁机构、触点系统、灭弧装置、缓冲弹簧、触点弹簧、支架及底座等组成,如图 1-8 所示。

(1) 电磁机构。电磁机构由电磁线圈、衔铁和铁心三部分组成,其作用是将电磁能转换成机械能,产生电磁吸力带动触点动作。

(2) 触点系统。触点是接触器的执行元件,用来接通或断开被控制电路。接触器的触点系统包括主触点和辅助触点。主触点用于接通或断开主电路,允许通过较大的电流;辅助触点用于接通或断开控制电路,通过较小的电流。

触点按其原始状态可分为动合触点和动断触点:原始状态时(即线圈未通电)断开,当线圈通电后闭合的触点称为动合触点;原始状态闭合,线圈通电后断开的触点称为动断触点(线圈断电后所有触点复位)。

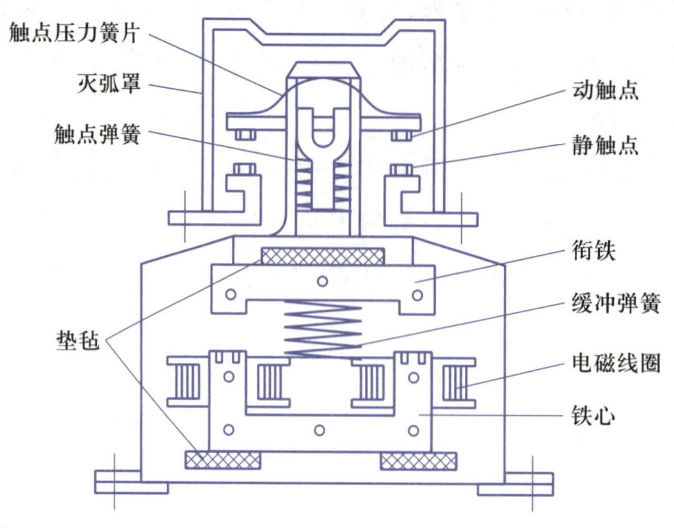

图 1-8　接触器的结构(以 CJ20 系列交流接触器为例)

(3) 灭弧装置。当触点断开的瞬间,触点间距离极小,电场强度较大,触点间产生大量的带电粒子,形成炽热的电子流,产生弧光放电现象,称为电弧。电弧的出现,既妨碍电路的正常分断,又会使触点受到严重灼伤,为此必须采用有效的措施进行灭弧,以保证电路和电气元件工作安全可靠。要使电弧熄灭,应设法降低电弧的温度和电场强度。常用的灭弧装置有灭弧罩、灭弧栅和磁吹灭弧装置等。

接触器的图形符号及文字符号如图 1-9 所示。

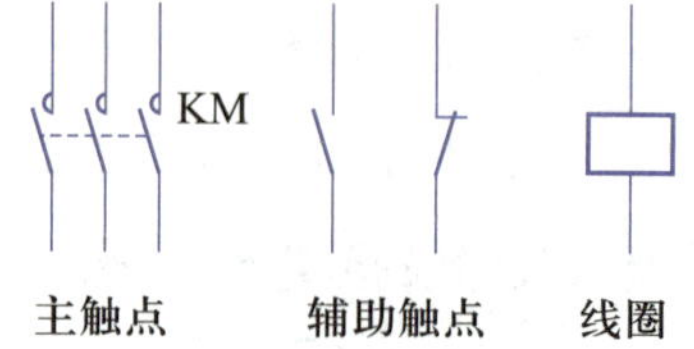

图 1-9　接触器的图形符号及文字符号

2) 接触器的工作原理

当电磁线圈通电后,线圈电流产生磁场,使铁心产生吸力吸引衔铁,并带动触点动作。动断触点断开,动合触点闭合,两者是联动的。当线圈断电时,电磁吸力消失,衔铁在释放弹簧的作用下释放,使触点复位:动合触点断开,动断触点闭合。

### 2. 接触器的分类

接触器按其主触点所控制主电路电流的种类可分为交流接触器和直流接触器两种。

交流接触器线圈通以交流电,主触点接通、断开的是交流主电路。

当交变磁通穿过铁心时,将产生涡流和磁滞损耗,使铁心发热。为减少铁损,铁心用硅钢片冲压而成。为便于散热,线圈做成短而粗的圆筒形,绕在骨架上。

由于交流接触器铁心的磁通是交变的,当磁通过零点时,电磁吸力也为零,此时吸合后的衔铁在反力弹簧的作用下将被拉开,当磁通过零后,电磁吸力又增大,当电磁吸力大于弹簧反力时,衔铁又被吸合。这样,随着电源频率的变化,使衔铁产生强烈的振动和噪声,甚至使铁心松动。因此在交流接触器的铁心端面上安装一个铜环(短路环),目的是消除振动和噪声,使接触器安全可靠地工作。

直流接触器线圈通以直流电流，主触点接通、断开直流主电路，直流接触器的外形图如图 1-10a所示。

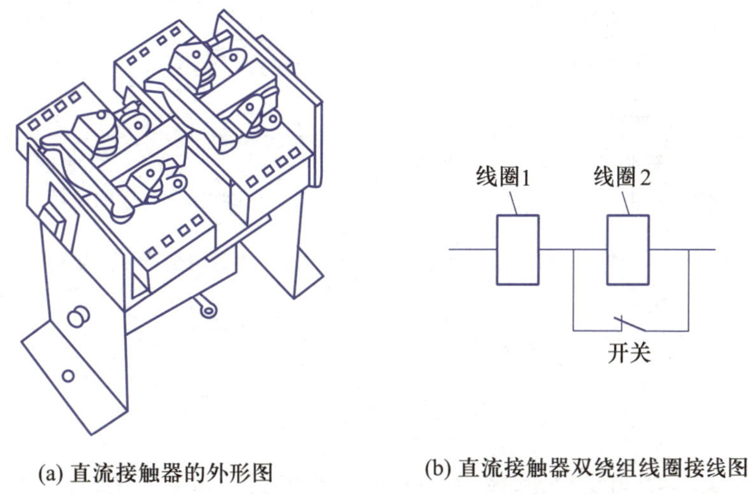


(a) 直流接触器的外形图　　(b) 直流接触器双绕组线圈接线图

图 1-10　直流接触器外形图及双绕组线圈接线图

由于直流接触器线圈通以直流电，铁心中不会产生涡流和磁滞损耗，故铁心不会发热。为方便加工，铁心用整块钢块制成。为便于线圈散热，一般将线圈制成高而薄的圆筒状。

对于 250 A 以上的直流接触器往往采用串联双绕组线圈，直流接触器双绕组线圈接线图如图 1-10b 所示。图中，线圈 1 为启动线圈，线圈 2 为保持线圈，接触器的一个动断辅助触点与保持线圈并联。在电路刚一接通的瞬间，保持线圈被动断触点短接，可使起动线圈获得较大的电流和吸力。当接触器动作后，动断触点断开，两线圈串联通电，由于电源电压不变，所以电流减小，但仍可保持衔铁吸合，因而可以节电和延长电磁线圈的使用寿命。

直流接触器灭弧较困难，一般采用灭弧能力较强的磁吹灭弧装置。

**3. 灭弧装置**

常用的灭弧装置如下。

(1) 电动力吹弧。图 1-11 所示是桥式结构双断口触点电动力吹弧，当触点断开电路时，在断口处产生电弧，电弧电流在两电弧之间产生图中所示的磁场，根据左手定则，电弧电流将受到指向外侧的电动力 $F$ 的作用，使电弧向外运动并拉长，从而迅速冷却并熄灭。

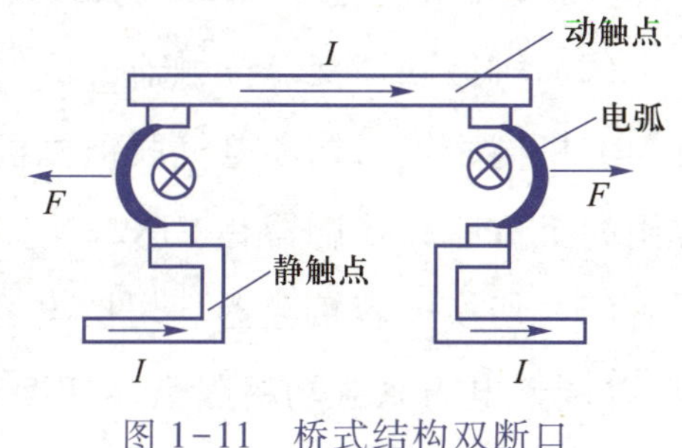


图 1-11　桥式结构双断口触点电动力吹弧

(2) 磁吹灭弧。为加强弧区的磁场强度，以获得较大的电弧运动速度，可在触点电路中串入磁吹线圈，如图 1-12 所示。该线圈产生的磁场由导磁夹板引向触点周围。磁吹线圈产生的磁场与电弧电流产生的磁场相互叠加，这两个磁场在电弧下方方向相同，在电弧上方方向相反，所以电弧下方的磁场强于上方的磁场。在下方磁场作用下，电弧受力方向为 $F$ 所指的方向，在 $F$ 的作用下，电弧被吹离触点，经引弧角引进灭弧罩，使电弧熄灭。这种灭弧方法常用于直流灭弧装置中。

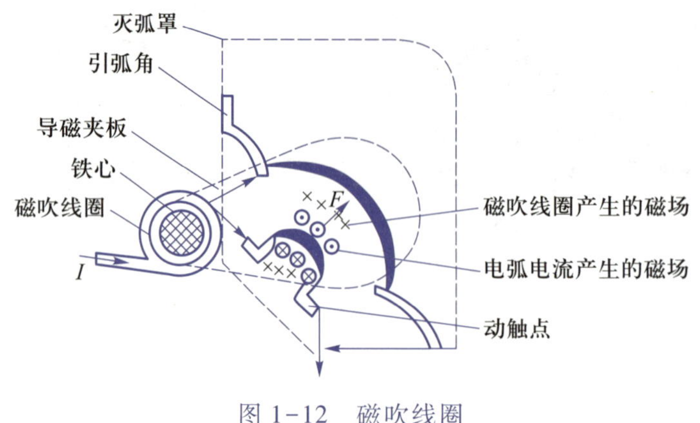

图 1-12　磁吹线圈

（3）栅片灭弧。灭弧栅由多片镀铜薄钢片（称为栅片）和石棉绝缘板组成，它们安放在电器触点上方的灭弧室内，彼此之间互相绝缘，片间距离为 2～5 mm。当触点分断电路时，在触点之间产生电弧，电弧电流产生磁场，由于钢片磁阻比空气磁阻小得多，使灭弧栅上方的磁场非常稀疏，而电弧处的磁场非常密集，这种上疏下密的磁场将电弧拉入灭弧罩中，电弧进入灭弧罩后被分割成一段段串联的短弧，如图 1-13 所示。这样每两片灭弧栅片可看成一对电极，而每对电极间都有 150～250 V 的绝缘强度，使整个灭弧栅的绝缘强度大大加强，以致外加电压无法维持，电弧迅速熄灭。由于灭弧栅对交流电弧的灭弧作用更强，故常用于交流灭弧装置中。

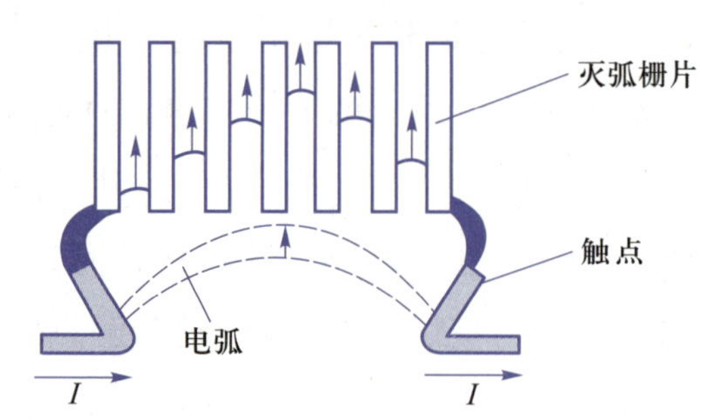

图 1-13　栅片灭弧示意图

**4. 常用接触器**

（1）空气电磁式交流接触器。在接触器中，空气电磁式交流接触器应用最广泛，产品系列和品种最多，但各种型号的结构和工作原理相同，目前常用国产空气电磁式接触器型号有 CJ0、CJ10、CJ12、CJ20、CJ21、CJ26、CJ29、CJ35 和 CJ40 等系列。

（2）机械联锁交流接触器。机械联锁交流接触器实际上是由两个相同规格的交流接触器再加上机械联锁机构和电气联锁机构组成的，应保证在任何情况下不能两台接触器同时闭合。常用的机械联锁接触器有 CJX2-N、CJX4-N 等。

（3）切换电容接触器。切换电容接触器专用于低压无功补偿设备中，投入或切换电容器组，以调整电力系统功率因数。切换电容接触器在空气电磁式接触器的基础上加入了抑制浪涌的装置，使开关闭合时的浪涌电流对电容的冲击和开关断开时的过电压得到抑制。常用的产品型号有 CJ16、CJ19、CJ41、CJX4、CJX2A 等。

（4）真空交流接触器。真空交流接触器以真空为灭弧介质，其主触点密封在真空开关管内。真空开关管以真空作为绝缘和灭弧介质，当触点分离时，电弧只能由触点上蒸发出来的金属蒸气来维持，因为真空具有很高的绝缘强度且介质恢复速度很快，真空电弧的等离子体很快向四周扩散，在第一次电压过零时电弧就能熄灭。常用的国产真空接触器型号有 CKJ、NC9 系列等。

（5）直流接触器。直流接触器结构上有立体布置和平面布置两种结构，其电磁系统多采用绕棱角转动的拍合式结构，其主触点采用双断点桥式结构或单断点转动式结构。常用的国产直流接触器型号有 CZ18、CZ21、CZ22、CZ0。

（6）智能化接触器。智能化接触器内装有智能化电磁系统，并具有与数据总线和其他设备通信的功能，其本身还具有对运行工况自动识别、控制和执行的能力。智能化接触器由电磁接触器、智能控制模块、辅助触点组、机械联锁机构、报警模块、测量显示模块、通信接口模块等组成，它的核心是微处理器或单片机。

**5. 接触器的选用**

选择接触器时应注意以下几点。

（1）接触器主触点的额定电压≥负载额定电压。

（2）接触器主触点的额定电流≥1.3 倍负载额定电流。

（3）接触器线圈额定电压。当线路简单、使用电器较少时，可选用 220 V 或 380 V；当线路复杂、使用电器较多或用于不太安全的场所时，可选用 36 V、110 V 或 127 V。

（4）接触器的触点数量、种类应满足控制线路要求。

（5）操作频率（每小时触点通断次数）。当通电电流较大及通断频率超过规定数值时，应选用额定电流大一级的接触器型号；否则会使触点严重发热，甚至熔焊在一起，造成电动机等负载缺相运行。

**6. 接触器的常见故障**

接触器是频繁通断负载的电器，其可靠性的高低，直接影响电气系统的性能。掌握接触器的故障分析及其排除方法可缩短电气设备维修的时间，作为工程技术人员必须熟练掌握。接触器的常见故障及处理方法见表 1-1。

**表 1-1　接触器的常见故障及处理方法**

| 故障现象 | 产生故障的原因 | 排除方法 |
| --- | --- | --- |
| 吸力不足 | 1. 电源电压过低或波动太大<br>2. 线圈的额定电压高于控制回路电压<br>3. 可动部分被卡阻，铁心歪斜等<br>4. 反作用弹簧压力过大 | 1. 调整电源电压<br>2. 更换线圈，使其符合要求<br>3. 调整可动部分<br>4. 调整反作用弹簧压力 |

续表

| 故障现象 | 产生故障的原因 | 排除方法 |
| --- | --- | --- |
| 线圈过热或烧毁 | 1. 线圈匝间短路<br>2. 衔铁与铁心间隙过大<br>3. 操作频率过高<br>4. 电源电压过低或过高 | 1. 更换线圈<br>2. 修理或更换铁心<br>3. 按条件使用接触器<br>4. 调整电源电压 |
| 衔铁振动或噪声 | 1. 短路环损坏或脱落<br>2. 铁心歪斜或端面有锈蚀、油污、灰尘等<br>3. 可动部分卡阻<br>4. 电源电压偏低 | 1. 更换铁心或短路环<br>2. 调整或清理铁心端面<br>3. 调整可动部分<br>4. 提高电源电压 |
| 触点不能复位 | 1. 触点熔焊在一起<br>2. 铁心剩磁太大<br>3. 铁心端面有油污<br>4. 可动部分被卡阻 | 1. 修理或更换触点<br>2. 消除剩磁或更换铁心<br>3. 清理铁心端面<br>4. 拆除机械卡阻部分 |
| 触点过热 | 1. 触点接触压力不足<br>2. 触点表面接触不良<br>3. 触点表面被电弧灼伤或烧毁<br>4. 负载电流过大 | 1. 调整触点压力<br>2. 调整触点使其接触良好<br>3. 修理或更换触点<br>4. 减小负载或调换接触器 |

### 1.3.2 继电器

继电器是根据某种输入信号接通或断开小电流控制电路,实现远距离自动控制和保护的自动控制电器。其输入量可以是电流、电压等电量,也可以是温度、时间、速度、压力等非电量,而输出则是触点动作或者是电路参数的变化。

继电器的种类繁多,按输入信号的性质分为电压继电器、电流继电器、时间继电器、温度继电器、速度继电器、压力继电器等。按工作原理分为电磁式继电器、感应式继电器、电动式继电器、热继电器和电子式继电器等。按输出形式可分为有触点继电器和无触点继电器两种。按用途分为控制用继电器和保护用继电器等。

**1. 电磁式继电器**

电磁式继电器的结构及工作原理与接触器相似,也是由电磁机构和触点系统等组成的。由于继电器用于切换小电流的控制电路和保护电路,故继电器没有灭弧装置,也无主辅触点之分。

电磁式继电器有直流和交流两类,常用的电磁式继电器有电流继电器、电压继电器和中间继电器。

(1) 电流继电器。电流继电器的线圈与被测量电路串联,以反映电路电流的变化,其线圈匝数少,导线粗,线圈阻抗小。

电流继电器又有欠电流继电器和过电流继电器之分。欠电流继电器的吸引电流为线圈额定电流的 30%~65%,释放电流为额定电流的 10%~20%,用于欠电流保护或控制。在正常工作时,衔铁是吸合的,只有当电流降低到某一整定值时,继电器才释放,输出信号。过电流继电器在电路正常工作时不动作,当电流超过某一整定值时才动作,整定范围为 1.1~4.0 倍额定电流。

(2) 电压继电器。根据动作电压值不同,电压继电器有过电压继电器、欠电压继电器和零电压继电器之分。过电压继电器在电压为 $U_N$ 的 105%~120%以上动作;欠电压继电器在电压为 $U_N$ 的 40%~70%时动作;零电压继电器当电压降低到 $U_N$ 的 5%~25%时动作,它们分别用于过电压、欠电压和零压保护。

(3) 中间继电器。中间继电器实质是一种电压继电器,触点对数多,触点容量较大(额定电流为 5~10 A),动作灵敏度高。其主要用途为:当其他继电器的触点对数或触点容量不够时,可借助中间继电器来扩展它们的触点数和触点容量,起到信号中继作用。

电磁式继电器的整定:电磁继电器的吸合值和释放值可以根据保护要求在一定范围内调整,图 1-14 所示为 JT3 系列直流电磁式继电器,其整定方法如下。

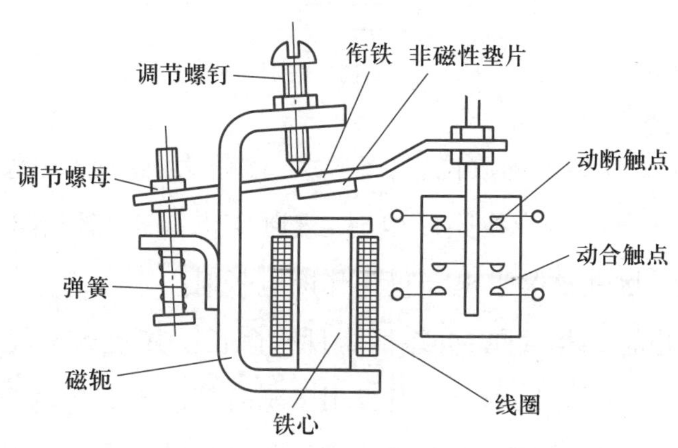


图 1-14　JT3 系列直流电磁式继电器

① 调整弹簧的松紧程度,弹簧收紧,反作用力增大,则吸引电流(电压)和释放电流(电压)就越大,反之就越小。

② 改变非磁性垫片的厚度,非磁性垫片越厚,衔铁吸合后的磁路的气隙和磁阻就越大,释放电流(电压)也就越大,反之就越小,而吸引值不变。

常用的电磁式继电器有 JL14、JL18、JT18、JZ15、3TH80、3TH82 及 JZC2 等系列。其中 JL14 系列为交直流电流继电器,JL18 系列为交直流过电流继电器,JT18 系列为直流通用继电器,JZ15 为中间继电器,3TH80、3TH82 为接触器式继电器,与 JZ12 系列类似。

电磁继电器的图形符号及文字符号如图 1-15 所示。

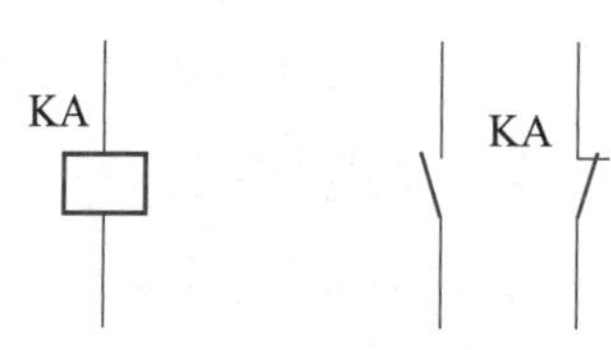


图 1-15　电磁式继电器的图形符号及文字符号

**2. 时间继电器**

继电器的感测元件在感受外界信号后,经过一段时间才使执行部分动作,这类继电器称为时间继电器。按其动作原理可分为电磁式、空气阻尼式、电子式等;按延时方式可分为通电延时型和断电延时型两种。

(1) 直流电磁式时间继电器。在直流电磁式电压继电器的铁心上增加一个阻尼铜套,即可构成直流电磁式时间继电器,如图 1-16 所示。

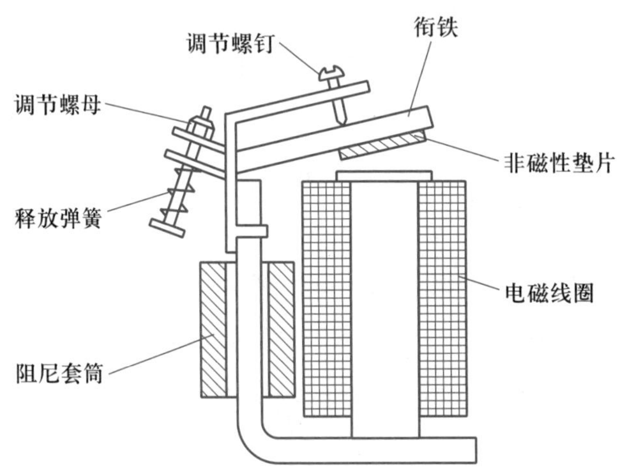


图 1-16　直流电磁式时间继电器

当线圈通电时,由于衔铁处于释放位置,气隙大、磁阻大、磁通小,铜套阻尼作用相对也小,因此衔铁吸合时延时不显著。而当线圈断电时,磁通变化量大,铜套阻尼作用也大,使衔铁延时释放而起到延时作用。因此这类继电器仅用作断电延时。

电磁式直流时间继电器结构简单、可靠性高且寿命长。其缺点是仅能获得断电延时、延时精度低且延时时间短,最长不超过 5 s。一般只用于延时精度不高的场合。

直流电磁式时间继电器的延时时间是靠改变铁心与衔铁间非磁性垫片的薄厚(粗调)改变释放弹簧的松紧(细调)来调节的。垫片厚则延时短,垫片薄则延时长;释放弹簧紧则延时短,释放弹簧松则延时长。

常用产品型号有 JT3 和 JT18 系列。

(2) 空气阻尼式时间继电器。空气阻尼式时间继电器利用空气阻尼原理获得延时。它由电磁机构、延时机构和触点系统三部分组成。电磁机构为直动式双 E 形铁心,触点系统借用 LX5 型微动开关,延时机构采用气囊式阻尼器。

空气阻尼式时间继电器可以做成通电延时型,如图 1-17a 所示,也可做成断电延时型,如图 1-17b 所示。电磁机构可以是直流的,也可以是交流的。现以通电延时型时间继电器为例介绍其工作原理。

当线圈通电后,衔铁吸合,微动开关 2 受压其触点无延时动作,活塞杆在塔形弹簧的作用

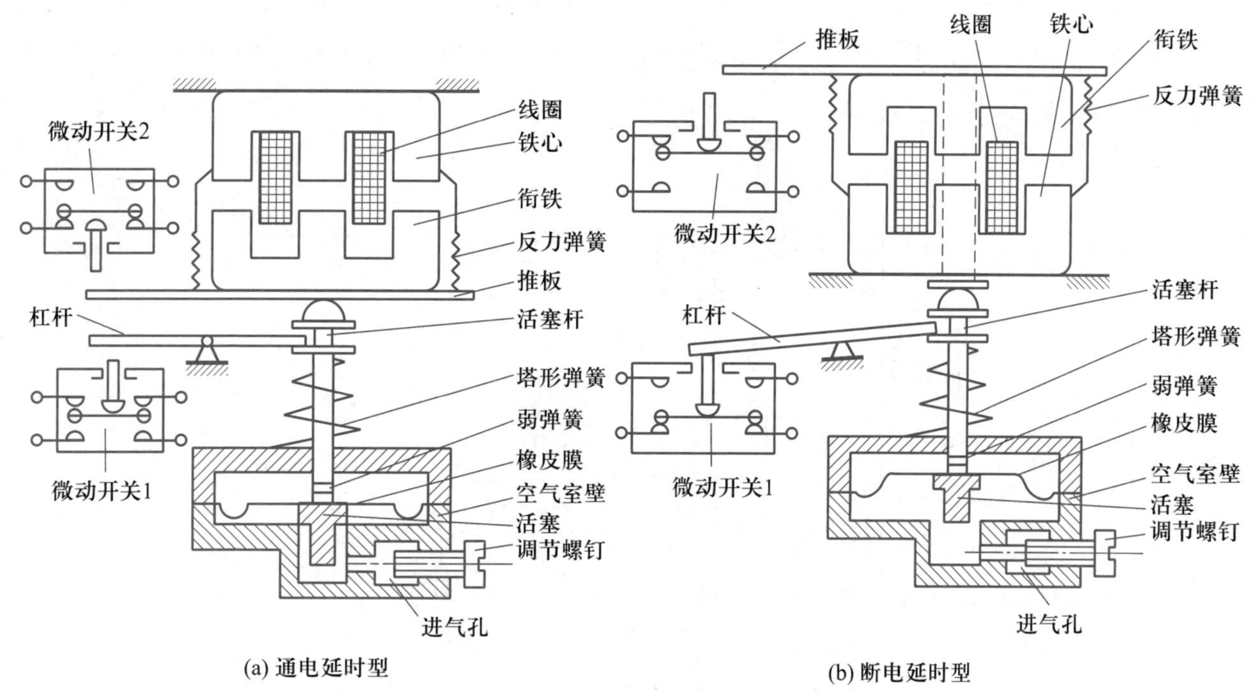


图 1-17　空气阻尼式时间继电器

下，带动活塞及橡皮膜向上移动，但由于橡皮膜下方气室的空气稀薄，形成负压，因此活塞杆只能缓慢地向上移动，其移动的速度视进气孔的大小而定，可通过调节螺钉进行调整。经过一定延时后，活塞杆才能移动到最上端。这时通过杠杆压动微动开关 1，使其动断触点断开，动合触点闭合，起到通电延时作用。

当线圈断电时，电磁吸力消失，衔铁在反力弹簧的作用下释放，并通过活塞杆将活塞推向下端，这时橡皮膜下方气室内的空气通过橡皮膜、弱弹簧和活塞的肩部所形成的单向阀，迅速地从橡皮膜上方的气室缝隙中排掉，微动开关 1、2 能迅速复位，无延时。由以上分析可知，由线圈得电到触点动作的一段时间为时间继电器的延时时间，其大小可通过调节螺钉调节进气孔气隙大小来改变。

断电延时型时间继电器的结构、工作原理与通电延时型时间继电器相似，只是电磁铁安装方向不同，如图 1-17b 所示，当衔铁吸合时推动活塞复位，排除空气。当衔铁释放时活塞杆在弹簧作用下使活塞向下移动，实现断电延时。

在线圈通电和断电时，微动开关 2 在推板的作用下都能瞬时动作，故称此触点为时间继电器的瞬动触点。

常用的产品型号有 JS7A、JS23 等系列，其中 JS7-A 系列的主要技术参数有：延时范围为 0.4~60 s 和 0.4~180 s 两种；操作频率为 600 次/h；触点容量为 5 A，延时误差为±15%。

空气阻尼式时间继电器结构简单、延时范围大、寿命长、价格低廉，且不受电源电压及频率波动的影响，但延时误差较大，无调节刻度指示，常用于延时精度要求不高的交流控制电路中。

（3）电子式时间继电器。电子式时间继电器具有体积小、延时范围大、延时精度高和寿命长等优点，已得到广泛应用。现以 JSJ 系列时间继电器为例，说明其工作原理，图 1-18 所示为 JSJ 型晶体管时间继电器原理图。

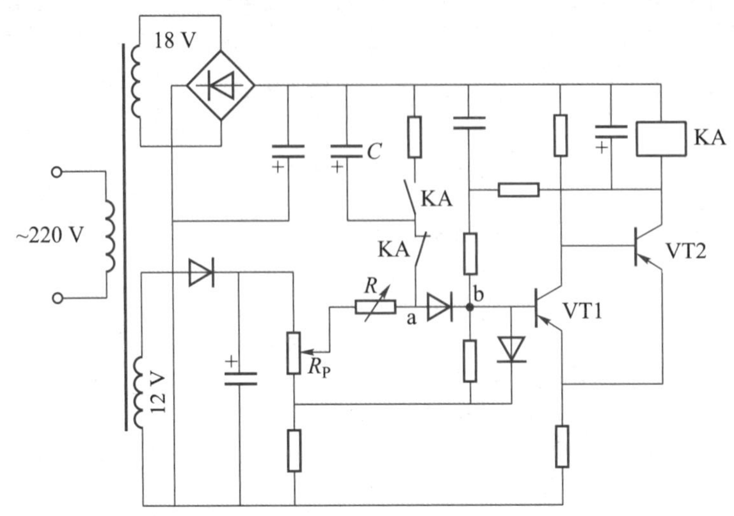


图 1-18　JSJ 型晶体管时间继电器原理图

电子式时间继电器是利用 $RC$ 电路电容器充电原理实现延时的。主电源由变压器二次侧的 18 V 电压整流、滤波而得到。辅助电源由变压器二次侧的 12 V 电压经整流、滤波而得到。当电源变压器接上电源，VT1 导通、VT2 截止，继电器 KA 不动作。两个电源分别向电容器 $C$ 充电，a 点电位高于 b 点电位时，VT1 截止、VT2 导通，VT2 集电极电流通过继电器 KA 的线圈，KA 各触点动作输出信号。图中 KA 的动断触点断开充电电路，动合触点闭合使电容放电，为下次工作做好准备。调节电位器 $R_P$，就可以改变延时时间的长短。此电路延时范围为 0.2～300 s。

电子式时间继电器的输出形式有两种：有触点式和无触点式，前者用晶体管驱动小型电磁式继电器，后者采用晶体管或晶闸管输出。

在选用时间继电器时，应根据控制要求选择其延时方式，根据延时范围和精度选择继电器的类型。

时间继电器的图形符号及文字符号如图 1-19 所示。

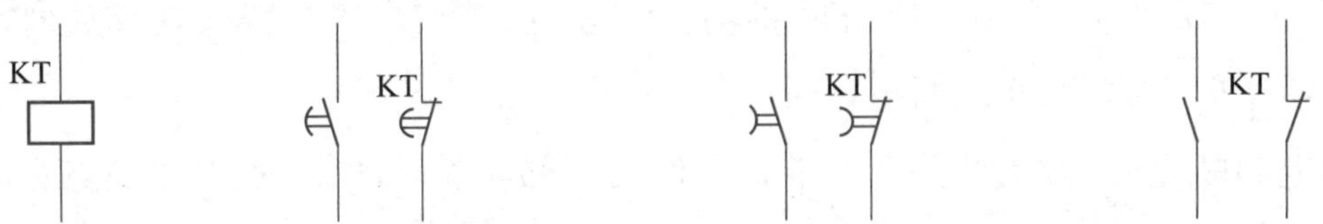


(a) 线圈　(b) 通电延时动合、动断触点　(c) 断电延时动合、动断触点　(d) 瞬动动合、动断触点

图 1-19　时间继电器的图形符号及文字符号

**3. 热继电器**

热继电器利用电流的热效应原理实现电动机的过载保护。电动机在实际运行中发生过

载,只要电动机绕组温升不超过允许值,这种过载是允许的。但如果长时间过载,绕组温升超过了允许值,将会加剧绕组绝缘老化,严重时使电动机绕组烧毁。因此必须对电动机进行长期过载保护。

(1) 热继电器的结构与工作原理。热继电器主要由热元件、双金属片和触点组成,如图 1-20 所示。

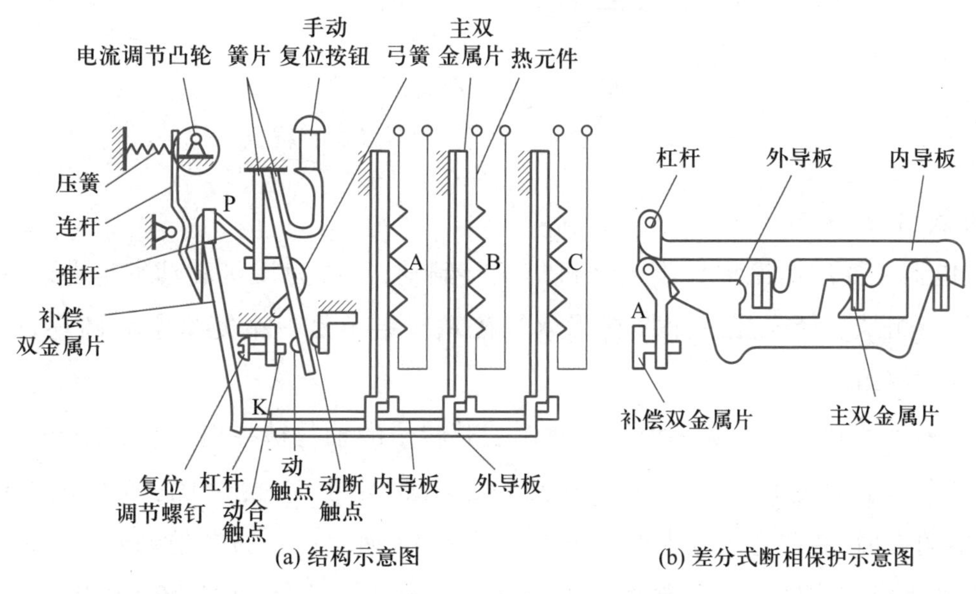

(a) 结构示意图

(b) 差分式断相保护示意图

图 1-20　热继电器的结构示意图

双金属片是热继电器的感测元件,它由两种线膨胀系数不同的金属机械碾压而成。线膨胀系数大的称为主动层,小的称为被动层。热元件串接在电动机定子绕组中,电动机正常工作时,热元件产生的热量虽然能使双金属片弯曲,但还不能使继电器动作。当电动机过载时,流过热元件的电流增大,经过一段时间后,双金属片推动导板使继电器触点动作,切断电动机的控制电路。

电动机断相运行是电动机烧毁的主要原因之一,因此要求热继电器还应具备断相保护功能,如图 1-20b 所示,热继电器的导板采用差动机构,在断相工作时,其中两相电流增大,一相逐渐冷却,这样可使热继电器的动作时间缩短,从而更有效地保护电动机。

热继电器的主要技术参数有额定电压、额定电流、相数、热元件编号及整定电流调节范围等。

热继电器的整定电流是指热继电器的热元件允许长期通过又不致引起继电器动作的电流值,对于某一热元件,可通过调节其电流调节旋钮,在一定范围内调节其整定电流。

常用的热继电器产品型号有 JR16、JR20、JRS1、T 系列,3UP、$LR_1$-D 等系列。JR20、JRS1 系列具有断相保护、温度补偿、整定电流可调和手动复位功能,安装方式上,除有分离结构外,还增设了组合机构,可通过导电杆与挂钩直接插接在接触器上(JR20 可与 CJ20 相接)。

（2）热继电器的选用。选用热继电器时，主要根据电动机的使用场合和额定电流来确定热继电器的型号及热元件的额定电流等级。对于三角形连接的电动机，应选择带断相保护功能的热继电器，热继电器的整定电流应与电动机的额定电流相等。

热继电器的图形符号及文字符号如图 1-21 所示。

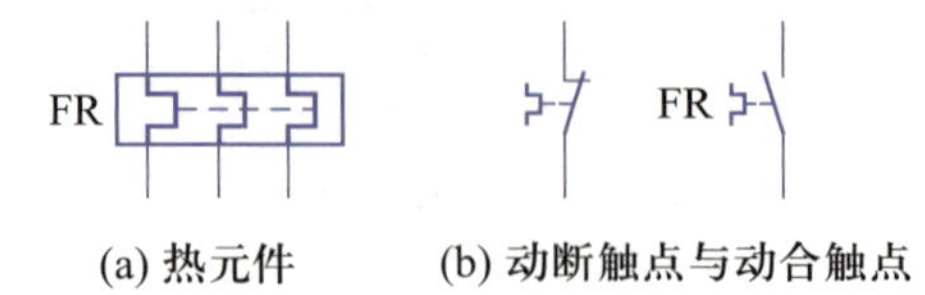


图 1-21　热继电器的图形符号及文字符号

#### 4. 速度继电器

速度继电器主要用作笼型异步电动机的反接制动，又称为反接制动继电器。它主要由转子、定子和触点组成。转子是一个圆柱形永久磁铁。定子是一个笼型空心圆环，由硅钢片叠成，并装有笼型绕组。

图 1-22 所示为速度继电器的原理示意图。其转子的轴与被控电动机的轴相连，当电动机转动时，速度继电器的转子随之转动，当达到一定转速，定子在感应电流和力矩的作用下跟随转动，到一定角度时，装在定子轴上的摆锤推动弹簧片（动触片）动作，使动断触点断开、动合触点闭合。当电动机转速低于某一数值时，定子产生的转矩减小，触点在簧片作用下复位。

常用速度继电器的产品型号有 YJ1 和 JFZ0。通常速度继电器的动作转速为 120 r/min，复位转速低于 100 r/min，转速低于 3 600 r/min 时能可靠动作。

速度继电器的图形符号及文字符号如图 1-23 所示。

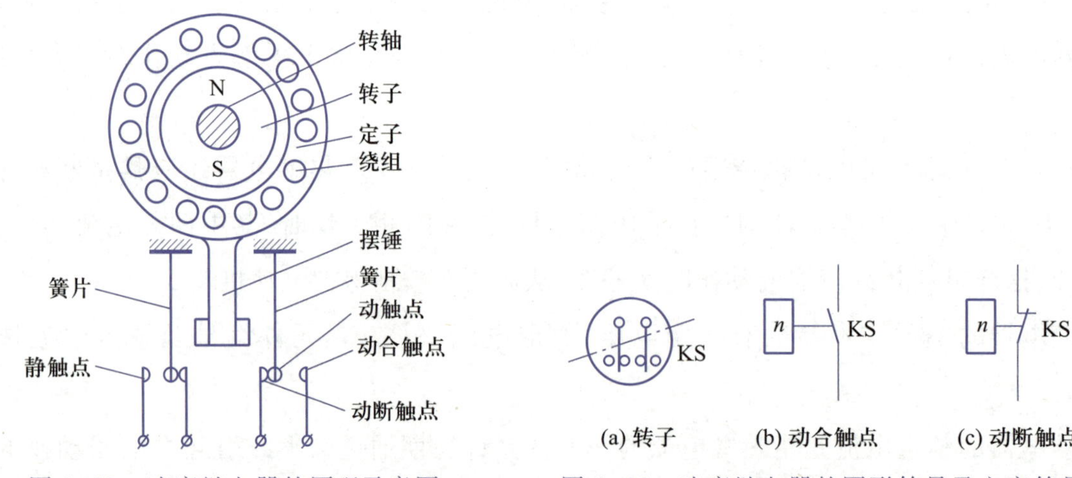


图 1-22　速度继电器的原理示意图

图 1-23　速度继电器的图形符号及文字符号

#### 5. 舌簧继电器

舌簧继电器是反映电压、电流、功率，以及电流极性等信号的一种磁敏开关，广泛应用于检测、自动控制、计算机技术等领域中。

舌簧继电器主要由干式舌簧片与励磁线圈组成。干式舌簧片(触点)是密封的,由铁镍合金制成,舌片的接触部分通常镀以贵重金属(如金、铑、钯等),接触良好,具有优良的导电性能。触点封闭在充有氮气等惰性气体的玻璃管中,因而有效地防止了尘埃的污染,减少了触点的腐蚀,提高了工作可靠性,其结构如图 1-24 所示。

当线圈通电后,管中两舌簧片的自由端分别被磁化成 N 极和 S 极而相互吸引,因而接通了被控制的电路。线圈断电后,舌簧片在本身的弹力作用下分开并复位,控制电路被断开。

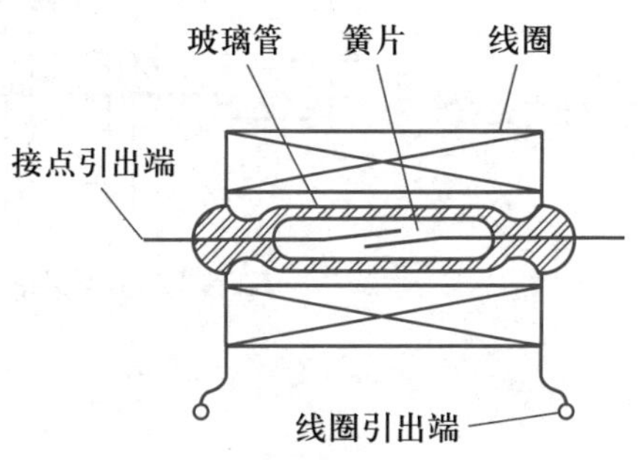

图 1-24　舌簧继电器的结构

舌簧继电器具有以下特点:

(1) 吸合功率小,灵敏度高。一般舌簧继电器吸合与释放时间为 0.5~2 ms。

(2) 触点封闭,不受尘埃、潮气及有害气体污染,动片质量小,动程短,触点电寿命长,一般可达 $10^7$~$10^8$ 次。动作速度快。

(3) 结构简单,体积小。

(4) 价格低廉,维修方便。

(5) 不足之处是触点易冷焊粘住,过载能力低;触点开距小,耐压低,断开瞬间触点易抖动。

舌簧继电器还可以用永磁体来驱动,反映非电信号,用作限位、行程控制,以及非电量检测等。

### 1.3.3　电磁阀

在气动或液压系统中,常利用活塞以产生较大的力或使之有足够的位移。为了控制活塞的运动方向、启动和停止,常用到多通电磁阀,最典型的是四通电磁阀,其工作原理如图 1-25 所示。电磁阀上部是油缸及活塞,左边是线圈和铁心。与铁心相连的杆上有三个小活塞,能在有五个孔的圆筒状阀座中左右滑动,这串在一起的三个小活塞和五孔圆筒就统称为“滑阀”。右边有弹簧,线圈里无电流时,弹簧总是力图将铁心向左推出线圈,如图 1-25a 所示。在这种情况下,高压油从孔 P 流入,经过孔 B 进入油缸右腔,推动活塞向左移动。左腔的油则经过孔 A 送往孔 O 排出。

线圈通电后,铁心和滑阀被吸向右方,成为图 1-25b 的状态。

四通电磁阀的图形符号如图 1-25c 所示,中间两个方格代表它的两个状态,靠近弹簧符号的方格为常态,即线圈无电时的状态;靠近线圈符号的方格为线圈通电时的状态。各孔的相对位置一样,所以只在一个方格上标 P、O、A 和 B 即可。

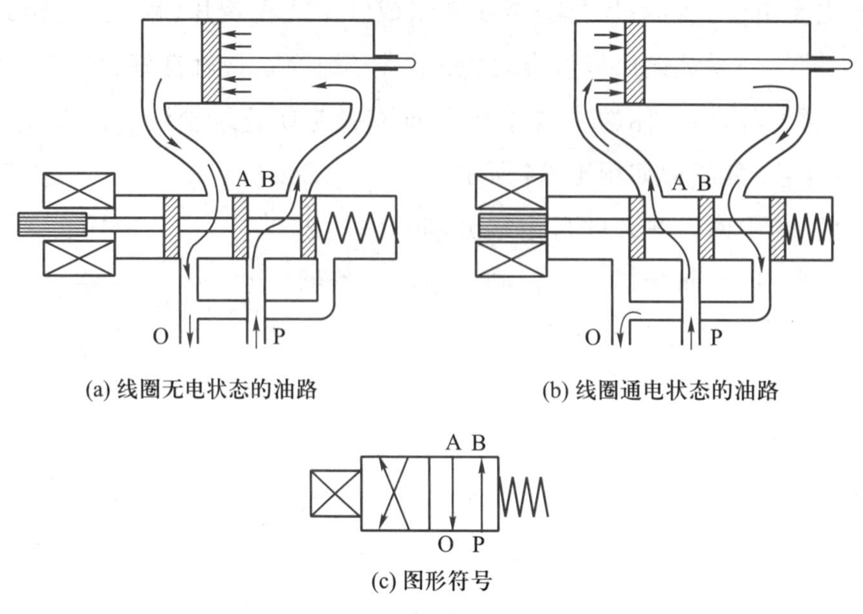


图 1-25　四通电磁阀的工作原理及图形符号

# 1.4　开启式负荷开关与低压断路器

## 1.4.1　开启式负荷开关

开启式负荷开关俗称胶盖瓷底刀开关，简称为刀开关，是一种结构简单、应用广泛的手动电器，常用作交流额定电压 380 V、220 V，额定电流小于 60 A 的照明配电线路的电源开关和小容量电动机不频繁起动的操作开关。

图 1-26 所示为 HK2 系列开启式负荷开关结构示意图，主要由瓷柄、熔体、触点和瓷底座等组成。胶盖的作用是防止操作时电弧飞出灼伤操作人员，并防止极间电弧造成电源短路，因此操作前一定要将胶盖安装好。熔体起短路和严重过电流保护作用。

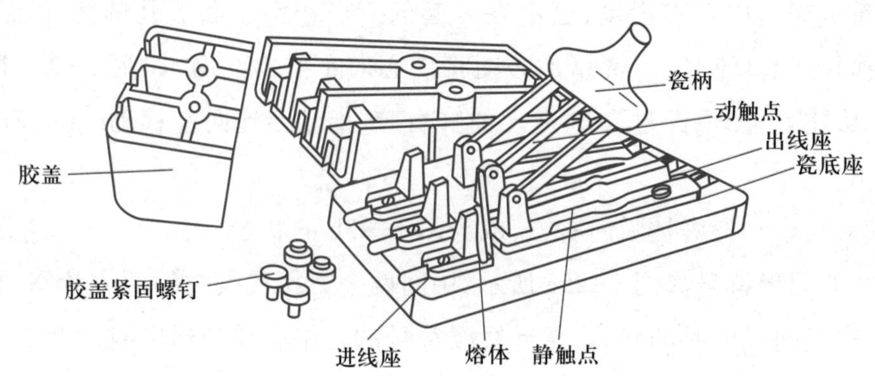


图 1-26　HK2 系列开启式负荷开关结构示意图

### 1.4.2 低压断路器

低压断路器的功能相当于刀开关、熔断器、热继电器、过电流继电器，以及欠电压继电器的组合，是一种既有手动开关作用又能自动进行欠电压、失电压、过载和短路保护的开关电器。低压断路器种类较多，按用途分有保护电动机用低压断路器、保护配电线路用低压断路器、保护照明线路用低压断路器。按结构形式分有框架式断路器和塑壳式断路器。按极数分有单极断路器、双极断路器、三极断路器和四极断路器。

各种低压断路器在结构上都由主触点及灭弧装置、脱扣器、自由脱扣机构的操作机构三部分组成。

**1. 主触点及灭弧装置**

主触点是断路器的执行元件，用来接通和分断主电路，为提高其分断能力，主触点上装有灭弧装置。

**2. 脱扣器**

脱扣器是断路器的感受元件，当电路出现故障时，脱扣器感测到故障信号后，经自由脱扣器使断路器主触点分断。按接受故障不同，有如下几种脱扣器。

(1) 分励脱扣器是用于远距离使断路器断开电路的脱扣器。其实质是一个电磁铁，由控制电源供电，可以按照操作人员的命令或继电保护信号使电磁铁线圈通电，衔铁动作，使断路器切断电源。

(2) 欠电压、失电压脱扣器是具有电压线圈的电磁机构，其线圈并接在主电路中。当主电路电压消失或降至一定值以下时，电磁吸力不足以继续吸持衔铁，在反力作用下，衔铁的顶板推动自由脱扣机构，断路器主触点断开，实现欠电压与失电压保护。

(3) 过电流脱扣器的实质是一个有电磁线圈的电磁机构。电磁线圈串接在主电路中，当正常电流通过时，产生的电磁吸力不足以克服反力，衔铁不被吸合。但当电路出现瞬时过电流或短路电流时，吸力大于反力，使衔铁吸合并带动自由脱扣机构使断路器主触点断开，实现过电流与短路电流保护。

(4) 过载脱扣器由双金属片制成，将双金属片加热元件串接在主电路中，其工作原理与热继电器相同。当过载到一定值时，由于温度升高，双金属片受热弯曲并带动自由脱扣机构，使断路器主触点断开，实现长期过载保护。

**3. 自由脱扣机构和操作机构**

自由脱扣机构是用来联系操作机构与主触点的机构，当操作机构处于闭合位置时可操作分励脱扣器进行脱扣，将主触点断开。

低压断路器的工作原理如图 1-27 所示。图示是一个三极断路器，三个主触点串接于三相电路中，经操作机构将其闭合。此时传动杆被锁扣钩住，保持主触点的闭合状态，同时分闸弹簧已被拉伸。当主电路出现过电流故障且达到过电流脱扣器的动作电流时,过电流脱扣器的衔铁吸合,顶杆向上将锁扣顶开,在分闸弹簧的作用下主触点断开。当主电路出现欠压、失压或过载时,则欠压、失压脱扣器及过载脱扣器分别将锁扣顶开,使主触点断开。分励脱扣器可由主电路或其他控制电源供电,由操作人员发出指令或断电保护信号使分励线圈通电,其衔铁吸合,使锁扣顶开,在分闸弹簧作用下使主触点断开,同时也使分励线圈断电。

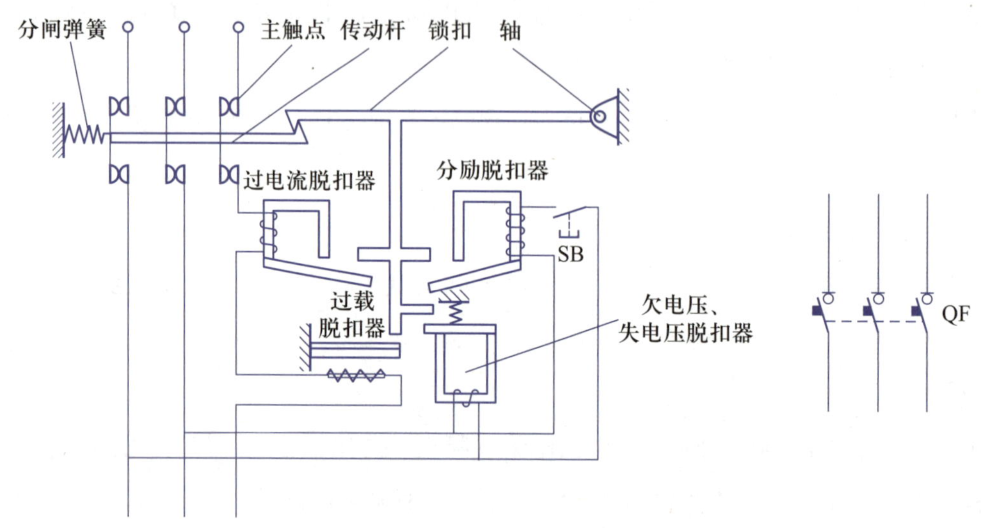


图 1-27　低压断路器的工作原理

### 1.4.3　漏电断路器

漏电断路器在正常情况下,除了具有与低压断路器相同作用外,还有漏电保护的功能。当发生漏电故障时,如电网对地漏电电流过大,电气设备因绝缘损坏而使金属外壳及与之连接的金属构件带电,或当人体触及电气设备的带电部位时,漏电断路器能在安全时间内自动切断电源,起到保护电气设备、保障人身安全和防止设备因泄漏电流造成火灾等事故的作用。

漏电断路器由操作机构、电磁脱扣器、触点系统、灭弧室、零序电流互感器、漏电脱扣器、试验装置等部件组成,所有部件都置于一个绝缘外壳中。其中,零序电流互感器采用穿芯式环形结构,用于检测漏电流信号,并将其一次侧漏电流变换为其二次侧的交流电压,经电子电路进行验波、放大后,再由执行电路分断供电线路,实现漏电保护功能。所以,零序电流互感器是漏电保护器的关键部件,通常用软磁性材料坡莫合金或纳米合金制成,具有很好的伏安特性。图 1-28 所示为零序电流动作保护器原理框图,当用电设备正常工作,没有发生漏电故障时,漏电保护部分不动作。一旦发生漏电故障,漏电保护部分可迅速动作切断电路,以保护人体及设备安全,并避免因漏电而造成火灾。通常漏电保护器与低压断路器组合构成漏电断路器。

漏电断路器的另一个重要部分是漏电脱扣器,它有电磁式和电子式两种,它们之间的区别是前者的漏电电流能直接通过脱扣器操作主开关,后者的漏电电流要经过电子放大电路放大

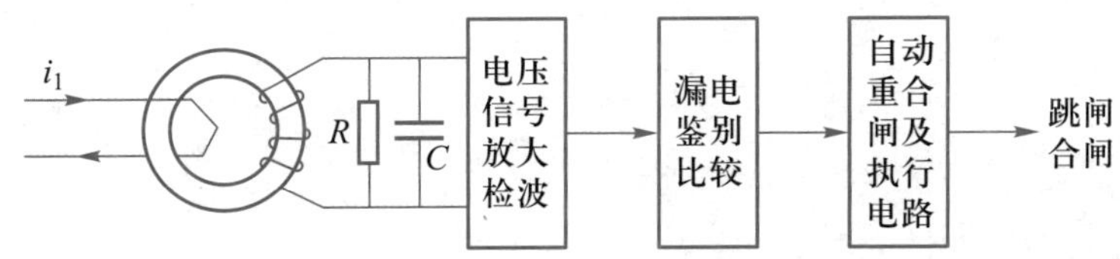


图 1-28　零序电流动作保护器原理框图

后才能使脱扣器动作，以操纵主开关。

图 1-29 所示为电磁式电流动作型漏电断路器工作原理图，它由衔铁、线圈、铁心、永久磁铁、分磁板、拉力弹簧和铁轭组成。使用时漏电脱扣器的线圈与零序电流互感器二次绕组相接，用来反映有无漏电电流。漏电断路器有电磁式电流动作型、电磁式电压动作型和晶体管电流动作型等。

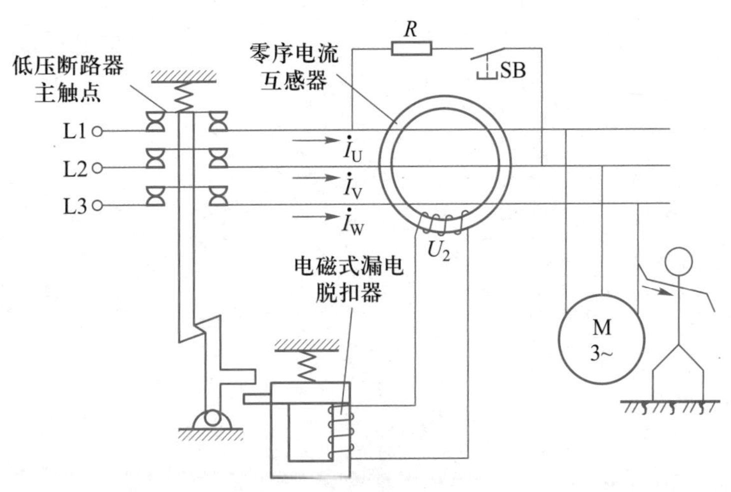


图 1-29　电磁式电流动作型漏电断路器工作原理图

当电网正常运行时，不论三相负载是否平衡，通过零序电流互感器主电路的三相电流的矢量和等于零，故其二次绕组中无感应电动势产生，漏电断路器的衔铁被永久磁铁的磁通所产生的吸力吸住，拉力弹簧被拉紧，漏电断路器工作于闭合状态。当出现漏电或触电事故时，漏电或触电电流通过大地回到电源配电变压器的中性点，使三相电流的相量和不再等于零，零序电流互感器二次绕组中便产生了相对应于漏电电流的感应电压，加在漏电脱扣器线圈上，使线圈中流过交变电流，从而产生交变磁通，与永久磁铁产生的磁通方向相反，互相抵消，使漏电脱扣器电磁吸力减小。当漏电电流达到一定值时，漏电脱扣器衔铁在拉力弹簧作用下释放，衔铁上的锁扣脱开，使脱扣器机构动作，断路器主触点断开主电路。

图 1-29 中，$R$ 为试验电阻，SB 为试验按钮，当按下 SB 后，漏电断路器应立即断开，以表明其漏电保护性能良好。

## 习题 1

1-1　何为低压电器？

1-2　接触器由几部分组成？

1-3　试述接触器的工作原理。

1-4　中间继电器和接触器有何异同？在什么条件下可以用中间继电器来代替接触器起动电动机？

1-5　低压断路器与普通刀开关有何不同？

1-6　试述各种时间继电器的工作原理。

# 单元2　电气控制系统的基本电路

在电力拖动自动控制系统中，各类生产机械均由电动机拖动，其控制电路由接触器、继电器、按钮和行程开关等组成，对电力拖动系统的起动、制动、反向和调速等进行控制，从而实现对电力拖动系统的保护和生产过程的自动化。它具有结构简单、工作可靠、维护方便且价格低廉等优点。由于各种生产机械的工艺过程不同，其控制电路也千差万别，但都遵循一定的原则和规律，都是由多个简单的基本环节组成的。因此，掌握电气控制电路的基本环节，将为了解生产机械整个电气控制电路的原理及维修方法打下良好的基础。本章将介绍电气控制电路的一些基本环节。

## 2.1　电气控制系统图的绘制

电气控制系统是由许多电气元件按照一定要求连接而成的。为了表达生产机械电气控制系统的结构、原理等设计意图，同时也为了电气系统的安装、调试、使用和维修，需要将电气控制系统中各电气元件及其连接用一定图形表达出来，这就是电气控制系统图。

电气控制系统图一般有3种：电气原理图、电器布置图和电气安装接线图。我们将在图上用不同的图形符号表示各种电气元件，用不同的文字符号表示电气元件的名称、序号和电气设备或电路的功能、状况和特征，还要标上表示导线的线号与接点编号等，各种图样有其不同的用途和规定的画法，下面分别加以说明。

**1. 电气控制系统图中的图形符号、文字符号**

在电气控制系统图中，图形符号是用来表示设备或概念的图形、标记或字符。文字符号是用来表示电气设备、装置和元件种类的字母代码和功能字母代码。国家标准GB/T 4728规定了电气简图中图形符号的画法，国家标准GB/T 6988规定了电气技术用文件的编制方法。在电气系统图中的文字符号和图形符号都应符合国家标准要求。

**2. 电气原理图**

电气控制系统图中，电气原理图应用最多。电气原理图是为便于阅读与分析控制电路，根据简单、清晰的原则，采用电气元件展开的形式绘制而成的。它包括所有电气元件的导电部件和接线端点，但并不按电气元件的实际位置来画，也不反映电气元件的形状、大小和安装方式。

由于电气原理图具有结构简单、层次分明，以及适于研究、分析电路的工作原理等优点，所以无论在设计部门还是生产现场都得到了广泛应用。

现以图 2-1 所示电动机正反转控制电气原理图为例来说明电气原理图的画法和应注意的事项。

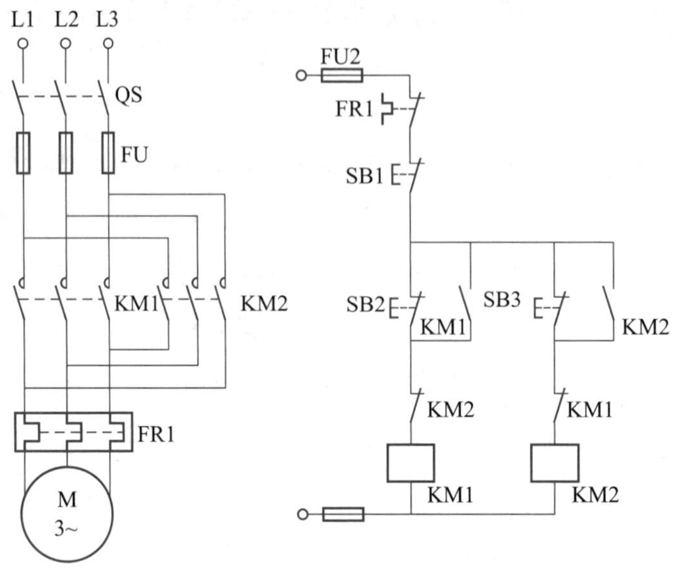


图 2-1 电动机正反转控制电气原理图

1）绘制电气原理图时应遵循的原则

（1）电气原理图一般分为主电路和辅助电路两部分：主电路是从电源到电动机的电路，是强电流通过的部分。辅助电路包括控制电路、照明电路、信号电路及保护电路等，一般由继电器和接触器线圈、继电器触点、接触器的辅助触点、按钮、照明灯及控制变压器等电气元件组成，通过的电流是弱电流。

（2）在电气原理图中，所有电气元件的图形符号、文字符号必须采用国家规定的统一标准。

（3）采用电气元件展开图的画法，应根据便于读图的原则，同一电气元件的各部件可以不画在一起，但需用同一文字符号标出。若有多个同一种类的电气元件，可在文字符号后加上数字序号，如 KM1、KM2 等。

（4）所有按钮、触点均按没有外力和没有通电的原始状态画出。

（5）电气原理图中，无论是主电路还是辅助电路，各电气元件一般按动作顺序从上到下，从左到右依次排列，可水平布置，也可垂直布置。

（6）电气原理图中，两线交叉连接时的电气连接点要用黑圆点标出。

2）电路各接点的标记

电气控制电路图中的支路、接点，一般加上标号。

主电路标号由文字符号和数字组成。文字符号用以标明主电路中的元件或电路的主要特征；数字标号用以区别电路不同线段。三相交流电源引入线采用 L1、L2、L3 标号，电源开关之后的三相交流电源主电路分别标 U、V、W。如 U11 为电动机的第一相的第一个接点代号，U21 为第一相的第二个接点代号，依此类推。

直流控制电路中正极按奇数标号，负极按偶数标号。

**3. 电气安装接线图**

电气安装接线图是按照电气元件的实际位置和实际接线绘制的，根据电气元件布置最合理、连接导线最经济等原则来安排。它为安装电气设备、电气元件之间进行配线及检修电气故障等提供了必要的依据。图 2-2 所示为笼型异步电动机正反转控制的电气安装接线图。

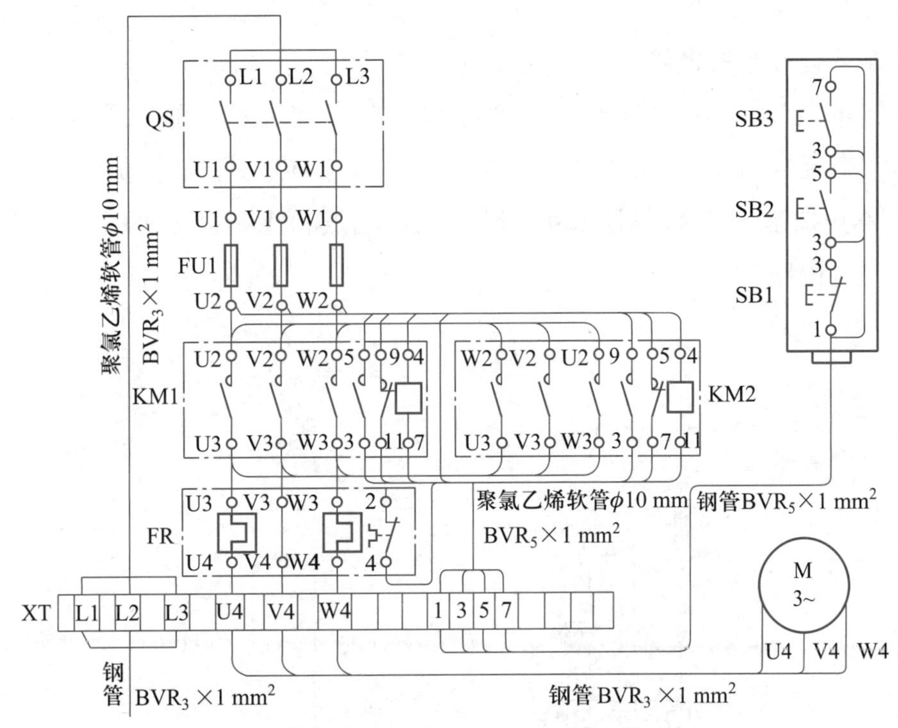


图 2-2 笼型异步电动机正反转控制的电气安装接线图

绘制电气安装接线图应遵循以下原则：

(1) 各电气元件用规定的图形符号、文字符号绘制，同一电气元件各部件必须画在一起。各电气元件的位置，应与实际安装位置一致。

(2) 不在同一控制柜或配电屏上的电气元件的电气连接必须通过端子板进行。各电气元件的文字符号及端子板的编号应与电气原理图一致，并按电气原理图的接线进行连接。

(3) 走向相同的多根导线可用单线表示。

(4) 画连接导线时，应标明导线的规格、型号、根数和穿线管的尺寸。

## 2.2 三相异步电动机的起动电路

三相笼型异步电动机由于结构简单、价格便宜和坚固耐用等一系列优点，获得了广泛的应用。它的控制电路大都由继电器、接触器和按钮等有触点电器组成。起动控制有全压起动和降压起动两种方式。

### 2.2.1 三相笼型异步电动机全压起动控制电路

三相笼型异步电动机的全压起动(又称直接起动)是一种简单、可靠且经济的起动方法。由于直接起动电流可达电动机额定电流的4~7倍,过大的起动电流会造成电网电压显著下降,直接影响同一电网中其他电动机的工作,甚至使它们停转或无法起动,故采用直接起动的电动机的容量一般小于10 kW。

**1. 电动机连续运行控制电路**

如图2-3所示,它是一种由接触器控制电动机单方向起动运转的常用电路。由刀开关QS、熔断器FU1、交流接触器KM的主触点、热继电器FR的热元件与电动机M构成主电路。由起动按钮SB2、停止按钮SB1、接触器KM的动合辅助触点和线圈、热继电器FR的动断触点、熔断器FU2构成控制电路。

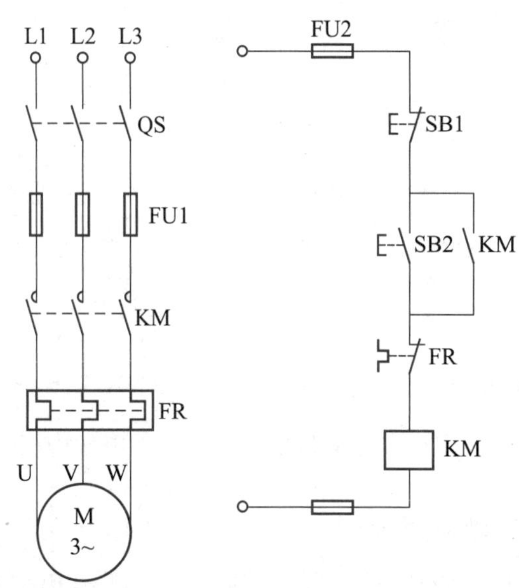


图2-3 电动机连续运行控制电路

1) 电路的工作原理

起动时,合上QS,引入三相电源。按下起动按钮SB2,接触器KM线圈通电,接触器主触点闭合,电动机接通电源起动运转。同时与SB2并联的动合触点KM闭合,使接触器的线圈经两条路径通电。这样,当SB2复位时,接触器KM的线圈仍可通过KM辅助触点继续通电,从而保持电动机的连续运行。这种依靠接触器自身的辅助触点使其线圈保持通电的现象称为自锁(或自保)。这一对起自锁作用的辅助触点,则称为自锁触点。

要使电动机M停止运转,只要按下停止按钮SB1,将控制电路断开即可。这时接触器KM

断电释放，KM 的动合主触点将三相电源切断，电动机停止旋转。松开按钮后，SB1 的动断触点在复位弹簧的作用下，虽又恢复到原来的动断状态，但接触器线圈已不再能依靠自锁触点通电了，因为原来闭合的自锁触点已随着接触器的断电而断开。

2）电路的保护环节

（1）熔断器 FU 作为短路保护，但不能实现过载保护。这是因为一方面熔断器的规格必须根据电动机起动电流的大小作适当选择，另一方面还要考虑熔断器保护特性的反时限特性和分散性。所谓分散性，是指各种规格的熔断器的特性曲线差异较大，即使是同一种规格的熔断器，其特性曲线也往往很不相同。

（2）热继电器 FR 具有过载保护的作用。由于热继电器的热惯性比较大，即使热元件流过几倍额定电流，热继电器也不会立即动作。因此在电动机起动时间不太长的情况下，热继电器能经受电动机起动电流冲击而不动作。只有在电动机长时间过载时，FR 才会断开控制电路，使接触器断电释放，电动机停止工作，实现电动机的过载保护。

（3）欠压保护与失压保护是依靠接触器本身的电磁机构来实现的。当电源由于某种原因而欠电压或失电压时，接触器的衔铁自行释放，电动机停止工作。当电源电压恢复正常时，接触器线圈不能自动通电，只有在操作人员再次按下起动按钮 SB2 后，电动机才会起动，这称为零电压保护。

**2. 电动机点动控制电路**

在生产实际中，有的生产机械需要点动控制，还有些生产机械在进行调整工作时采用点动控制。图 2-4 列出了实现电动机点动控制的几种控制电路。

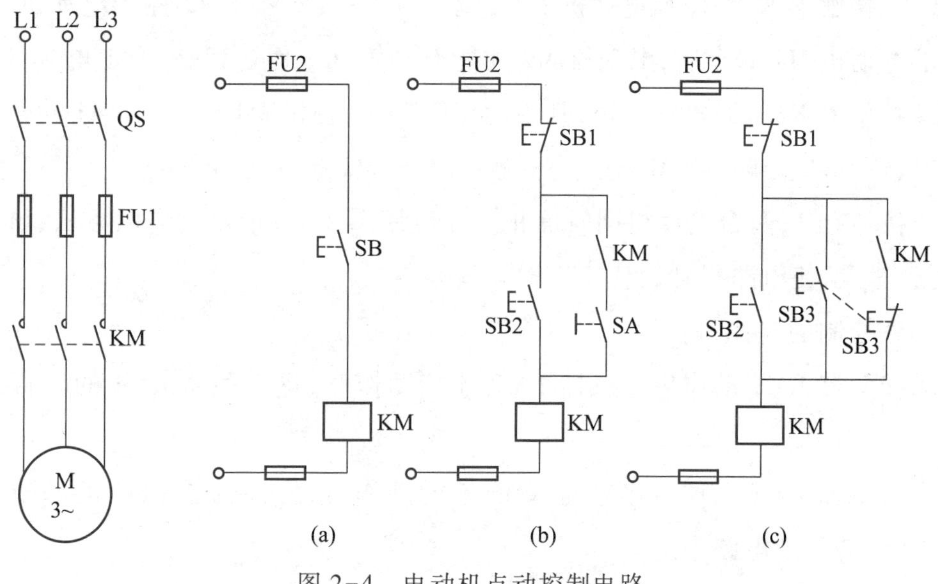


图 2-4　电动机点动控制电路

图 2-4a 所示为点动控制电路的最基本形式，按下 SB，KM 线圈通电，动合主触点闭合，电动机起动旋转；松开 SB，KM 断电，主触点断开，电动机停止运转。所以点动控制电路的最大特

点是取消了自锁触点。

图 2-4b 所示为采用开关 SA 断开自锁回路的点动控制电路。该电路可实现连续运转和点动控制，由开关 SA 选择，当 SA 合上时为连续控制，当 SA 断开时为点动控制。

图 2-4c 所示为用点动按钮动断触点断开自锁回路的点动控制电路。SB2 为连续运转起动按钮，SB1 为连续运转停止按钮，SB3 为点动按钮。当按下 SB3 时，动断触点先将自锁回路切断，随后动合触点才闭合，使 KM 线圈通电，动合主触点闭合，电动机起动旋转；当松开 SB3 时，动合触点先断开，KM 线圈断电，动合主触点断开，电动机停转，而后 SB3 动断触点才闭合，但 KM 动合辅助触点已断开，KM 线圈无法通电，实现点动控制。

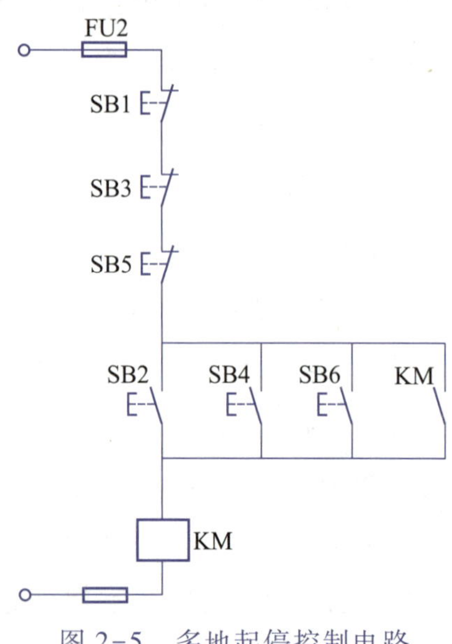

图 2-5　多地起停控制电路

### 3. 多地起停控制

有些大型设备或机床，为了操作方便，要求能在两地或多地点进行起停控制。如图 2-5 所示，把起动按钮并联起来，停止按钮串联起来，分别装在两个或多个地方，就可实现两地或多地起停控制。

### 4. 顺序起停控制

在生产实践中，有时要求一个拖动系统中多台电动机实现先后顺序工作，例如，机床中润滑电动机起动后，主轴电动机才能起动。图 2-6 所示为两台电动机顺序起动控制电路。

图 2-6a 中，接触器 KM1 控制电动机 M1 起动、停止；接触器 KM2 控制电动机 M2 的起动、停止。现要求电动机 M1 起动后，电动机 M2 才能起动。其工作过程是：合上电源开关 QS，按下起动按钮 SB2 接触器 KM1 通电并自锁，其主触点闭合，电动机 M1 起动。KM1 动合辅助触点闭合，按下起动按钮 SB4，接触器 KM2 通电，主触点闭合，M2 起动运转。

按下停止按钮 SB1，两台电动机同时停止。如改用图 2-6b 所示的电路接法，可以省去接触器 KM1 的动合触点，使电路得到简化。

电动机顺序控制的规律是：

（1）要求接触器 KM1 动作后接触器 KM2 才能动作时，将接触器 KM1 的动合触点串接在接触器 KM2 的线圈中。

（2）要求接触器 KM1 动作后接触器 KM2 不能动作时，将接触器 KM1 的动断辅助触点串接于接触器 KM2 的线圈电路中。

图 2-6c 所示是采用时间继电器，按时间原则顺序起动的控制电路。电路要求电动机 M1 起动时间 $t$ 后，电动机 M2 自行起动，可利用时间继电器的延时闭合动合触点来实现。

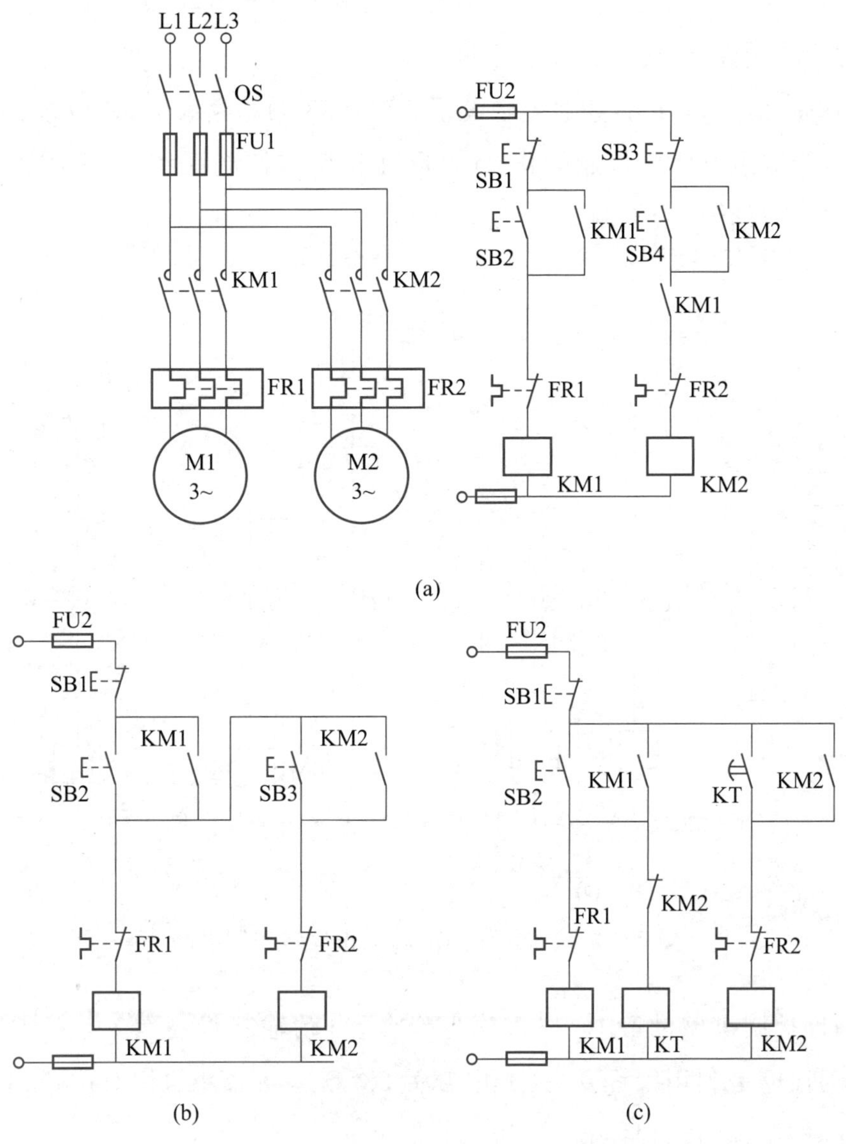


图 2-6　两台电动机顺序起动控制电路

**5. 可逆旋转控制电路**

有的生产机械要求电动机能实现正反两个方向的转动,如机床工作台的前进与后退,主轴的正转与反转。由电动机的工作原理可知,改变电动机三相电源相序,就能改变电动机的转向。

(1) 手动按钮控制。图 2-7 所示为按钮控制的电动机正反转控制电路。其中,图 2-7a 所示为由两组单相旋转控制电路组合而成,主电路由正反转接触器 KM1、KM2 的主触点来改变电源的相序,实现电动机的可逆旋转。当电动机已进行正向旋转,又按下反转按钮 SB3 时,由于正反转接触器 KM1、KM2 线圈同时通电,其主触点闭合,将造成电源两相短路,将烧毁电动机。为此,将 KM1、KM2 正反转接触器的动断触点串接在对方线圈电路中,形成相互制约的控制,如图 2-7b 所示,从而避免发生电源短路的故障。这种利用接触器动断辅助触点相互制约的控制,称为电气互锁。在这一电路中,欲使电动机由正转变反转或由反转变正转,都必须先按下停止按钮 SB1,然后再进行正反转的起动控制。

图 2-7c 所示是在图 2-7b 的基础上增设了 SB2、SB3 的动断触点,构成按钮互锁电路,从而构成具有电气、按钮双重互锁的控制电路,此电路在正反转控制操作时,不需再按停止按钮,即可直接实现电动机正反转切换控制。

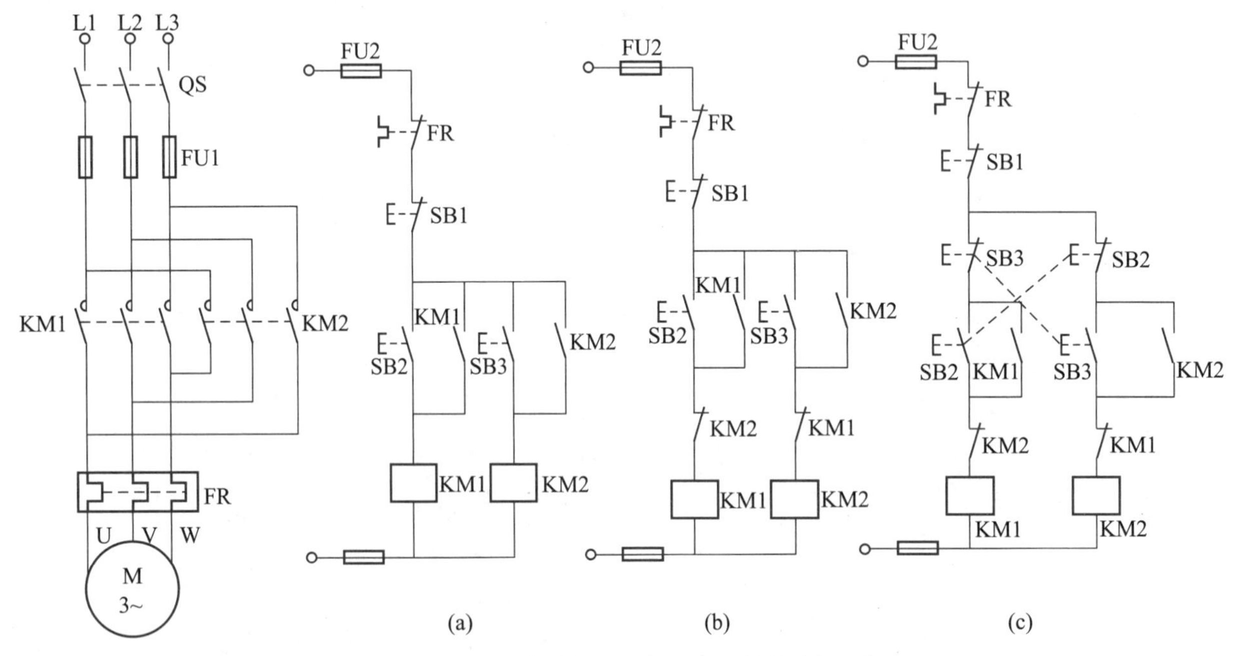


图 2-7　按钮控制的电动机正反转控制电路

(2) 自动循环控制机械设备中(如机床工作台、自动输料设备等)均需要自动往复运动。通常情况下,自动往返是利用行程开关(光电开关)检测运动部件的相对位置,并发出正反向运动切换信号,这种控制称为行程控制。

图 2-8a 所示为机床工作台往返运动示意图。行程开关 SQ1、SQ2 固定在床身上,其中,SQ1 为反向转正向行程开关,并反映加工起点位置;SQ2 为正向转反向行程开关,并反映加工终点位置;SQ4、SQ3 为正反向极限保护开关。撞块 A、B 固定在工作台上,随着运动部件的移动,A、B 分别压下行程开关时,发出切换信号,使电动机正反向运转。

图 2-8b 所示为自动循环的正反向控制电路,其工作过程是:合上电源开关 QS,按下正向起动按钮 SB2,正向接触器线圈 KM1 通电并自锁,电动机 M 正转,工作台前进。当前进到位,挡块 A 压下 SQ2,其动断触点断开,KM1 断电,SQ2 动合触点闭合,使反向接触器线圈 KM2 通电,M 反转,工作台后退。当后退到位时,挡块 B 压下 SQ1,KM2 断电,SQ1 动合触点闭合,又使 KM1 通电,M 正转,如此周而复始地自动往返工作。当按下停止按钮 SB1 时,电动机停止旋转。若换向用行程开关 SQ1、SQ2 失灵,则由限位开关 SQ3、SQ4 的动断触点切断电路电源,防止工作台因超出极限位置而发生事故。

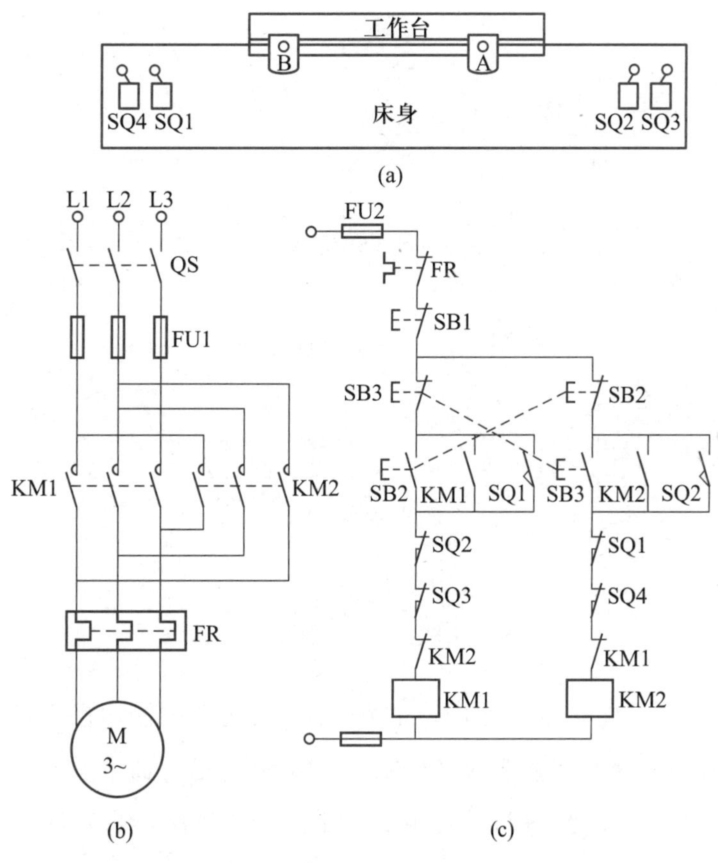


图 2-8 机床工作台自动往复运动控制电路

### 2.2.2 三相异步电动机减压起动控制电路

三相异步电动机容量大于 10 kW 时,应采用降压起动。三相异步电动机常用的降压起动方法有:定子绕组串电阻(或电抗器)减压起动、Y-△减压起动、自耦变压器减压起动及延边三角形减压起动等。尽管方法各异,但目的都是为了限制电动机的起动电流。

**1. 定子绕组串电阻减压起动控制**

定子绕组串电阻减压起动不受电动机接线形式的限制,控制电路简单。电动机起动时,三相定子绕组串电阻,实现减压起动,起动结束后,再将电阻短接,使电动机进入全压运行。图 2-9 所示为串电阻减压起动控制电路,它是按时间原则控制各电气元件的先后顺序动作。

其起动过程是:合上电源开关 QS,按下起动按钮 SB1,接触器 KM1 和时间继电器 KT 线圈通电,电动机 M 串电阻起动。当时间继电器 KT 延时到设定时间后,其动合延时触点闭合,KM2 线圈通电并自锁,KM2 动断辅助触点断开使 KM1、KT 线圈先后断电,电动机 M 全压起动运行。

**2. Y-△减压起动控制**

正常运行时,三相定子绕组接成△形的三相异步电动机,常用Y-△减压起动。起动时,定子绕组先为Y联结,待转速升到接近额定转速时,再将定子绕组恢复△联结,使电动机进入全压

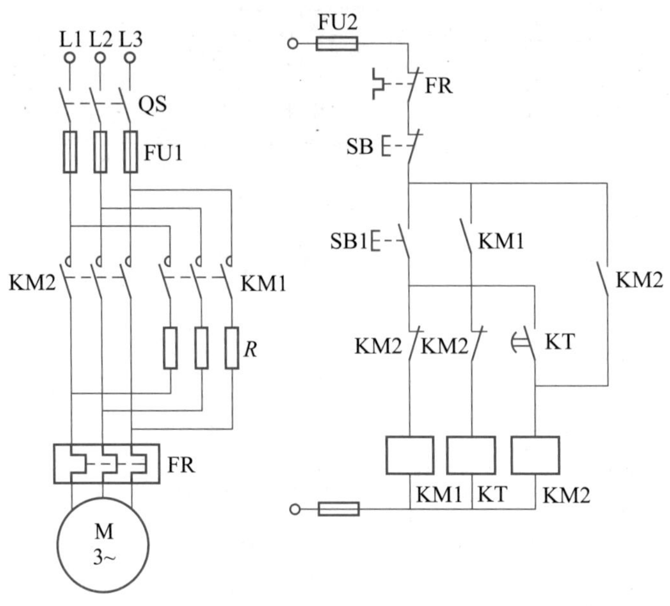


图 2-9　串电阻减压起动控制电路

运行。图 2-10 所示为时间继电器自动切换的Y-△减压起动控制电路。其工作过程是:合上电源开关 QS,按下起动按钮 SB2,接触器 KM1、KT、KM3 线圈同时通电并自锁,电动机三相定子绕组接成Y联结,接入三相交流电源进行减压起动,当电动机转速接近额定转速时,通电延时型时间继电器 KT 延时时间到,其延时断开的动断触点断开,使 KM3 线圈断电;同时,KT 延时闭合的动合触点闭合,使接触器 KM2 线圈通电吸合并自锁,定子绕组改接成△联结,电动机进入正

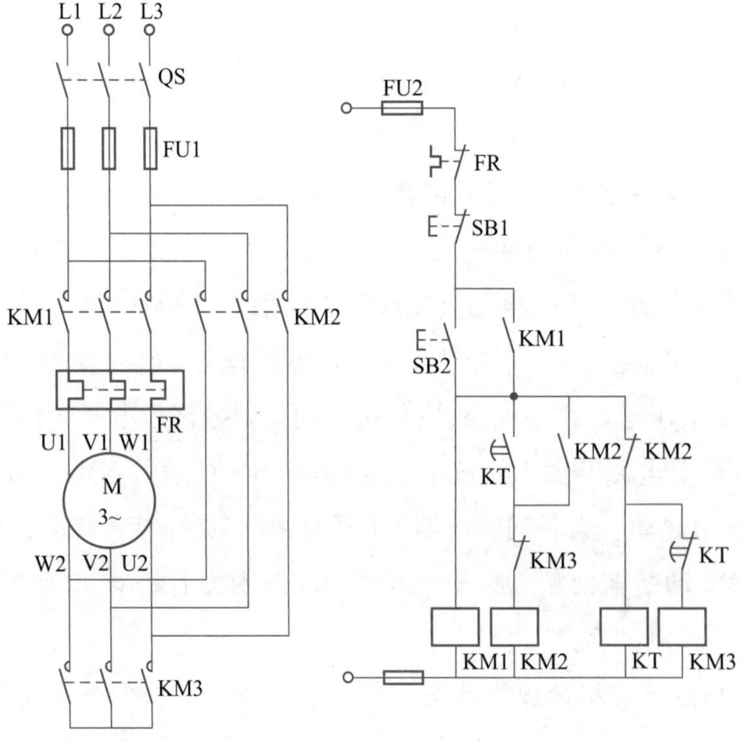


图 2-10　时间继电器自动切换的Y-△减压起动控制电路

常运行。KM2 线圈通电后，其动断辅助触点断开，使 KT 线圈断电，因此避免了 KT 长期工作。控制电路中，KM2 和 KM3 的动断辅助触点做电动机Y联结与△联结的互锁触点，确保 KM2 和 KM3 不会同时通电，否则会造成电源短路。

**3. 自耦变压器减压起动控制**

自耦变压器减压起动不受电动机接线形式的限制。电动机起动时，定子绕组会加上自耦变压器的二次电压；起动结束后，切除自耦变压器，定子绕组加上额定电压，使电动机全压运行。

图 2-11 所示为自耦变压器减压起动控制电路。工作过程是：合上电源开关 QS，HL1 亮，表明电源电压正常。按下起动按钮 SB2，KM1、KT 线圈通电并自锁，主触点闭合，电动机定子串自耦变压器减压起动，同时指示灯 HL1 灭，HL2 亮，显示电动机正进行减压起动。当电动机转速接近额定转速时，时间继电器 KT 通电延时闭合触点 KT(3,7)闭合，使中间继电器 KA 线圈通电并自锁，其触点 KA(4,5)断开，使 KM1 线圈断电，则 KM1 主触点将自耦变压器切除；KA 的另一触点 KA(10,11)断开，HL2 指示灯熄灭；而 KA(3,8)闭合，使 KM2 线圈通电吸合，使电动机在额定电压下进入正常运转，同时 HL3 指示灯亮，表明电动机减压起动结束。

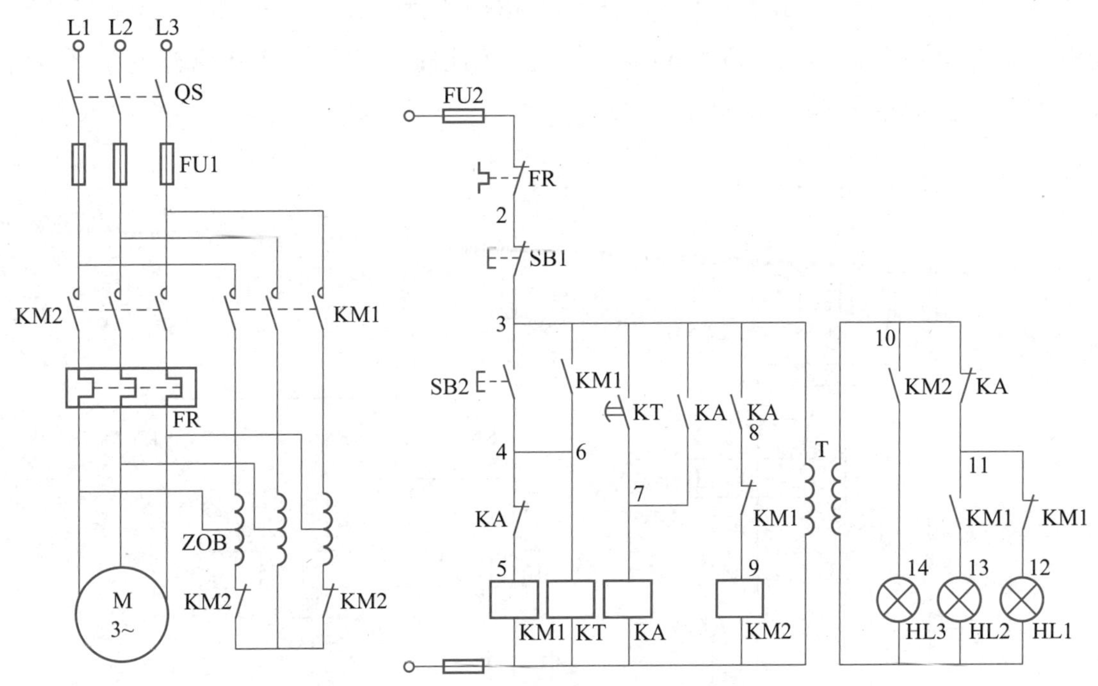


图 2-11　自耦变压器减压起动控制电路

值得注意的是，此电路在进入正常运行时，自耦变压器仍带电，这是它的不足之处。

**4. 延边三角形减压起动控制**

延边三角形减压起动控制方式为：在电动机起动时将其定子绕组连接成延边三角形，用以减小起动电流，待起动完毕再将定子绕组接成△联结全压运行。这种电动机共有 9 个出线端，各相绕组的出线端分别为：U1、U2、U3，V1、V2、V3 和 W1、W2、W3。其中，U1、V1、W1 为首端；U3、V3、W3 为尾端；U2、V2、W2 为各相绕组的抽头。延边三角形绕组的连接如图 2-12 所示，当 KM1、KM2 触点闭合，KM3 触点断开时，U2U3、V2V3、W2W3 接成一个三角形，三角形的各结点再经 U1U2、V1V2、W1W2 延伸出去，构成延边三角形接到电源上。当 KM2、KM3 触点闭合，KM1 断开时，U1U3、V1V3、W1W3 接成△联结连接到电源，即起动时将定子绕组的一部分连接成Y联结，而另一部分连接成△联结；在起动结束后，再换成△联结，使电动机在正常电压下运行。

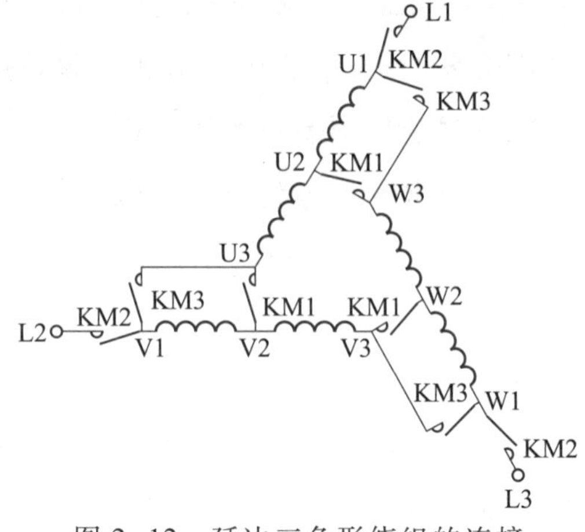

图 2-12　延边三角形绕组的连接

图 2-13 所示为延边三角形减压起动控制电路。KM1 为延边三角形连接接触器，KM2 为电路接触器，KM3 为△联结接触器，KT 为起动时间继电器。工作原理分析：接通三相电源开关 QS 后，按下起动按钮 SB2，线圈 KM1、KM2 和 KT 均得电，电动机定子绕组接成延边三角形减压起动。当延时时间到，KT 的动断触点断开，KM1 线圈失电释放；同时 KT 的动合触点闭合，KM3 线圈得电吸合并自锁，KM1 和 KM3 之间无电气互锁，此时电动机转入正常运行。当按下停止按钮 SB1 时，KM2、KM3 线圈失电，电动机停止运行。

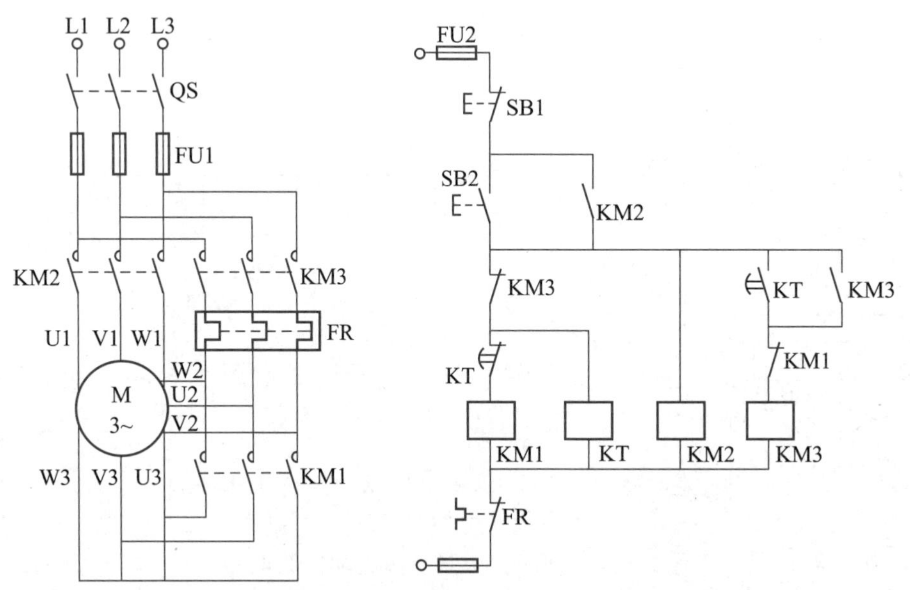

图 2-13　延边三角形减压起动控制电路

## 2.3　三相异步电动机的电气制动控制电路

由于惯性的作用，三相异步电动机从切断电源到完全停转总要经过一段时间。许多生产机械，如铣床、镗床和组合机床都要求迅速停车及准确定位，这就要求对电动机进行强迫停车，即制动。制动的方式一般有机械制动和电气制动两种。机械制动是利用电磁铁或液压操纵机械抱闸机构，使电动机快速停转的方法。电气制动实质上是使电动机产生一个与原转子的转动方向相反的制动转矩。常用的电气制动方法有能耗制动、反接制动、发电制动和电容制动等。

### 2.3.1 能耗制动控制

能耗制动是指电动机断开三相交流电源后，迅速给定子绕组接入直流电源，以产生静止磁场，起阻止旋转的作用，待转子转速接近零时，再切除直流电源，达到制动的目的。

能耗制动控制电路如图 2-14 所示。其工作过程是：合上电源开关 QS，按下起动按钮 SB2，KM1 线圈通电并自锁，电动机 M 起动运行。当需要停车时，按下停止按钮 SB1，KM1 线圈断电，切断电动机电源；同时，KM2、KT 线圈同时通电并自锁，将两相定子接入直流电源进行能耗制动。转速迅速下降，当接近零时，KT 延时到，其延时动断触点动作，使 KM2、KT 先后断电，制动结束。

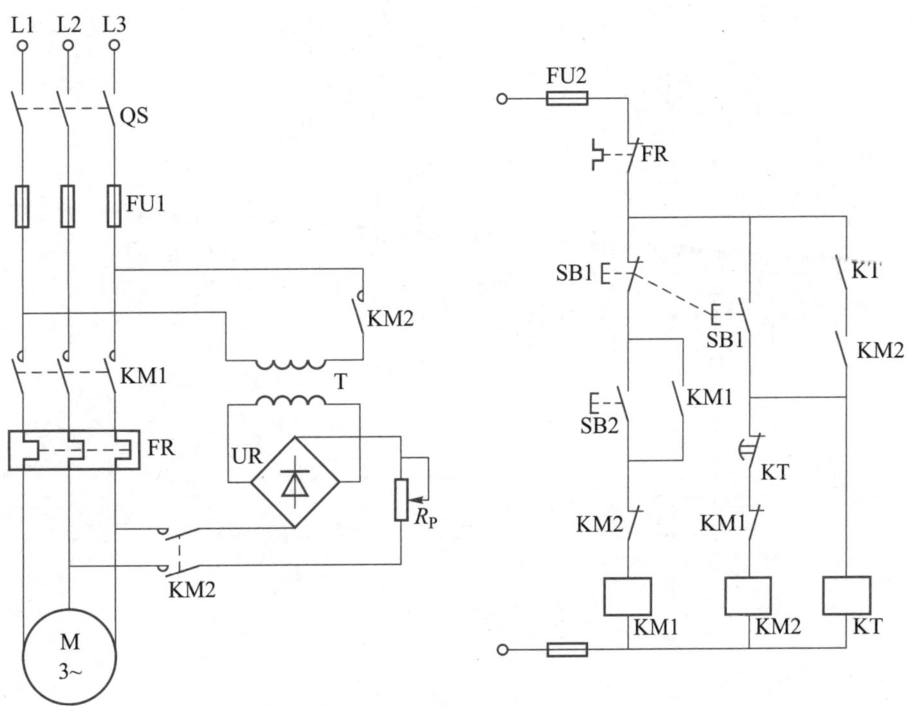


图 2-14　能耗制动控制电路

能耗制动的效果与通入直流电流的大小和电动机转速有关，在同样的转速下，电流越大，其制动时间越短。一般取直流电流为电动机空载电流的 3～4 倍，过大的电流会使定子过热。直流电源中串接的 $R_P$ 用于调节制动电流的大小。

能耗制动具有制动准确、平稳，能量消耗小等优点，但制动转矩小，故适用于要求制动准确、平稳的设备，如磨床、组合机床的主轴制动。

### 2.3.2 反接制动控制

反接制动是通过改变电动机三相电源的相序，使电动机定子绕组产生的旋转磁场与转子旋转方向相反，产生制动，使电动机转速迅速下降。当电动机转速接近零时应迅速切断三相电源，否则电动机将反向起动。为此采用速度继电器来检测电动机的转速变化，并将速度继电器调整在 $n>120$ r/min 时速度继电器触点动作，而当 $n<100$ r/min 时触点复位。

图 2-15 所示为电动机单向旋转反接制动控制电路。图中，KM1 为单向旋转接触器，KM2 为反接制动接触器，KS 为速度继电器，$R$ 为反接制动电阻。其工作过程是：合上电源开关 QS，按下起动按钮 SB2，KM1 线圈通电并自锁，电动机 M 起动运转，当转速升高后，速度继电器的动合触点 KS 闭合，为反接制动做准备。停车时，按下停止复合按钮 SB1，KM1 线圈断电，同时 KM2 线圈通电并自锁，电动机反接制动，当电动机转速迅速降低到接近零时，速度继电器 KS 的动合触点断开，KM2 线圈断电，制动结束。

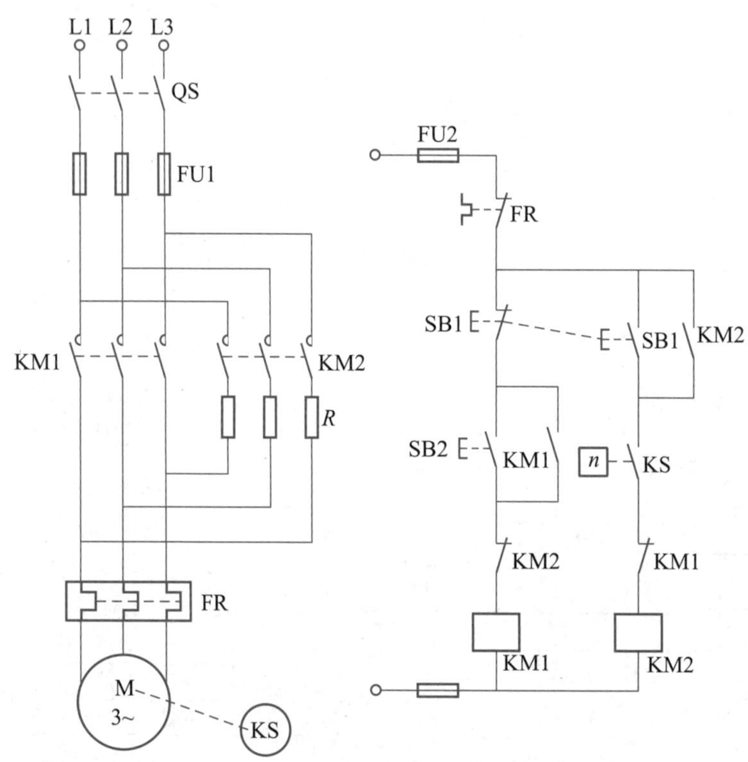


图 2-15 电动机单向旋转反接制动控制电路

反接制动时，由于制动电流很大，因此制动效果显著，但在制动过程中有机械冲击，故适用于不频繁制动、电动机容量不大的设备，如铣床、镗床和中型车床的主轴制动。

### 2.3.3 电容制动控制

电容制动是在切断三相异步电动机的交流电源后，在定子绕组上接入电容器，转子内剩磁切割定子绕组产生感应电流，向电容器充电，充电电流在定子绕组中形成磁场，磁场与转子感应电流相互作用，产生与转向相反的制动力矩，使电动机迅速停转。

电容制动控制电路如图 2-16 所示。其工作过程是：合上电源开关 QS，按下起动按钮 SB2，接触器 KM1 通电并自锁，KM1 主触点闭合，电动机起动运行。时间继电器 KT 线圈通电，其延时打开的动合触点闭合，为 KM2 通电做准备。停车时，按下停止按钮 SB1，KM1 线圈断电，触点复位，KM2 线圈通电，主触点闭合电容器接入定子电路，进行制动；同时时间继电器线圈断电进行延时，KT 延时时间到，KT 延时打开的动合触点断开，KM2 断电，电容器断开，制动结束。

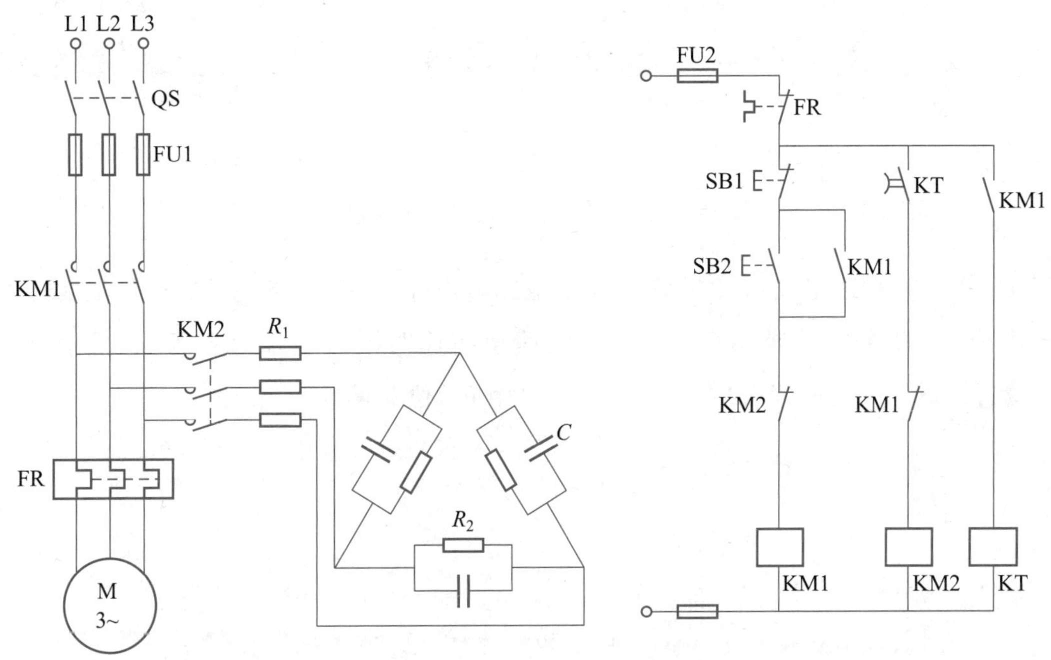


图 2-16　电容制动控制电路

## 2.4　三相异步电动机的调速控制

由三相异步电动机的转速 $n=60f_1(1-s)/p_1$ 可知，三相异步电动机调速方法有变磁极对数调速、变转差率调速和变频调速三种。而变磁极对数调速一般仅适用于笼型异步电动机，变转差率调速可通过调节定子电压、改变转子电路中的电阻，以及采用串级调速实现。变频调速是现代电力传动的一个主要发展方向，已广泛应用于工业自动控制中。本节只介绍三相笼型异步电动机的变极调速电路。

### 2.4.1　三相笼型异步电动机变极调速控制

变极调速通过接触器触点来改变电动机绕组的接线方式，以获得不同的磁极对数来达到调速的目的。变极电动机一般有双速、三速、四速之分，双速电动机定子装有一套绕组，而三速、四速电动机则装有两套绕组。图 2-17 所示为双速电动机三相绕组接线图,图 2-17a 所示为△(四极,低速)与YY(二极,高速)联结;图 2-17b 所示为Y(四极,低速)与YY(二极,高速)联结。

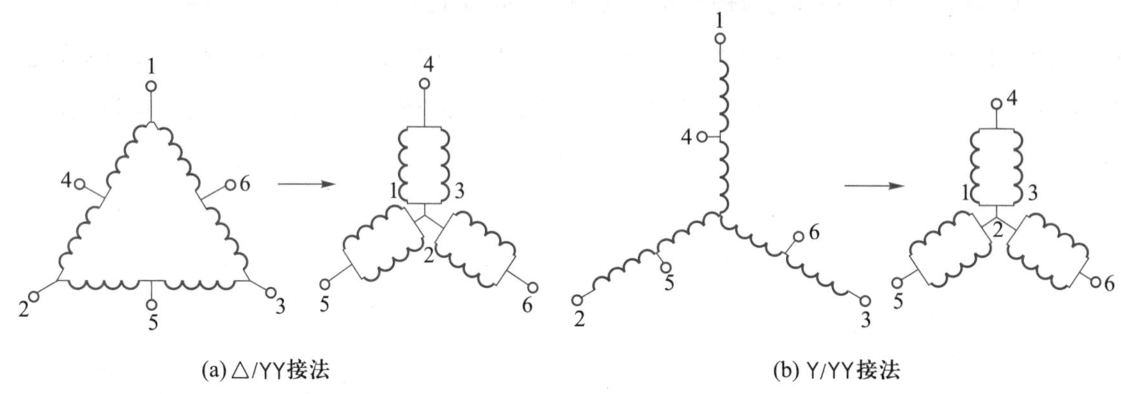


图 2-17 双速电动机三相绕组接线图

图 2-18 所示为双速电动机变极调速控制电路。图中,KM1 为电动机△联结接触器,KM2、KM3 为电动机双Y联结接触器,KT 为电动机低速换高速时间继电器,SA 为高、低速选择开关,其有三个位置,“左”位为低速,“右”位为高速,“中间”位为停止。

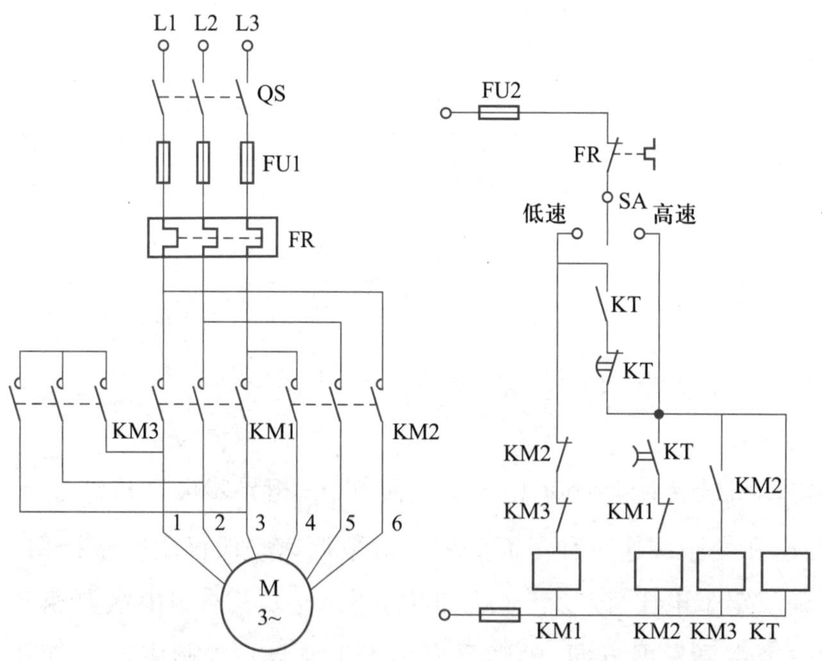


图 2-18 双速电动机变极调速控制电路

### 2.4.2 电路工作原理

如图 2-18 所示,合上电源开关 QS,将高、低速转换开关 SA 置于低速位置,此时电流路径为 FU2→FR→SA 低速转换开关→KM2、KM3 动断触点→使 KM1 线圈通电,其主触点闭合,使电动机绕组△联结低速运行。KM1 辅助动断触点打开使 KM2、KM3 线圈不能得电。

当将 SA 置于高速位置时，时间继电器 KT 线圈通电，KT 动合瞬动触点闭合，电流路径为 FU2→FR→SA→KT 延时打开的动断触点→KT 瞬动触点→KM2、KM3 动断→仍给 KM1 线圈通电，电动机仍低速运行。当 KT 延时时间到，KT 动断触点打开→使 KM1 线圈断电，低速运行结束。同时 KM1 的动断触点闭合，KT 延时动合闭合→使 KM2 线圈通电→辅助动合 KM2 闭合→KM3 线圈通电，此时电动机双Y联结，进入高速运行状态。

停车时，只需将 SA 置于中间位置即可。

## 2.5 电气控制电路中的保护措施

电气控制系统除了能满足生产机械加工工艺要求外，还应保证设备长期、安全、可靠地运行。因此，电气控制的保护环节是所有电气控制系统不可缺少的组成部分，利用它来保护电动机、电网、电气控制设备及操作人员人身安全等。

电气控制系统中常用的保护环节有短路保护、过载保护、零电压及欠电压保护和弱磁保护等。

**1. 短路保护**

当电动机、电气的绝缘，导线的绝缘损坏及电路发生故障时，都可能造成短路事故。很大的短路电流和电动力可能使电气设备损坏或发生更严重的后果，因此要求一旦发生短路故障，控制电路能迅速地切除电源。这种保护称为短路保护。常用的短路保护元件有熔断器和断路器等。

**2. 过载保护**

电动机长期过载运行，绕组温升将超过其允许值，造成绝缘材料变脆，寿命缩短，严重时还会使电动机损坏。过载电流越大，达到允许温升的时间就越短。常用的过载保护元件是热继电器。由于热惯性的原因，热继电器不会受电动机短时过载冲击电流或短路电流的影响而瞬时动作，所以在使用热继电器作过载保护的同时，还必须有短路保护。作短路保护的熔断器熔体的额定电流不能大于 4 倍热继电器发热元件的额定电流。

**3. 过电流保护**

过电流保护广泛用于直流电动机或绕线转子异步电动机。对于三相笼型异步电动机，由于其短时过电流不会产生严重后果，故可不设置过电流保护。

过电流保护往往是由于不正确的起动和过大的负载引起的，一般比短路电流要小，在电动机运行时产生过电流比发生短路的可能性更大，尤其是在频繁正反转起动的重复短时工作制电动机中更是如此。直流电动机和绕线式转子异步电动机控制电路中，过电流继电器也起着短路保护的作用，一般过电流的动作值为起动电流的 1.2 倍。

虽然短路保护、过载保护和过电流保护都是电流型保护，但由于故障电流、动作值、保护特性、保护要求，以及使用元件的不同，它们之间是不能互相取代的。

**4. 零电压及欠电压保护**

在电动机运行过程中，当电源电压（因某种原因）消失后重新恢复时，如果电动机自行起动，将会损坏生产设备，也可能造成人身事故。对于供电系统的电网，同时有许多电动机及其他用电设备自行起动会引起不允许的过电流及瞬间网络电压下降。为了防止电网失电后恢复供电时电动机自行起动的保护称为零压保护。

当电动机正常运行时，电源电压降低过多将引起一些电气元件释放，造成控制电路工作不正常，甚至发生事故。电源电压过低，如果电动机负载不变，则会造成电动机电流增大，引起电动机发热，甚至烧坏电动机。此外，电源电压过低还会引起电动机转速下降，甚至停转。因此，在电源电压降到允许值以下时，需要采取保护措施，及时切断电源，这就是欠电压保护。通常采用欠电压继电器，或设置专门的零电压继电器来实现欠电压保护。图 2-19 所示的中间继电器 KA 就是起零压保护作用的，欠电压继电器 KA2 是起欠电压保护作用的。

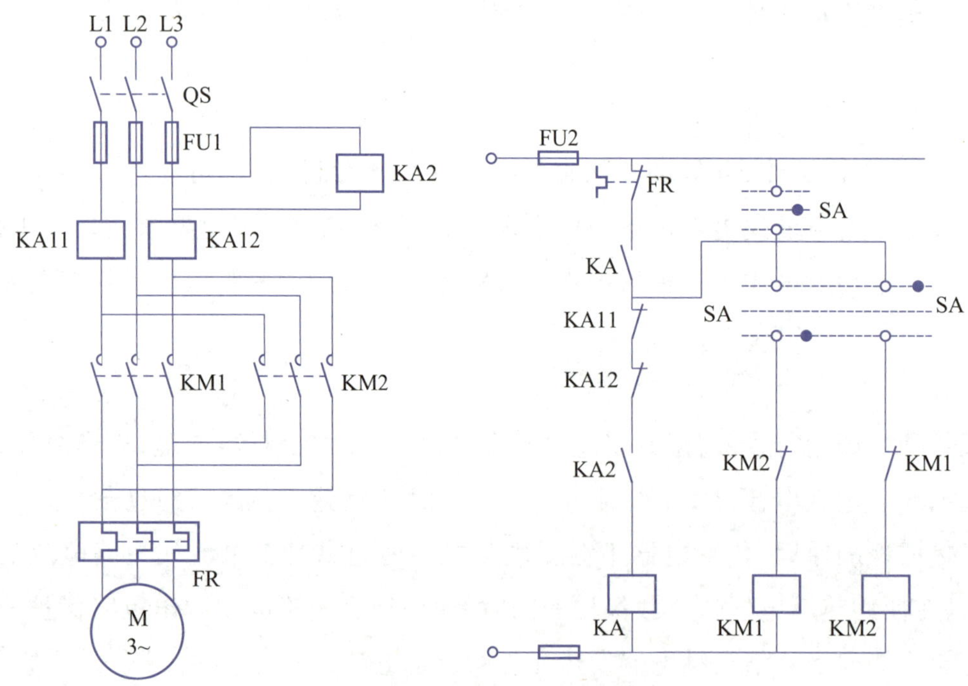


图 2-19　电气控制电路常用保护环节

在许多机床中不是用控制开关操作，而是用按钮操作，利用按钮的自动恢复作用和接触器的自锁作用，可不必另加零压保护继电器，电路本身已兼备了零压保护环节。

图 2-19 所示为电气控制电路常用保护环节，当然，有时并不一定全部需要这些保护环节。但短路保护、过载保护和零压保护一般是不可缺少的。

图中各电气元件所起的保护作用分别是：

短路保护——熔断器 FU1 和 FU2；

过载保护——热继电器 FR；

过电流保护——过电流继电器 KA11、KA12；

零压保护——中间继电器 KA；

欠电压保护——欠电压继电器 KA2；

连锁保护——通过 KM1 和 KM2 互锁触点实现。

## 2.6 生产机械的电气控制系统

在学习了常用低压电器与继电器、接触器控制电路基本环节的基础上，下面将对生产机械的电气控制进行分析研究。本节从常用机床和小型冷库的电气控制入手，以期学会阅读、分析机床电气控制电路的方法；加深对典型控制环节的理解，学会其应用；了解机床的机械、液压和电气系统之间的紧密配合；学会从机床加工工艺出发，掌握各种典型机床的电气控制。为学习机床及其他生产机械的电气控制的安装、调试及维护等打下基础。

下面以两台典型机床和小型冷库的电气控制电路为例，分析其电气控制系统。

### 2.6.1 车床的电气控制

车床是应用极为广泛的金属切削机床，主要用于车削外圆、内圆、端面、螺纹和成形表面，也可安装钻头、铰刀或镗刀等进行加工。

**1. 卧式车床的主要结构及运动情况**

卧式车床主要由床身、主轴变速箱、交换齿轮箱、进给箱、滑板箱、滑板与刀架、尾架、光杠和丝杠等部分组成，如图 2-20 所示。

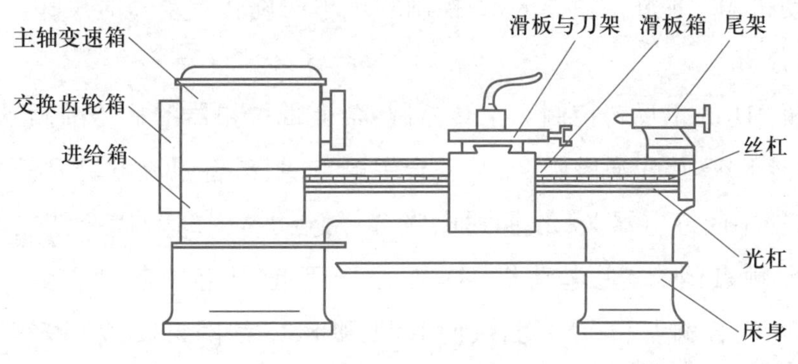


图 2-20 卧式车床的结构

车床的切削加工包括主运动、进给运动和辅助运动。主运动为工件的旋转运动，由主轴通过卡盘或顶尖带动工件旋转。进给运动为刀具的直线运动，由进给箱调节加工时的纵向和横向进给量。辅助运动为刀架的快速移动及工件的夹紧和松开等。

**2. 车床对电气控制的要求**

（1）主拖动电动机采用三相笼型异步电动机，为满足调速要求采用机械变速。

（2）车削螺纹时，主轴要求正、反转。对于小型车床，主轴正反转由拖动电动机正反转来实现；当主轴电动机容量较大时，主轴的正反转则靠摩擦离合器来实现，电动机只作单方向旋转。

（3）一般中小型车床的主轴电动机均采用直接起动。当电动机容量较大时，采用Y-△减压起动。停车时为实现快速停车，一般采用机械或电气制动。

（4）车削加工时，刀具与工件温度高，需用切削液进行冷却，为此设有一台冷却泵电动机，拖动冷却泵输出切削液，且与主轴电动机有着连锁关系，即冷却泵电动机应在主轴电动机起动后方可选择是否起动；当主轴电动机停止时，冷却泵电动机便立即停止。

（5）为实现溜板箱的快速移动，溜板箱由单独的快速移动电动机拖动，采用点动控制。

（6）电路应具有必要的保护环节和安全可靠的照明及信号指示。

**3. C650 型车床的电气控制**

图 2-21 所示为 C650 型卧式车床的电气控制原理图。根据 C650 车床运动及加工需要，共采用三台三相笼型异步电动机拖动，即主电动机 M1、冷却泵电动机 M2 和快速电动机 M3。

1）主电路的分析

QS 为低压断路器，FU1 为主电动机 M1 的短路保护用熔断器，FR1 为 M1 的过载保护用热继电器，*R* 为反接制动限流电阻，限制反接制动时的电流冲击，防止在点动时连续起动电流造成电动机的过载，通过电流互感器 TA 接入电流表来监视主电动机的线电流。KM1、KM2 分别为主电动机正、反转接触器，KM3 为主电动机制动限流接触器。

冷却泵电动机 M2 通过接触器 KM4 控制实现单向连续运转。

快速移动电动机 M3 通过接触器 KM5 控制实现单向旋转点动短时工作。

2）控制电路分析

（1）主电动机 M1 的正反转控制。正转控制：合上带脱扣器的低压断路器 QS，按下正转起动按钮 SB3，接触器 KM3 首先通电吸合，其动合主触点闭合，将限流电阻 *R* 短接。同时 KM3 动合辅助触点闭合，使中间继电器 KA 线圈通电吸合，触点 KA(13,9)闭合使接触器 KM1 线圈通电吸合，其动合主触点闭合，主电动机 M1 在全压下正向直接起动。由于 KM1 动合触点(15,13)闭合和 KA 动合触点(7,15)闭合，使 KM1 和 KM3 线圈自锁，M1 获得正向连续运转。

反转控制与正转控制相类似，请读者自行分析。

（2）主电动机 M1 的点动控制。机床对刀调整时，要求主轴电动机 M1 点动控制。此时合上电源开关 QS，按下点动按钮 SB2，KM1 线圈通电吸合，KM1 主触点闭合，M1 定子绕组经限流电阻 *R* 与电源接通，M1 正转减压点动。松开点动按钮 SB2，KM1 线圈断电释放，KM1 主触点复

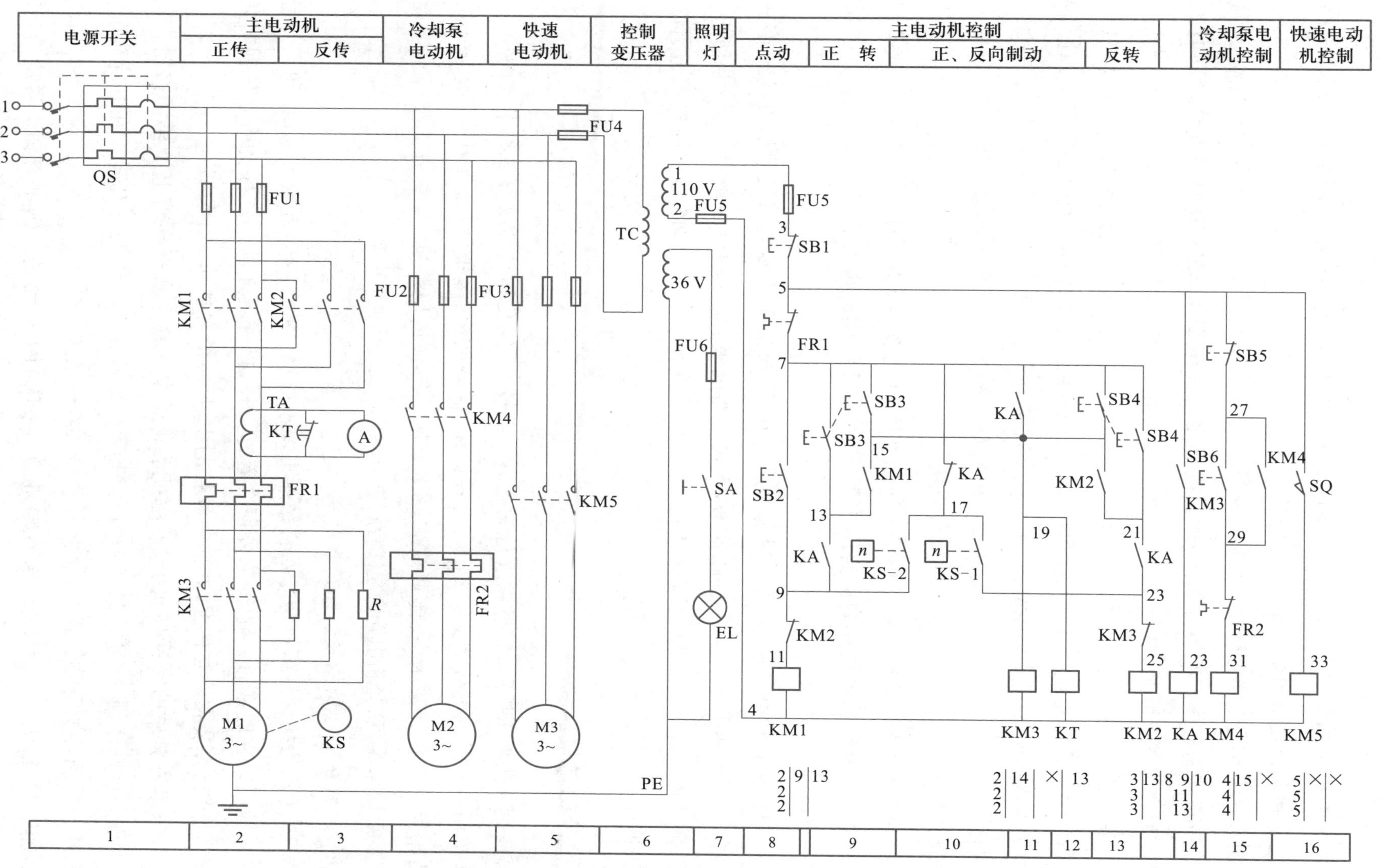


图 2-21　C650 型卧式车床的电气控制原理图

位从而实现点动控制。

(3) 主电动机 M1 的停车制动控制。主电动机停车时采用反接制动控制，反接制动电路由正反转可逆电路和速度继电器组成。

正转制动：当 M1 正转运行时，接触器 KM1、KM3 和 KA 线圈通电吸合，KS 的动合触点 KS-1闭合，为正转制动作好准备。如需停车，按下停止按钮 SB1，KM3、KM1、KA 线圈同时断电释放。KM3 动合主触点断开，电阻 $R$ 串入电动机定子电路，KA 动断触点(7,17)复位闭合，KM1 动合主触点断开，断开正相序三相交流电源。此时电动机以惯性高速旋转，KS-1(17,23)仍处于闭合状态。当松开停止按钮 SB1 时，SB1 触点(3,5)复位闭合，使反转接触器 KM2 线圈通电吸合，电动机串入电阻接入反相序电源，进行正转反接制动，电动机转速迅速下降，当速度继电器 KS 转速低于 100 r/min 时，KS-1 断开，使 KM2 线圈断电释放，反接制动结束。

反转制动与正转制动相似，请读者自行分析。

(4) 冷却泵电动机 M2 的控制。由停止按钮 SB5、起动按钮 SB6 和接触器 KM4 构成冷却泵电动机 M2 单向旋转起动停止控制电路。按下 SB6，KM4 线圈通电并自锁，M2 起动旋转；按下 SB5，KM4 线圈断电释放，M2 停车。

(5) 刀架快速移动电动机 M3 的控制。刀架快速移动是通过转动刀架手柄带动行程开关 SQ 来实现的。当手柄压下 SQ 时，接触器 KM5 线圈通电吸合，其动合主触点闭合，电动机 M3 起动运行，拖动溜板箱与刀架作快速移动；松开刀架手柄，SQ 复位，KM5 线圈断电释放，M3 停车，刀架快速移动结束。

### 2.6.2 钻床的电气控制

钻床是一种孔加工机床，它可以进行钻孔、扩孔、铰孔、镗孔和攻螺纹等多种形式的加工。

钻床按用途和结构可分为立式钻床、台式钻床、摇臂钻床、多轴钻床、深孔钻床、卧式钻床及专用钻床等。在各类钻床中，摇臂钻床操作方便、灵活，适用范围广，具有典型性。下面以 Z3040 型摇臂钻床为例，分析其电气控制系统。

**1. 摇臂钻床的主要结构及运动情况**

图 2-22 所示为摇臂钻床结构。摇臂钻床主要由底座、内外立柱、摇臂、主轴箱和工作台等组成。内立柱固定在底座的一端，在它外面套着外立柱，摇臂可连同外立柱绕内立柱回转。摇臂的一端为套筒，套装在外立柱上，并借助丝杠的正、反转沿立柱作上下移动。

主轴箱安装在摇臂的水平导轨上，可通过手轮操作使其在水平导轨上沿摇臂移动。加工时，根据工件高度的不同，摇臂借助于丝杠可带着主轴箱沿外立柱上下升降。在升降之前，应将摇臂松开。当到达所需的位置时，摇臂可自动夹紧在立柱上。

钻削加工时，钻头一面旋转一面作纵向进给。钻床的主运动是主轴带着钻头做旋转运动。进给运动是钻头的上下运动。辅助运动是主轴箱沿摇臂水平移动、摇臂沿外立柱上下移动和

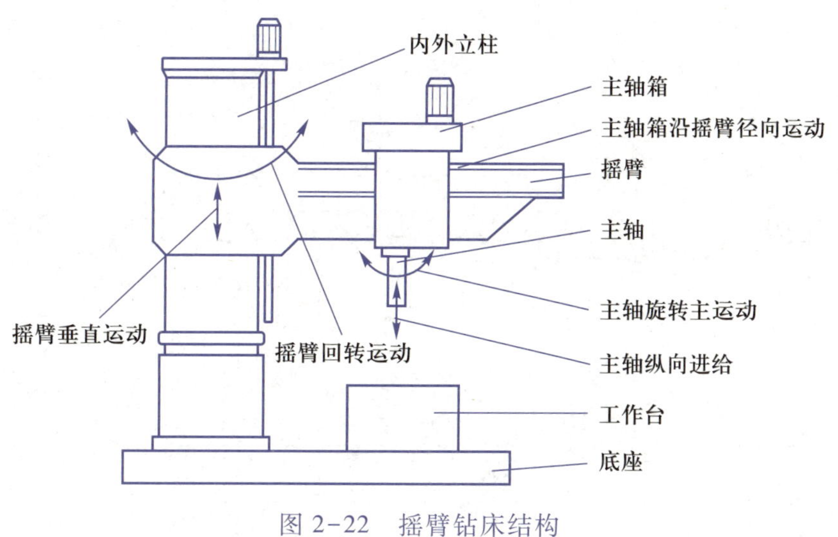

图 2-22　摇臂钻床结构

摇臂与外立柱一起绕内立柱的回转运动。

### 2. Z3040 型摇臂钻床的电气控制

图 2-23 所示为 Z3040 型摇臂钻床的电气控制原理图。

摇臂钻床共有 4 台电动机拖动。M1 为主轴电动机,钻床的主运动与进给运动皆为主轴的运动,均由电动机 M1 拖动,分别经主轴与进给传动机构实现主轴旋转和进给。主轴变速机构和进给变速机构均装在主轴箱内。M2 为摇臂升降电动机,M3 为液压泵电动机,用于调整立柱松紧,M4 为冷却泵电动机。

1）主电路

主电路三相交流电源由低压断路器 QS 控制。主轴电动机 M1 仅作单向旋转,由接触器 KM1 控制。主轴的正反转由机床液压系统操作机构配合摩擦离合器实现。摇臂升降电动机 M2 由正反转接触器 KM2、KM3 控制。摇臂升降是短时的,故不设过载保护。液压泵电动机 M3 拖动液压泵送出液压油实现摇臂的松开、夹紧和主轴箱的松开、夹紧,并由接触器 KM4、KM5 控制正反转。冷却泵电动机 M4 由开关 SA1 控制。

2）控制电路

（1）主轴电动机 M1 的正反转控制。起动时,按下起动按钮 SB2,KM1 线圈通电并自锁,KM1 主触点闭合,M1 全压起动运行。同时,KM1 动合辅助触点闭合,指示灯 HL3 亮,表明 M1 已起动,并拖动齿轮泵供出液压油,此时可操作主轴操作手柄进行主轴变速、正转、反转等的控制。

（2）摇臂升降及摇臂放松与夹紧的控制。摇臂不移动时,被夹紧在外立柱上,当需要摇臂移动时,须先松开夹紧机构,摇臂方可移动。当摇臂移动到所需位置,夹紧装置再自动将摇臂夹紧。本电路能自动完成上述过程。

摇臂升降电动机 M2 的控制电路是由摇臂上升按钮 SB3、下降按钮 SB4 及正反转接触器

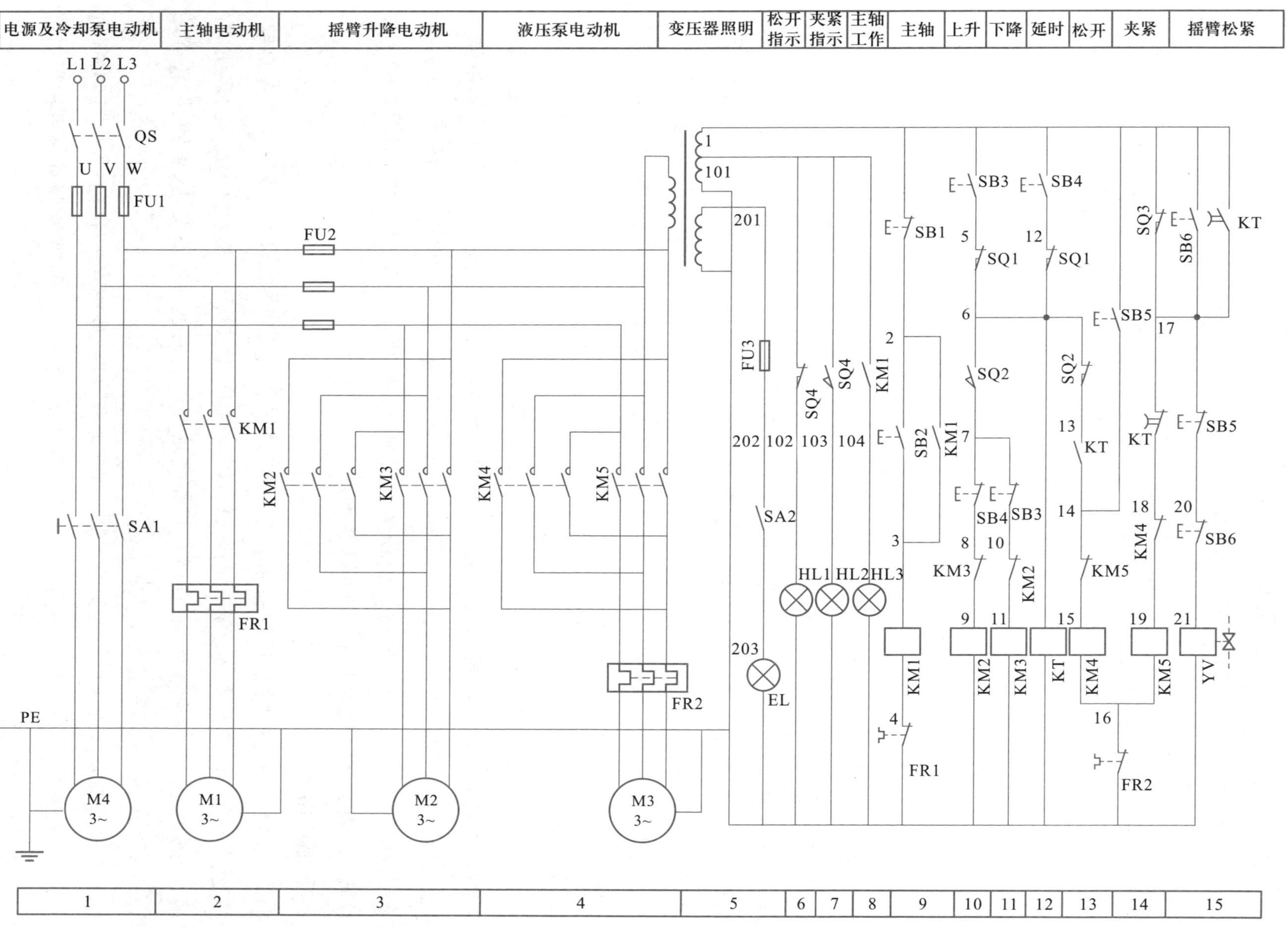


图 2-23 Z3040 型摇臂钻床的电气控制原理图

KM2、KM3 组成具有双重互锁功能的正反转点动电路。

液压泵电动机 M3 的正反转由正反转接触器 KM4、KM5 控制，M3 拖动双向液压泵，供出压力油，经二位六通阀送至摇臂夹紧机构实现夹紧与放松。下面以摇臂上升控制为例来分析摇臂升降及夹紧、放松的控制原理。

摇臂上升时，按下摇臂上升点动按钮 SB3，时间继电器 KT 线圈通电吸合，动合触点 KT(13,14)闭合使 KM4 线圈通电，KT 延时断开的动合触点 KT(1,17)闭合，使电磁阀 YV 线圈通电。于是 M3 正转起动旋转，拖动液压泵供出液压油，推动松开机构将摇臂松开。当松开到位，松开机构压下限位开关 SQ2，其动断触点 SQ2(6,13)断开，使接触器 KM4 断电释放，M3 停止旋转，摇臂处于松开状态；同时，SQ2 动合触点 SQ2(6,7)闭合，使 KM2 线圈通电吸合，电动机 M2 起动旋转，拖动摇臂上升。

当摇臂上升到位，松开上升按钮 SB3，KM2、KT 线圈断电释放，摇臂停止上升。断电延时继电器 KT 的延时闭合触点 KT(17,18)延时时间到而闭合，使 KM5 线圈通电吸合，液压泵电动机 M3 反转，KT 延时断开触点 KT(1,17)断开。液压泵送出液压油经另一条油路流入摇臂夹紧油腔，使摇臂夹紧。当摇臂夹紧后，触点 SQ3(1,17)断开，KM5 线圈断电释放，M3 停转，夹紧结束。

摇臂升降极限保护功能由 SQ1 来实现，SQ1 有两对触点，当摇臂上升或下降到极限位置时，相应动断触点断开，切断对应的上升或下降接触器 KM2 与 KM3 线圈电路，使 M2 停止，实现上升、下降的极限保护。

(3) 主轴箱与立柱的夹紧、放松控制。主轴箱在摇臂上的夹紧与放松，以及内外立柱之间的夹紧与放松，均采用液压操纵，且由同一油路控制，所以它们是同时进行的。工作时，要求电磁阀 YV 处于断电状态，松开由松开按钮 SB5 控制，夹紧由夹紧按钮 SB6 控制，并有松开指示灯 HL1、夹紧指示灯 HL2 指示其状态。

当按下 SB5 时，KM4 线圈通电吸合，M3 正转起动旋转，拖动液压泵送出液压油，使立柱和主轴箱同时松开。当立柱松开后，行程开关 SQ4 不再受压，其触点 SQ4(101,102)复位闭合，松开指示灯 HL1 亮，表明立柱与主轴箱松开，此时松开 SB5 按钮，便可转动主轴箱转动手轮，使主轴箱在摇臂水平导轨上移动；同时，也可推动摇臂同外立柱绕内立柱作回转运动。当移动到位时，按下夹紧按钮 SB6，KM5 线圈通电吸合，M3 反转拖动液压泵送出液压油至夹紧油腔，使立柱与主轴箱同时夹紧。当确已夹紧，压下夹紧行程开关 SQ4，触点 SQ4(101,102)断开，HL1 灯灭，触点 SQ4(101,103)闭合，HL2 亮，指示立柱与主轴箱均已夹紧，可以进行钻削加工。

(4) 冷却泵电动机 M4 的控制。冷却泵电动机由开关 SA1 手动控制，单向旋转。

**3. 电气控制电路常见故障分析**

Z3040 型摇臂钻床的控制是机、电、液的联合控制，这也是该机床的重要特点。下面仅以摇臂移动中的常见故障做一分析。

（1）摇臂不能上升。由摇臂上升的电气动作过程可知，摇臂移动的前提是摇臂完全松开，此时放松机构才压下限位开关 SQ2，接触器 KM4 线圈断电，液压泵电动机 M3 停止旋转，而接触器 KM2 线圈通电吸合，摇臂升降电动机 M2 起动旋转，拖动摇臂上升。下面就 SQ2 开关有无动作来分析摇臂不能移动的原因。

若 SQ2 不动作，常见故障为 SQ2 安装位置不当或位置发生移动。这样，摇臂虽已松开，但松开机构仍压不上 SQ2，致使摇臂不能移动。有时也会出现因液压系统发生故障，使摇臂没有完全松开，松开机构也压不上 SQ2。为此，应配合机械、液压系统调整好 SQ2 位置并安装牢固。

有时电动机 M3 电源相序接反，此时按下摇臂上升按钮 SB3，电动机 M3 反转，使摇臂夹紧，更压不上 SQ2，摇臂也不会上升。因此，机床大修或安装完毕后，必须认真检查电源相序及电动机正反转是否正确。

（2）摇臂移动后夹不紧。摇臂移动到位后，松开 SB3 或 SB4 按钮，摇臂应自动夹紧，而夹紧结束的状态是由限位开关 SQ3 来控制的。若摇臂夹不紧，说明摇臂控制电路能动作，只是夹紧力不够，这是由于 SQ3 动作过早，使液压泵电动机 M3 在摇臂还未充分夹紧时就停止旋转，这往往是由于 SQ3 安装位置不当，过早地被夹紧机构压上动作所致。

### 2.6.3 组合机床的电液控制

组合机床是以独立的通用部件为基础，配以部分专用部件组成的高效率专用机床。通常采用多刀、多面、多工位和多工序的加工方式，适用于小批、大批和大量生产企业，多用于加工大、中型箱体类工件，完成钻孔、扩孔、绞孔、镗孔，加工各种螺纹，车端面和凸台，在孔内镗各种形状槽，以及铣削平面和成型面等。

组合机床的通用部件有动力部分（如动力箱、动力滑台）、支撑部件（如床身、滑座和立柱）、输送部件（如回转工作台、回转鼓轮）、控制部件（如液压元件、控制板和按钮台），以及辅助部件（如机械扳手、润滑装置和加紧装置）。

组合机床的控制系统大多采用机械、液压（气动）和电气相结合的控制方式。其中，电气控制起中枢联结作用。因此，在学习组合机床的控制系统时，应注意分析机、电、液或气之间的相互关系。

本节以由两个 HY 型液压动力滑台和固定式夹具组成的卧式双面单工位组合机床为例进行分析。

**1. 双面单工位组合机床的结构及工作循环**

本机床是由两个 HY 型液压滑台、动力箱、固定式夹具、底座、床身和液压站等部件组成，如图 2-24 所示。

组合机床可完成“半自动”和“调整”两种工作循环。半自动工作循环如图 2-25 所示。加工时，将工件放在工作台上并夹紧，工件夹紧后，发出加工指令，左、右滑台开始快进，当接近加

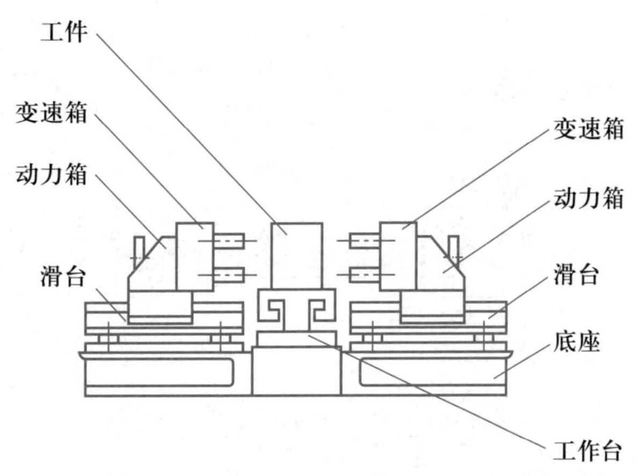

图 2-24　双面单工位组合机床结构示意图

工位置时，左、右滑台变为工作进给，直至终点后再快退返回，至原位后左、右滑台分别停止，并将工件松开取下，工作循环结束。

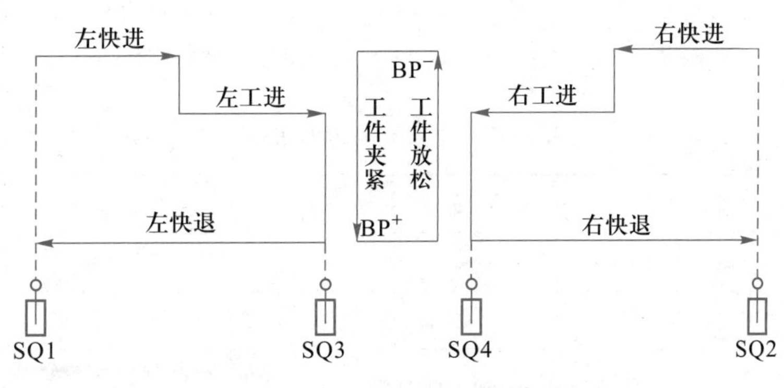

图 2-25　半自动工作循环

**2. 双面单工位组合机床液压系统**

图 2-26 所示为双面单工位组合机床的液压系统图，由于左、右液压滑台工作油路相同，所以图中只画出一个液压滑台的油路。液压元件动作情况见表 2-1。

液压系统工作过程如下（图 2-27）：

（1）工件夹紧液压泵电动机起动后，按 SB5 按钮发出工件夹紧信号，使电磁阀 YV5 得电，二位四通阀 5 右位工作，液压油经阀 3、单向阀 4 进入夹紧液压缸 7 的左腔，而右腔回路至油箱，工件夹紧。当夹紧到位后压力继电器 KP 动作，表示工件已夹紧。

（2）快速前进。液压泵电动机起动后，按 SB3 按钮，发出滑台快速移动信号，电磁阀 YV1（YV3）得电，三位五通阀 10 左位工作，使液控阀 13 左位工作，接通工作油路，液压油经行程阀 15 进入进给液压缸 18 左腔，而右腔回油经过阀 13、阀 14、阀 15 再进入液压缸 18 左腔，使滑台向前快速移动。

（3）工作进给。液压滑台快速移动到接近加工位置时，滑台上挡铁压下行程阀 15，切断液压油通路，液压油只能通过调速阀 17 进入进给液压缸 18 左腔，减少进油量，降低滑台移动速度，

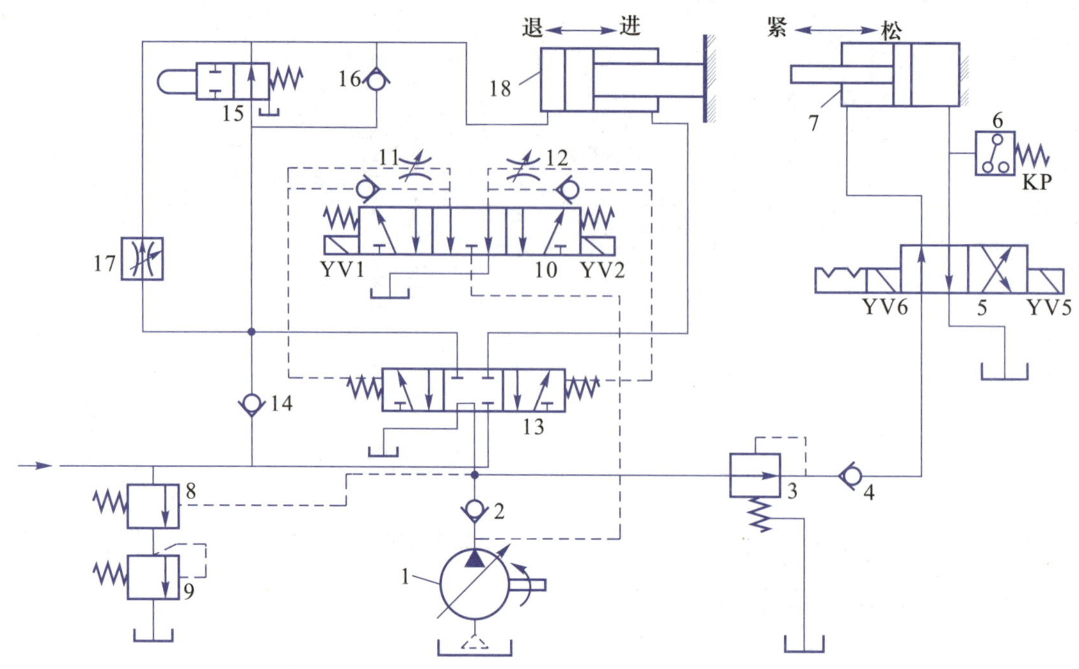


图 2-26 双面单工位组合机床的液压系统图

表 2-1 液压元件动作情况

| 工步 | YV1 | YV2 | YV3 | YV4 | YV5 | YV6 | KP |
|---|---|---|---|---|---|---|---|
| 原位 | — | — | — | — | — | (+) | — |
| 工件夹紧 | — | — | — | — | + | — | + |
| 滑台向前 | + | — | + | — | (+) | — | + |
| 滑台向后 | — | + | — | + | (+) | — | + |
| 工件松开 | — | — | — | — | — | + | — |

滑台转为工作进给。此时由于负载增加,工作油路油压升高,顺序阀 8 打开,液压缸 18 右腔回油不再经过单向阀 14 流入液压缸 18 左腔,而是经顺序阀 8 流回油箱。

(4) 快速退回。当滑台工进到终点时,压下终点行程开关 SQ3(SQ4),使电磁阀 YV1(YV3)断电,而电磁阀 YV2(YV4)得电,阀 10 右位工作,使液控阀 13 右位工作,液压油直接进入液压缸 18 右腔,使滑台快速退回。同时大腔内的回油经单向阀 16、阀 13 直接流回油箱。当滑台快退回原位,压下行程开关,电磁阀 YV2(YV4)断电,液压阀回到中间位置,切断工作油路,滑台停止于原位。

(5) 工件松开。当滑台回原位停止后,按 SB6 按钮,使电磁阀 YV6 得电,二位四通阀 5 左位工作,改变油路的方向,液压油进入夹紧液压缸 7 左腔,右腔内的回油经阀 5 直接流回油箱,使工件松开,同时压力继电器 KP 复位。取下工件,一个工作循环结束。

### 3. 双面单工位组合机床电气控制

图 2-27 所示为双面单工位组合机床电气控制电路图。机床可完成“半自动”和“调整”两种工作循环,由转换开关 SA 进行选择。

(1) 电动机的控制。液压泵电动机 M3 由接触器 KM3 控制,左、右动力头电动机 M1、M2 分别由接触器 KM1、KM2 控制。当合上电源开关 QS,按下起动按钮 SB2,电动机 M1、M2、M3 起动。SB1 为停止按钮,SA1、SA2、SA3 分别为 M1、M2、M3 的单独调整开关。

(2) 半自动工作循环的控制装上工件,按下夹紧按钮 SB5,使夹紧电磁阀 YV5 得电,工件开始夹紧,夹紧后压力继电器 KP 动合触点闭合,为 KA5 得电做准备。注意,由于该电磁阀具有机械保持功能,虽然 SB5 按下后放开又使 YV5 断电,但电磁阀还处于夹紧工作位置。

工件夹紧后,再按向前按钮 SB3,KA5 得电,使左、右滑台的向前继电器 KA1、KA3 分别得电并自锁,同时分别接通向前电磁阀 YV1、YV3,左、右滑台快进。快进到压下各自的液压行程阀后转工进,进行加工。加工到各自终点,挡铁压下终点限位行程开关 SQ3、SQ4,切断 KA1、KA3,使 YV1、YV3 断电,同时 SQ3、SQ4 的动合触点又使左、右滑台的向后继电器 KA2、KA4 得电并各自自锁,分别接通向后电磁阀 YV2、YV4,使左、右滑台快退。退到原位,压下各自的原位行程开关 SQ1、SQ2,切断 KA2、KA4,使 YV2、YV4 断电,左、右滑台停止于原位。

当左、右滑台停止于原位后,SQ1、SQ2 的动合触点接通,为 YV6 得电做准备。此时,按下松开按钮 SB6,松开电磁阀 YV6 得电,松开工件,至此一个循环结束。取下工件,装上新工件,准备下一次加工。

(3) 调整工作循环的控制。将转换开关 SA 扳到“调整”位置,再操作开关 SA1~SA5,按相应按钮,进行各部件的单独调整。例如,不要动力箱电动机旋转且不装工件的情况下进行左滑台的单独调整方法是:断开开关 SA1、SA2 和 SA5,按下 SB2,液压泵电动机起动工作,再按下 SB3,进行左滑台的向前点动调整;按 SB4,进行左滑台的向后点动调整。同理,也可以进行右滑台的单独调整,请读者自行分析。

## 2.6.4 小型冷库的电气控制

冷库的制冷是依靠压缩机使制冷剂经过蒸发和冷凝的封闭循环来实现的。某小型冷库配有 22kW 压缩机式制冷机一台,采用水冷式冷凝器,相应配有冷却水泵一台和玻璃钢冷却塔一座,水泵电动机功率为 4 kW,冷却塔风机电动机功率为 1.1 kW,该小型冷库电气控制电路图如图 2-28 所示。

### 1. 主电路

M1 为冷却水泵电动机,M2 为冷却塔风机电动机,M3 为压缩式制冷机电动机。

三相交流电由自动开关 QS 引入,KM1 为电动机 M1 起动用接触器,FR1 为 M1 的过载保护继电器,FU1 为熔断器,作为电路的短路保护。KM2 为电动机 M2 的起动接触器,FR3 和 FU3 为

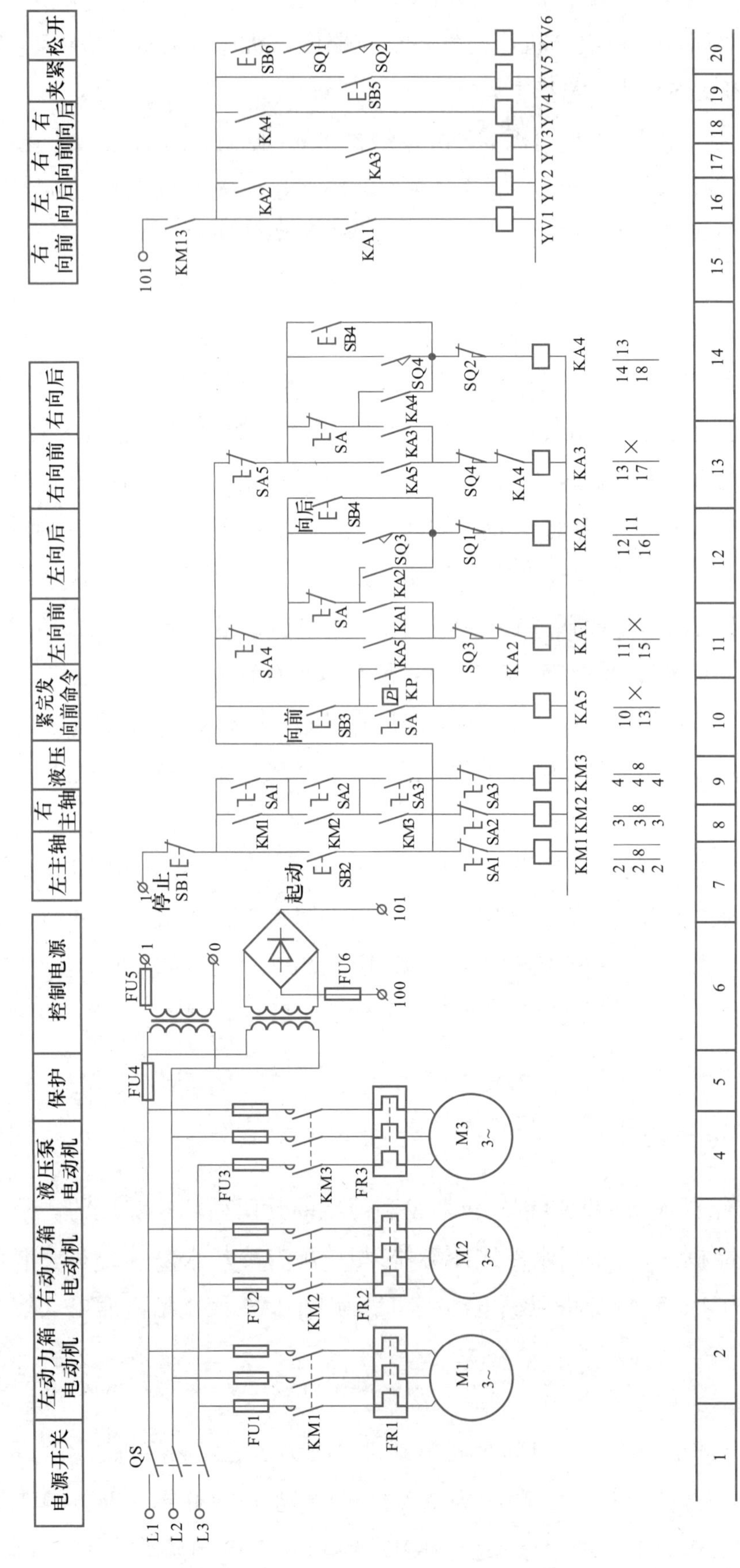


图 2-27 双面单工位组合机床电气控制电路图

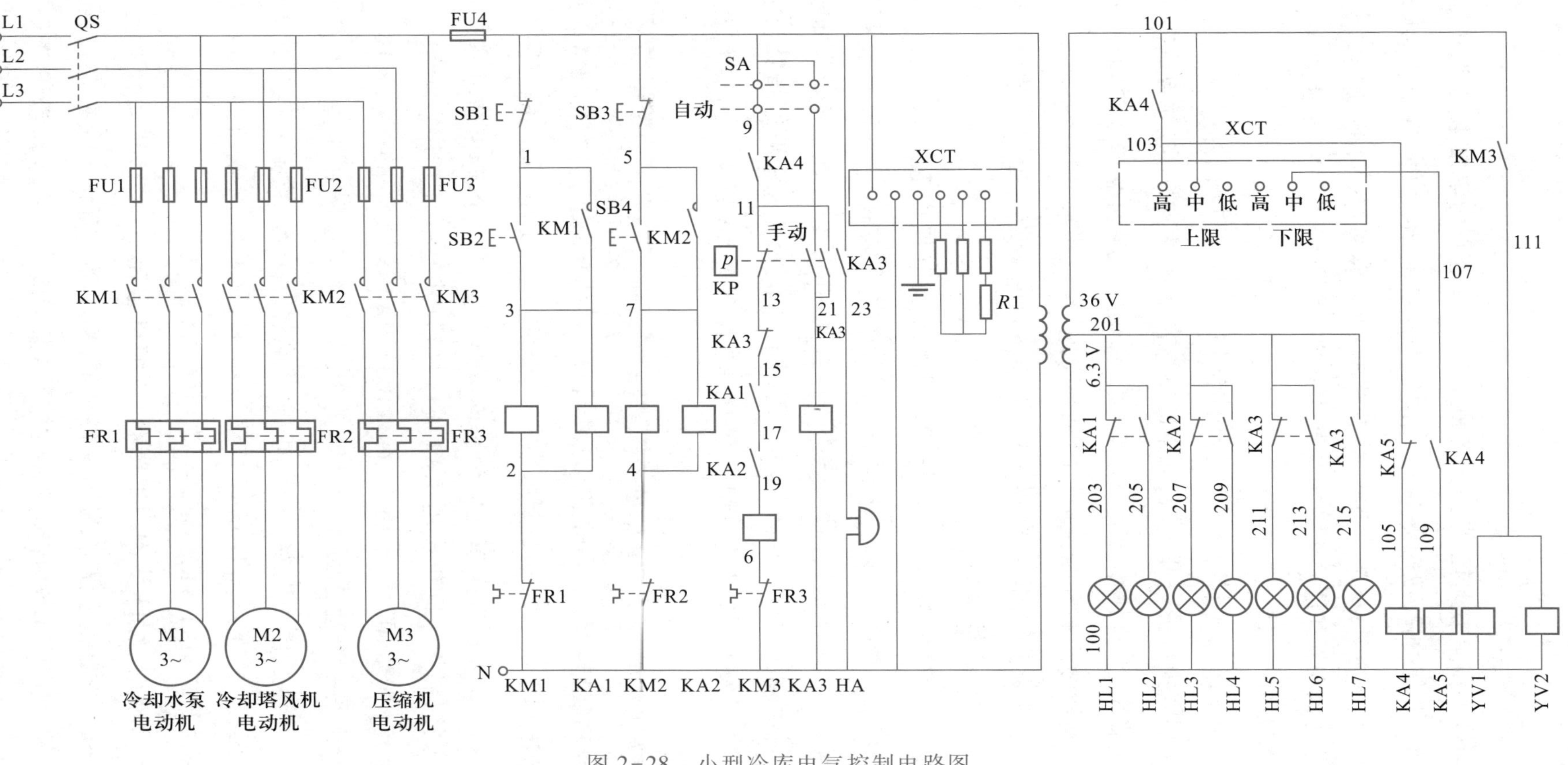


图 2-28　小型冷库电气控制电路图

M3 的过载和短路保护用电器。

**2. 控制、显示及报警电路**

冷却水泵电动机采用单方向控制电路，按钮 SB1、SB2 分别为水泵电动机 M1 的停车与起动控制开关。按下起动按钮 SB2，接触器 KM1 线圈通电并自锁，电动机 M1 通电，水泵工作。当需要停机时，按下停止按钮 SB1，接触器 KM1 线圈断电，主触点断开，M1 停车。

冷却塔风机电动机 M2 也是采用单方向控制电路，其中 SB3、SB4 分别为 M2 的起、停控制按钮，其电路和工作原理与水泵电动机相同。

冷库的核心设备是压缩式制冷机，其控制电路的原理与特点如下：

（1）开车顺序和联锁保护。开机后，如果冷凝器散热条件不好，会导致制冷剂温度及相应的压力过高而造成故障，为此制冷机组的开车顺序应该是先起动冷却水泵和冷却塔风机，然后才能起动压缩机。这样做也有利于保护压缩机。同理，若冷却水泵和冷却塔风机停止工作，压缩机也应停止运行。为此，将中间继电器 KA1、KA2 的动合触点与控制压缩机电动机的接触器 KM3 线圈串联，从而实现联锁保护。

（2）温度的控制。该冷库采用 XCT－122 型测温调节仪作温控器，其外部电路连接如图 2-28所示，外接电阻为感温元件，其阻值随库温升降而增大或减小，使测温调节仪内部的电桥电路失去平衡，仪表的动圈旋转并带动表头指针移动，在有温度刻度的表头面板上指示库内温度。表头动针与接线板上的“上限高”连接。表头面上的库内上限温度指针和下限温度指针分别与“上限中”和“下限中”短接。控制电路中的选择开关 SA 置于“自动”位置时，温控器失去作用。

冷库起动时，库内温度较高。首先将 SA 置于“手动”位置，在冷却水泵和冷却塔风机起动后，压缩机的起动控制回路为 L21→SA（手动）→KP（11，13）→KA3（13，15）KA1（15，17）→KA2（17，19）→KM3 线圈（19，6）→FR3 动断触点→N→KM3 线圈通电，其主触点闭合，使压缩机起动制冷，待库温降到等于上限温度指针的给定温度时，动针与上限温度指针接触，使“上限高”和“上限中”触点短接，温控中间继电器 KA4 通电自锁，其电路为 101→（上限中）→103（上限高）→KA5 动断触点（103，105）→KA4 线圈→100。KA4 线圈通电吸合，KA4 一个动合触点（101，103）实现自锁，另一个动合触点（9，11）闭合，为自动工作做好准备。还有一个动合触点（107，109）闭合，为 KA5 线圈通电做准备。此后，将选择开关 SA 置于“自动”位置，压缩机的起动与停止的控制（温控）过程为 L21→SA（自动，9）→KA4（9，11）→KP（11，13）→KA3（13，15）→KA1（15，17）→KA2（17，19）→KM3 线圈→FR3（6，N）。

KA4 动合触点闭合时，KM3 线圈通电吸合，压缩机运转制冷，KA4 动合触点断开，KM3 线圈断电，压缩机停机。在制冷过程中，随着库温下降，XCT 动针逐渐与上限温度指针脱离，并向下限移动，但由于 KA4（101，103）自锁，KA4 线圈仍保持吸合。直到库温下降至下限温度时，XCT 动针（上限高）与下限温度指针（下限中）接触，则运行电路为 101→KA4（101，103）→上限高→下限中(103,107)→KA4(107,109)→KA5 线圈→100。

此时 KA5 线圈通电吸合,其动断触点(103,105)断开,KA4 线圈断电,其动合触点(101,103)断开,自锁电路断开,KA5 线圈断电,KA4 动合触点(9,11)断开,KM3 线圈断电,压缩机停止运行。随着库温的逐渐升高,达到设定的上限温度时,XCT 又使温控继电器 KA4 线圈通电,便会重复上述温控电路的工作过程,使得库温始终维持在设定的上限与下限温度之间。

(3) 压力与过载保护。在制冷机组的制冷剂循环管路中装有压力继电器 KP。压缩机的吸排气压力正常时,KP 的动断触点(11,13)接通,动合触点(11,21)断开。当冷压力和排气压力过高或蒸发压力机吸气压力过低,达到压力继电器 KP 的整定值时,压力继电器的波纹管将触点(11,13)断开,触点(11,21)接通,这时中间继电器 KA3 线圈通电,动合触点(11,21)闭合自锁,动断触点(13,15)断开,KM3 断电,压缩机停止运行。动合触点(L21,23)闭合,报警电铃 HA 响,触点(201,215)闭合,报警灯 HL7 亮,直至故障排除。吸排气压力恢复正常时,压力机才能重新起动动作。断路器 QS 断开或 KA4 断电时(自动运行状态下),报警灯 HL7 熄灭,电铃 HA 停响。

当压缩机出现故障时,热继电器 FR3 的动断触点(6,N)断开,KM3 断电,压缩机停止运行。

(4) 供液自动控制。该冷库有两大组蒸发排管,从冷凝管流出的制冷剂的冷凝液经储液筒再分成两路向两大组排管供液,在这两条供液干管上分别装电磁阀 YV1、YV2,它们由 KM3 的辅助动合触点(101,111)控制,从而可随压缩机的开或停而自动开阀供液或自动关闭,以免蒸发器内储液过多,在压缩机重新起动时造成湿压缩。

(5) 信号显示。红色指示灯 HL1、HL3、HL5 与绿色指示灯 HL2、HL4、HL6 分别指示冷却水泵、冷却塔风机及压缩机的停止和正常运行,HL7 为压力故障指示灯。

## 习题 2

2-1 电动机点动控制电路与连续控制电路的关键环节是什么?其主电路上有何区别(从电动机保护的角度分析)?

2-2 何为互锁控制?实现电动机正反转互锁控制的方法有几种?它们的操作方式有何不同?

2-3 试找出图 2-29 电路中各种控制电路的错误,错误电路在工作时会出现何现象?应如何改正?

2-4 三相异步电动机反接制动与能耗制动有何特点?

2-5 试绘出两台三相异步电动机的顺序起动控制电路,起动时要求 M1 先起动后,M2 才可起动,停车时两台电动机同时停止。

2-6 试述 C650 型车床主轴电动机控制的特点。

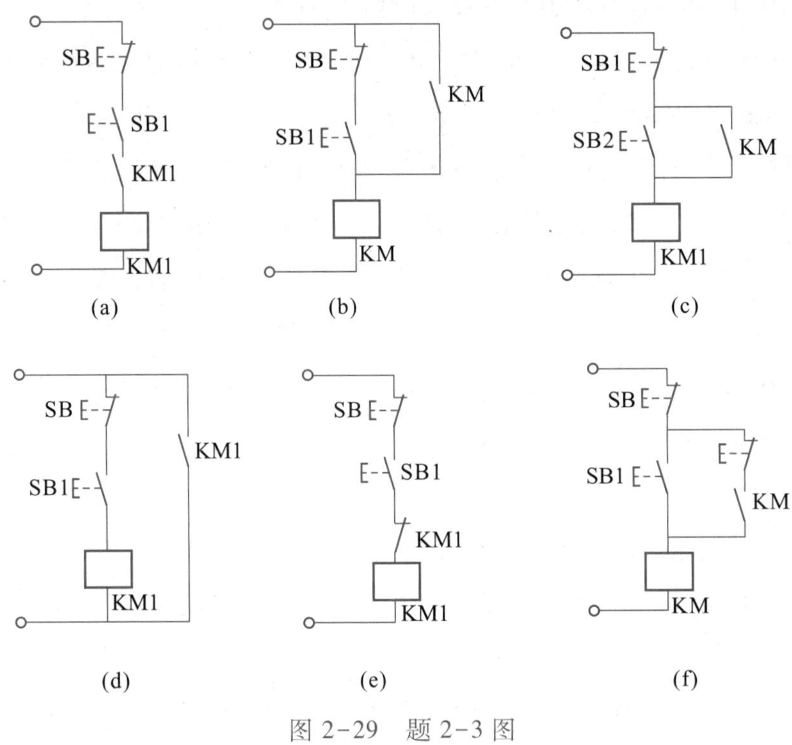


图 2-29　题 2-3 图

2-7　在 C650 型车床中若发生主轴电动机无反接制动,或反接制动效果差,试分析故障原因。

2-8　在 Z3040 型摇臂钻床电气控制电路中,行程开关的 SQ1~SQ4 的作用各是什么?

2-9　在 Z3040 型摇臂钻床电气控制电路中,KT 与 YV 各在什么时候通电动作,KT 各触点的作用是什么?

# 单元3　PLC的基本概况

## 3.1　PLC简介

### 3.1.1　可编程序控制器的产生和定义

可编程序控制器(Programmable Controller)简称PC,为了和个人计算机的简称PC区分开,所以现在仍沿用以前的简称PLC。

20世纪60年代末,美国通用汽车公司的生产线上,PLC取代了当时的继电器控制系统。那时的PLC只能用于执行逻辑判断、计时、计数等顺序控制功能,所以称为可编程序逻辑控制器(Programmable Logical Controller),简称PLC。

进入20世纪70年代,随着半导体技术及计算机技术的发展,PLC也采用微处理器作为中央处理器,输入、输出单元和外围电路也都采用了中、大规模甚至超大规模的集成电路,使PLC具有多种优点,形成了各种规格的系列产品,已成为一种新型的工业自动控制标准设备。这时的PLC已不再仅有逻辑判断功能,还同时具有数据处理、PID控制和数据通信功能,因此被改称为可编程序控制器,但仍简称为PLC。

1987年2月,国际电工委员会(IEC)在可编程序控制器的标准草案中做了如下定义:可编程序控制器是一种数字运算操作的电子系统,专为在工业环境应用而设计。它采用了可编程序的存储器,用于存储逻辑运算、顺序控制、定时、计数和算术运算等操作指令,并通过数字式和模拟式的输入输出,控制各种类型的机械或生产过程。可编程序控制器及其有关外围设备,都应按易于与工业控制系统连成一个整体、易于扩充其功能的原则设计。

### 3.1.2　PLC的功能及特点

#### 1. 可靠性高、抗干扰能力强

因为PLC是专为工业控制而设计的,所以除了对内部元器件进行严格地筛选外,在软件和硬件上都采用了许多抗干扰的措施,如屏蔽、滤波、隔离、故障诊断和自动恢复等,这些措施大大地提高了PLC的抗干扰能力和可靠性。另外,由于PLC采用循环扫描的工作方式,所以能在很大程度上减少软故障的发生。在一些高档的PLC中,还采用了双CPU模块并行工作的方式,即使它的CPU有一个出现故障,系统也能正常工作,同时还可以修复或更换有故障的CPU

模块;还有一些 PLC 不仅 CPU 是冗余的,内部系统中所有的模块也都是冗余的,这样就极大地增加了控制系统整体的可靠性。

**2. 编程方便、易于使用**

PLC 是面向现场应用的电子设备,所以一直延续使用梯形图语言编程。梯形图语言使用继电器控制系统的许多符号和规定,其形象直观、易学易懂。电气工程师和具有一定基础的技术操作人员都可以在短时间内学会,使用起来得心应手。这是和计算机控制系统的一个较大区别。

**3. 具有各种接口,与外部设备连接方便,适应范围广**

PLC 的产品已形成系列化、模块化。PLC 具有各种数字、模拟量的 I/O 接口,生产现场多种规格的直流或交流信号,数字量或模拟量的信号,都可以接入 PLC。在多数情况下,PLC 也可以直接与各种执行器(继电器、接触器和电磁阀等)连接。因此 PLC 能方便地进行系统配置,应用于规模不同、功能不同的控制系统中。

**4. 功能完善**

PLC 不仅有功能完善的管理程序,还有很多一起配合使用的硬件模块,这是一些具有特殊用途的功能模块,如脉冲输出模块、温度控制模块、PID 过程控制模块和凸轮控制模块等。这些模块的配合使用,扩大了 PLC 的控制功能和应用范围。

**5. 体积小、结构紧凑、功耗低**

PLC 的体积小、重量轻、功耗低,是理想的机电一体化产品的控制设备。

### 3.1.3 PLC 的应用与发展

**1. PLC 的应用**

随着不断地发展和完善,PLC 已广泛应用于机械制造、石化、冶炼、电力、轻纺、汽车、交通的自动控制和各种机电产品的生产中,其应用大致分为如下几类。

(1) 顺序控制和时序控制。这是 PLC 最早的一种应用方式,也是应用最广的领域,目前已经取代了继电器在顺序控制系统中的地位,例如,在各种生产、装配、包装流水线的控制,化工工艺过程的控制,印刷机械、食品加工,交通运输及电梯的控制等。

(2) 闭环过程控制。PLC 有各种软件及硬件模块,可方便地对工业生产过程中的温度、压力、流量、物位、成分等模拟量进行巡回检测及闭环控制。PLC 通过 PID 控制方式,可使控制系统达到最佳控制品质。

(3) 用于集散控制系统。PLC 具有较强的数据处理及通信功能,易于实现 PLC 之间,PLC 与计算机之间的通信,实现控制网络的各个工作站之间、上位机和下位机的通信,因此广泛使用于分散控制集中管理的集散控制系统中。

(4) 用于机械加工设备及机器人的控制。随着 PLC 数据处理速度的不断提高以及小型和微型 PLC 的发展,使 PLC 广泛应用于机械加工行业及机械设备和各种机器人的控制领域。

**2. 可编程序控制器的部分生产厂家及产品**

自 20 世纪 60 年代末,美国的通用汽车公司首先使用了 PLC 以后,世界各国都相继开发了自己的 PLC 产品,新的 PLC 生产厂家不断涌现,新的品种层出不穷。下面简单介绍国外较著名的 PLC 生产厂家及其产品。

1) 美国生产 PLC 的主要厂商

(1) 罗克韦尔自动化有限公司,它的 PLC 产品有适应单机和小型控制系统的 SLC-500 系列 PLC,以及适应大型控制系统的 PLC-5 型机。

(2) 通用电气公司,简称 GE,是世界上生产 PLC 最早的厂商之一,其主要的产品是 GE 系列 PLC。

(3) 德州仪器公司,简称 TI,其主要产品有 TI 系列 PLC,小型机有 TI 510、520 和 TI 315、325、330 等;中型机有 TI 425、435、530 和 5TI 等;大型机有 TI 560、565 等。

2) 德国生产 PLC 的主要厂商

(1) 西门子股份公司,其主要产品是 S 系列 PLC,其中小型机有 S5-100U;中型机有 S5-115U;大型机有 S5-135U、S5-155U。

(2) 施耐德电气有限公司,其产品主要有 TSX 系列(Neza、Micro)及 84 系列的 PLC 产品。

3) 日本生产 PLC 的主要厂商

(1) 三菱集团,其主要产品有 FX 系列小型机、AnS 和 A 系列模块式大型机,以及 Q 系列和 L 系列大型机。

(2) 欧姆龙集团,其主要产品有 SYSMAC C 系列大、中、小型 PLC,以及 α 系列和 CQM 系列产品等。

**3. PLC 的发展**

PLC 自问世以来,经过 50 多年的发展,已成为很多发达国家的重要产业,在国际市场已成为最受欢迎的工业控制产品。随着科学技术的发展及市场需求量的增加,PLC 的结构和功能在不断地改进,生产厂家不停地将功能更强的 PLC 推入市场,平均 3~5 年就更新一次。PLC 的发展方向主要有以下几个方面。

(1) 向体积更小、速度更快的方向发展。虽然现在小型 PLC 的体积已经很小,但是微电子技术及电子电路装配工艺的不断改进,会使 PLC 的体积变得更小,以便于嵌入到任何小型的机器和设备之中。同时 PLC 的执行速度也越来越快,从而保证了控制作用的实时性,可使系统的控制作用更加及时、准确。

(2) 向大型化、高可靠性、好的兼容性、多功能方向发展。现在的大型 PLC 向着容量大、智能化和通信功能强的方向发展,例如,I/O 点数达 14 336,32 位微处理器,多 CPU 并行工作,大容量存储器,扫描速度高速化等。

(3) 与其他工业控制产品的结合。在大型自动控制系统中，计算机和 PLC 在应用功能方面互相融合、互补、渗透，使控制系统的性价比不断提高。目前工业控制系统的趋势是采用开放式的应用平台，即网络、操作系统、监视及显示均采用国际标准或工业标准，如操作系统采用 UNIX、MS-DOS、Windows、OS/2 等，这样可实现不同厂家的 PLC 产品可以在同一个网络中运行。

### 3.1.4 PLC 的分类及性能指标

#### 1. PLC 的分类

目前，PLC 产品种类很多，其分类的方法主要有以下几种。

(1) 根据 PLC 的 I/O 点数和存储器容量分类，大体上可以分为大、中、小三个等级。

小型 PLC 的 I/O 点数小于 256，用户程序存储器容量小于 2 KB。有的 PLC 用步来衡量，一步占用一个地址单元，它表示 PLC 能存放多少用户程序。

中型 PLC 的 I/O 点数为 256~2 048，用户程序存储器容量一般为 2~8 KB。

大型 PLC 的 I/O 点数大于 2 048，用户程序存储器容量大于 8 KB。

(2) 按照结构形状分类，可分为整体式和模块式两种。

整体式(箱体式)PLC 如图 3-1 所示，将 PLC 的电源、中央处理器和输入输出部件集中配置在一起，有的甚至全部安装在一块印制电路板上，装在一个箱体内，通常称为基本单元。例如，FX0N 系列 PLC 整体式结构紧凑、体积小、重量轻且价格低，但因 I/O 点数固定，使用不灵活。小型 PLC 常使用这种结构。

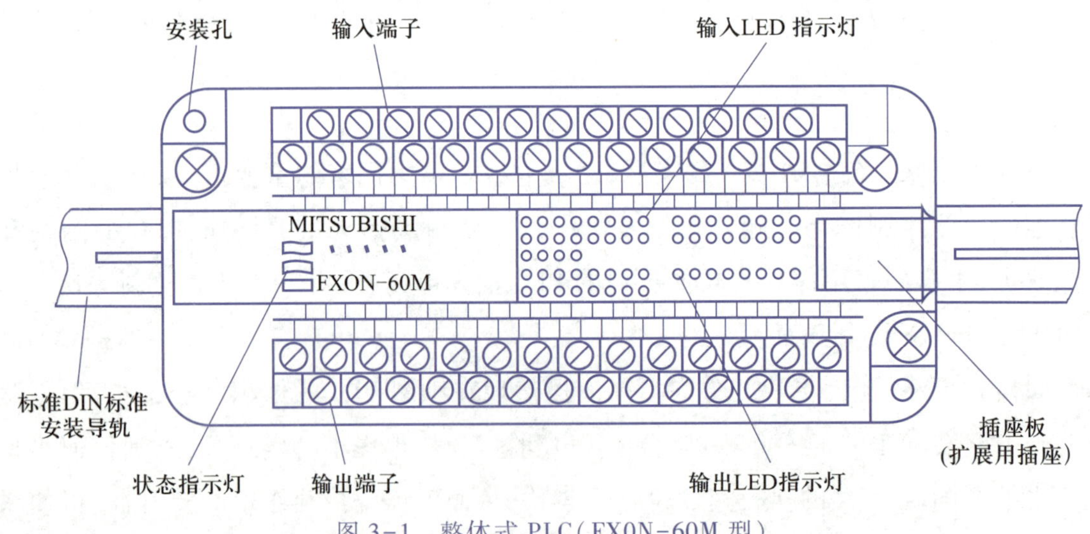


图 3-1 整体式 PLC(FX0N-60M 型)

模块式(积木式)PLC 如图 3-2 所示，它将 PLC 的各个部分以模块的形式分开，如电源模块、CPU 模块、输入模块和输出模块(I/O 模块)，把这些模块插入机架底板上，组装在一个机架内，这种结构配置灵活，装配方便，便于扩展。一般中型和大型 PLC 常采用这种结构。

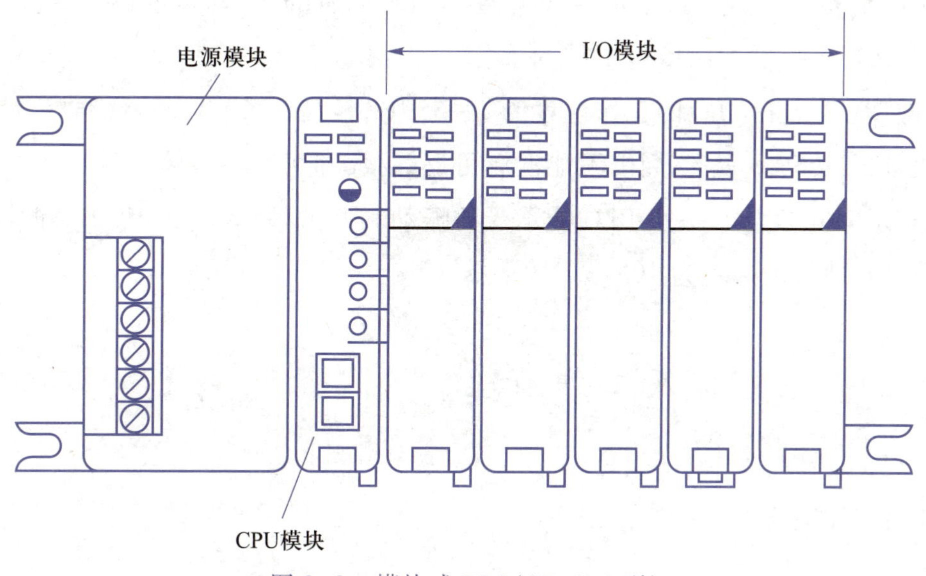

图 3-2　模块式 PLC(SZ-3/4 型)

(3) 按 PLC 功能的强弱分,可以大致分为低档 PLC、中档 PLC 和高档 PLC 3 种。

低档 PLC 具有逻辑运算、定时和计数等基本功能,有的还增设了模拟量的处理、算术运算和数据传送等功能,可以实现逻辑、顺序、计时和计数等控制功能。

中档 PLC 除了具有低档机的功能外,还具有较强的模拟量输入输出、算术运算、数据传送和通信联网等功能,可完成既有开关量又有模拟量的控制任务。

高档 PLC 除具有中档机的功能外,增设有带符号算术运算、矩阵运算等功能。高档机还具有模拟调节、联网通信、监视、记录和打印等功能,能用于远程控制、大规模过程控制,以及集散控制系统。

### 2. PLC 的主要性能指标

(1) I/O 点数。I/O 点数是指 PLC 的外部输入、输出端子数。PLC 的输入、输出有开关量和模拟量两种。对于开关量用最大的 I/O 点数表示,而对于模拟量则用最大的 I/O 通道数表示。

(2) PLC 内部继电器的种类和点数,包括辅助继电器、特殊的辅助继电器、定时器、计数器和移位寄存器等。

(3) 用户程序存储量。PLC 的用户程序存储器用于存储用户编入的控制程序,通常用 K 字(KW)、K 字节(KB)、K 位来表示。

(4) 扫描时间。扫描时间是指 PLC 执行一次解读用户逻辑程序所需的时间,一般情况下用一个粗略指标表示,即用每执行 1 000 条指令所需时间来估算该时间常以 ms 为单位。也有用 msk 字为单位表示的,如 20 msk 字表示扫描 1 K 字的用户程序需要的时间为 20 ms。

(5) 编程语言及指令功能。PLC 常用的语言有梯形图语言、助记符语言、逻辑图语言及某些高级语言等,目前使用最多的是前两种。不同的 PLC 具有不同的编程语言,PLC 的指令可分为基本指令和扩展指令。基本指令是各种类型的 PLC 都有的,主要是逻辑指令。不同厂家,不同型号的 PLC 其指令扩展的深度是不同的。

(6) 工作环境。一般 PLC 的工作温度为 0~55 ℃,最高为 60 ℃,储藏温度为-20~85 ℃;环境相对湿度要求为 5%~95%;周围不能混有可燃、易爆和腐蚀性气体。

(7) 耐振动、冲击性能。一般 PLC 能承受的振动和冲击频率为 10~55 Hz,振幅为 0.5 mm,振动加速度为 $2g$,冲击加速度为 $10g$($g$=10 m/s$^2$)。

## 3.2 PLC 的基本组成及工作原理

### 3.2.1 PLC 的基本组成

PLC 主要由中央处理单元(CPU),存储器(RAM、ROM),输入/输出单元(I/O),电源等组成,如图 3-3 所示。

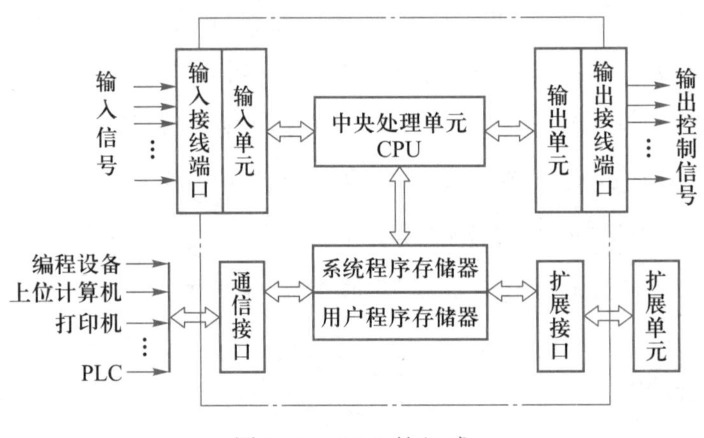


图 3-3 PLC 的组成

**1. 中央处理单元(CPU)**

中央处理单元是 PLC 的核心,主要采用通用微处理器、单片机,以及双极位片式微处理器,也有采用厂家自行设计的专用芯片。

一般小型 PLC 的 CPU 多采用单片机或专用 CPU,大型 PLC 多采用位片式结构。PLC 的档次越高,CPU 的位数也越多,系统处理的信息量越大,运算的速度越快,指令功能越强。CPU 完成的主要任务是从存储器中读取指令,执行指令,准备下一条指令,处理中断,输出控制信号。

**2. 存储器**

PLC 内部配有两种存储器:系统程序存储器和用户程序存储器。系统存储器用于存放 PLC 内部系统的管理程序,是由生产厂家编写并固化在 ROM 中的程序。用户程序存储器用于存放用户程序。用户程序是指 PLC 的使用者根据生产工艺和控制要求,采用 PLC 编程语言编写的程序,固化在 RAM 中,允许修改。

PLC 采用程序步衡量用户程序存储器的容量,一个程序步即是一个字(一般为两个字节),占一个地址单元。例如,一个内存容量为 1 000 步的 PLC,可知其内存为 2 KB。PLC 的指令不同,所占的程序步也不同,一般逻辑指令(如 LD、OR、LDI、AND 等)占一个程序步,一些功能强的指令所占的程序步也多一些(如 MCR 占两个程序步,MC 占三个程序步)。程序从第 0 步开始,根据不同的机型,可达 8 000~16 000 步。

**3. 输入/输出单元(I/O 单元)**

由于实际生产过程中的信号是多种多样的,控制系统所要配置的执行机构也有多种类型,而 PLC 的 CPU 所处理的信号只能是标准电平,为了使 PLC 能直接用于控制系统,必须设计I/O 单元。I/O 单元是 PLC 与被控对象间传递输入/输出信号的接口部件,在模块式 PLC 中采用的是模块式 I/O 部件。I/O 单元的作用还有电隔离和滤波等。有了 I/O 单元就可以将各种开关、按钮和传感器等直接接到 PLC 输入端,也可以将各种执行机构(如电磁阀、继电器、接触器等)直接接到 PLC 的输出端,它们可以是用直流、交流或高电压、低电压信号驱动的机构,也可以是用电流驱动的执行机构。

**4. 通信接口**

PLC 带有各种通信接口,用于和外部设备连接,实现通信功能,如连接编程器、打印机。同时,通信接口实现了 PLC 之间、计算机和 PLC 之间的通信功能,使 PLC 可以应用于各种类型的工业控制系统中。

**5. 扩展接口**

当 PLC 的硬件或软件资源不能满足需求时,PLC 通过扩展接口与外部专用设备连接,实现资源及功能扩展。如连接 I/O 模块实现 I/O 接口端扩展,连接模拟量的 I/O 模块、PID 过程控制模块、温度控制模块可实现 PLC 控制功能的扩展。

**6. 电源单元**

PLC 的供电电源一般为市电,也有用 24 V 电源供电的。PLC 对电源的稳定度要求不高,一般允许电源在电压额定值±(15%~10%)的范围内波动。其 CPU 单元和 I/O 单元由 PLC 内部的稳压电源供电,小型的 PLC 电源和 CPU 单元是一体的,中、大型的 PLC 都有专门的电源单元。有些 PLC 的电源部分还有 DC 24 V 输出,用于对外部传感器供电,但电流是毫安级。

**7. 编程设备**

编程设备是 PLC 最重要的外部设备。编程设备具有程序的输入、检查及修改功能,同时利用编程设备还可以对用户程序的执行过程进行监控。

专用编程设备有手持编程器和台式编程器两种。手持编程器有简单的操作键及小面积的液晶显示屏,可以完成用户程序输入、编辑、检索等功能,可以在线进行用户程序监控及故障检测,是现场使用的好工具,但由于体积小,其显示内容受限。台式编程器是一个装有全部所需软件的工业现场便携式计算机,程序编辑、管理的功能极强,可以把它挂在 PLC 网络上,对网络上各站进行监控、调试和管理。另外,在实验及科研场所广泛使用编程软件在计算机上编程。

### 3.2.2 PLC 的编程方式和语言

**1. PLC 的编程方式**

(1) 在线(联机)编程方式。编程器与 PLC 的在线(联机)编程方式,是将编程器与 PLC 的专用插座直接相连,或通过一个专用的接口相连,可以将用户程序直接写入到 PLC 的用户存储器中。也可以将程序先存在编程器的存储器中,然后再转入到 PLC 的用户存储器。这种编程方式有利于程序的调试和修改,并可以监视 PLC 内部器件(如定时器、计数器、触点等)的工作状态。例如,对 PLC 的内部器件实施强迫接通/断开、置位/复位命令,以及监控器件的功能是否正常。

(2) 离线(脱机)编程方式。编程器与 PLC 的离线编程方式,是先将程序存放于编程器的存储器中,在程序写入后与 PLC 连接,再将程序送到 PLC 的用户程序存储器中。离线编程不影响 PLC 的工作。

**2. PLC 的编程语言**

PLC 在编程语言方面的兼容性较差,不同厂家的 PLC 编程语言是完全不相同的。同一厂家不同系列的 PLC 其编程语言及规定也有差异,使用时要查阅 PLC 的编程手册。PLC 常用的编程语言有梯形图语言、指令语句表编程语言、逻辑图编程语言和高级语言等。

1) 梯形图语言

梯形图语言形象直观、逻辑关系明显、实用,是 PLC 使用最多的一种编程语言。图 3-4 所示为梯形图的构成。梯形图的构成说明如下:

(1) 编程软元件。梯形图中的输入继电器 X、输出继电器 Y、计时器 T、计数器 C 及辅助继电器 M 等都不是物理器件,它们是 PLC 内部存储器中的某个单元,也称“位”,是编程用的软元件。存储器的每一位都有其相应的地址。同一地址的某个软元件在梯形图中,有动合触点、动断触点和线圈三种表示形式。当存储器的某位为 1 时,表示相应的继电器线圈得电,或是相应的动合触点闭合、动断触点断开。编程软元件分为位元件和字元件,一个位元件是储存器中的一个单元,只能存放一位数据(0 或 1),如图 3-4 中的 X、Y、M。而一个字元件有 16 位,可以存放 16 位数据,如图 3-4 中的 D0、D2。

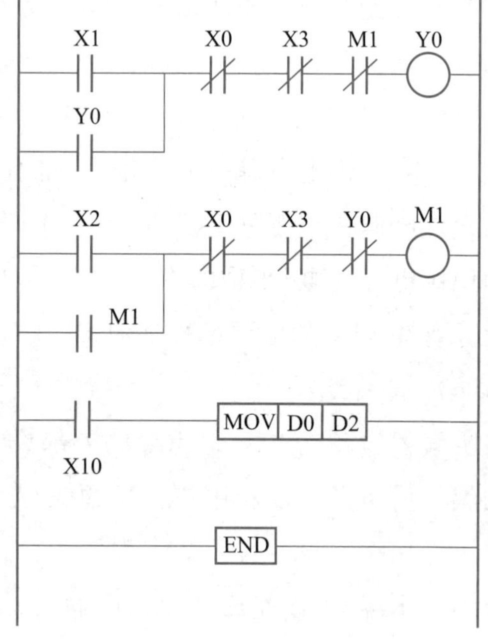


图 3-4 梯形图的构成

(2) 梯形图是形象化的编程语言。梯形图左右两端的母线是不接任何电源的,所以梯形图中没有任何物理电流流过,但分析解读梯形图时,可以假设有电流流过,当图 3-4 中的输入信号 X1 为 ON 时,线圈 Y0 得电(该线圈所带的动合触点闭合,动断触点断开),这个电流是一个概念电流,或称为假想电流。可认为左母线是电源的正极,右母线是电源的负极,所以概念电流从左向右流动,梯形图程序的执行顺序是从左到右,从上到下。概念电流是执行程序时满足输出执行条件的形象理解。

(3) 梯形图的梯级。一个梯形图可以由多个梯级组成,每个梯级可以有一个或多个支路,由一个输出元件(运算结果)构成,最右边的元件必须是输出元件,或者是执行一种操作(如功能指令 MOV)。一个梯形图梯级的多少,取决于控制系统的控制要求,但一个完整的梯形图至少应有两个梯级(含 END 语句)。另外,画梯形图时允许省略右母线。

2) 指令语句表编程语言

这种编程语言是一种和计算机汇编语言类似的助记符语言形式,它用一系列的操作指令组成的语句表将控制流程描述出来,并通过编程设备送到 PLC 中去。

指令语句表是由若干条语句组成的程序。语句是程序的最小独立单元。每个操作功能由一条或几条语句来执行。每一条语句由操作码、操作数两部分组成。操作码用助记符表示,如 LD、OR、LDI 等,用来说明要执行的功能(需要 PLC 完成的操作),如逻辑与、逻辑或、计时、计数和移位等。操作数一般由标识符和参数组成。标识符表示操作数的类别,如表明是输入继电器、输出继电器、计时器和计数器等。参数表明操作数的地址或一个预先的设定值。

3) 逻辑图编程语言

逻辑图编程语言如图 3-5 所示。国际电工协会(IEC)在实施和发展这种编程标准。现在不同的 PLC 生产厂家对这种编程语言所用的符号和名称也是不一样的。西门子公司称其为控制系统流程图编程语言。图 3-5 表示一个先与后或操作的逻辑图编程语言图。

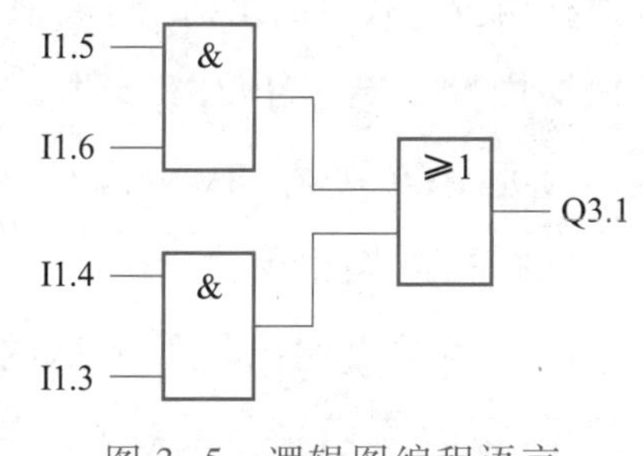

图 3-5 逻辑图编程语言

4) 高级语言

一些大、中型的 PLC 已开始使用高级语言进行编程,如 PASCAL 的专用语言,系统软件具有这种专用语言的自动编译程序。采用高级语言编程后,用户使用计算机不仅可以方便地编程,还可以进行 PID 过程控制、数据采集和处理,以及联网、组成复杂集散控制系统等。

### 3.2.3 PLC 的工作原理

PLC 是在硬件的支持下,采用循环扫描的工作方式,执行反映控制要求的用户程序,实现对系统的控制。

### 1. PLC 循环扫描的工作方式

PLC 循环扫描的工作方式分为以下 4 个阶段。

1）初始化处理

这一阶段完成的任务是开机清零。PLC 的输入端子不是直接与基本单元相连的，其输入/输出信号都是首先存在输入/输出暂存器，PLC 的 CPU 对输入/输出状态的询问是针对输入/输出暂存器而言的。开机时，CPU 首先使输入暂存器清零，然后进行自诊断。当确认其硬件工作正常以后，进入下一工作阶段。

2）处理输入信号阶段

在处理输入信号阶段，CPU 对输入端进行扫描，将获得的各个输入端子的信号送到输入暂存器存放。在同一扫描周期内，某个输入端的信号在输入暂存器中一直保持不变。不会再受到各个输入端子上信号变化的影响，因此不能造成运算结果的混乱，保证了本周期内用户程序的正确执行。

3）程序处理阶段

当输入端子的信号全部进入输入暂存器后，CPU 工作进入到第三个阶段。在这个阶段进行用户程序的处理，它对用户程序进行从上到下（从第 0000 句到结束语句）依次扫描，并根据输入暂存器的输入信号和有关指令进行运算和处理，最后将结果写入输出暂存器中。

4）处理输出信号阶段

这个阶段 CPU 对用户程序的扫描已处理完毕，并将输出信号从输出暂存器中取出，送到输出锁存电路，驱动输出，控制被控设备进行各种相应的动作。然后，CPU 又返回执行下一个循环扫描周期。整个 PLC 循环扫描工作过程如图 3-6 所示。

只要 PLC 处在 RUN 状态，就会一直反复地循环工作。PLC 的扫描周期也就是 PLC 的一个完整工作周期，即从读入输入信号到发出输出信号所用的时间。它与程序的步数、时钟频率，以及所用指令的执行时间有关。一般输入采样和输出刷新只需要 1~2 ms，所以扫描时间主要由用户程序执行的时间决定。

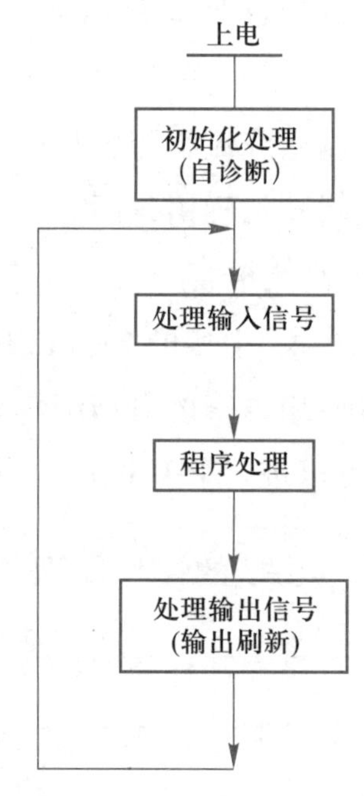

图 3-6　PLC 循环扫描工作过程

### 2. PLC 循环扫描工作的特点

（1）定时集中采样。PLC 对输入端的扫描只是在处理输入信号阶段进行。当 CPU 进入程序处理阶段后，输入端将被封锁，直到下一个扫描周期的处理输入信号阶段才对输入端进行新的扫描。这种定时集中采样的工作方式，保证了 CPU 执行程序时和输入端隔离断开，输入端的变化不会影响 CPU 的工作，从而提高了 PLC 的抗干扰能力。

（2）集中输出。PLC 的输出数据是由输出暂存器送到输出锁存器，再经输出锁存器送到输出端。在一个工作周期内，PLC 输出暂存器中的数据跟随输出指令执行的结果而变化，而输出锁存器中的数据一直保持不变，直到第四阶段才对输出锁存器的数据刷新。这种集中输出的工作方式使 PLC 在执行程序时，输出锁存器一直与输出端处于隔离断开状态，从而也保证了 PLC 的抗干扰能力，提高了 PLC 的可靠性。

### 3.2.4 PLC 执行用户程序的过程

PLC 执行用户程序的过程如图 3-7 所示。当 PLC 处于 RUN 状态，在初始化之后，CPU 对输入端进行扫描，将输入数据存入输入暂存器。此时，PLC 内部程序计数器的内容为 0000，它指出了用户的第一条指令为 LD X0，这条指令让 CPU 进行取指令、译码及执行操作。CPU 首先将输入暂存器中 X0 单元的内容存入结果寄存器 R。这个动作完成后，程序计数器自动加 1。CPU 再将第二条指令 AND X1 存入指令寄存器，译成机器语言后执行，所执行的操作是将结果寄存器 R 的内容和输入暂存器 X1 单元的内容相“与”后，存入结果寄存器，当 CPU 完成后，程序计数器自动加 1。再将 OUT Y0 指令存入指令寄存器，CPU 要完成将结果寄存器 R 的内容送到输出暂存器 Y0 单元……

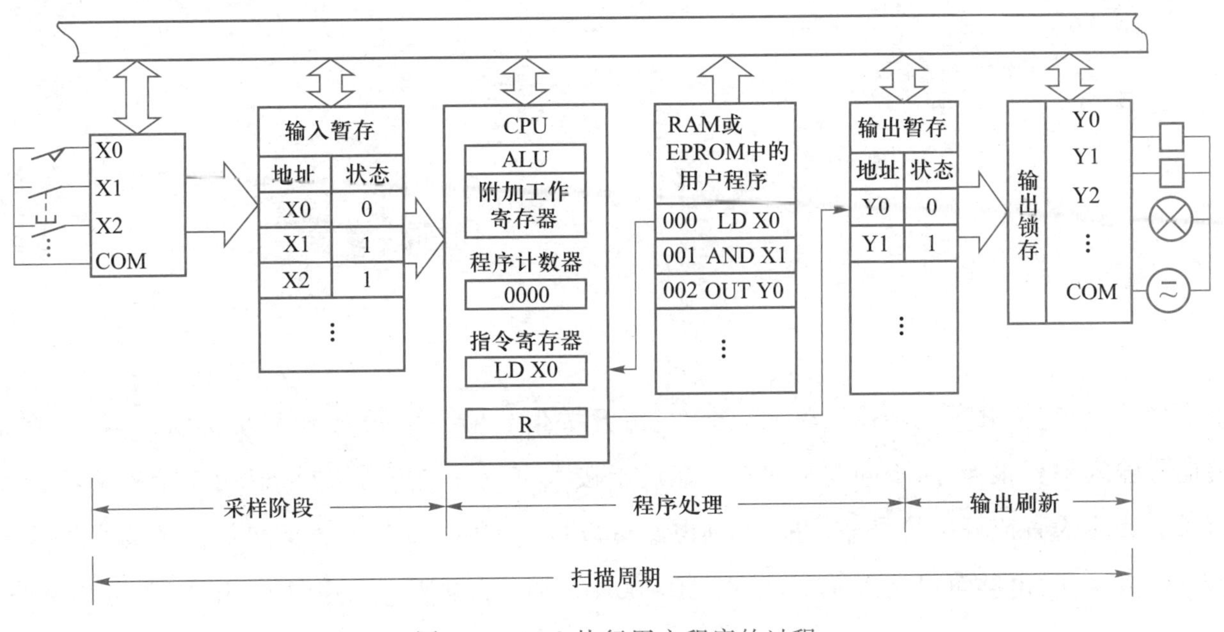

图 3-7 PLC 执行用户程序的过程

CPU 一直执行到程序的最后一条语句，才将输出暂存器中的内容送到输出锁存器，对输出信号进行刷新。之后程序计数器自动变为 0000，又开始新一次自动执行程序的过程。

PLC 在执行用户程序时，所取的输入数据是在扫描周期的处理输入信号阶段存入输入暂存器中的数据，并不是直接从现场传感器获得的信号。所以 PLC 在执行用户程序的过程中，输入端的变化对程序的执行不起作用。对于 PLC 的输出，在用户程序中如果对其多次赋值，则最后一次赋值有效。

## 3.3 PLC 的输入/输出单元

### 3.3.1 开关量的输入/输出单元

#### 1. 开关量的输入单元

利用开关量的输入/输出(I/O)单元可以直接和 PLC 的外部设备相连接。开关量的 I/O 单元的作用有:信号的滤波及转换,光电隔离/耦合,输入/输出指示等。

(1) 直流开关信号输入单元。当 PLC 需要接入直流电压开关信号时,要配接直流开关信号输入单元。其电压允许范围是 12~24 V,分为 8 点和 16 点两种,16 点只允许使用 24 V 电压。输入单元具有信号转换、滤波、隔离、指示作用。直流开关信号输入单元由二极管 VD、光电耦合器及 VL 输入指示灯组成,如图 3-8 所示。VD 用于防止误将反极性输入信号接入,1.5 kΩ 和 150 Ω 电阻构成分压电路。

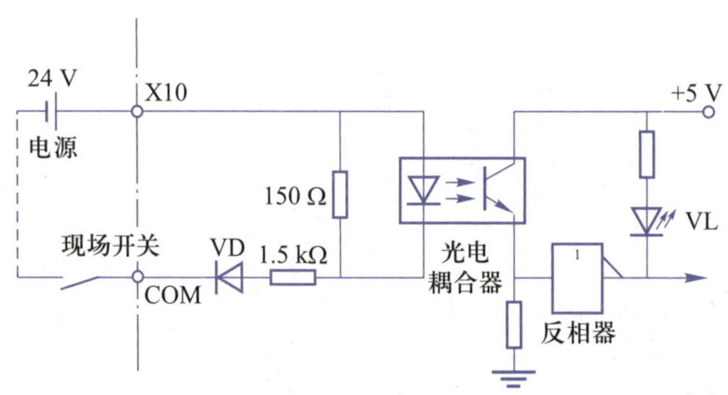


图 3-8 直流开关信号输入单元

(2) 交/直流开关信号输入单元。交/直流开关信号输入单元如图 3-9 所示,它和直流开关信号输入单元很像,所不同的是它不仅能用于接入直流开关信号,也可以用于接入交流开关信号。如作为直流开关信号输入单元,则电路可以接入 80~150 V 的直流电压。若为交流开关信号输入单元,电路可以接入 97~132 V、50~60 Hz 的交流电压。电路中 $R_1$ 和 $R_2$ 为分压电路,$C$ 为抗干扰电容,$R_3$ 为限流电阻,光电耦合器起到隔离及耦合双重作用。

#### 2. 开关量的输出单元

利用开关量的输出单元可以将 PLC 内部电路输出的电平,转换成能直接驱动 PLC 外部负载的输出信号。开关量的输出单元分为:继电器输出单元,晶体管输出单元及晶闸管输出单元。

(1) 继电器输出单元。继电器输出单元如图 3-10 所示。继电器输出单元通过继电器接

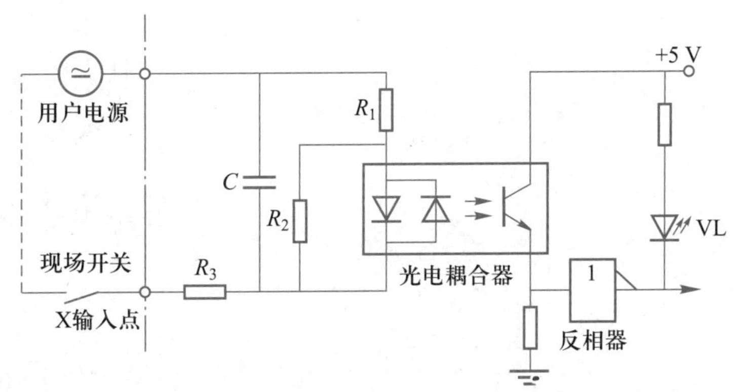


图 3-9 交/直流开关信号输入单元

点控制负载回路电源的通断，继电器接点的状态对应于 PLC 程序中输出点的状态，假设 PLC 执行程序的结果为高电平，则需要驱动外部负载，此高电平经反相器输出低电平，则继电器线圈通电，其触点闭合，PLC 的负载与用户电源接通。该单元在使用时必须注意外加电源。继电器输出单元具有适用于交、直流负载且带负载能力强等优点，缺点是动作及响应速度较慢。

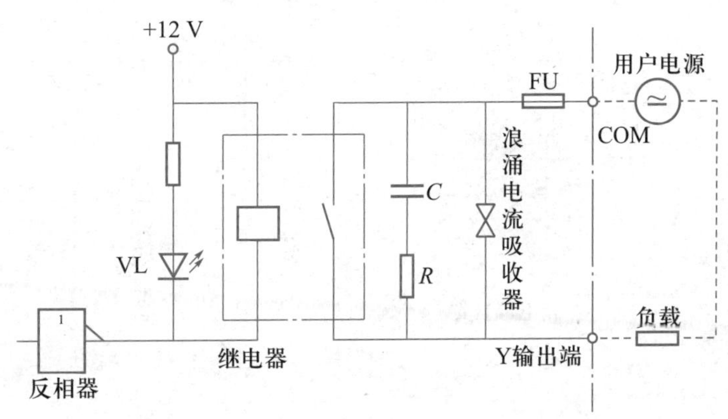


图 3-10 继电器输出单元

（2）晶体管输出单元。晶体管输出单元是通过控制晶体管的导通与截止实现输出的。晶体管输出单元如图 3-11 所示。图中晶体管 VT 为开关器件，晶体管开关的状态由用户程序决定，用晶体管控制用户电源与负载的接通与断开，VD 为晶体管的极间保护二极管。晶体管输出单元只能接直流负载，具有动作频率高，响应速度快的特点，但是它带负载的能力差。

（3）晶闸管输出单元。晶闸管输出单元如图 3-12 所示，电路中采用双向晶闸管作为开关器件。PLC 的用户程序控制晶闸管的控制极，双向晶闸管可将用户交流电源接入负载。图中 $R$、$C$ 为高频滤波电路。浪涌电流吸收器起限幅作用，可以将晶闸管两端的电压限制在 600 V 以下。晶闸管输出单元适用于交流负载，具有响应速度快且带负载能力强的特点。

以上所述输出单元均为一个输出点的输出电路，其他各个输出点所对应的输出电路均相同。

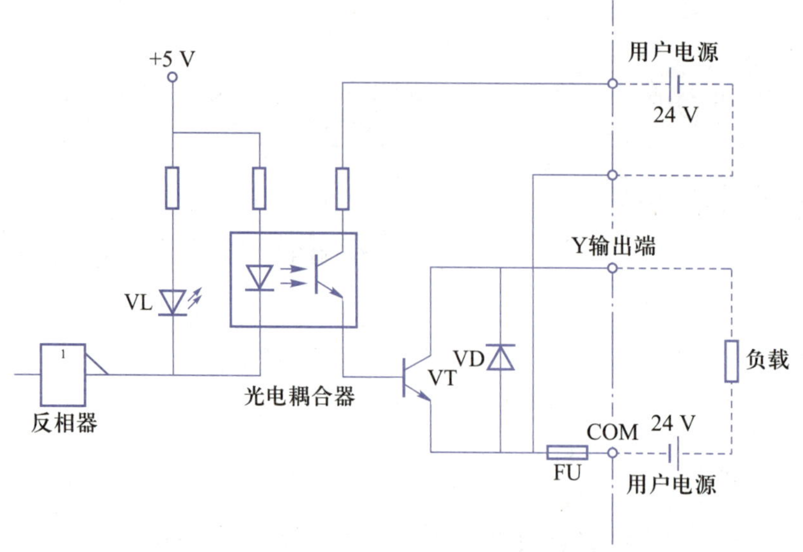


图 3-11　晶体管输出单元

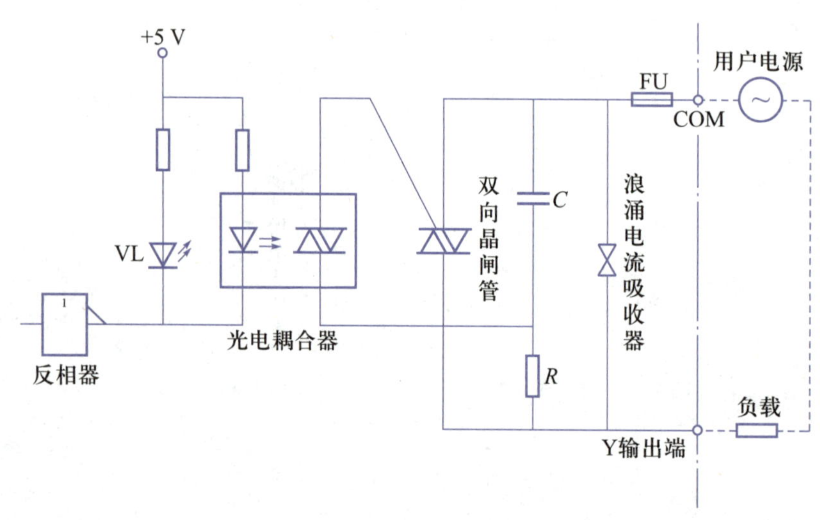


图 3-12　晶闸管输出单元

### 3.3.2　模拟量的输入/输出单元

在工业控制中，大多数被控物理量（如压力、温度、流量、转速）都是模拟量信号，同时很多执行机构（如伺服电动机、调节阀）要求 PLC 输出模拟量的控制信号，为方便使用，就要有模拟量的 I/O 单元。为此 PLC 生产厂家开发了许多特殊功能模块，如模拟量的输入单元、模拟量的输出单元、高速计数模块、温度调节模块、通信接口模块、人机界面 GOT。用这些模块和 PLC 的基本单元连接起来就可以构成一个控制装置，从而使 PLC 的控制功能越来越强，应用范围越来越广。

### 1. 模拟量的输入模块

模拟量的输入模块将各种传感器输出的信号转换成标准的电压或电流，再经 A/D 转换成数字量。模拟量信号的电压输入范围为 1～5 V 或-10～+10 V，电流输入范围为 4～20 mA 或-20～+20 mA。模拟量的输入模块输出的数字量有 10 位、12 位或 14 位等。输出数字量的位数不同，分辨率也不同，输出数字量的位数越多，模块的分辨率就越高。例如，模拟量的输入模块 FX2N-2AD 有两个模拟量的输入通道，输入信号范围为 DC 0～10 V、0～5 V 和 DC 4～20 mA，输出数字量为 12 位；FX2N-4AD 有 4 个输入通道，输入信号范围为 DC-10～10 V，DC 4～20 mA，输出数字量为 12 位。FX3U 型 PLC 最多可以扩展 8 个模块。

一些专用的模拟量输入模块可直接和传感器连接，例如，配接温度传感器的模拟量输入模块，可以直接和测温元件热电阻、热电偶连接；配接模拟量的温度传感器输入模块 FX2N-4AD-PT，为三线制铂电阻 PT-100 专用，输入信号有 4 个通道，输出 12 位数字量，分辨率为 0.2～0.3 ℃；FX2N-4AD-TC 为配接热电偶的输入模块，有 4 个输入通道，可以直接接入 K 型或 J 型热电偶的毫伏信号，模块输出 12 位数字信号，可直接送入到 PLC 内部。

### 2. 模拟量的输出模块

模拟量的输出模块将 PLC 内部输出的数字信号转换成生产过程所需要的模拟信号，其内部结构包括 D/A 转换、多路开关、译码器和控制单元等。模拟量的输出单元有 2 通道或 4 通道输出形式。一般模拟量输出的电压变化范围为 1～5 V 或-10～10 V，电流输出范围为 4～20 mA 或-20～20 mA。模块内的 D/A 转换器有 10 位、12 位、14 位（二进制数）等，数字量的位数越多，其分辨力越高，即输出电压或输出电流越接近连续变化的模拟量。

## 3.3.3 开关量输入/输出单元的接线方式

### 1. 开关量输入单元的接线方式

按 PLC 的输入单元与用户设备接线方式的形式可将其分为汇点式输入接线方式和分隔式输入接线方式，这两种基本方式如图 3-13a、b、c 所示。

汇点式输入接线方式是指输入回路有一个公共端（汇集端）COM，它可以是全部输入点为一组，共用一个公共端和一个电源，如图 3-13a 所示的直流输入单元，其直流电源由 PLC 内部提供，也可将全部输入点分为 N 组，每组有一个公共端和一个单独的电源，如图 3-13b 所示。汇点式输入接线方式可用于直流或交流输入单元，交流输入单元的电源由用户提供。

分隔式输入接线方式如图 3-13c 所示，它是将每个输入点单独用各自的电源接入输入单元，在输入端没有公共的汇点，每个输入器件是隔离的。

### 2. 开关量输出单元的接线方式

根据输出单元与外部用户输出设备的接线形式不同，输出接线方式可分为汇点式输出和分隔式输出两种基本形式，如图 3-13d 所示。可以把全部输出点汇集成一组共用一个公共端

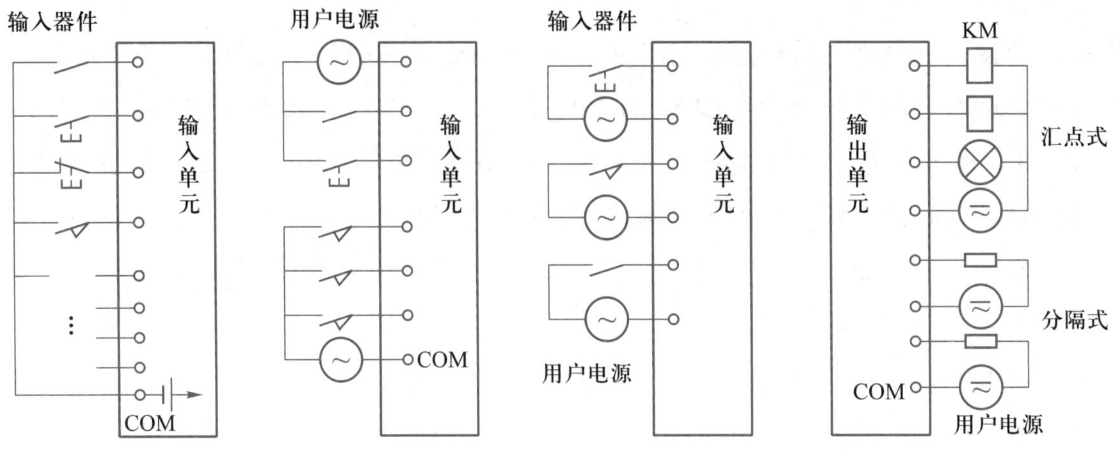


图 3-13　输入、输出单元的接线方式

COM 和一个电源，也可以将所有的输出点分成 N 组，每组有一个公共端 COM 和一个单独的电源。这两种形式的电源均由用户提供，可根据实际负载确定选用直流或交流电源。

### 3. PLC 开关量输入端口接线说明

PLC 的输入端口用于连接按钮开关及各类传感器。这些器件的功率消耗都很小，一般可以采用 PLC 内部电源为其供电，也可以由外部设备供电。图 3-14 所示为 FX 系列 PLC 开关量 I/O 信号接线示意图。图中 PLC 开关量输入端的接线说明如下。

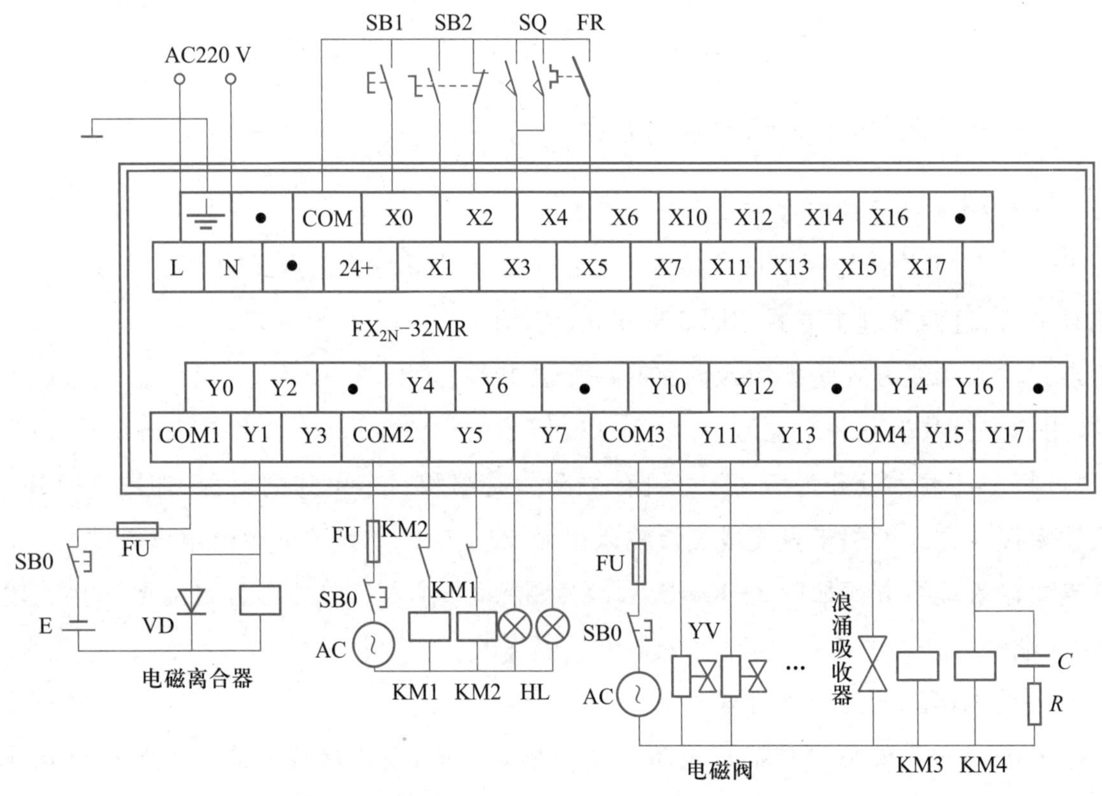


图 3-14　FX 系列 PLC 开关量 I/O 信号接线示意图

（1）“·”表示空端子，勿接线。

（2）PLC 输入端的 X0～X3、X5 采用汇点式接线方式。

（3）COM 端口一般为机内电源的负极。当输入端接入的器件不是无源触点，而是某些传感器输出的电信号时，要注意传感器信号的极性，选择正确的电流方向接入电路。

（4）对于在控制中不可能同时工作的开关信号，可以用一个输入端口接入，如图 3-14 中位置开关 SQ 的连接方法，这样可以节约 PLC 的输入端口。

（5）PLC 输入端标记为 L 和 N 的端子，用于连接工频电源 AC 100～240 V，它是 PLC 的外接供电电源端。

**4. PLC 开关量输出端口接线说明**

（1）如图 3-14 所示，图中“·”表示空端子，勿接线。

（2）由于 PLC 输出电路中未接熔断器，因此每 4 点应使用一个 5～15 A 的熔断器 FU，用于防止因短路等原因造成 PLC 损坏。

（3）在直流感性负载的两端并联一个二极管 VD，用以延长触点的使用寿命，也可以并接 *RC* 放电支路。

（4）对于驱动电动机正反转的接触器 KM1、KM2，在 PLC 的程序中采用软件互锁的同时，在 PLC 的外部也应采取硬件互锁措施。

（5）使用 PLC 的外部开关 SB0 切断负载，用于实现紧急停车。

（6）在交流感性负载两端并联一个浪涌吸收器，用于降低噪声。

（7）输出端连接 LED 发光二极管时，要根据外接电源电压的大小接入合适的限流电阻。

（8）PLC 的负载有两种接线方式，图 3-14 中的 Y1 负载单独和 COM1 端连接称为分隔式接式方式，如果负载需要采用不同的电源，则要采用分隔式接线方式。若几个负载可以同时供电，则可采用汇点式接线方式，如图 3-14 中的 Y4、Y5、Y6、Y7，以及 Y10、Y11、Y14、Y16 的接线方式。

## 习题 3

3-1　简述 PLC 的定义。

3-2　简述 PLC 的主要组成部分及作用。

3-3　总结 PLC 循环扫描的工作过程及特点。

3-4　PLC 中 I/O 单元的种类有哪些？

3-5　总结 PLC 输入/输出的接线方式。

3-6　PLC 输出端接负载时应注意哪些实际问题？

# 单元 4　FX 系列 PLC 的基本指令及编程方法

## 4.1　FX 系列 PLC 的内部系统配置

### 4.1.1　FX 系列 PLC 的编程元件及使用说明

PLC 的内部有许多不同功能的软元件，如输入/输出继电器、辅助继电器、定时器、计数器等，这些器件是由电子电路和存储器组成的，这里将其统称为 PLC 的内部系统配置，即开发商为 PLC 用户提供的编程用软继电器。各种软继电器具有不同的功能，每个软继电器都有各自的编号。软继电器的编号由 PLC 的机型决定，不同厂家、不同系列的 PLC 软继电器的编号不是完全相同的，编程时要查阅 PLC 产品使用说明书。本节以 FX2N 系列 PLC 为例介绍 PLC 的内部系统配置。

**1. 输入/输出（I/O）继电器**

在 PLC 的内部存储器中有一个用来存储输入/输出信号的存储区，其每一位的状态与 PLC 的输入/输出状态相对应，称为 I/O 状态表。I/O 状态表上的输入部分，用于反映控制现场的输入信号，称为输入继电器或输入暂存器。同样 I/O 状态表上的输出部分，用于反映 PLC 输出端的状态，称为输出继电器或输出暂存器。某个 I/O 继电器就是 I/O 存储区的某一位。在 I/O 状态表中所表示的都是动合触点的状态，对于动断触点，PLC 是将其相应位的状态取反而获得。这些继电器的触点可以在 PLC 的程序中多次引用，其次数不受限制。

输入继电器用 X 表示，它的特点是：其状态由外部控制现场的信号驱动（由外部输入器件接入的信号），不受 PLC 程序的控制，编程时使用次数不限。

输出继电器用 Y 表示，它是 PLC 向外部负载传递控制信号的器件，其特点是：受 PLC 程序的控制；每一个输出继电器的动合、动断触点在编程时都可以无限次使用；一个输出继电器对应于输出单元外接的一个物理继电器或其他执行元件。

FX 系列 PLC 输入继电器和输出继电器均采用八进制的地址编号。FX2N 系列 PLC 的 I/O 地址为：X000～X007，X010～X017，X020～X027，X030～X037，…以及 Y000～Y007，Y010～Y017，Y020～Y027，…。表 4-1 中列出了 FX2N 系列 PLC 基本单元 I/O 配置。

**表 4-1　FX2N 系列 PLC 基本单元 I/O 配置**

| I/O<br>总点数 | 输入点数/<br>输出点数 | AC 电源 DC 输入 | | |
|---|---|---|---|---|
| | | 继电器输出 | 晶闸管输出 | 晶体管输出 |
| 16 | 8 | FX2N-16M-001 | — | FX2N-16MT-001 |
| 32 | 16 | FX2N-32M-001 | FX2N-32MS-001 | FX2N-32MT-001 |
| 48 | 24 | FX2N-48M-001 | FX2N-48MS-001 | FX2N-48MT-001 |
| 64 | 32 | FX2N-64M-001 | FX2N-64MS-001 | FX2N-64MT-001 |
| 80 | 40 | FX2N-80M-001 | FX2N-80MS-001 | FX2N-80MT-001 |
| 128 | 64 | FX2N-128M-001 | — | FX2N-128MT-001 |

**2. M 辅助继电器**

PLC 内部有许多辅助继电器,它有若干对动合触点和动断触点。其特点是:通过 PLC 中其他继电器触点的接通来驱动,辅助继电器和继电器控制系统中的中间继电器的作用相似,仅供中间转换环节使用;辅助继电器不能直接驱动外部负载,要驱动外部负载必须通过输出继电器。在一些逻辑运算中需要一些辅助继电器作为辅助运算器件,这些器件往往用作状态暂存、移位等运算。辅助继电器分为以下 3 种类型。

(1) 通用辅助继电器。FX0N-60M 型 PLC 的通用辅助继电器编号为 M0~M383 共 384 点;FX2N 的通用辅助继电器为 M0~M499 共 500 点(在 FX 系列 PLC 中除了输入/输出继电器外,其他所有的器件都采用十进制数编号)。

(2) 保持辅助继电器。FX2N 的保持继电器的编号为 M500~M1023 共 524 点。保持继电器有后备锂电池供电,所以在电源中断时能够保持它们原来的状态不变,可用于要求保持断电前状态的控制系统。

(3) 特殊辅助继电器。特殊辅助继电器是指具有专门功能的一些辅助继电器。FX2N PLC 的特殊辅助继电器有 M8000~M8255 共 256 点。下面说明几个主要特殊辅助继电器的用途。

① M8000 运行监控继电器。当 PLC 运行时,M8000 自动处于接通状态;当 PLC 停止运行时,M8000 处于断开状态。因此可以利用 M8000 的触点经输出继电器 Y,在外部显示程序是否运行,达到运行监视的作用。M8000 是动合触点,M8001 同样是运行监视继电器,所不同的是 M8001 是动断触点。

② M8002 初始化脉冲继电器。当 PLC 开始运行时,M8002 接通,自动发出宽度为一个扫描周期的单窄脉冲信号。M8002 常用作计数器和保持继电器的初始化信号。M8003 是初始化脉冲继电器动断触点。

③ M8012 为 100 ms 时钟脉冲发生器(M8011 为 10 ms 时钟发生器)。

④ M8033 为寄存器数据保持停止继电器。

⑤ M8034 为禁止全部输出继电器。

⑥ M8040~M8047 为步进顺控继电器。

⑦ M8050~M8059 为中断继电器。

在执行程序时，一旦 M8034 接通，则所有输出继电器的输出自动断开，PLC 没有输出，但这并不影响 PLC 程序的执行。所以 M8034 常用于在系统发生故障时切断输出，而保留 PLC 程序的正常执行，有利于系统故障的检查和排除。

以上特殊辅助继电器的动断、动合触点在 PLC 编程时都可以无限次使用。

**3. S 状态器**

状态器是使用步进指令的基本元件，它与步进梯形图指令配合使用。常用的状态器有下面 5 种类型：

S0~S9 为初始状态继电器，共 10 点。

S10~S19 为回零位状态继电器，共 10 位。

S0~S499 为通用状态继电器，共 500 点。

S500~S899 为停电保护状态继电器，共 400 点。

S900~S999 为报警用状态继电器，共 100 点。

状态器的触点使用次数不限。不用步进指令时，状态器 S 可以像辅助继电器 M 一样在程序中使用。

**4. T 定时器**

定时器相当于继电器控制中的时间继电器，它能提供若干个动合、动断延时触点，供用户编程使用。定时器的工作时间通过编程设定。定时器有一个设定值寄存器（一个字长）、一个当前值寄存器（一个字长）以及若干个触点（位）。一个定时器的这三个量用同一地址表示，但是使用的场合不一样，其所指也不同，例如，符号 T0 可以表示 0 号定时器的动合、动断触点及线圈等。

定时器累计 PLC 内部的 1 ms、10 ms、100 ms 时钟脉冲。当达到设定值时，定时器的输出触点动作。定时器可以直接在用户程序中设定时间常数，也可以利用数据寄存器 D 中的数据作为时间常数。

（1）普通定时器 T0~T245。100 ms 的定时器 T0~T199 共 200 点。每个设定值范围为0.1~3 276.7 s；10 ms 定时器有 T200~T245 共 46 点，设定值范围为 0.01~327.67 s。

（2）积算定时器 T246~T255。其中 1 ms 积算定时器 T246~T249 共 4 点，每点的设定值范围为 0.001~32.767 s；100 ms 积算定时器 T250~T255 共 6 点，每个设定值范围为 0.1~3 276.7 s。和常规定时器所不同的是，积算定时器具有断电记忆及复电继续工作的特点。

**5. C 计数器**

计数器主要用来记录脉冲的个数或根据脉冲个数设定某一时间。计数器的计数值，通过编程来设定。计数器根据 PLC 的字长度分为 16 位和 32 位计数器;按计数信号频率的不同分为通用计数器和高速计数器。由于计数器具有加减计数功能,所以又分为加计数器和减计数器。

(1) 16 位加计数器是在执行扫描操作时对内部器件(X、Y、S、M、C 等)的信号进行加计数的计数器,因此其接通时间和断开时间应比 PLC 扫描的周期稍长,通常其输入信号频率大约为几个扫描周期。

16 位加计数器的设定值为 1~32 767,地址为 C0~C199,其中 C0~C99 是通用型,而 C100~C199 是断电保护型。

(2) 32 位双向计数器的设定值为-2 147 483 648~2 147 483 647,其中 C200~C219 是通用型,C220~C234 共 15 点为断电保护型。计数器的加减功能由内部辅助继电器 M8200~M8234 设定,特殊辅助继电器闭合(置 1)时为递减计数,断开时为递加计数。2 相输入计数器的两相输入是 A 和 B 信号,它们取决于计数器是加计数器还是减计数器。

高速计数器的地址为 C235~C255 共 21 点,这 21 个计数器均为 32 位加/减计数器。

### 6. K/H 常数

常数 K/H 也作为器件对待,它在存储器中占有一定的空间,十进制常数用 K 表示,如 18 表示为 K18;十六进制常数用 H 表示,如 18 表示为 H18。

### 7. D 数据寄存器

在进行输入输出处理、模拟量控制、位置控制时,需要许多数据寄存器存储数据和参数。数据寄存器为 16 位,最高位为符号位,可用两个数据寄存器合并起来存放 32 位数据,最高位仍为符号位。数据寄存器分为以下几类:

(1) D0~D199 通用数据寄存器(共 200 点)。当 PLC 由运行到停止时,该类数据寄存器均为零,但是当特殊的辅助继电器 M8031 闭合时,PLC 由运行转向停止时,该数据寄存器具有保持功能。

(2) D200~D511 断电保持数据寄存器(共 312 点)。只要不改写,该寄存器中的原有数据就不会丢失。不论电源接通与否、PLC 运行与否,都不会改变该寄存器的内容。

(3) D8000~D8255 特殊数据寄存器(共 256 点)。这些数据寄存器用来监视 PLC 的器件运行方式。未定义的特殊数据寄存器,用户不能选用。

(4) D1000~D7999 文件数据寄存器(共 7 000 点)。文件数据寄存器实际上是一类专用数据寄存器,用于存储大量的数据,例如,采样数据、统计计算数据、多组控制数据。文件数据存储器占用用户程序存储器(RAM、EPRAM、$E^2$PRAM)内的一个存储区,以 500 点为一个单位,在参数设定时,最多可设置 7 000 点,用编程器进行写操作。

### 8. V/Z 变址寄存器

变址寄存器通常用于修改器件的地址编号。V 和 Z 都是 16 位的寄存器,可进行数据的读与写。当进行 32 位操作时,将 V、Z 合并使用,指定 Z 为低位。

**9. P/I 指针**

P0~P63 共 64 点为跳转指令的指针,指针 P0~P63 作为标号时,用来指定条件跳转,子程序调用等目标。I 为中断指令的指针,共 9 点。

### 4.1.2 FX 系列 PLC 的内部系统配置

FX 系列 PLC 的内部系统配置见表 4-2。

**表 4-2 FX 系列 PLC 的内部系统配置**

| 项目 | | 规格 | 备注 |
|---|---|---|---|
| 运转控制方式 | | 通过存储的程序周期运转 | |
| I/O 控制方式 | | 批处理方法(当执行 END 指令时) | I/O 指令可以刷新 |
| 运转处理时间 | | 基本指令:0.08 μs/指令,功能指令:1.52~几百 μs/指令 | |
| 编程语言 | | 逻辑梯形图和指令语句 | 使用步进梯形图能生成 SFC 类型程序 |
| 容量 | | 8 000 步内置 | 使用附加寄存器盒可扩展到 16 000 步 |
| 指令数目 | | 基本指令:27<br>步进指令:2<br>功能指令:128 | 最大可用 298 条功能指令 |
| I/O 配置 | | 最大硬件 I/O 配置点 256,依赖于用户的选择(最大软件可设定地址输入 256,输出 256) | |
| 辅助继电器(M) | 一般 | 500 点 | M0~M499 |
| | 锁定 | 2 572 点 | M500~M3071 |
| | 特殊 | 256 点 | M8000~M8255 |
| 状态继电器(S) | 一般 | 500 点 | S0~S499 |
| | 锁定 | 400 点 | S500~S899 |
| | 初始 | 10 点 | S0~S9 |
| | 信号报警 | 100 点 | S900~S999 |
| 定时器(T) | 100 ms | 0.1~3 276.7 s (200 点) | T0~T199 |
| | 10 ms | 0.01~327.67 s (46 点) | T200~T245 |
| | 1 ms 保持型 | 0.001~32.767 s (4 点) | T246~T249 |
| | 100 ms 保持型 | 0.1~3 276.7 s (6 点) | T250~T255 |

续表

| 项目 | | 规格 | 备注 |
| --- | --- | --- | --- |
| 计数器(C) | 一般 16 位 | 1~32 767　200 点 | C0~C199,16 位上计数器 |
| | 锁定 16 位 | 100 点(子程序) | C100~C199,16 位上计数器 |
| | 一般 32 位 | -2 147 483 648~+2 147 483 647 35 | C200~C219,32 位上/下计数器 |
| | 锁定 32 位 | 15 点 | C220~C234,16 位上/下计数器 |
| 高速计数器(C) | 单相 | -2 147 483 648~+2 147 483 647<br>一般规则:选择计数频率不大于 20 kHz 的计数器组合<br>所有的计数器锁存 | C235~C240,6 点 |
| | 单相 c/w 起始停止输入 | | C241~C245,5 点 |
| | 双相 | | C246~C250,5 点 |
| | A/B 相 | | C251~C255,5 点 |
| 数据寄存器(D) | 一般 | 200 点 | D0~D199<br>32 位元件的 16 位数据存储寄存器对 |
| | 锁存 | 7 800 点 | D200~D7999<br>32 位元件的 16 位数据存储寄存器对 |
| | 文件寄存器 | 7 000 点 | D1000~D7999<br>16 位数据存储寄存器 |
| 数据寄存器(D) | 特殊 | 256 点 | D8000~D8255<br>16 位数据存储寄存器 |
| | 变址 | 16 点 | V0~V7 以及 Z0~Z7<br>16 位数据存储寄存器 |
| 指针(P) | 用于 CALL | 128 点 | P0~P127 |
| | 用于中断 | 6 输入点、3 定时器、6 计数器 | 100 * ~150 * 和 16 ** ~18 **(上升沿触发 * =1,下降沿触发 * =0, ** =时间,单位:ms) |
| 嵌套层次 | | 用于 MC~MCR 时为 8 点 | N0~N7 |
| 常数 | 十进制 K | 16 位:-32 768~+32 768;32 位:-2 147 483 648~+2 147 483 647 | |
| | 十六进制 H | 16 位:0000~FFFF;32 位:00000000~FFFFFFFF | |
| | 浮点 | 32 位:$\pm1.175\times10^{36}$,$\pm3.403\times10^{36}$(不能直接输入) | |

## 4.2 FX 系列 PLC 的基本指令及编程方法

PLC 是通过执行用户的控制程序而实现控制作用的。用户程序的编制就是用一种编程语言把一个控制任务描述出来。绝大部分 PLC 采用梯形图语言和指令语句表的形式编程。本节以梯形图和指令语句表的形式,介绍 FX 系列 PLC 的基本指令及编程方法。基本指令包括:取、取反、**与**、**或**、块**或**和块**与**等。FX 系列 PLC 有 20 多条基本指令,2 条步进指令,百余条功能指令。

### 4.2.1 逻辑取及线圈驱动指令(LD、LDI、OUT)

LD(Load):取指令,动合触点与母线的连接指令。所完成的操作功能是将结果寄存器 R 的内容推入堆栈寄存器 S,然后到指定的地址取出其内容送入结果寄存器。

LDI(Load Inverse):取反指令,动断触点与母线的连接指令。所完成的操作功能是将结果寄存器的内容推入堆栈寄存器,然后到指定的地址取出其内容,求反后送入结果寄存器。

OUT(Out):线圈的驱动指令。所完成的操作功能是用结果寄存器的内容去驱动所指定的继电器线圈。

上述 3 条指令的使用如图 4-1 所示。

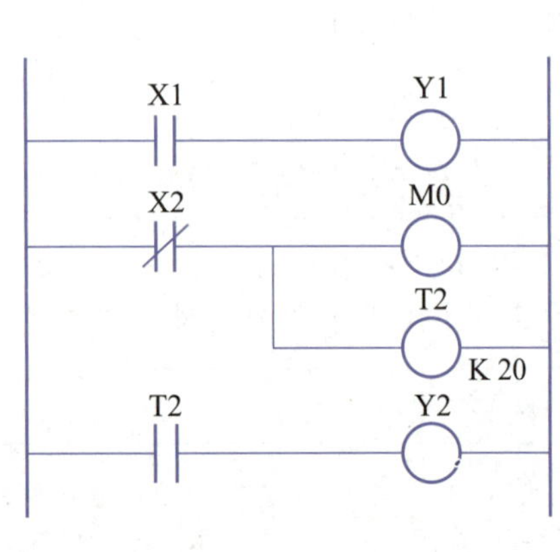


| 步序号 | 指令语句 | | 注释 |
|---|---|---|---|
| | 助记符 | 器件号 | |
| 0 | LD | X1 | (X1)→R |
| 1 | OUT | Y1 | (R)→Y1 |
| 2 | LDI | X2 | $(\overline{X2})$→R, (R)→S1 |
| 3 | OUT | M0 | (R)→M0 |
| 4 | OUT | T2 | (R)→T2 |
| | K | 20 | 定时器延时 |
| 7 | LD | T2 | (T2)→R, (R)→S1, (S1)→S2 |
| 8 | OUT | Y2 | (R)→Y2 |

图 4-1 LD、LDI、OUT 指令的使用

#### 1. 使用注意事项

(1) LD、LDI 两条指令用于将触点接到母线上,指令的目标元件是 X、Y、M、S、T、C。

(2) OUT 是驱动线圈的输出指令,其目标元件是 Y、M、S、T、C,对于 X 不能使用。OUT 指令可以连续使用多次。使用 OUT 指令驱动定时器时,必须设定时间常数 K。常数 K 的设定在执行程序时占两个程序步(这一点在后面程序的步序号中不再明示)。

**2. 定时器指令使用说明**

(1) 定时器时间常数的设定。定时器通过对 PLC 内部时钟脉冲信号(时基信号)的计数,实现对时间的控制。在图 4-2a 中,定时器 T0 的时基信号是 100 ms,其设定的常数是 K150,所以它的延时时间为 150×100 ms=15 s,这是一种时间常数直接设定的方法。另一种间接设定时间常数的方法,是将数据寄存器内的数据设定为时间常数。

(2) 定时器的操作功能。在驱动信号 X0 为 ON 时,T0 的线圈得电开始计时,当 15 s 时间到,T0 的动合触点闭合,Y0 线圈得电,如图 4-2a 中的时序波形图所示。

(3) 定时器的复位。定时器使用后要复位,才能再次使用。如果定时器没有进行复位,即便驱动信号仍为 ON,定时器的触点也将保持原状态不变。只有控制定时器的线圈失电一次才能实现定时器的复位。在图 4-2a 中,X0 为 OFF 时定时器线圈失电后复位。在图 4-2b 中,X0 一直为 ON 状态,故采用 T0 本身的动断触点实现复位。T0 计时 5 s 时间到,T0 的动断触点断开,使 T0 线圈失电复位,当 T0 线圈失电后,其动断触点又会恢复为闭合状态,使 T0 的线圈再次得电又开始计时。所以利用定时器自身的动断触点进行复位,其复位时间仅为 PLC 一个扫描周期的时间。

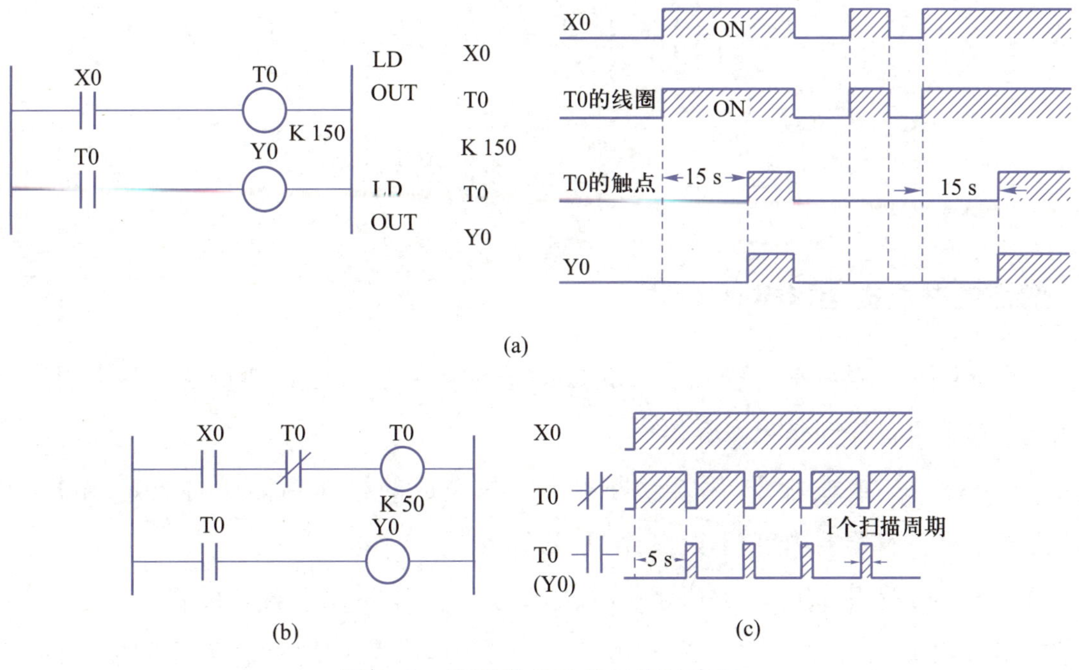


图 4-2 定时器的动作时序波形图

## 4.2.2 触点的串联指令(AND、ANI)

AND(And):**与**指令,是动合触点的串联指令。所完成的操作功能是将结果寄存器的内容和指定地址的内容相**与**后,其结果送到结果寄存器。

ANI(And Inverse):**与非**指令,动断触点的串联指令。所完成的操作功能是先将指定地址的内容取反,然后与结果寄存器的内容相**与**,其结果再送到结果寄存器。

使用时应注意:

(1) AND、ANI 指令是用于串联一个触点的指令,串联触点的数量不限,即可以多次使用。AND、ANI 指令使用如图 4-3 所示。

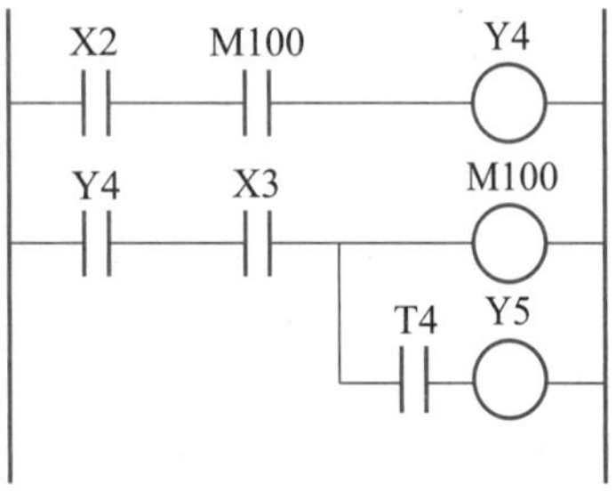

```
0000  LD   X2    (X2)→R
0001  AND  M100  (R)·(M100)→R
0002  OUT  Y4    (R)→Y4
0003  LD   Y4    (Y4)→R,(R)→S1
0004  AND  X3    (R)·(X3)→R
0005  OUT  M100  (R)→M100
0006  AND  T4    (R)·(T4)→R,(R)→S1,(S1)→S2
0007  OUT  Y5    (R)→Y5
```

图 4-3　AND、ANI 指令使用

(2) 图 4-4 中的连续输出不能采用图 4-3 所对应的指令语句,必须采用后面要讲的堆栈指令,否则将使得程序步增多,因此不推荐使用图 4-4 中梯形图的形式。

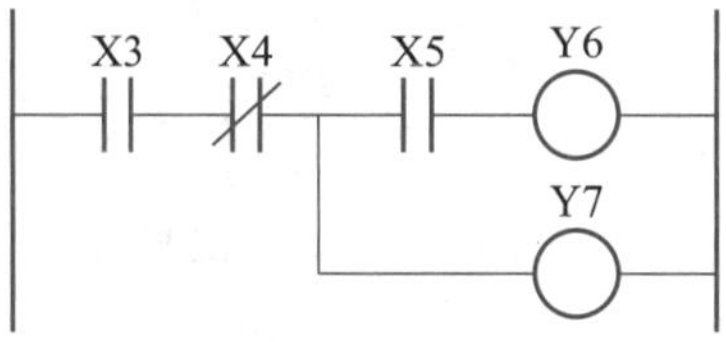

图 4-4　不推荐的梯形图形式

### 4.2.3　触点的并联指令(OR、ORI)

OR(Or):**或**指令,用于动合触点。所完成的操作功能是将指定地址的内容与结果寄存器的内容相**或**,其结果仍送到结果寄存器。

ORI(Or Inverse):**或非**指令,用于动断触点。所完成的操作功能是将指定地址的内容求反,然后再与结果寄存器的内容相**或**,其结果仍送到结果寄存器。

OR、ORI 指令的使用如图 4-5 所示,OR、ORI 仅用于并联一个触点的指令。OR、ORI 指令是对其前面 LD、LDI 指令所规定的触点再并联一个触点,并联的次数不受限制,即可以连续使用。

### 4.2.4　电路块并联连接指令(ORB)

ORB(Or Block):**块或**指令,即电路块并联指令。所完成的操作功能是将结果寄存器的内容与堆栈寄存器的内容相**或**,其结果仍送到结果寄存器。

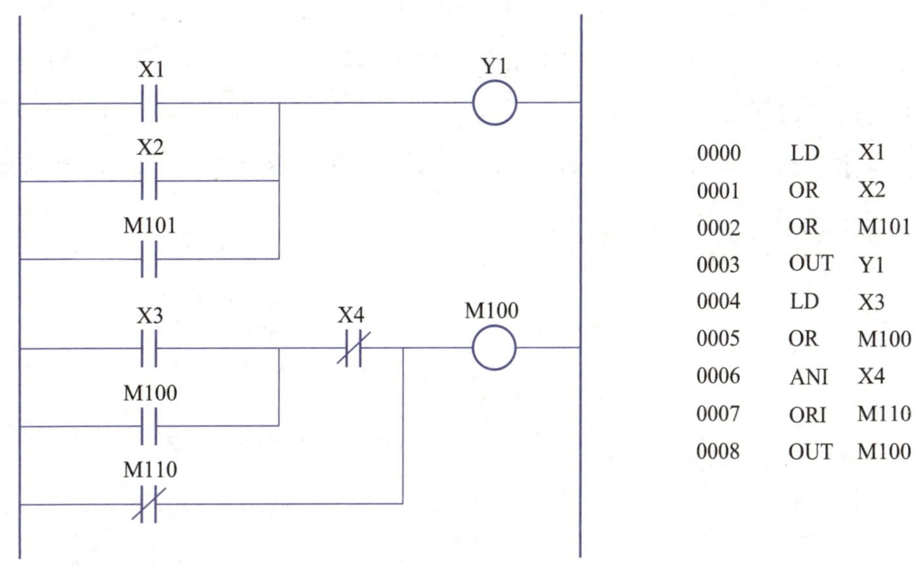


| | | |
|---|---|---|
| 0000 | LD | X1 |
| 0001 | OR | X2 |
| 0002 | OR | M101 |
| 0003 | OUT | Y1 |
| 0004 | LD | X3 |
| 0005 | OR | M100 |
| 0006 | ANI | X4 |
| 0007 | ORI | M110 |
| 0008 | OUT | M100 |

图 4-5　OR、ORI 指令的使用

两个或两个以上的触点串联的电路称为“串联电路块”，在并联这种串联电路块时，在支路起点要用 LD、LDI 指令，而在该支路终点要用 ORB 指令。

使用时应注意：

（1）有两种使用方法，一种是在要并联的两个块电路后面加 ORB 指令，即分散使用 ORB 指令，其并联电路块的个数没有限制，如图 4-6b 所示；另一种是集中使用 ORB 指令，如图 4-6c 所示，集中使用 ORB 的次数不允许超过 8 次，所以不推荐集中使用 ORB 指令的这种编程方法。

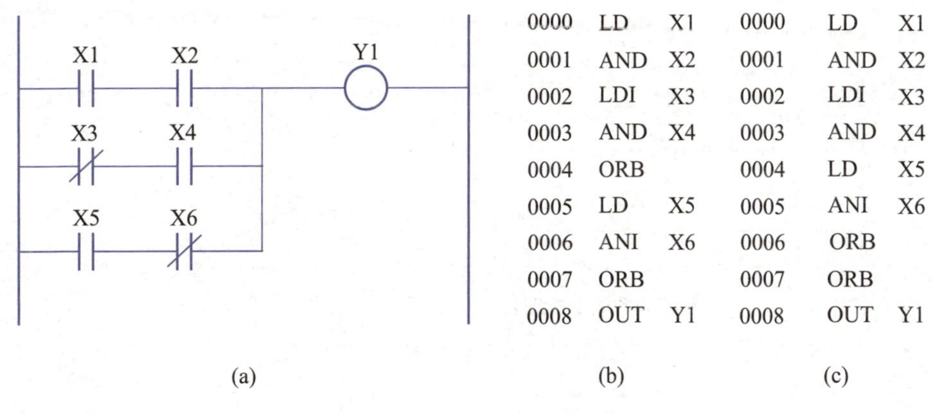


| (b) | | | (c) | | |
|---|---|---|---|---|---|
| 0000 | LD | X1 | 0000 | LD | X1 |
| 0001 | AND | X2 | 0001 | AND | X2 |
| 0002 | LDI | X3 | 0002 | LDI | X3 |
| 0003 | AND | X4 | 0003 | AND | X4 |
| 0004 | ORB | | 0004 | LD | X5 |
| 0005 | LD | X5 | 0005 | ANI | X6 |
| 0006 | ANI | X6 | 0006 | ORB | |
| 0007 | ORB | | 0007 | ORB | |
| 0008 | OUT | Y1 | 0008 | OUT | Y1 |

图 4-6　ORB 指令的使用

（2）ORB 指令无操作数限制。

### 4.2.5　电路块串联连接指令（ANB）

ANB（And Block）：块**与**指令，即电路块串联指令。所完成的操作功能是将结果寄存器的内容与堆栈寄存器的内容相**与**，其结果仍送到结果寄存器。

两个或两个以上的触点并联的电路称为“并联电路块”。将并联电路块与前面电路串联时使用 ANB 指令。分支的起点用 LD 或 LDI 指令，在并联电路块结束后，使用 ANB 指令与前面电路串联。ANB 无操作数限制。

ANB 指令的使用如图 4-7 所示。对于图 4-7b 中的梯形图编程时，应采用图 4-7c 的形式编程，这样可以简化程序。

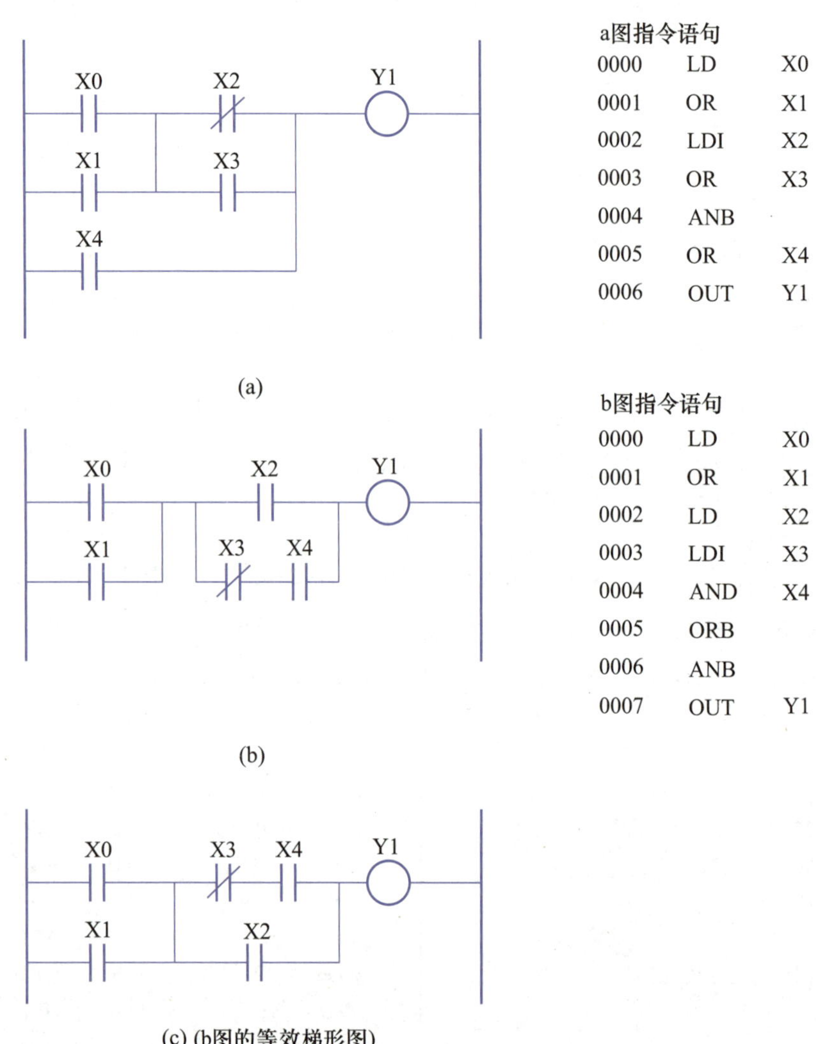


图 4-7　ANB 指令的使用

### 4.2.6　栈指令(MPS、MRD、MPP)

MPS:进栈指令，状态读入栈寄存器。

MRD:读栈指令，读出用 MPS 指令记忆的状态。

MPP:出栈(读并清除)指令，读出用 MPS 指令记忆的状态并清除这些状态。

栈指令用于多分支输出的电路。所完成的操作功能是将多分支输出电路中连接点的状态先存储，再用于连接后面电路的编程。

FX 系列的 PLC 中有 11 个存储中间结果的存储区域,称为栈存储器。使用进栈指令 MPS 时,当时的运算结果被压入栈的第一层,栈中原来的数据依次向下一层推移;使用出栈指令 MPP 时,各层的数据依次向上移动一次。MPD 是最上层所存数据的读出专用指令。读出时,栈内数据不会发生移动。

使用时应注意:

(1) 这三条指令均无操作数。

(2) MPS、MPP 指令必须成对使用。

栈指令的使用及说明分别如图 4-8、图 4-9 和图 4-10 所示。

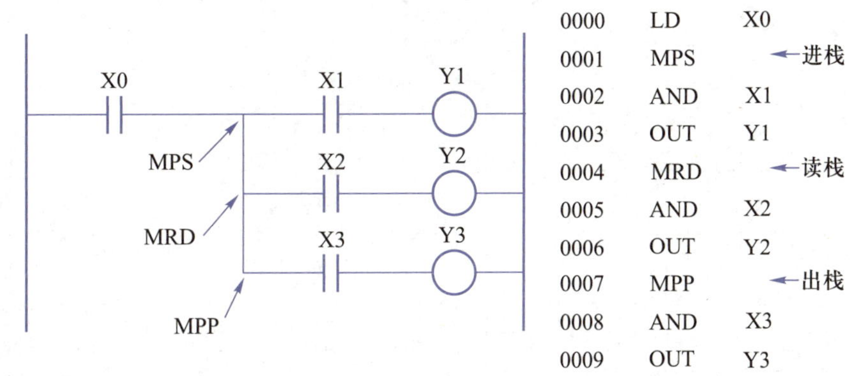


图 4-8 栈指令的使用

### 4.2.7 主控指令(MC、MCR)

MC(Master Control):主控指令,用于公共串联触点的连接指令。

MCR(Master Control Reset):主控复位指令,即 MC 指令的复位指令。

主控指令所完成的操作功能是当某一触点(或一组触点)的条件满足时,按正常顺序执行;当这一条件不满足时,则不执行某部分程序,与这部分程序相关的继电器状态全为 OFF。

在编程时,经常遇到多个线圈同时受一个或一组触点控制的情况。如果在每个线圈的控制电路中都编入该逻辑条件,则必然使程序变长。对于这种情况,可以采用主控指令来解决。主控指令利用在母线中串接一个主控触点来实现控制,其作用如控制一组电路的总开关。MC、MCR 指令使用说明如图 4-11 所示。

图中的输入条件 X0 闭合时,执行 MC 与 MCR 之间的指令;当输入条件 X0 断开时,不执行 MC 与 MCR 之间的指令。与主控触点相连接的触点必须用 LD、LDI 指令。使用 MC 指令后,母线移到主控触点的后面,MCR 使母线回到原来的位置。

使用时应注意:

(1) 编程时对于主母线中串接的触点不输入指令,如图 4-11 中的 N0 M100,它仅是主控指令的标记。

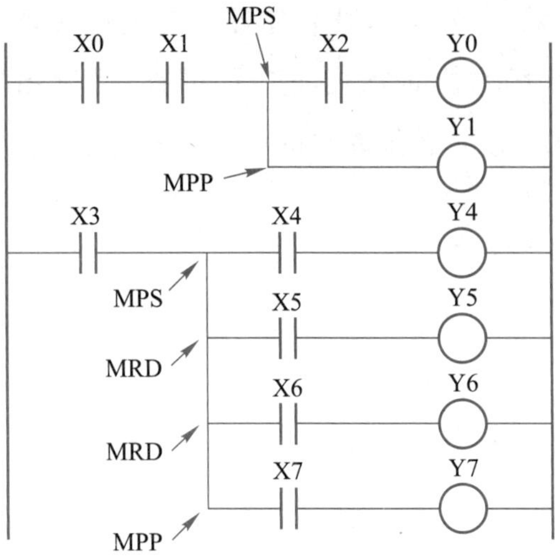

| | | | | | |
|---|---|---|---|---|---|
| 0000 | LD | X0 | 0010 | OUT | Y4 |
| 0001 | AND | X1 | 0011 | MRD | |
| 0002 | MPS | | 0012 | AND | X5 |
| 0003 | AND | X2 | 0013 | OUT | Y5 |
| 0004 | OUT | Y0 | 0014 | MRD | |
| 0005 | MPP | | 0015 | AND | X6 |
| 0006 | OUT | Y1 | 0016 | OUT | Y6 |
| 0007 | LD | X3 | 0017 | MPP | |
| 0008 | MPS | | 0018 | AND | X7 |
| 0009 | AND | X4 | 0019 | OUT | Y7 |

(a)

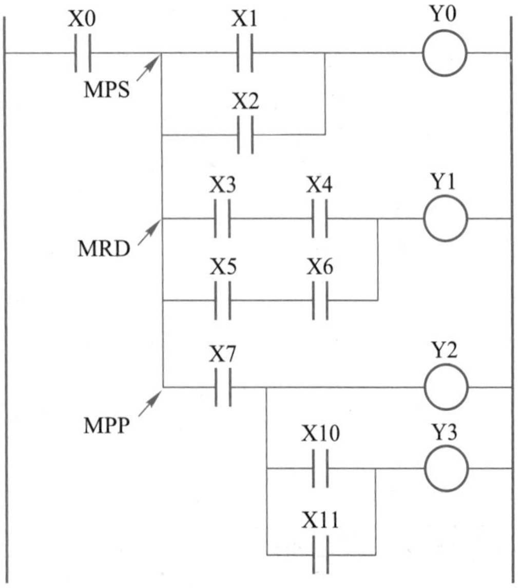

| | | | | | |
|---|---|---|---|---|---|
| 0000 | LD | X0 | 0011 | ORB | |
| 0001 | MPS | | 0012 | ANB | |
| 0002 | LD | X1 | 0013 | OUT | Y1 |
| 0003 | OR | X2 | 0014 | MPP | |
| 0004 | ANB | | 0015 | AND | X7 |
| 0005 | OUT | Y0 | 0016 | OUT | Y2 |
| 0006 | MRD | | 0017 | LD | X10 |
| 0007 | LD | X3 | 0018 | OR | X11 |
| 0008 | AND | X4 | 0019 | ANB | |
| 0009 | LD | X5 | 0020 | OUT | Y3 |
| 0010 | AND | X6 | | | |

(b)

图 4-9　栈指令使用说明之一

| | | | | | |
|---|---|---|---|---|---|
| 0000 | LD | X0 | 0009 | MPP | |
| 0001 | MPS | | 0010 | AND | X4 |
| 0002 | AND | X1 | 0011 | MPS | |
| 0003 | MPS | | 0012 | AND | X5 |
| 0004 | AND | X2 | 0013 | OUT | Y2 |
| 0005 | OUT | Y0 | 0014 | MPP | |
| 0006 | MPP | | 0015 | AND | X6 |
| 0007 | AND | X3 | 0016 | OUT | Y3 |
| 0008 | OUT | Y1 | | | |

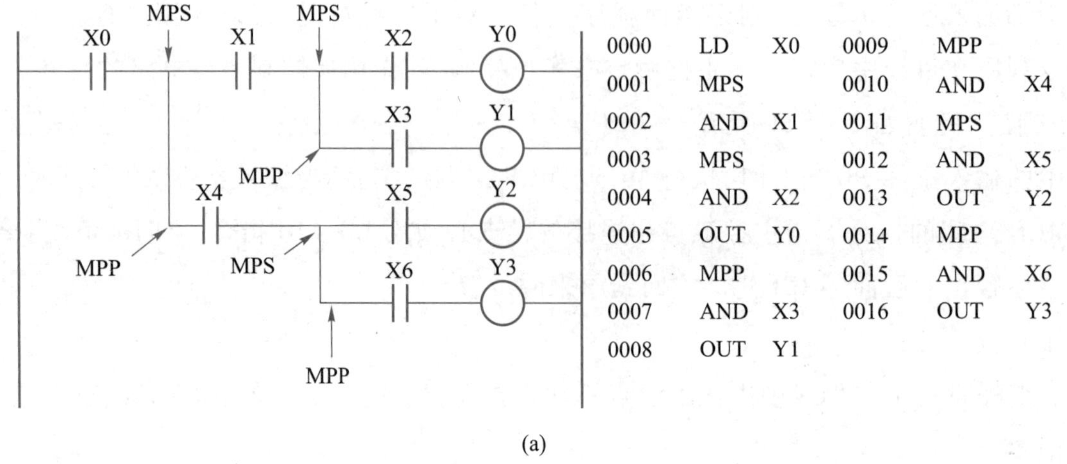

(a)

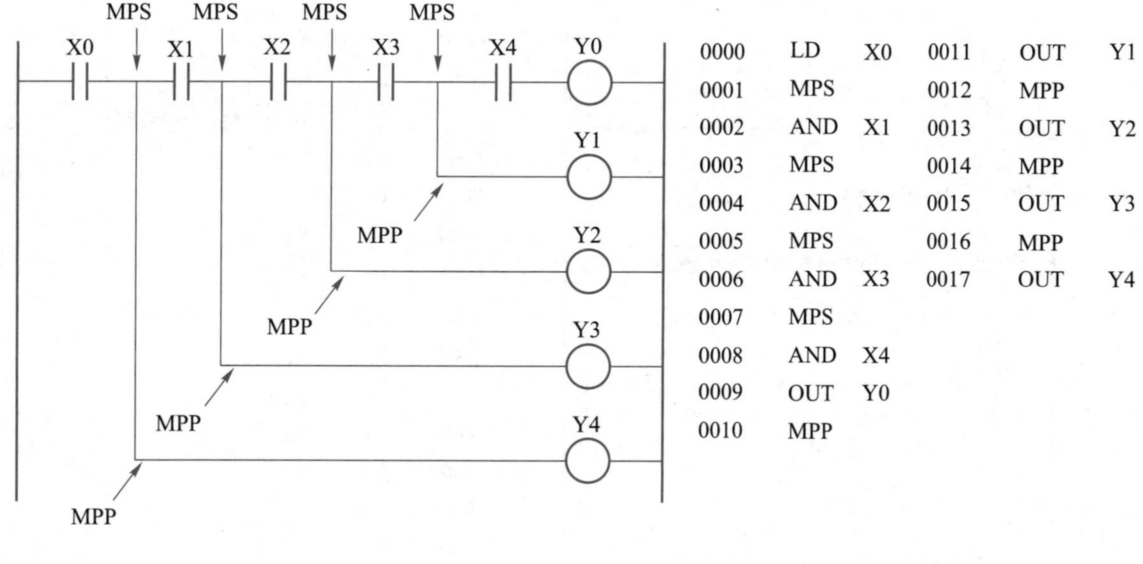


(b)

图 4-10　栈指令使用说明之二

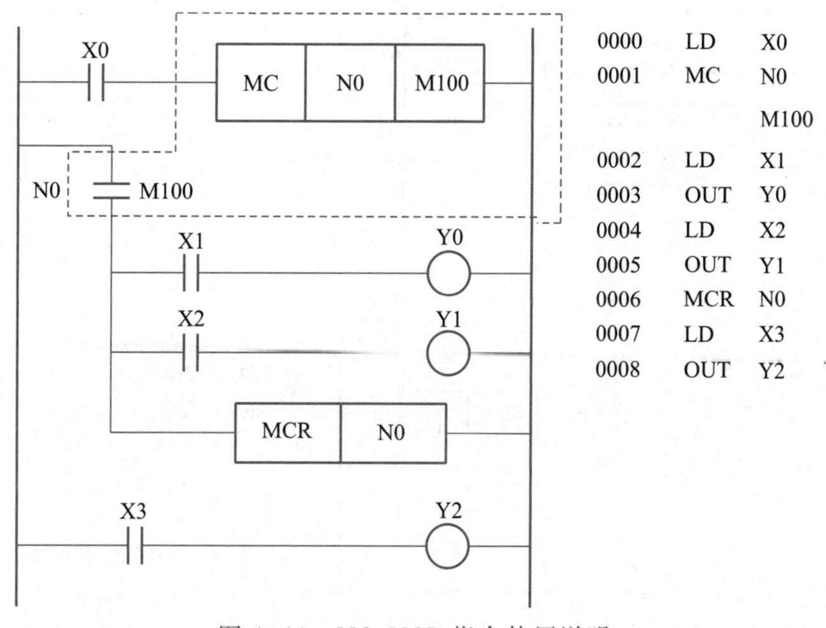


图 4-11　MC、MCR 指令使用说明

(2) MC 指令内再使用 MC 指令时，嵌套级 N 的编号(0~7)顺次增大，返回时使用 MCR 指令，从大的嵌套级开始解除，如图 4-12 所示。

### 4.2.8　置位与复位指令(SET、RST)

SET(Set)：置位指令，操作保持指令。

RST(Reset)：复位指令，操作复位指令。

SET、RST 指令的使用如图 4-13 所示，图中的 X0 触点闭合，Y0 得电处于保持的状态，即使 X0 再断开对 Y0 也无影响，Y0 得电的状态一直保持到 X1 触点闭合，复位信号 RST 到来。

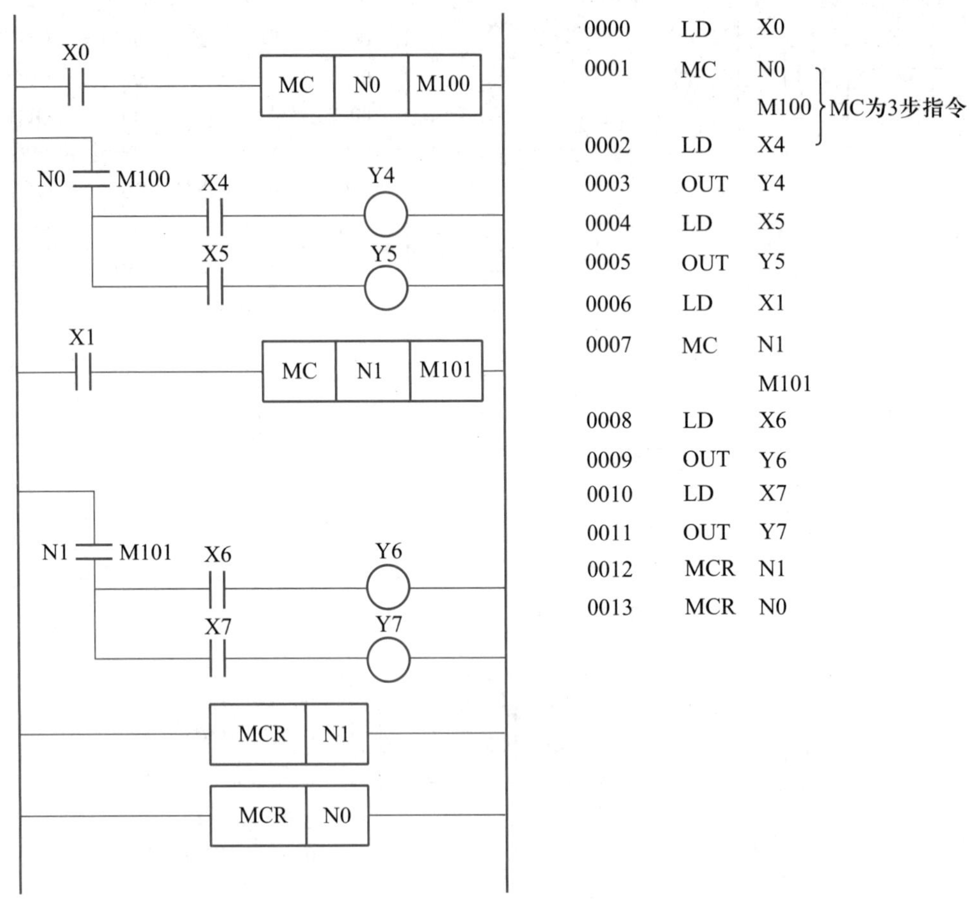


图 4-12 MC、MCR 指令使用注意

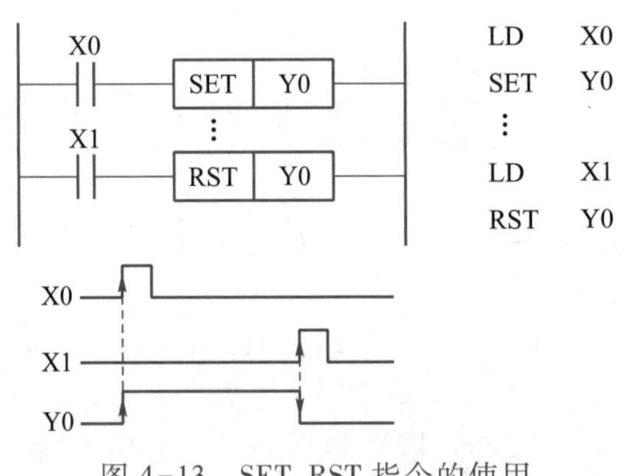


图 4-13 SET、RST 指令的使用

SET、RST 这两条指令占 1~3 个程序步。另外，RST 指令也用于对定时器、计数器、数据寄存器和变址寄存器的复位和清零。

图 4-14 所示为计数器使用 RST 指令复位。图中，X1 为计数器的计数输入信号，每当 X1 动作（由 OFF 到 ON）一次，计数器的当前值就加 1。当计数器的当前值变为 5（设定值）时，计数器 C0 的触点动作（动合触点闭合，动断触点断开）。之后即使 X1 再接通动作，计数器的当前值不再变化，直到复位信号 X0（为 ON）到来时，计数器复位（执行 RST 指令），即计数器的当前

值复位为0,计数器的触点也立即复位(动合触点断开、动断触点闭合)。计数器的设定值可以直接设定,如图4-14a所示,也可以间接设定,图4-14b所示为通过数据寄存器(D)间接设定计数常数。加计数器的工作时序图如图4-14c所示。

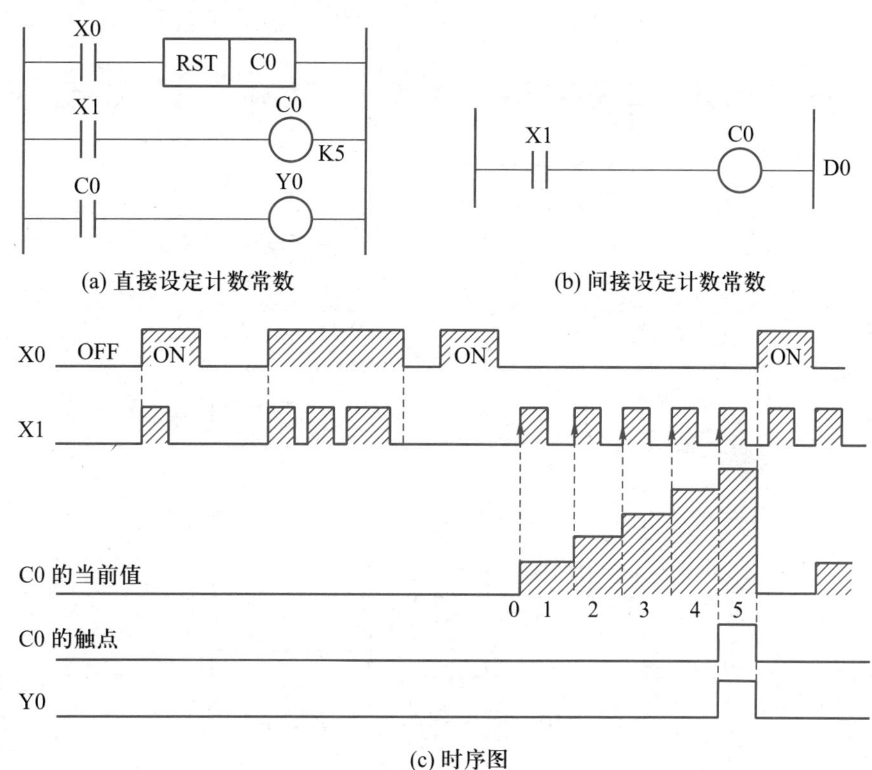


图4-14　计数器使用RST指令复位

计数器使用时应注意:

(1) 计数器的计数信号和复位信号同时到来时,复位信号优先。

(2) 计数器每次使用后需采用RST指令复位一次,才能再使用。

### 4.2.9　脉冲指令(PLS、PLF)

PLS:脉冲上微分指令,在输入信号的上升沿产生脉冲输出。

PLF:脉冲下微分指令,在输入信号的下降沿产生脉冲输出。

PLS、PLF指令都占两个程序步,其使用如图4-15所示。

使用PLS指令时,元件Y、M仅在驱动输入触点闭合的一个扫描周期内动作,而使用PLF指令,元件Y、M仅在驱动输入触点断开后的一个扫描周期内动作。如图4-15所示,M0在X0由OFF→ON时刻动作,其动作时间为一个扫描周期。M1在X1由ON→OFF时刻动作,其动作时间为一个扫描周期。

使用时应注意:

使用这两条指令时,要注意目标元件。在满足执行条件(X0=ON),PLC经过运行→停止

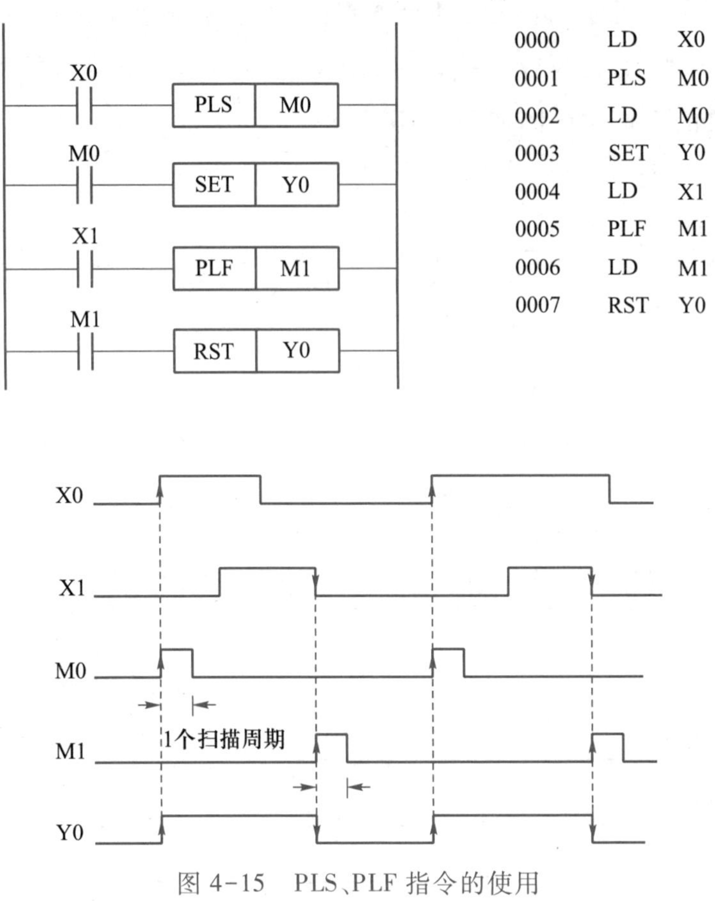


图 4-15 PLS、PLF 指令的使用

→运行时，PLS M0 动作，但是 PLS M500（断电时有后备电池的辅助继电器）不动作。这是因为 M500 是特殊保持继电器，即使在断电停机时其动作也能保持。

### 4.2.10 信号上升沿和下降沿的取指令（LDP、LDF）

信号上升沿的取指令 LDP 用于在信号的上升沿接通一个扫描周期；信号下降沿的取指令 LDF 用于在信号的下降沿接通一个扫描周期。LDP、LDF 指令的使用如图 4-16 所示。使用 LDP 指令时，Y1 在 X1 的上升沿时刻（由 OFF 到 ON 时）接通，接通时间为一个扫描周期；使用 LDF 指令时，Y2 在 X3 的下降沿时刻（由 ON 到 OFF 时）接通，接通时间为一个扫描周期。

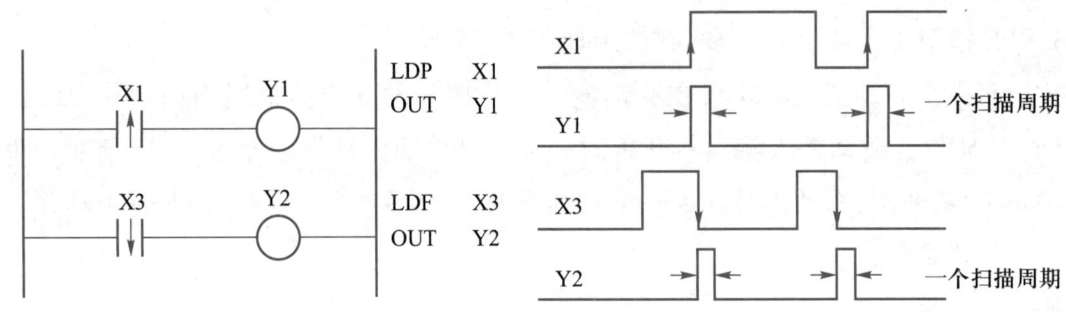


图 4-16 LDP、LDF 指令的使用

### 4.2.11 上升沿和下降沿的与指令(ANDP、ANDF)

ANDP 为在上升沿进行**与**逻辑操作的指令,ANDF 为在下降沿进行**与**逻辑操作的指令。ANDP、ANDF 指令的使用如图 4-17 所示。

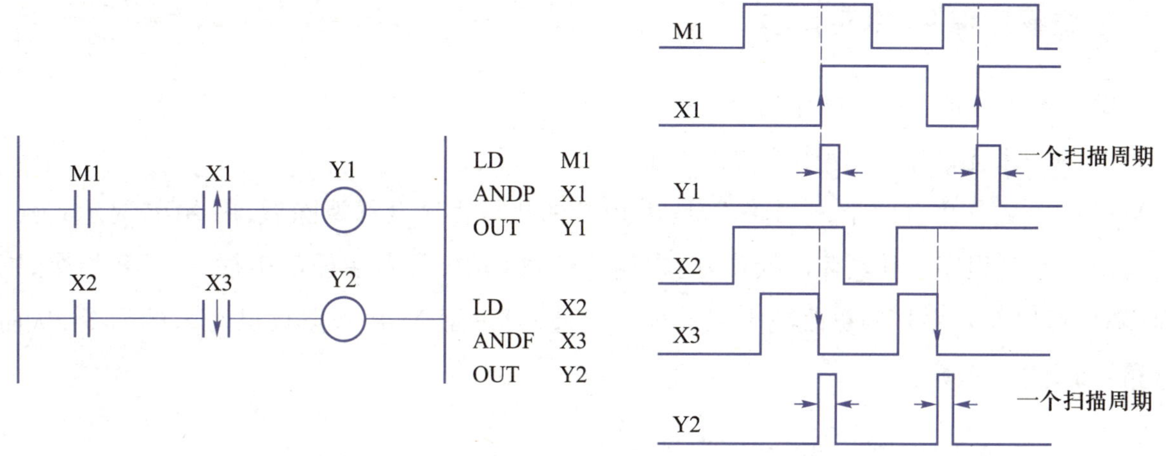


图 4-17 ANDP、ANDF 指令的使用

使用 ANDP 指令编程,使输出继电器 Y1 在辅助继电器 M1 闭合后,且在 X1 的上升沿(由 OFF 到 ON)时仅接通一个扫描周期;使用 ANDF 指令编程,使 Y2 在 X2 闭合后,且在 X3 的下降沿(由 ON 到 OFF)时仅接通一个扫描周期,即 ANDP、ANDF 指令仅在上升沿和下降沿进行一个扫描周期的**与**逻辑运算。

### 4.2.12 上升沿和下降沿的或指令(ORP、ORF)

ORP 为上升沿的**或**逻辑操作指令,ORF 为下降沿的**或**逻辑操作指令。ORP、ORF 指令的使用如图 4-18 所示。

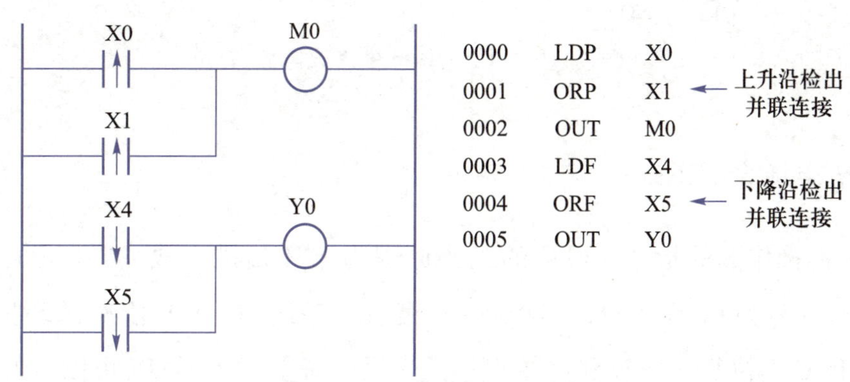


图 4-18 ORP、ORF 指令的使用

使用 ORP 指令,辅助继电器 M0 仅在 X0、X1 的上升沿(由 OFF 到 ON)时刻接通一个扫描

周期;使用 ORF 指令,Y0 仅在 X4、X5 的下降沿(由 ON 到 OFF)时刻接通一个扫描周期。

使用时应注意:

上升沿和下降沿指令 LDP、LDF、ANDP、ANDF 和 ORP、ORF 的目标元件为 X、Y、M、T、C 和 S。

### 4.2.13 空操作指令(NOP)

NOP(No Operation):空操作指令。

NOP 是一条无动作、无操作数的程序步。

NOP 指令的作用有两个,一个作用是在 PLC 的执行程序全部清除后,用 NOP 显示;另一个作用是用于修改程序。其具体的操作是:在编程的过程中,预先在程序中插入 NOP 指令,则修改程序时,可以使步序号的更改减少到最少。此外,可以用 NOP 来取代已写入的指令,从而修改电路,如图 4-19 所示。

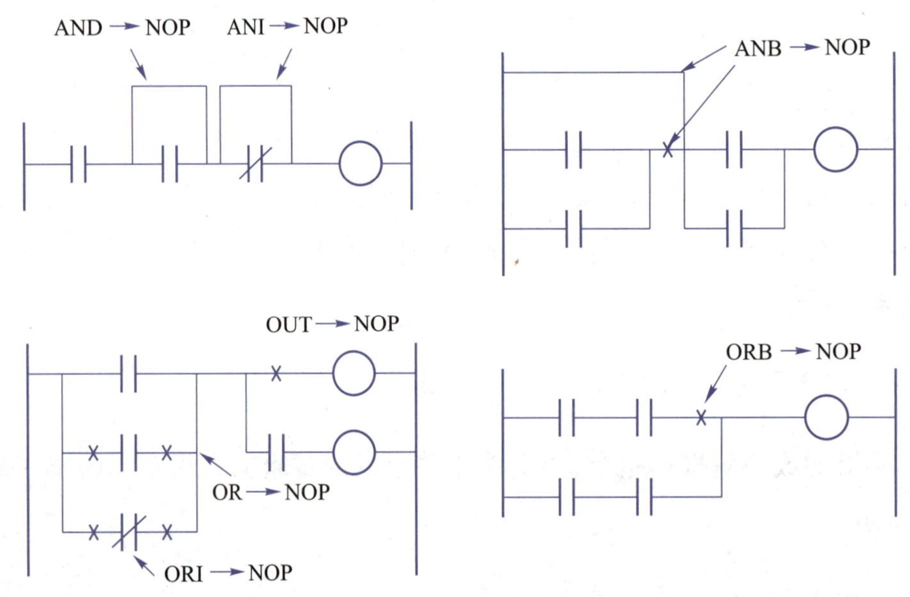


图 4-19 用 NOP 指令修改电路

### 4.2.14 程序结束指令(END)

END 是一个无操作数的指令。PLC 的工作原理为循环扫描方式,即开机执行程序均由第一句指令语句(步序号为 000)开始,一直执行到最后一条语句 END,依次循环执行,END 后面的指令无效,即 PLC 不执行。所以利用在程序的适当位置上插入 END,可以方便地进行程序的分段调试。但要注意在某段程序调试完毕后,及时删去 END 指令。

FX 系列 PLC 的部分特殊继电器及功能、FX 系列 PLC 的基本指令及步进指令分别见附表 1 和附表 2。

## 4.3 FX 系列 PLC 的编程基本原则

### 4.3.1 梯形图的设计规则和技巧

梯形图是按照从上到下,从左到右的顺序设计的。它以一个线圈的结束为一个逻辑行(也称为一个梯级)。每一逻辑行的起点是左母线,接着是触点的连接,最后以线圈结束于右母线。画图时允许省略右母线。

(1) 梯形图的左母线与线圈间一定要有触点,而线圈与右母线间不能有任何触点。触点只能在水平线上,不能画在垂直分支上,如图 4-20 所示。

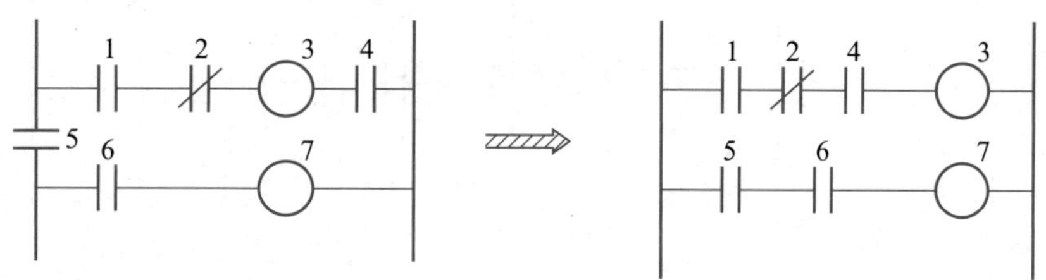


图 4-20 触点只能在水平线上

(2) 有串联电路相并联时,应将触点最多的那个串联支路放在梯形图的最上面。这种安排可减少指令语句,使程序简练,如图 4-21 所示。

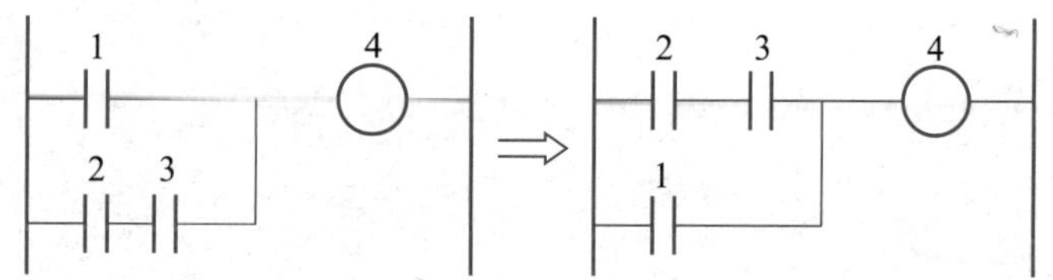


图 4-21 触点最多的串联支路放在最上面

(3) 同一编号的线圈如果使用两次则称为双线圈,双线圈输出容易引起误操作,所以在一般逻辑控制程序中应避免使用双线圈。

(4) 桥式电路不能直接编程,必须画出相应的等效梯形图,如图 4-22 所示。

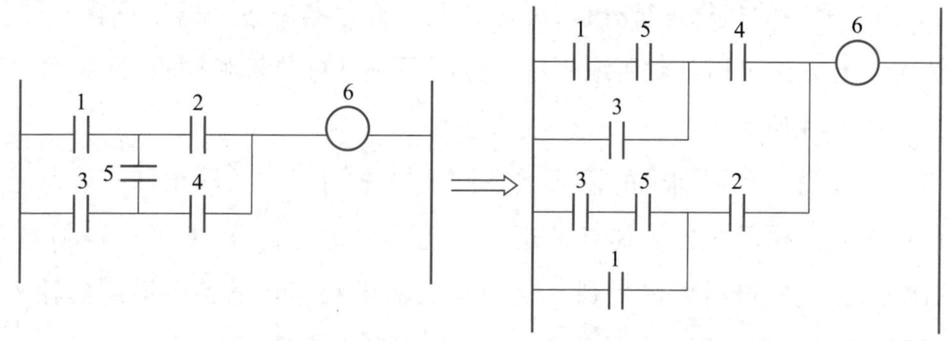


图 4-22 桥式电路的处理

（5）如果电路结构复杂，用 ANB、ORB 等难以处理，可以重复使用一些触点改成等效电路，再进行编程，如图 4-23 所示。

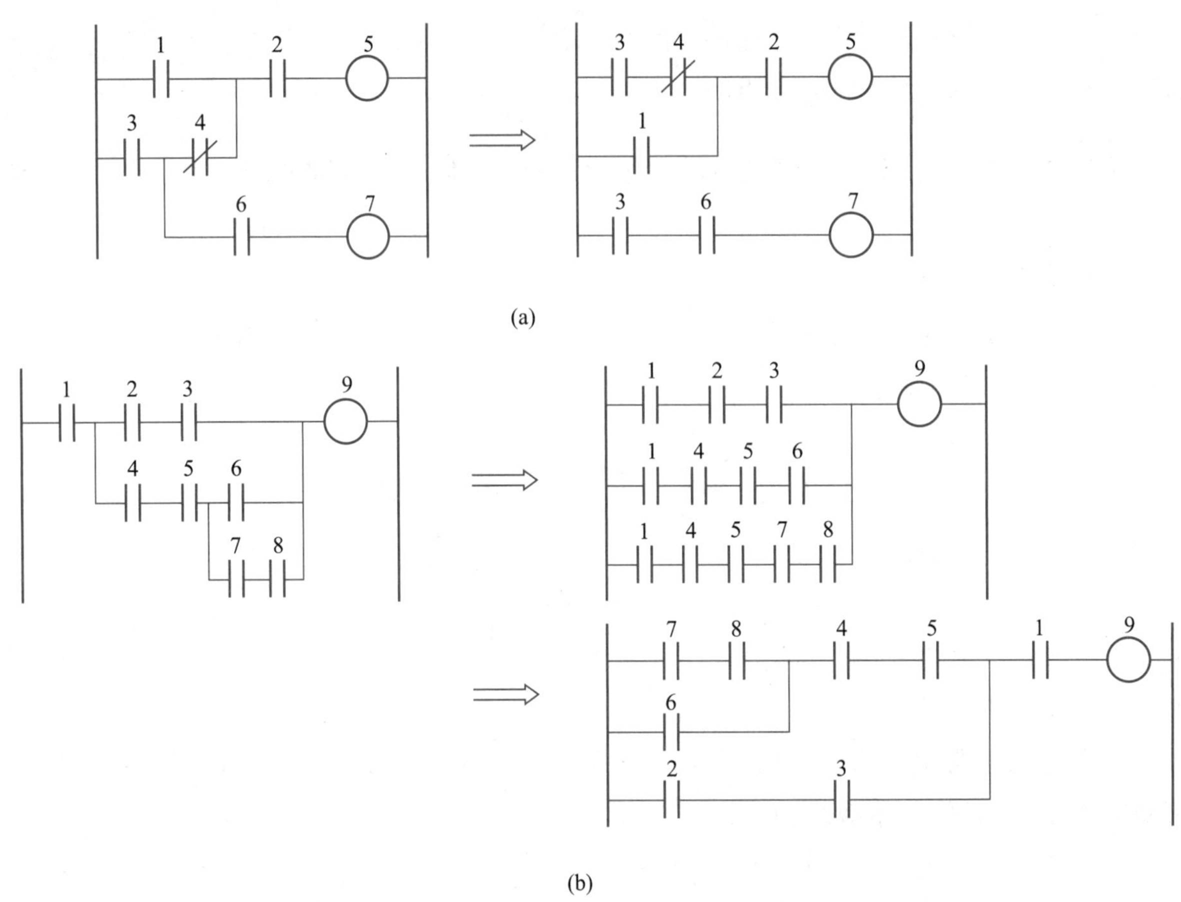


图 4-23　复杂电路的处理

### 4.3.2　PLC 执行用户程序的过程分析

**1. 用户程序的 I/O 状态分析法**

PLC 是以循环扫描的方式执行程序的，如果不考虑每个扫描周期中其他的工作阶段，只考虑对用户程序的执行过程、模拟实际系统中出现的输入信号顺序，以及 I/O 暂存器和梯形图中的逻辑关系，对用户程序的执行进行分析，可得到 I/O 暂存器中各个输出点在不同扫描周期内的状态变化情况。此方法可用于对所编程序的控制顺序进行分析和检验，称为用户程序的 I/O 状态分析法，如图 4-24 所示。

在图 4-24 中，将每一个周期中的输入状态和上一个周期中的输出状态作为已知条件，并将这些已知条件带入到梯形图各个梯级的逻辑表达式中进行运算，便可以得到本周期的各个输出状态，依次分析下去，最后可以得到 3 个周期的输出状态。把各个周期的输入、输出状态列出表格，可清楚地看到每个周期的输入/输出状态的变化情况。

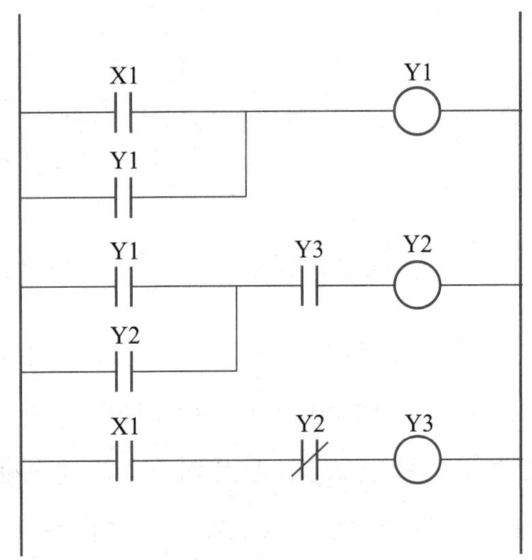


I/O状态表

| 周期 | X1 | Y1 | Y2 | Y3 |
|---|---|---|---|---|
| 1 | **0** | **0** | **0** | **0** |
| 2 | **1** | **1** | **0** | **1** |
| 3 | **1** | **1** | **1** | **0** |

图 4-24　用户程序的 I/O 状态分析法

在分析时要注意:首先要将每个周期中输入信号的状态填入表内,并作为输入条件带入第一个梯级进行逻辑运算,运算后得到的输出,立即填入表内给第二个梯级运算,并提供相应触点的状态,即上一个梯级的运算结果马上就被下一个梯级使用。

下面对按照 I/O 状态分析法分析图 4-24 中所示的梯形图:首先将已知的输入信号 X1 在 3 个周期内的状态填入到状态表中,再根据在第一周期内 X1 = **0**,判断出 Y1 = **0**,由于 Y1 = **0**,则 Y2 = **0**,同时 X1 = **0** 使得 Y3 = **0**,将 Y1、Y2、Y3 此时的状态填入表内;在第二周期内 X1 = **1**,所以 Y1 = **1**,而由于此时 Y3 = **0**(上一周期结束时的状态),所以现在 Y2 = **0**,此时在第三阶梯,由于 X1 = **1**,而且此时 $\overline{Y2}$ = **1**,所以 Y3 = **1**……最后分析的结果如图 4-24 中的 I/O 状态表所示。

**2. PLC 对输入信号 ON/OFF 时间的要求**

PLC 运行正常时,扫描周期不仅与 CPU 的运算速度有关,还与 I/O 点的情况、用户控制程序的长短及编程情况等均有关。通常用 PLC 执行 1 K 字指令所需的时间,一般为 1~10 ms。以欧姆龙 C 系列的 P 型机为例,其内部处理的时间为 1.26 ms;执行编程器等外部设备的命令所需时间为 1~2 ms(没有和外部设备相连时,该段时间为零),I/O 执行时间≤1 ms。当用户程序较长时,指令执行的时间在扫描周期中占主要的比例。

需要注意的是,对于不同的指令,其执行的时间是不相同的,从零点几微秒到上百微秒不等,所以在程序中选用的指令不同,其扫描的时间会大不相同。

输入信号的状态是在 PLC 输入处理时间内被检测的。如果输入信号的 ON 时间或 OFF 时间过窄,有可能监测不到。也就是说,PLC 输入信号的 ON/OFF 时间,必须比 PLC 的扫描时间长。若考虑输入滤波的响应时间延迟为 10 ms,则输入信号的 ON/OFF 时间至少为 20 ms。但利用 PLC 的功能指令,可以处理较高频率的输入信号。

# 4.4 常用基本单元电路的编程举例

## 4.4.1 定时器和计数器的应用

### 1. 延时断开电路

图 4-25 所示为延时断开电路，可实现在控制信号断开后延时断开负载。图中，X2 为控制信号，当 X2 为 ON 时，Y3 线圈得电且自保，此时由于 X2 的动断触点为 OFF，T50 线圈不能得电。当 X2 为 OFF 时，因为 Y3 线圈已自保，故 Y3 继续保持带电状态，但此时 X2 的动断触点为 ON，故 T50 线圈得电计时，15 s 时间到，T50 的动断触点为 OFF，使 Y3 线圈解除自保断电，实现了延时断开负载的功能。

### 2. 延时闭合/断开电路

图 4-26 所示为延时闭合/断开电路，用于将控制信号的 ON/OFF 变化延时作用于负载。图中，X0 为控制信号，T50 和 T51 分别用于控制 Y4 的延时闭合和延时断开。当 X0 为 ON 时，T50 得电，延时 5 s 后，T50 的动合触点为 ON，Y4 得电且自保，实现延时闭合功能；当 X0 为 OFF 时，其动断触点为 ON，故 T51 线圈得电，延时 5 s 后，T51 的动断触点为 OFF，使 Y4 线圈解除自保断电，实现了延时断开功能。

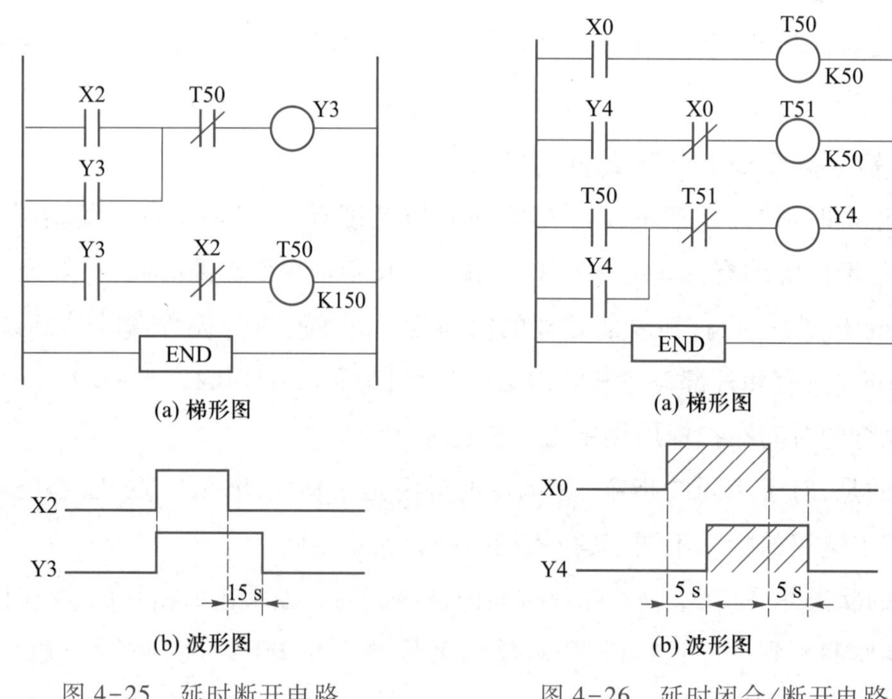


图 4-25 延时断开电路　　图 4-26 延时闭合/断开电路

### 3. 脉冲振荡电路

图 4-27 所示为脉冲振荡电路，可用于产生 50 s 的脉冲信号，电路功能分析如下：

(1) 当 X0 为 ON,T50 线圈得电,30 s 后,T50 动合触点为 ON,T51 线圈得电开始延时,经过 20 s 后,T51 动断触点为 OFF,使 T50 线圈失电(复位),则 T50 动合触点为 OFF 使 T51 线圈失电(复位),一个周期结束。

(2) 在一个周期中 T50 的动合触点闭合 20 s,断开 30 s,而 T51 的动合触点只闭合一个扫描周期的时间。T50 和 T51 动合触点的波形图如图 4-27b 所示。只要 X0 接通,脉冲振荡电路就一直循环工作,由输出 Y0 可以观察到 T50 动合触点的变化。振荡输出一直到 X0 断开,才停止工作。

**4. 定时器和计数器的组合使用**

图 4-28 所示为定时器和计数器的组合使用,该电路可以获得 30 000 s 的延时。图中 T0 的动合触点每隔 100 s 闭合一次,计数器 C0 计数 1 次,当计到 300 次时,C0 的动合触点闭合,Y1 线圈得电闭合,从而实现 Y1 线圈从 X0 为 ON 时刻,延时 300×100 s 才有输出。定时器利用 T0 自身的动断触点复位,其复位时间是一个扫描周期。X4 用于给计数器复位。

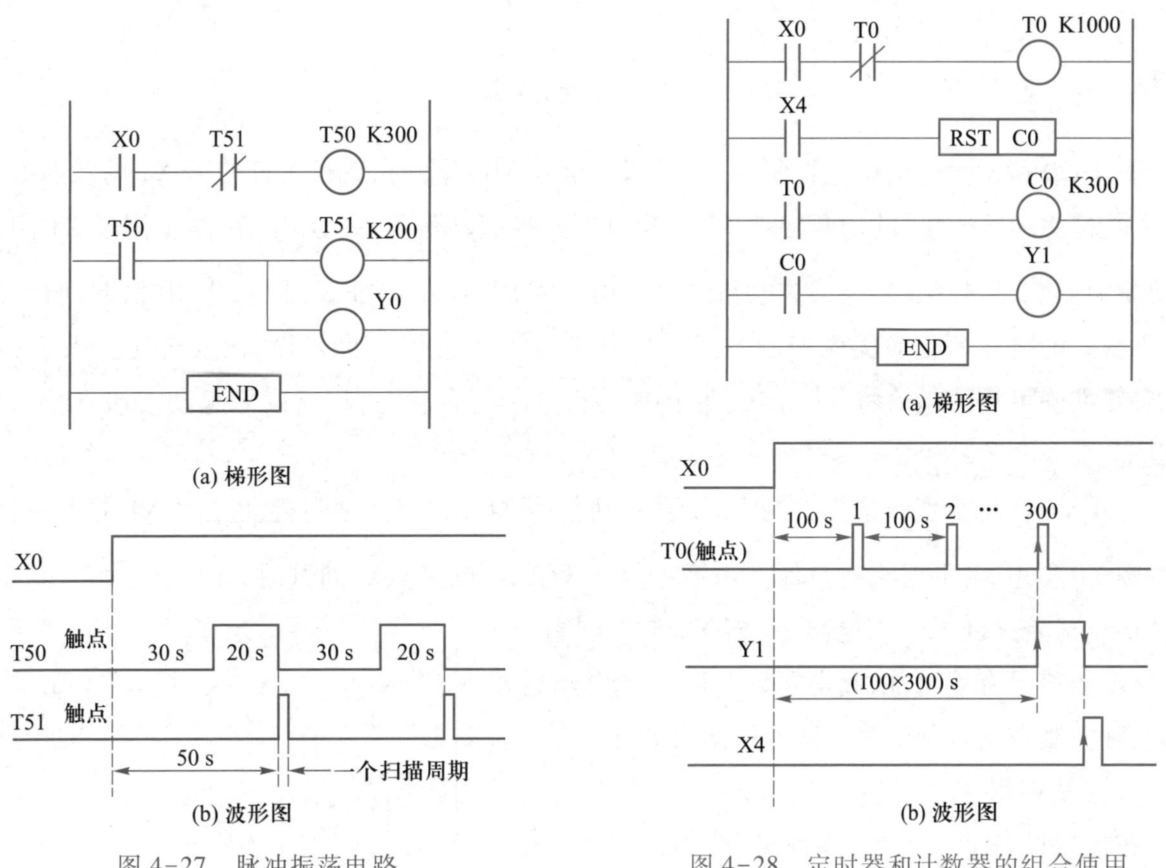


图 4-27 脉冲振荡电路

图 4-28 定时器和计数器的组合使用

### 4.4.2 基本控制环节的编程举例

**1. 起动、自保、停止电路**

起动、自保、停止功能电路是 PLC 控制电路的最基本环节。它经常用于对内部辅助继电器和输出继电器进行控制。此电路有两种不同的构成形式，即起动优先控制方式和停止优先控制方式，如图 4-29、图 4-30 所示。

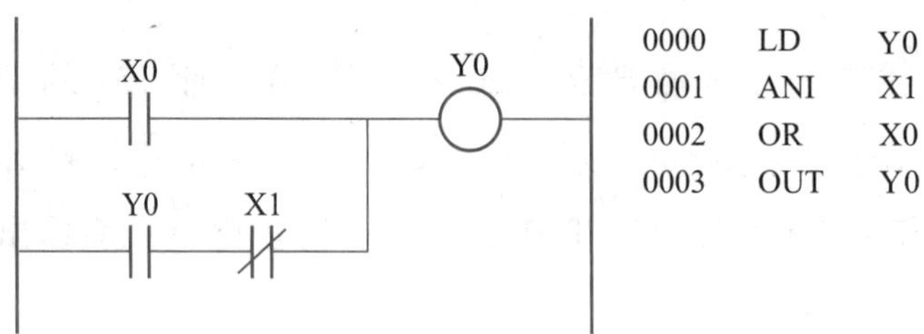


图 4-29　起动优先控制方式

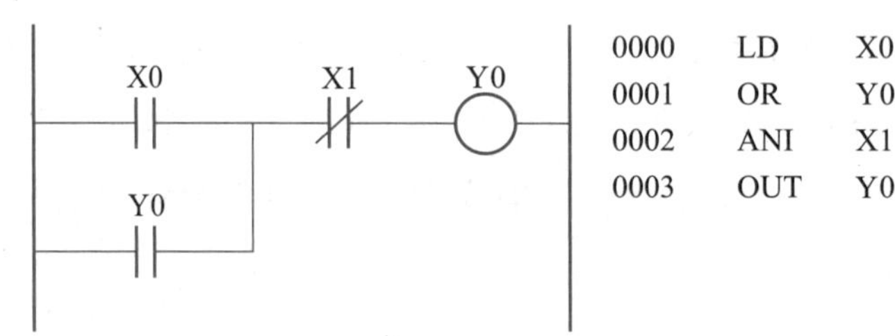


图 4-30　停止优先控制方式

图 4-29 所示为起动优先控制方式，当起动信号 X0 闭合时，无论关断信号 X1 的状态如何，Y0 总被起动。通过 X1 的动断触点 Y0 实现自保。当起动信号 X0 断开后，停止信号 X1 闭合，其动断触点$\overline{X1}$断开，Y0 断电。该电路的起动信号 X0 与停止信号 X1 同时作用时，起动信号有效，所以此电路称为起动优先控制方式。这种控制方式常用于报警设备、安全防护及救援设备，需要准确可靠的起动控制，无论停止按钮是否处于闭合状态，只要按下起动按钮，便可以起动设备。

图 4-30 所示为停止优先控制方式，当起动信号 X0 闭合时，通过停止信号 X1 的动断触点使线圈 Y0 得电，并同时进行自保。当停止信号 X1 的动断触点$\overline{X1}$断开时，无论起动信号状态如何，Y0 线圈始终断电。该电路中，当 X0 与 X1 同时作用时，停止信号有效，所以此电路称为停止优先控制方式，这种控制方式常用于需要紧急停车的场合。

**2. 互锁控制**

在机械设备的控制中，经常见到某种互为制约的关系，在 PLC 控制电路中一般用反映某一运动的信号去控制另一运动相应的电路，达到互锁控制的要求。图 4-31 所示为互锁控制的梯形图，为了使 Y1 和 Y2 不能同时得电，将 Y1 和 Y2 的动断触点，分别串接于线圈 Y2、Y1 的控制电路中。

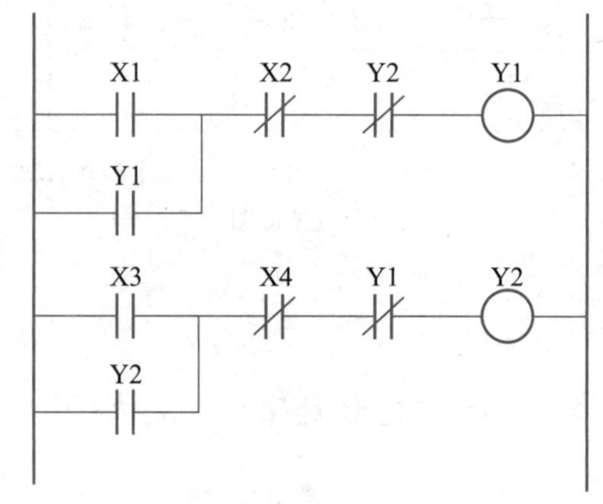


图 4-31　互锁控制的梯形图

Y1、Y2 中有任何一个要起动时，另一个必须首先已被断电，即保证任何时候两者都不能同时起动，达到互锁的控制要求。这种互锁控制方式，经常用于控制电动机的正反转、机床刀架的进给与快速移动、横梁升降及机床夹具的夹紧与放松等不能同时发生运动。

图 4-32 所示为延时起动电动机正/反转的控制程序梯形图和 I/O 接线图，其控制作用说明如下：

（1）当正向起动按钮 X1 为 ON，线圈 Y1 得电并自保，接触器 KM1 得电吸合，电动机正转；当反向起动按钮 X2 为 ON，线圈 Y2 得电并自保，KM2 得电吸合，电动机反转。在 Y1、Y2 的线圈支路中分别串接 Y2、Y1 的动断触点，以实现互锁功能。

（2）采用 T0、T1 控制电动机在正、反转切换时的延时时间。利用 T1、T0 的动合触点分别与正向起动控制信号 X1、反向起动控制信号 X2 串联，实现正转或反转的起动只有在 T1 或 T0 的 5 s 延时时间到才有效。T0 在正转停止时开始计时，T1 在反转停止时开始计时，从而实现电动机正转和反转切换时的延时时间为 5 s。

（3）X3 为电动机的过载保护。在 PLC 的输出端有 KM 的硬件互锁电路和急停开关 SB，如图 4-32b 所示。

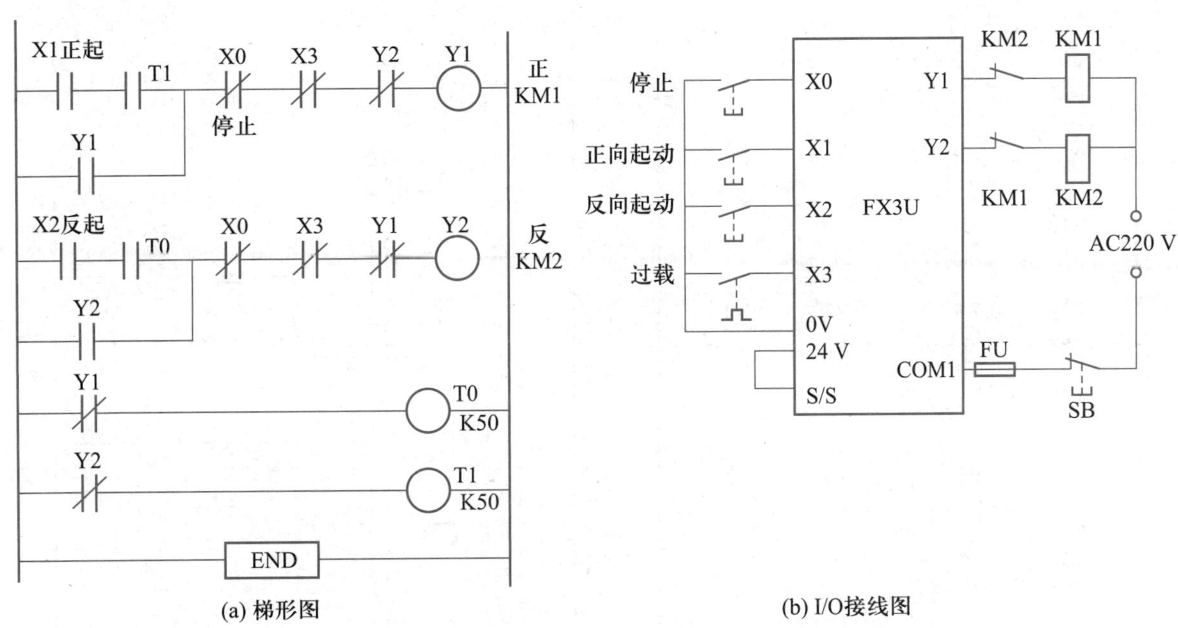


图 4-32　延时起动电动机正/反转的控制程序梯形图和 I/O 接线图

**3. 顺序控制**

图 4-33 所示为顺序控制梯形图，线圈 Y0 的动合触点串接于线圈 Y1 的控制电路中，线圈 Y1 的接通以 Y0 的接通为条件。只有 Y0 接通才允许 Y1 的接通。Y0 关闭后 Y1 也被关闭，而且在 Y0 接通的条件下，Y1 可以自行起动和停止，图 4-34 所示为顺序步进控制。

在 PLC 的顺序控制中，经常采用顺序步进控制，使控制系统能按照固定的步骤，一步接着

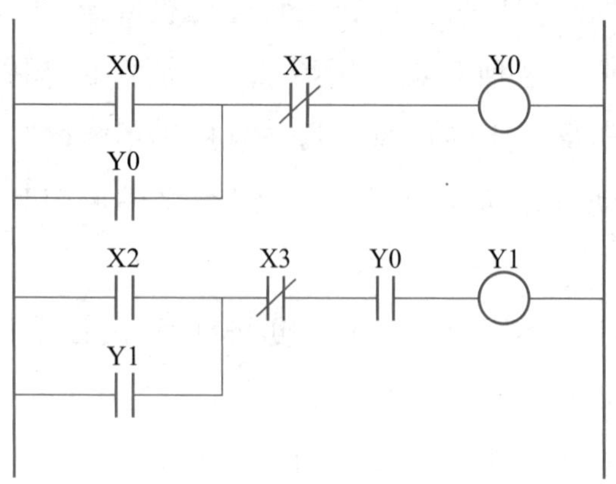

图 4-33　顺序控制梯形图

一步地执行。选择代表前一个运动的动合触点串联于后一个运动的起动电路中,作为后一个运动的发生条件(约束条件)。同时选择代表后一个运动的动断触点串联于前一个运动的停止线路中,作为关闭条件。这样才能保证,只有在前一个运动发生了,才允许后一个运动发生。而一旦后一个运动发生,立即就使前一个运动停止。图 4-34a 所示为采用停止优先控制方式,图 4-34b 所示为采用起动优先控制方式,X 均为脉冲信号。

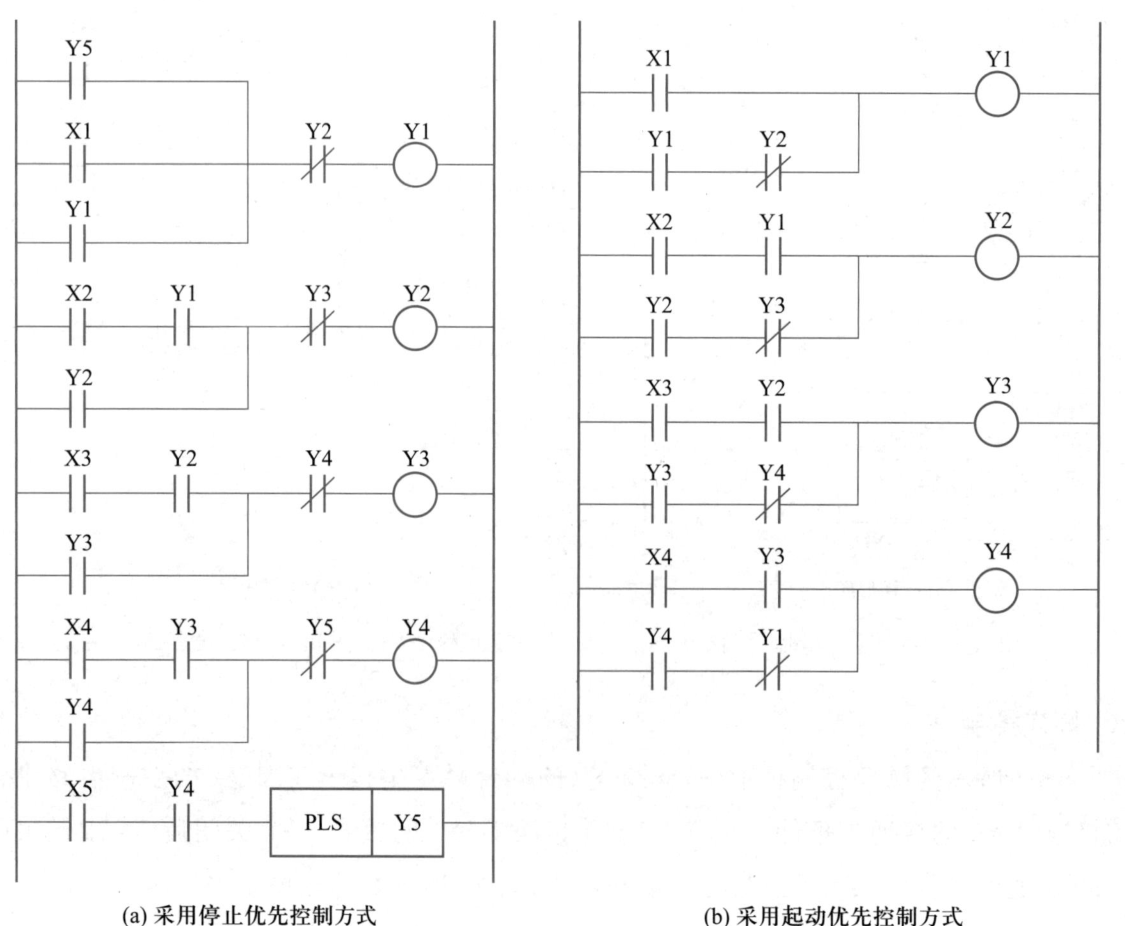

(a) 采用停止优先控制方式　　(b) 采用起动优先控制方式

图 4-34　顺序步进控制

图 4-35 所示为两台电动机顺序起动控制的梯形图和 I/O 接线图。图中由接触器 KM1、KM2 分别控制电动机 1 和电动机 2,X2 和 X3 端接入两台电动机的过载保护信号,SB 为外部急停开关。控制作用说明如下:

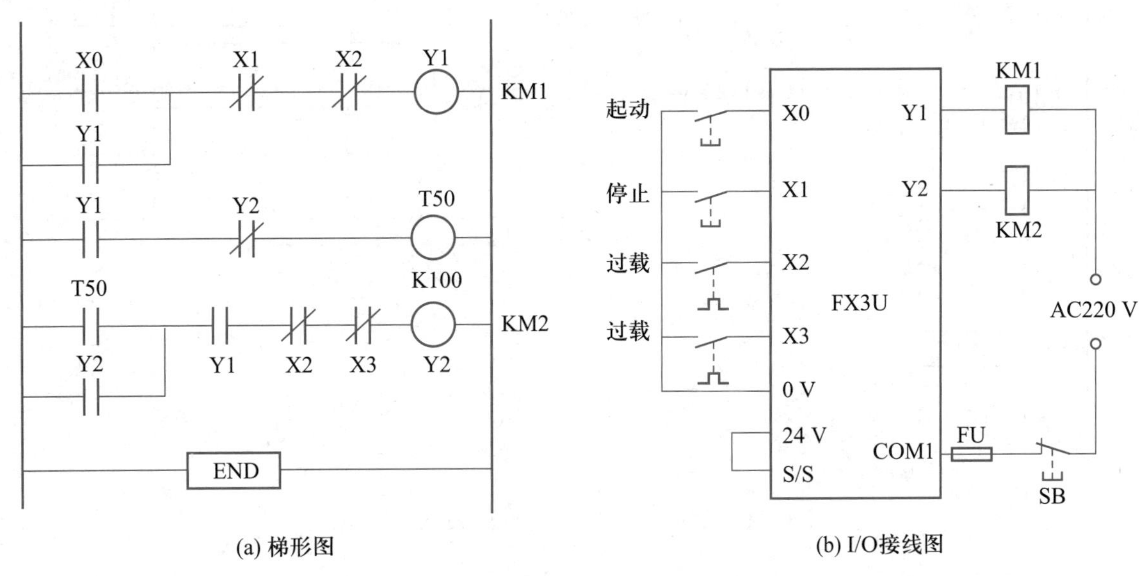


图 4-35　两台电动机顺序起动控制的梯形图和 I/O 接线图

(1) 当起动按钮 X0 为 ON 时,Y1 的线圈得电并自保,接触器 KM1 得电起动电动机 1,同时 Y1 的动合触点闭合,定时器 T50 开始计时,10 s 延时时间到,T50 的动合触点闭合,Y2 线圈接通并自保,KM2 得电吸合起动电动机 2,实现间隔 10 s 顺序起动两台电动机。用 Y2 的动断触点给 T50 复位。

(2) 当按下停止按钮时,X1 的动断触点断开,Y1 失电,Y1 的动合触点断开使 Y2 也失电,两台电动机立即停止。在 Y1 过载时,X2 的动断触点断开,则两台电动机均停止。如果出现 Y2 过载,即 X3 的动断触点动作,KM2 失电,电动机 2 停止转动,但电动机 1 继续运行。

**4. 等时步进控制**

图 4-36 所示为等时步进控制梯形图及指令语句。图中 X10 为起动按钮,当 X10 = 0 N 时 M0 自保,定时器 T0、T1、T2 同时开始计时,并分别控制 Y0、Y1 和 Y2 按照时间间隔 1 s 得电,直到 X11 = ON 时 T0、T1 和 T2 全部复位,同时输出 Y 全部断开。

**5. 手动与自动控制的切换**

图 4-37 所示为自动控制系统的手动与自动切换梯形图,输入信号 X0 为系统设置的手动/自动选择开关。当选择手动工作状态时,X0 闭合,满足主控指令的执行条件,执行手动控制程序,同时满足跳转执行条件,不执行自动控制程序;当选择自动工作状态时,X0 断开,不满足主控指令执行条件,则不执行手动程序,同时也不满足跳转条件,所以执行自动程序。

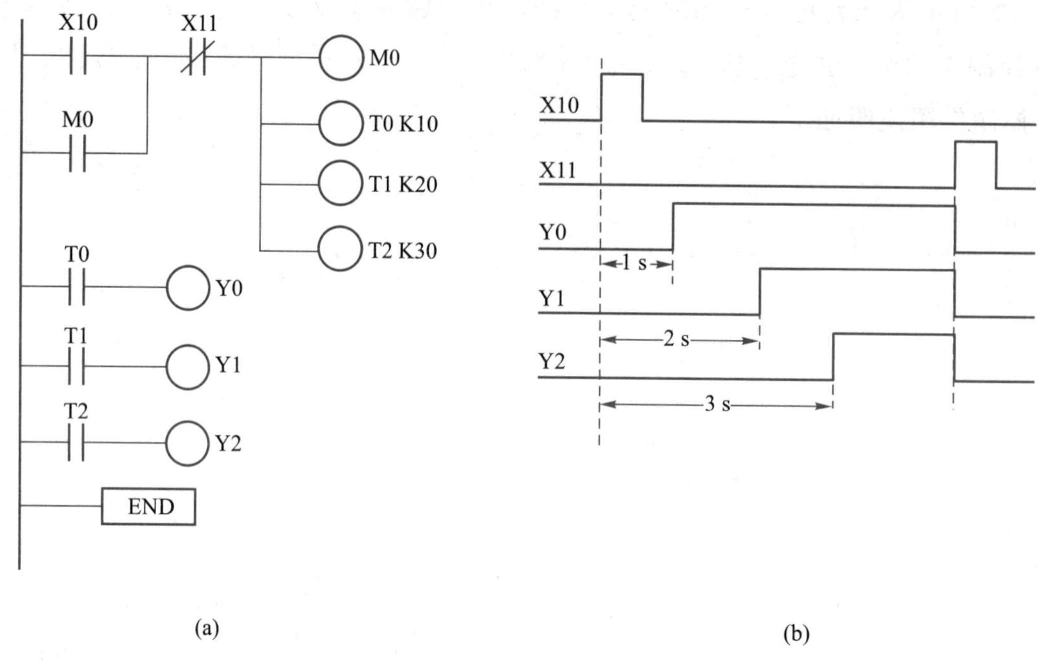

图 4-36 等时步进控制梯形图及指令语句

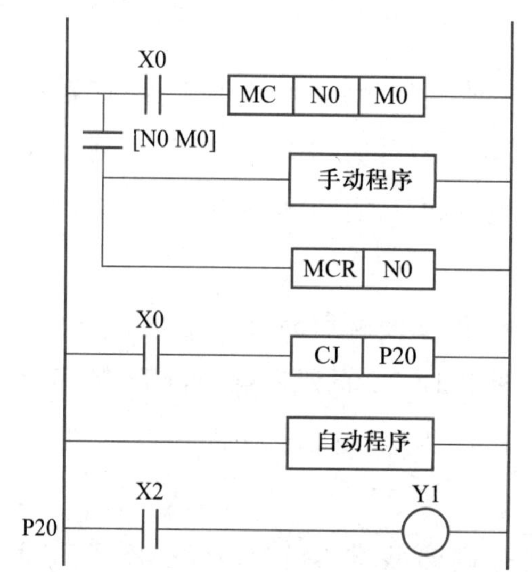

图 4-37 自动控制系统的手动与自动切换梯形图

# 4.5 编程方法及步进指令

## 4.5.1 PLC 程序设计的功能图法

对于顺序控制系统通常采用顺序功能图的方法设计控制程序。采用功能图设计程序的方法易被初学者接受，其设计的程序规范、直观，易阅读，也便于修改和调试。FX 系列 PLC 专为功能图程序设计设置了两条步进指令,其目标元件是状态器 S。

对于一个顺序控制系统,采用功能图设计程序时,首先要按照控制系统的具体要求,画出其相应的功能图,再利用步进指令将功能图转换成相应的梯形图,由梯形图便可直接读出指令语句。

**1. 功能图的组成**

功能图是一种描述顺序控制系统的图形说明语言。它由步、转移条件及有向线段组成。

1) 步

功能图中的“步”是控制过程中的一个特定状态。步又分为初始步和工作步,在每一步中要完成一个或多个特定的动作。初始步表示一个控制系统的初始状态,所以,一个控制系统必须有一个初始步,初始步可以没有具体要完成的动作。在功能图中,初始步用双线框表示,工作步用单线框表示。

2) 转移条件

步与步之间用有向线段连接,在有向线段上用一个或多个小短线表示一个或多个转移条件。当条件得以满足时,可以实现由前一步转移到下一步的控制(由完成前一步的动作,转移到执行下一步的动作)。为了确保控制系统严格地按照顺序执行,步与步之间必须有转移条件。

3) 转移条件的标注

转移条件是保证控制系统从一步向另一步转移的必要条件,通常用文字、逻辑方程及符号表示。在功能图中常用以下三种符号:

(1) 表示转移条件中各因素之间的**与**关系,用“&”表示。

(2) 表示转移条件中各因素之间的**或**关系,用“≥”表示。

(3) 表示转移条件永远成立,用“=1”表示(可省略标注)。

**2. 功能图的构成规则**

(1) 画功能图时,要根据控制系统的具体要求,将控制系统的工作顺序分为若干步,并确定其相应的动作。

(2) 步与步之间用有向线段连接。当系统的控制顺序是从上向下时,可以不标注箭头;若控制顺序是从下向上时,必须标注箭头。

(3) 找出步与步之间的转移条件。

(4) 确定初始步,用于表示顺序控制的初始状态。

(5) 系统结束时一般是返回到初始状态。

**3. 功能图的形式**

功能图可以分为单一顺序、选择顺序、并发顺序和跳转与循环顺序 4 种形式,如图 4-38 所示。

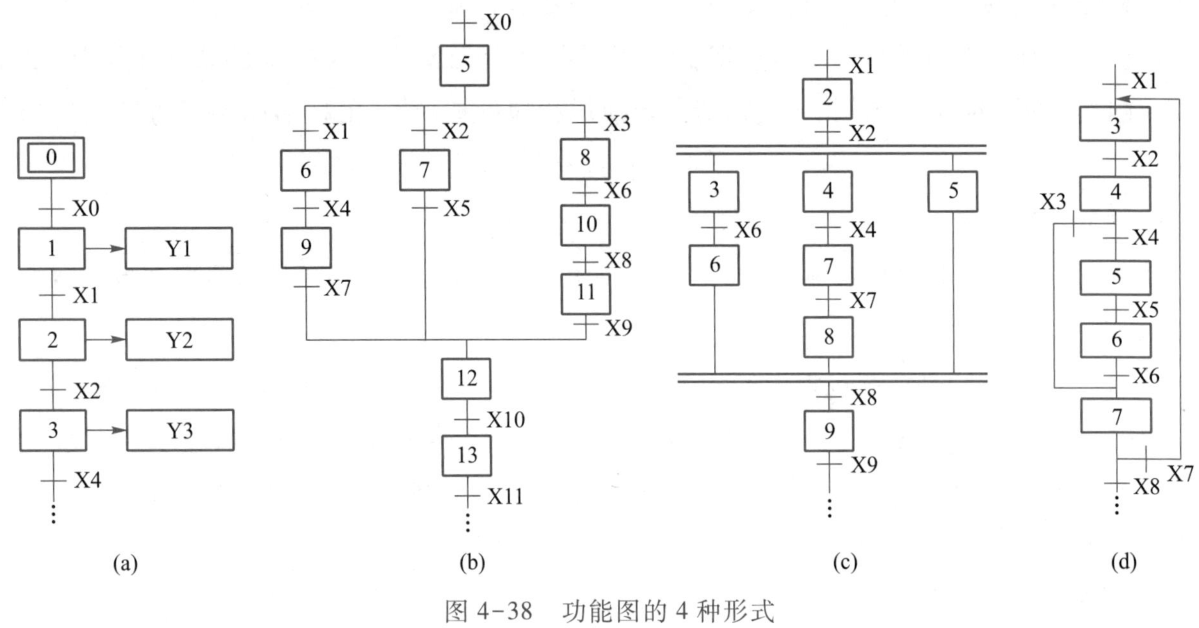

图 4-38　功能图的 4 种形式

(1) 单一顺序如图 4-38a 所示。单一顺序所表示的动作顺序是一个接着一个完成。每步连接着转移,转移后面也仅连接一个步。

(2) 选择顺序如图 4-38b 所示。选择顺序用单水平线表示,是指在一步之后有若干个单一顺序等待选择,而一次仅能选择一个单一顺序。为了保证一次仅选择一个顺序,即选择的优先权,必须对各个转移条件加以约束。选择顺序的转移条件应标注在单水平线以内。

(3) 并发顺序如图 4-38c 所示。并发顺序用双水平线表示,双水平线表示若干个顺序同时开始和结束。并发顺序是指在某一转移条件下,同时起动若干个顺序,完成各自相应的动作后,同时转移到并行结束的下一步。并发顺序的转移条件应标注在两个双水平线以外。

(4) 跳转与循环顺序如图 4-38d 所示。跳转与循环顺序表示顺序控制跳过某些状态和重复执行。功能图中的重复执行用箭头表示。

### 4.5.2　功能图设计举例

**例 4-1**　某组合机床液压动力滑台的自动工作过程示意图如图 4-39a 所示,它分为原位、快进、工进和快退 4 步。每一步所要完成的动作如图 4-39b 所示。SQ1、SQ2、SQ3 为限位开关;Y1、Y2、Y3 为液压电磁阀;KP1 为压力继电器,当滑台运动到终点时 KP1 动作。

液压动力滑台自动循环的功能图如图 4-39c 所示。

**例 4-2**　图 4-40 所示为送料小车工作示意图。小车可以在 A、B 两地之间正向起动(前进)和反向起动(后退),在 A、B 两处分别装有后限位开关和前限位开关。小车在 B 处停车,延时 10 s 后返回。

(1) 控制要求。在初始状态下,按下前进起动按钮,小车由初始状态前进。当小车前进至

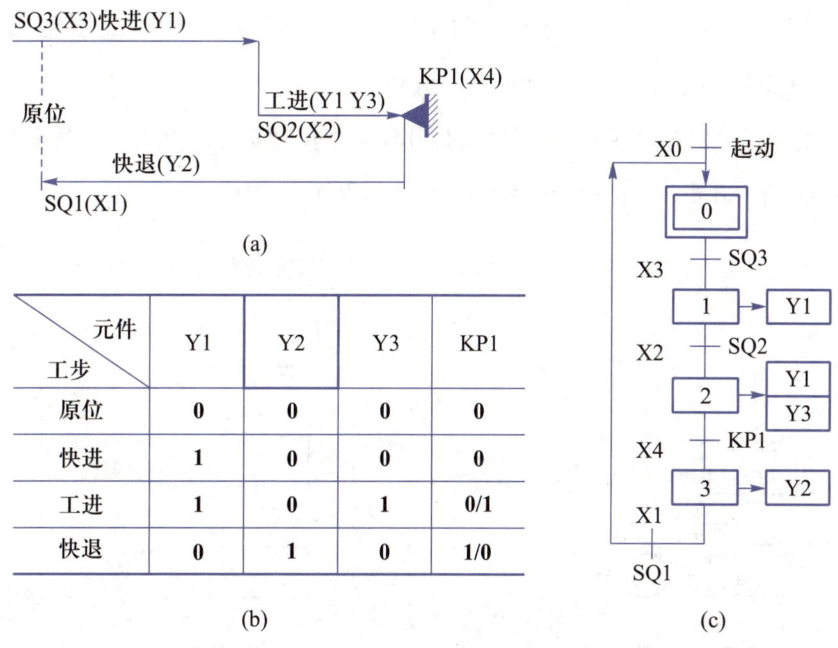


| 工步＼元件 | Y1 | Y2 | Y3 | KP1 |
|---|---|---|---|---|
| 原位 | 0 | 0 | 0 | 0 |
| 快进 | 1 | 0 | 0 | 0 |
| 工进 | 1 | 0 | 1 | 0/1 |
| 快退 | 0 | 1 | 0 | 1/0 |

图 4-39　液压动力滑台的工作过程及自动循环功能图

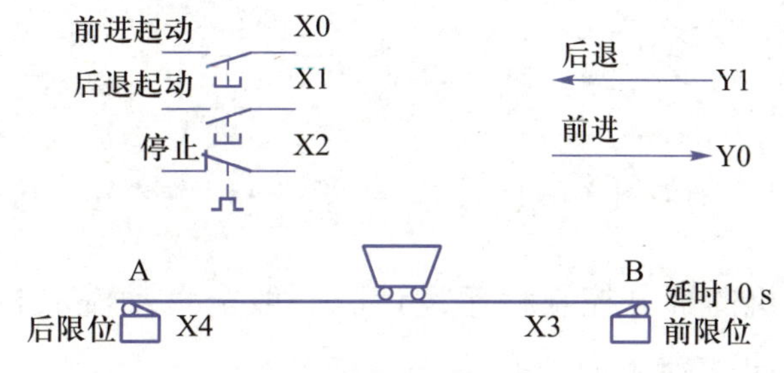


图 4-40　送料小车工作示意图

前限位时，前限位开关闭合，小车暂停；延时 10 s 后，小车后退，后退至后限位时，后限位开关闭合，小车又开始前进，如此循环工作下去。

（2）PLC 的 I/O 地址分配见表 4-3。

**表 4-3　PLC 的 I/O 地址分配**

| 输入地址 | | | | 输出地址 | |
|---|---|---|---|---|---|
| 前进起动 | X0 | 前限位 | X3 | 前进 | Y0 |
| 后退起动 | X1 | 后限位 | X4 | 后退 | Y1 |
| 停止 | X2 | — | — | — | — |

（3）功能图的设计。小车送料的工作循环过程分为前进、延时和后退 3 个工步，其相应的功能图如图 4-41 所示。

（4）在前面所述的控制要求中再补充三条：

① 小车在前进步时，如果按下停止按钮（X2 闭合），则小车回到初始状态。

② 在初始状态时，如果按下后退按钮（X1 闭合），则小车由初始状态直接到后退状态，然后按照后退→前进→延时→后退→ …… 的顺序执行。

③ 小车在后退时，如果按下停止按钮（X2 闭合），则转移到初始状态，后退步停止。

加入补充的 3 条控制要求后，其功能图如图 4-42 所示。

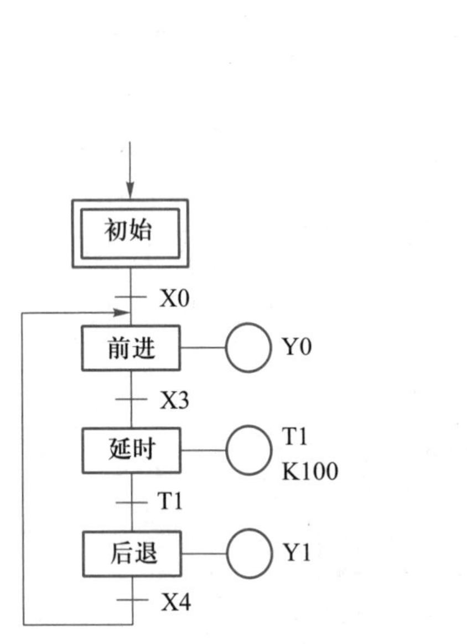

图 4-41　送料小车功能图之一

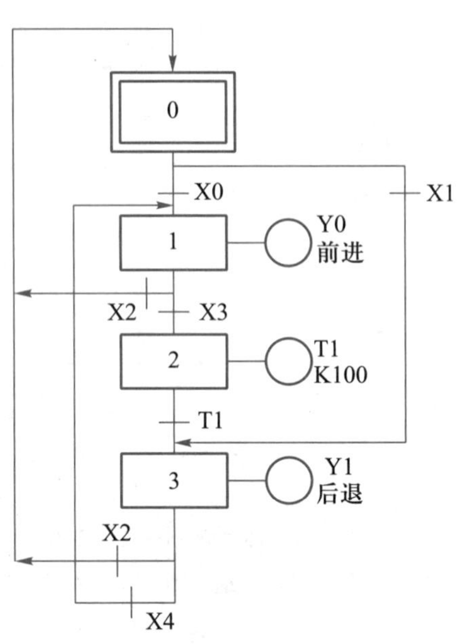

图 4-42　送料小车功能图之二

**例 4-3**　全自动洗衣机的部分控制程序设计。一般全自动洗衣机的控制可分为手动控制洗衣、自动控制洗衣，预定时间洗衣的控制等。

1）自动洗衣过程

（1）洗衣机接通电源后，按下起动按钮，首先打开进水阀进水，直到水位到达高水位检测标志后，高水位检测开关闭合，关闭进水阀，停止进水动作。

（2）开始正向洗涤，驱动电动机正转 30 s。

（3）30 s 时间到，断开正向洗涤的控制信号，暂停 3 s。

（4）进行反向洗涤，驱动电动机反转 30 s。

（5）断开反相洗涤的控制信号，暂停 3 s。

（6）将以上正、反向洗涤动作循环执行 3 次（小循环过程）。

（7）正、反向洗涤 3 次结束后，打开排水阀进行排水，当水位下降到低水位时开关断开。

（8）驱动电动机执行脱水动作，时间为 10 s。

（9）再循环执行第（2）~（8）步的动作，一共 3 次（大循环过程）。

（10）3 次大循环过程结束后，进行洗完报警，即驱动蜂鸣器，报警 5 s。

2）I/O 地址分配

根据全自动洗衣机的动作要求，继电器的 I/O 地址分配见表 4-4。

**表 4-4　继电器的 I/O 地址分配**

| 输入地址 | | 输出地址 | | | |
|---|---|---|---|---|---|
| 起动 | X0 | 进水阀 | Y0 | 排水阀 | Y3 |
| 高水位检测 | X1 | 正转 | Y1 | 脱水 | Y4 |
| 低水位检测 | X2 | 反转 | Y2 | 报警 | Y5 |

3）功能图设计

参照自动洗衣过程设计的控制功能图如图 4-43 所示，采用特殊辅助继电器 M8002，在 PLC 上电后的第一个扫描周期内，首先进入初始步 S0，在起动按钮 X0=ON 时，进入第一工作步

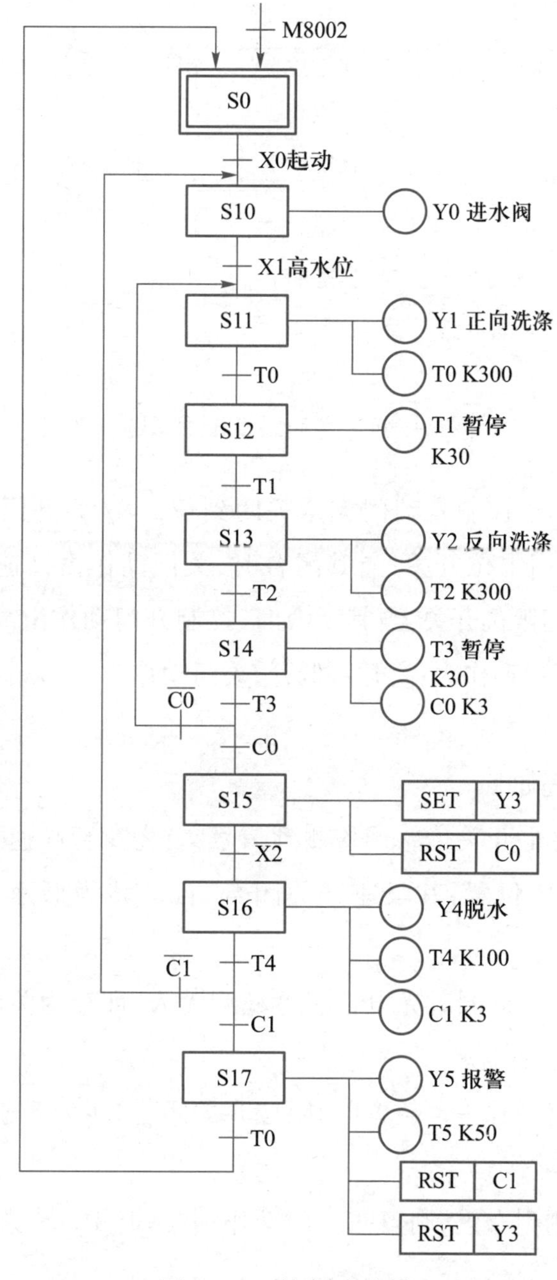


图 4-43　控制功能图

S10,之后按顺序执行。由全自动洗衣机的控制要求可知整个洗衣过程包含有两个内循环过程,需要采用计数器实现循环次数的控制。用计数器 C0 控制正反洗涤 3 次,3 次未到循环执行 S11~S14 步,3 次计满,C0 的动合触点闭合,断开小循环过程,执行 S15 步。C1 的作用和 C0 相同。

**例 4-4** 自动门的控制功能图设计。图 4-44 所示为自动门工作示意图。为实现控制设置了相应的检测传感器,图中 X0 为光电传感器,当其检测到有人时,X0=ON,无人时,X0=OFF。

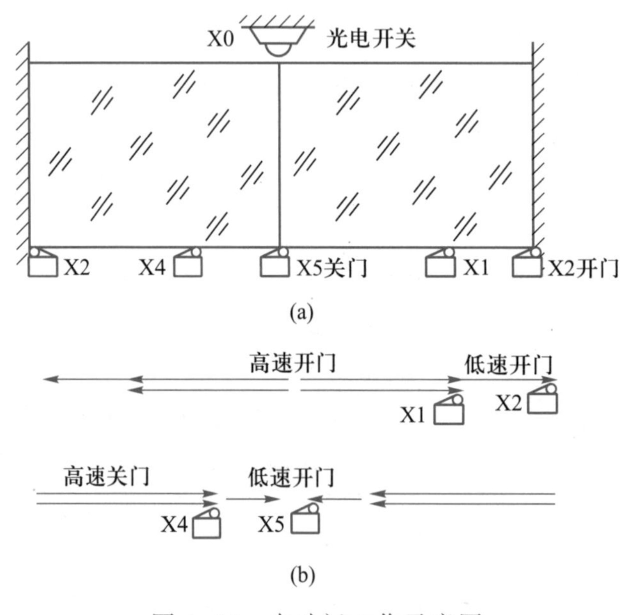


图 4-44 自动门工作示意图

X5 为关门极限开关,用于控制自动门完全关闭到位。X2 为开门极限开关,用于控制自动门完全打开到位。X4 为关门限位开关,当其闭合时,关门动作由高速转为低速进行,使自动门可以平稳地关闭。X1 为开门限位开关,当其闭合时,控制开门动作由高速转为低速进行,使自动门可以平稳地完全打开。开门动作为:高开→低开,关门动作为:高关→低关,如图 4-44 所示。

1)自动门的控制要求

(1)开门动作控制过程如下。

① 当有人靠近门时,光电开关传感器检测到信号,首先执行高速开门动作。

② 当自动门打开到指定位置,其限速开关闭合,自动转为低速开门,直至开门极限开关闭合。

③ 门全部打开后,延时 2 s,同时光电传感器检测无人,即转为关门动作。

(2)关门动作控制过程如下。

① 首先高速关门,当门关到一定位置时,限位开关闭合,转为低速关门动作,直至关门极限开关闭合,

② 在关门期间,若检测到有人,则停止关门动作,并延时 1 s 转为开门动作(高速开门→低速开门控制)。

2）I/O 地址分配（表 4-5）

**表 4-5　I/O 地址分配**

| 输入地址 | | 输出地址 | |
|---|---|---|---|
| 光电传感器 | X0 | 高速开门 | Y0 |
| 开门限位开关 | X1 | 低速开门 | Y1 |
| 开门极限开关 | X2 | 高速关门 | Y2 |
| 关门限位开关 | X4 | 低速关门 | Y3 |
| 关门极限开关 | X5 | | |

3）功能图

图 4-45 所示为自动门的控制功能图。图中的两个内循环分别表示在高速关门和低速关门期间，若检测到有人，X0＝ON，则延时 1 s 后，转为开门动作。

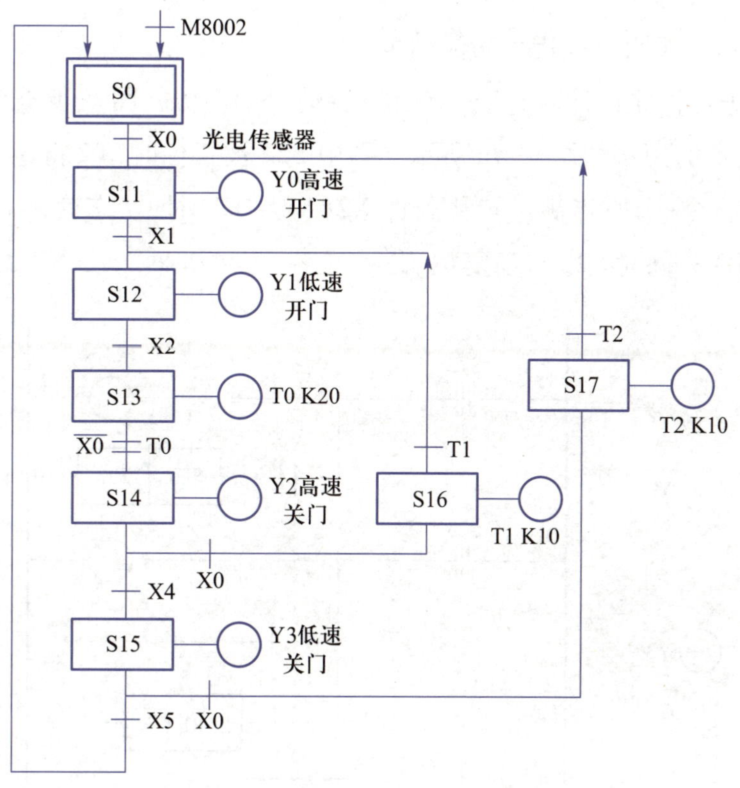


图 4-45　自动门的控制功能图

### 4.5.3　步进指令及编程方法

#### 1. 步进指令及步进（STL）梯形图

FX 系列 PLC 有两条步进指令 STL 和 RET。采用步进指令进行编程，不仅可以大大简化

PLC 程序设计的过程,降低编程的出错率,还可以提高系统控制的及时性。

STL(Step Ladder Instruction)——用于状态器 S 的动合触点与母线的连接。FX2N 系列 PLC 状态器的编号为 S0～S899,共 900 点;FX0N 系列 PLC 状态器的编号为 S0～S127,共 128 点。状态器 S 只有动合触点的形式,梯形图中用双线表示其动合触点,在 SET 指令作用下状态器 S 被置位,其动合触点闭合。

RET(Return)——步进指令结束指令,在步进指令结束时使用。

**2. 步进指令使用注意事项**

(1) 步状态器被 SET 指令置位后,STL 触点闭合,与此相连接的电路就可以执行;在 STL 触点断开时,与此相连接的电路停止执行。STL 触点由接通转为断开,要执行一个扫描周期。

(2) STL 步进指令仅对状态器 S 有效。但是状态器在不使用步进指令时,也可以作为一般的辅助继电器使用,对其采用 LD、LDI、AND 等指令编程。作为一般的辅助继电器使用时,状态器的编号不变,但在梯形图中其触点应采用单线触点的形式表示。

(3) STL 和 RET 要求配合使用,这是一对步进(开始和结束)指令。在一系列步进指令 STL 后,加上 RET 指令,表明步进指令功能结束。

采用步进指令进行程序设计时,其对应的是步进(STL)功能图及步进(STL)梯形图。STL 功能图、梯形图和指令的用法如图 4-46 所示。图中 S22 被置位时,Y2 得电,S22 采用 SET 指令置位,Y2 采用 OUT 指令驱动;当满足转移条件 X2(X2=ON)时,状态就由 S22 转移到 S23。此时 S23 被置位,执行 Y3,同时 S22 自动复位。

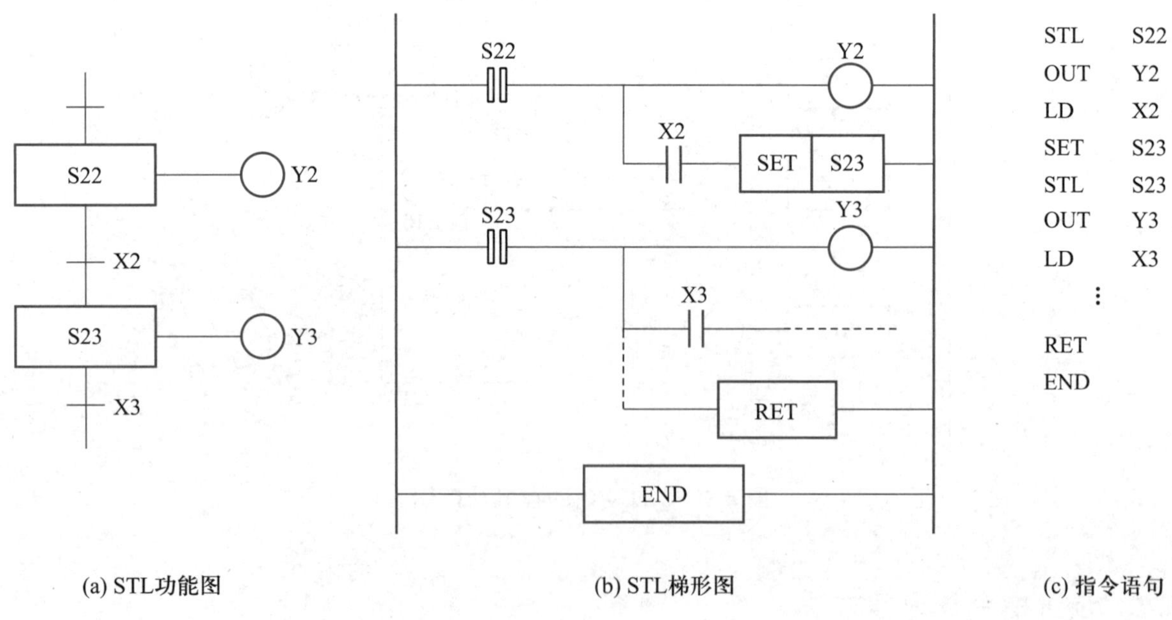


图 4-46　STL 功能图、梯形图和指令的用法

(4) STL 用于 S 状态器的动合触点。其触点可以直接或通过其他触点去驱动 Y、M、S、T 等元件的线圈,使之复位或置位。但 STL 触点的本身只能用 SET 指令去驱动。

(5) STL 指令完成的是步进功能，所以当后一个触点闭合时，前一个触点便自动复位，因此在 STL 触点的电路中允许双线圈输出。

(6) STL 指令在同一个程序中对同一状态寄存器只能使用一次，说明控制过程中同一状态只能出现一次。

(7) 在时间顺序步进控制电路中只要不是相邻步进工序，同一个定时器可在多个步进工序中使用，这样可以节省定时器。

### 4.5.4 STL 功能图与梯形图的转换

采用步进指令进行程序设计时，首先要设计系统的功能图，然后再将功能图转换成梯形图，写出相应的指令语句。某系统的顺序控制程序设计步骤如图 4-47 所示。

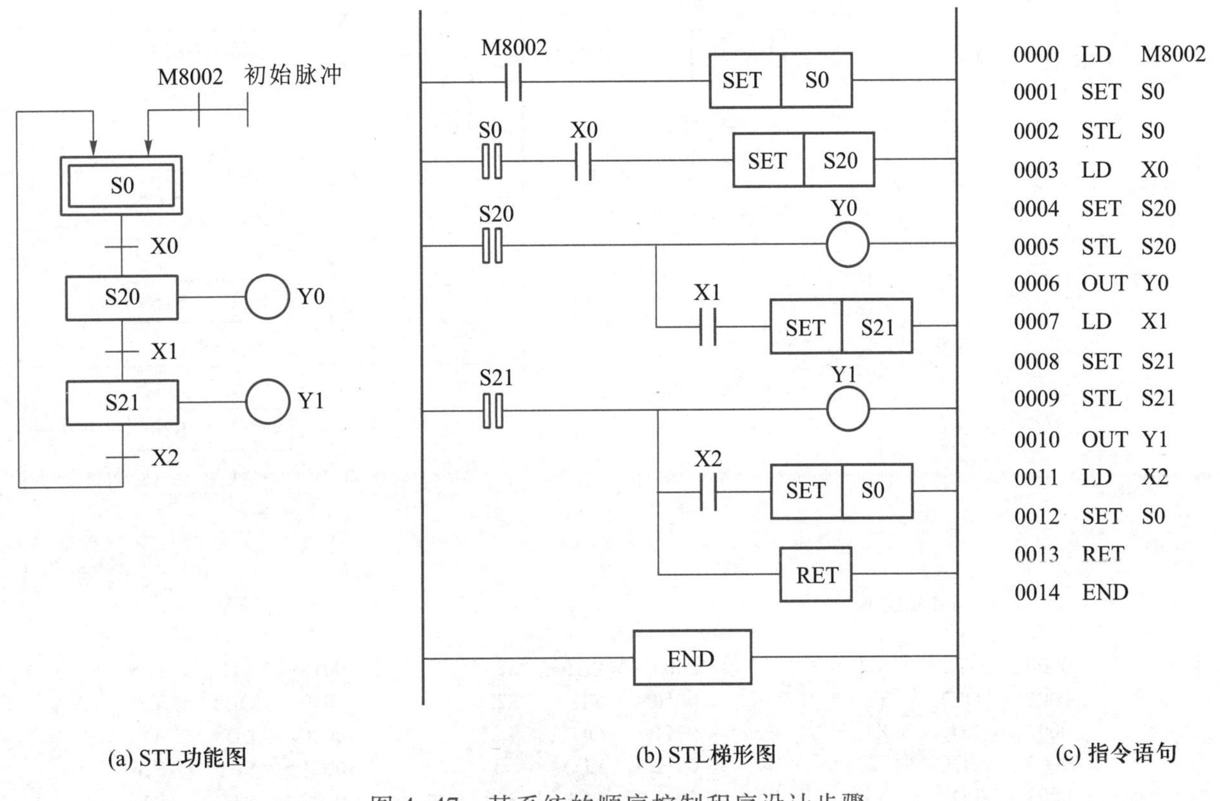

(a) STL功能图 (b) STL梯形图 (c) 指令语句

图 4-47 某系统的顺序控制程序设计步骤

在将功能图转换成梯形图时，首先要注意初始步的进入条件。初始步一般由系统的结束步控制进入，以实现顺序控制系统连续循环动作的要求。但是，在 PLC 初次上电时，必须采用其他的方法预先驱动初始步，使之处于工作状态。在图 4-47 中采用特殊的辅助继电器 M8002 实现初始步 S0 的置位。

对于初始状态器之外的一般状态器，必须在其他状态后加入 STL 指令才能驱动，不能脱离状态器用其他的方式驱动。

### 1. 选择顺序的 STL 梯形图

选择顺序的 STL 功能图、梯形图和指令语句如图 4-48 所示。图中 X1 和 X4 为选择转换条件，当 X1 闭合时，S21 状态转向 S22；当 X4 闭合时，S21 状态转向 S24，但 X1 和 X4 不能同时闭合。当 S22 或 S24 置位时，S21 自动复位。状态器 S26 由 S23 或 S25 置位，当 S26 置位时，S23 或 S25 自动复位。

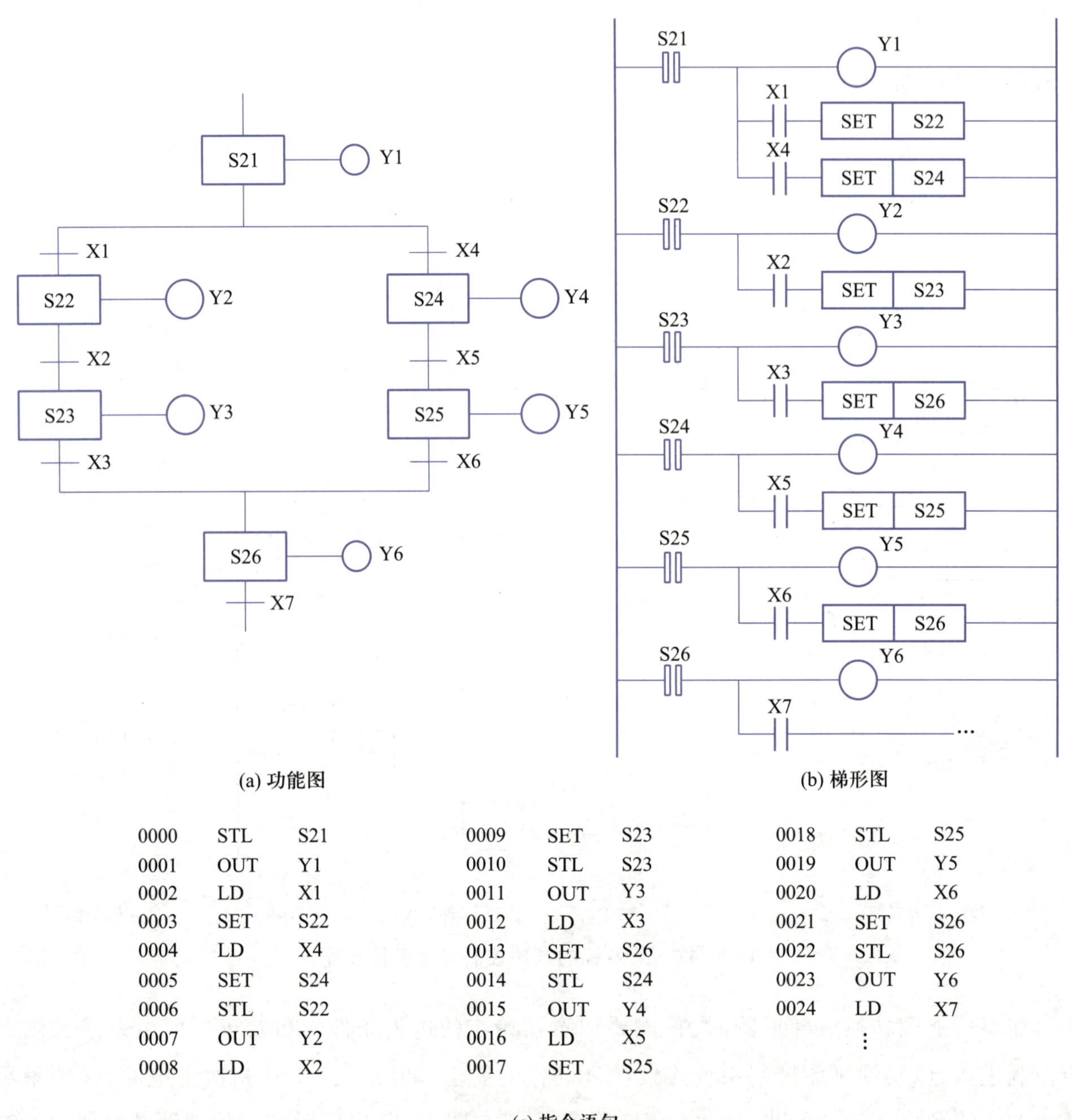


(a) 功能图　　(b) 梯形图

| | | | | | | | | |
|---|---|---|---|---|---|---|---|---|
| 0000 | STL | S21 | 0009 | SET | S23 | 0018 | STL | S25 |
| 0001 | OUT | Y1 | 0010 | STL | S23 | 0019 | OUT | Y5 |
| 0002 | LD | X1 | 0011 | OUT | Y3 | 0020 | LD | X6 |
| 0003 | SET | S22 | 0012 | LD | X3 | 0021 | SET | S26 |
| 0004 | LD | X4 | 0013 | SET | S26 | 0022 | STL | S26 |
| 0005 | SET | S24 | 0014 | STL | S24 | 0023 | OUT | Y6 |
| 0006 | STL | S22 | 0015 | OUT | Y4 | 0024 | LD | X7 |
| 0007 | OUT | Y2 | 0016 | LD | X5 | | ⋮ | |
| 0008 | LD | X2 | 0017 | SET | S25 | | | |

(c) 指令语句

图 4-48　选择顺序的 STL 功能图、梯形图和指令语句

### 2. 并发顺序的 STL 梯形图

并发顺序的 STL 功能图、梯形图和指令语句如图 4-49 所示。当转换条件 X1 闭合时，状态

同时转换,S22 和 S24 同时置位,两个分支同时执行各自的步进流程,S21 自动复位。X2 闭合时,状态从 S22 转向 S23,S22 自动复位。当 X3 闭合时,状态从 S24 转向 S25,S24 自动复位。在 S23 和 S25 置位后,若 X4 闭合,则 S26 置位,而 S23 和 S25 同时自动复位。连续使用 STL 指令次数不能超过 8 次,即并联分支最多不能超过 8 个。

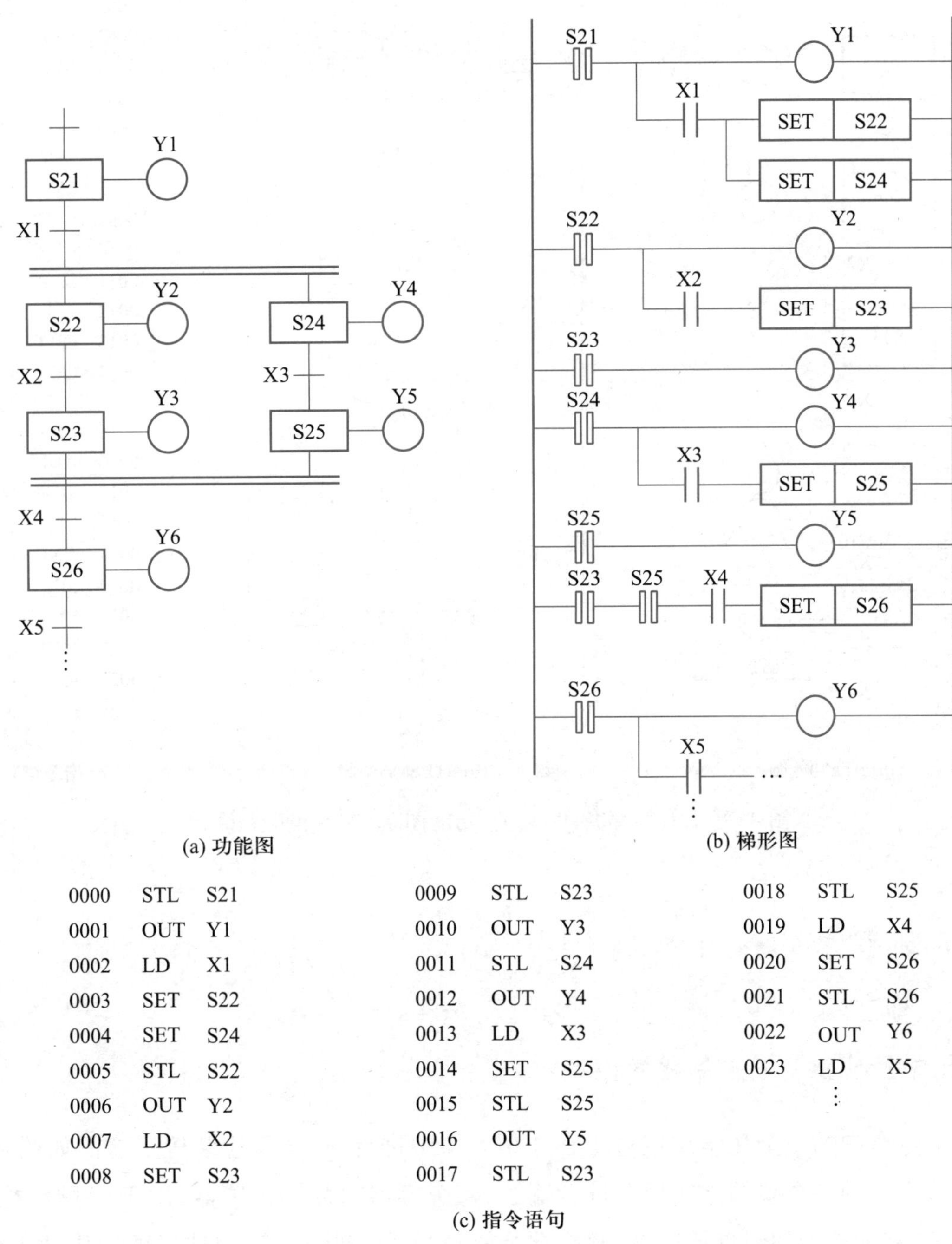


(a) 功能图

(b) 梯形图

```
0000  STL  S21
0001  OUT  Y1
0002  LD   X1
0003  SET  S22
0004  SET  S24
0005  STL  S22
0006  OUT  Y2
0007  LD   X2
0008  SET  S23
0009  STL  S23
0010  OUT  Y3
0011  STL  S24
0012  OUT  Y4
0013  LD   X3
0014  SET  S25
0015  STL  S25
0016  OUT  Y5
0017  STL  S23
0018  STL  S25
0019  LD   X4
0020  SET  S26
0021  STL  S26
0022  OUT  Y6
0023  LD   X5
       ⋮
```

(c) 指令语句

图 4-49　并发顺序的 STL 功能图、梯形图和指令语句

**3. 有局部循环的 STL 梯形图**

图 4-50 所示为有局部循环的 STL 功能图、梯形图和指令语句,是用计数器来控制程序中的循环操作次数。在状态器 S24 置位后,计数器计数。当 C10 未计满 10 次且 X4 闭合时,S24

状态循环到 S22,此状态循环 10 次后 C10 动作,即 C10 的动合触点闭合,若 X5 也闭合,则 S25 被置位。同时 C10 动断触点断开,状态停止循环。

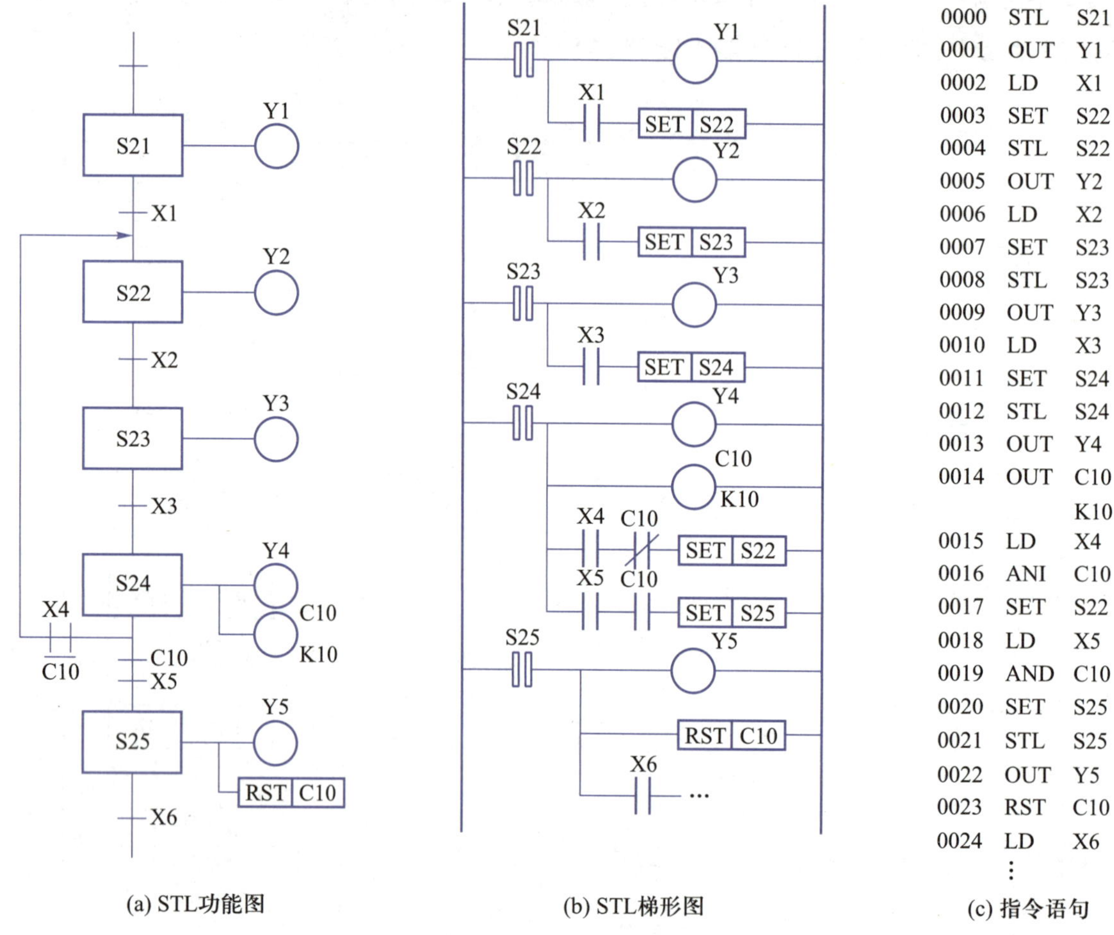


图 4-50 有局部循环的 STL 功能图、梯形图和指令语句

## 4.6 控制程序的设计举例

### 4.6.1 化学反应设备的控制程序设计

某化工生产中的一个化学反应过程在 4 个容器中进行,化学反应装置示意图如图 4-51 所示。化学反应中的各个容器之间用泵进行输送;每个容器都装有传感器,用于检测容器的空和满;2#容器装有加热器和温度传感器;3#容器装有搅拌器。当 1#、2#容器里的液体抽入到 3#容器时,起动搅拌器。3#容器是 1#、2#容器体积的总和,1#、2#容器的液体可以将 3#或 4#容器装满。

**1. 工作过程及控制要求**

(1) 初始状态。容器全都是空的;泵 P1、P2、P3、P4、P5 及 P6 全部关闭;2#容器的加热器 R

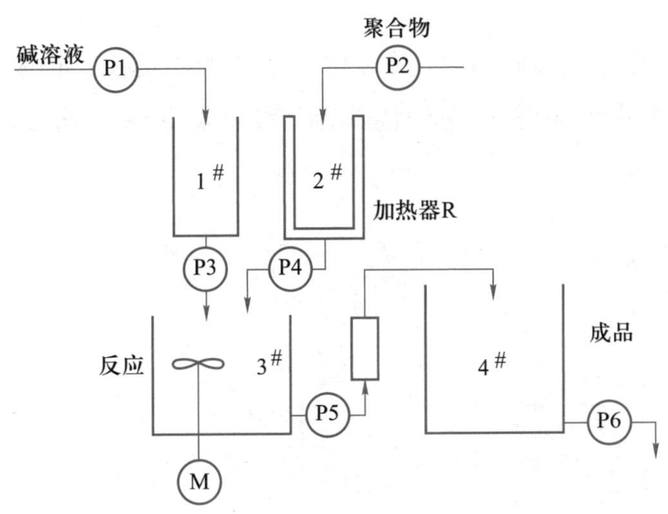


图 4-51 化学反应装置示意图

关闭;3#容器的搅拌器 M 关闭。

(2) 起动操作。按下起动操作按钮后,要求按以下步骤自动工作:

① 同时打开泵 P1 和 P2,碱溶液进入 1#容器内,聚合物进入 2#容器,直到 1#、2#容器装满。

② 关闭泵 P1 和 P2,并打开加热器 R,给 2#容器加热,直到容器内的温度达到 60 ℃。

③ 关闭加热器 R,并同时打开泵 P3、P4 及搅拌器 M,将 1#和 2#容器中的液体放入到 3#容器,直到 1#、2#放空,3#装满,搅拌器 M 搅拌 60 s 后结束。

④ 关闭搅拌器 M、泵 P3 和 P4,并打开泵 P5,将 3#容器内混合好的液体经过过滤器抽到 4#容器,直到 3#容器放空 4#容器装满。

⑤ 关闭泵 P5,并打开泵 P6 将产品从 4#容器中放出,直到 4#容器放空为止。

(3) 停止操作。在任何时候按下停止操作按钮,控制系统都要将当前的化学反应过程进行到底(最后一步),才能停止动作,防止液体的浪费。

**2. I/O 地址分配**

I/O 地址分配表见表 4-6。

**表 4-6 I/O 地址分配表**

| 输入地址 | | | | 输出地址 | | | |
|---|---|---|---|---|---|---|---|
| 起动 | X0 | 3#满 | X6 | 泵 P1 | Y0 | 泵 P5 | Y6 |
| 停止 | X1 | 3#空 | X7 | 泵 P2 | Y1 | 泵 P6 | Y7 |
| 1#满 | X2 | 4#满 | X10 | 加热器 R | Y2 | | |
| 1#空 | X3 | 4#空 | X11 | 泵 P3 | Y3 | | |
| 2#满 | X4 | 温度传感器 | X12 | 泵 P4 | Y4 | | |
| 2#空 | X5 | | | 搅拌器 M | Y5 | | |

**3. 功能图的设计**

分析上面的工作过程，可以画出化学反应控制系统的功能图，如图 4-52 所示。图中含有两个并发顺序；采用步控指令编程；图中的特殊辅助继电器 M8002 给步状态器 S0～S22 进行开机清零，并将初始步 S0 置位。

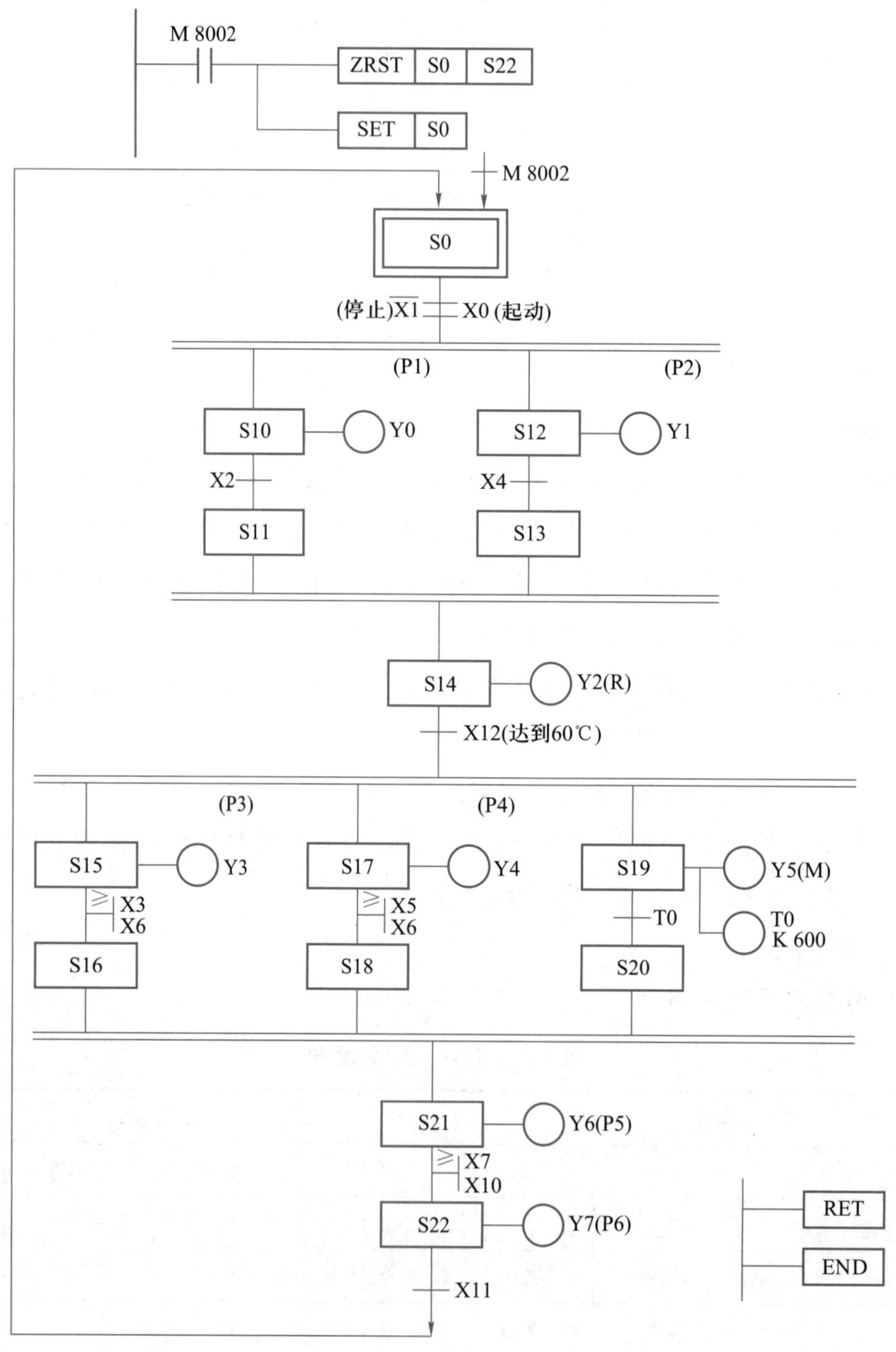


图 4-52 化学反应控制系统的功能图

## 4. 梯形图的设计

将图 4-52 所示功能图转换成梯形图，如图 4-53 所示，ZRST 为区间复位指令，用于给 S0~S22 复位。

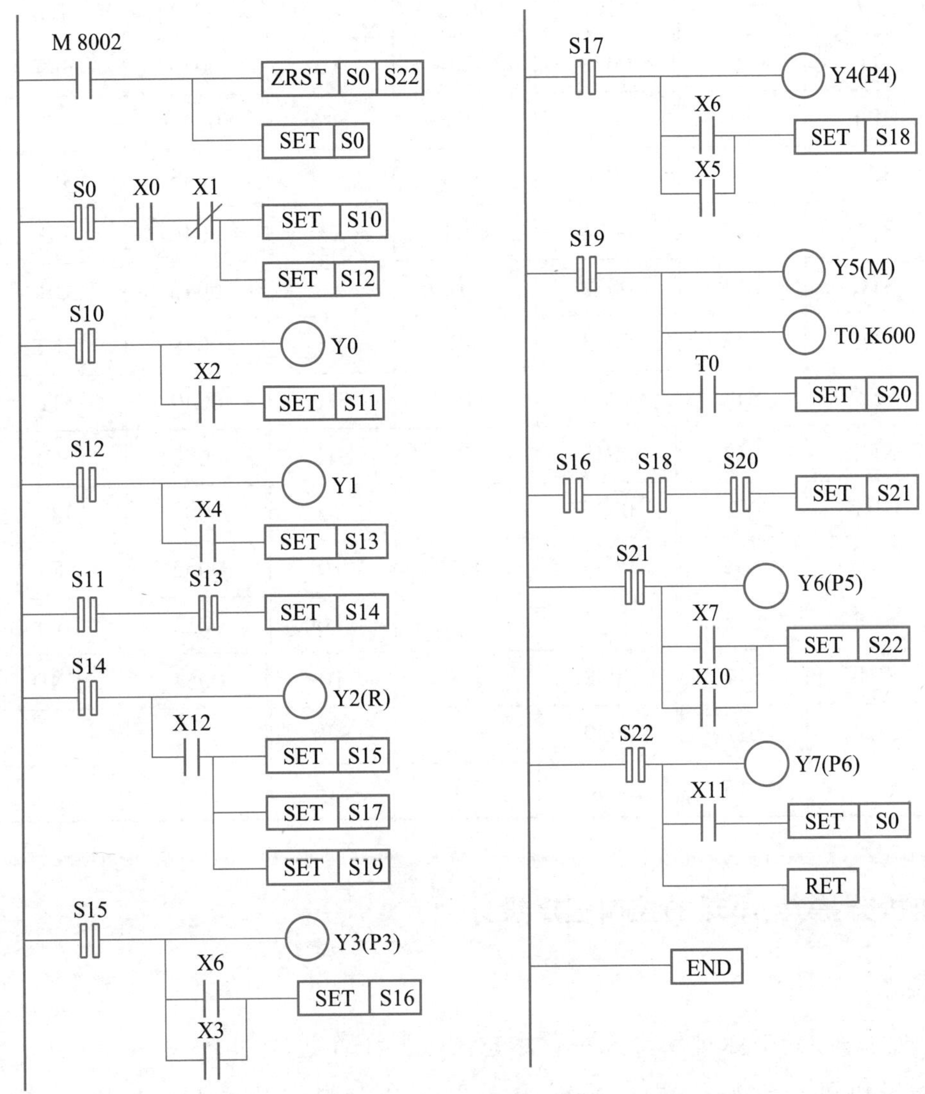


图 4-53　化学反应控制系统梯形图

## 5. 指令语句表（表 4-7）

**表 4-7　指令语句表**

| 步序号 | 助记符 | 操作数 | 步序号 | 助记符 | 操作数 | 步序号 | 助记符 | 操作数 |
|---|---|---|---|---|---|---|---|---|
| 0000 | LD | M8002 | 0002 | SET | S0 | 0006 | SET | S10 |
| 0001 | ZRST | | 0003 | STL | S0 | 0007 | SET | S12 |
| | | S0 | 0004 | LD | X0 | 0008 | STL | S10 |
| | | S22 | 0005 | ANI | X1 | 0009 | OUT | Y0 |

续表

| 步序号 | 助记符 | 操作数 | 步序号 | 助记符 | 操作数 | 步序号 | 助记符 | 操作数 |
|---|---|---|---|---|---|---|---|---|
| 0010 | LD | X2 | 0026 | OUT | Y3 | 0041 | STL | S18 |
| 0011 | SET | S11 | 0027 | LD | X6 | 0042 | STL | S20 |
| 0012 | STL | S12 | 0028 | OR | X3 | 0043 | SET | S21 |
| 0013 | OUT | Y1 | 0029 | SET | S16 | 0044 | STL | S21 |
| 0014 | LD | X4 | 0030 | STL | S17 | 0045 | OUT | Y6 |
| 0015 | SET | S13 | 0031 | OUT | Y4 | 0046 | LD | X7 |
| 0016 | STL | S11 | 0032 | LD | X6 | 0047 | OR | X10 |
| 0017 | STL | S13 | 0033 | OR | X5 | 0048 | SET | S22 |
| 0018 | SET | S14 | 0034 | SET | S18 | 0049 | STL | S22 |
| 0019 | STL | S14 | 0035 | STL | S19 | 0050 | OUT | Y7 |
| 0020 | OUT | Y2 | 0036 | OUT | Y5 | 0051 | LD | X11 |
| 0021 | LD | X12 | 0037 | OUT | T0 | 0052 | SET | S0 |
| 0022 | SET | S15 | | | K600 | 0053 | RET | |
| 0023 | SET | S17 | 0038 | LD | T0 | 0054 | END | |
| 0024 | SET | S19 | 0039 | SET | S20 | | | |
| 0025 | STL | S15 | 0040 | STL | S16 | | | |

## 4.6.2 输送机分拣大、小球的控制程序设计

### 1. 控制要求

图 4-54 所示为大、小球自动分拣装置示意图。其工作过程如下：

(1) 当输送机处于起始位置，上限位开关 LS3 和左限位开关 LS1 被压下，极限开关 SW 断开。

(2) 起动装置后，操作杆下行，一直到极限开关 SW 闭合。此时，若碰到的是大球，则下限位开关 LS2 仍为断开状态，若碰到的是小球则下限位开关 LS2 为闭合状态。

(3) 接通控制吸盘的电磁阀线圈。

(4) 假设吸盘吸起小球，则操作杆向上行，碰到上限位开关 LS3 后，操作杆向右行；碰到右限位开关 LS4(小球的右限位开关)后，再向下行，碰到下限位开关 LS2 后，将小球释放到小球箱里，然后返回到原位。

(5) 如果起动装置后，操作杆下行一直到 SW 闭合，下限位开关 LS2 仍为断开状态，则吸盘吸起的是大球。操作杆右行碰到右限位开关 LS5(大球的右限位开关)后，将大球释放到大球

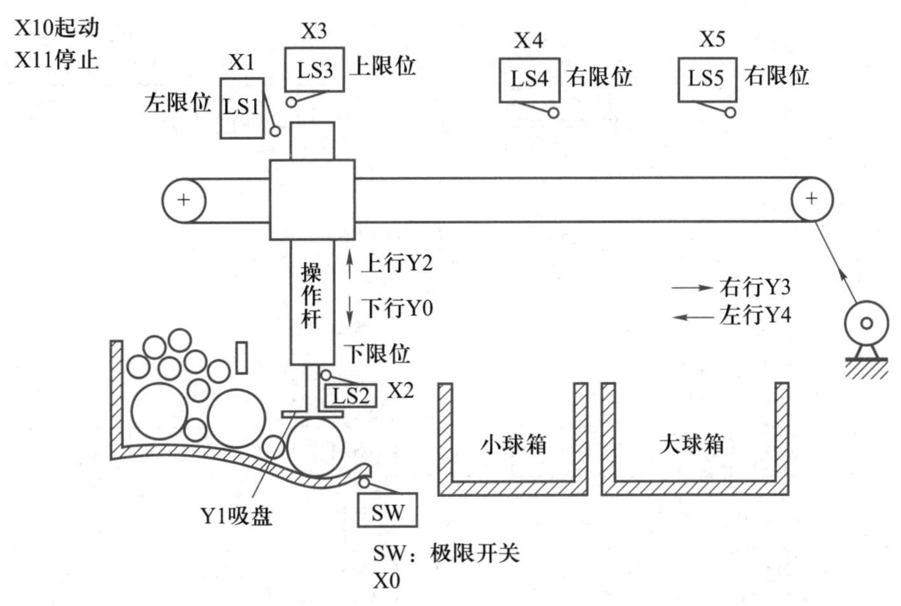


图 4-54　大、小球自动分拣装置示意图

箱里，然后返回到原位。

(6) 按下停止按钮后，分拣装置要将当前循环工作过程进行到最后一步才能停止下来。

### 2. I/O 地址分配

接线图及 I/O 地址分配如图 4-55 所示。

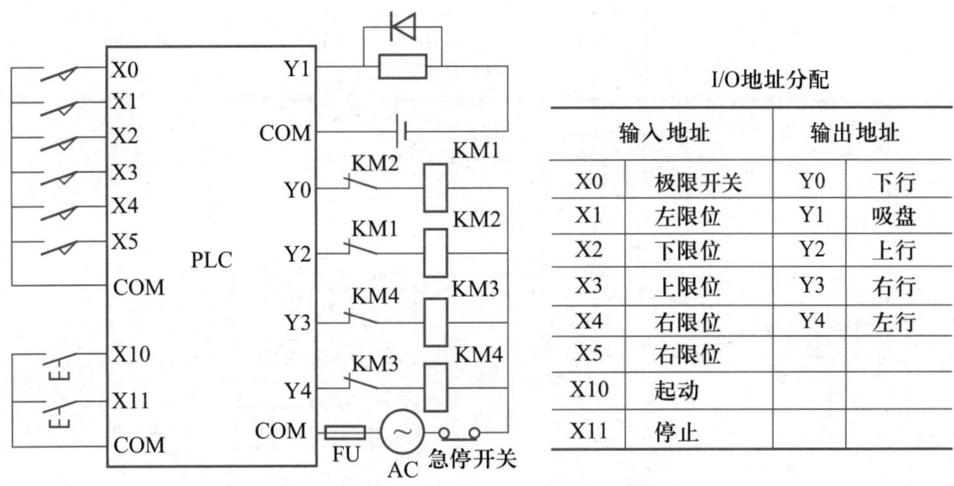


I/O地址分配

| 输入地址 | | 输出地址 | |
|---|---|---|---|
| X0 | 极限开关 | Y0 | 下行 |
| X1 | 左限位 | Y1 | 吸盘 |
| X2 | 下限位 | Y2 | 上行 |
| X3 | 上限位 | Y3 | 右行 |
| X4 | 右限位 | Y4 | 左行 |
| X5 | 右限位 | | |
| X10 | 起动 | | |
| X11 | 停止 | | |

图 4-55　接线图及 I/O 地址分配

### 3. 功能图的设计

大、小球自动分拣控制功能图如图 4-56 所示，其自动控制过程如下：

在 PLC 通电后的第一个扫描周期内，M8002 首先给状态器 S0～S30 复位，再给 S0 置位。当上限位开关 X3＝ON，吸盘不带电 Y1＝OFF 时，说明操作杆在原位。此时按下起动按钮(X10＝ON)，S20 被置位，操作杆下行，在 S20 下面等待的是两个选择分支的控制。如果遇到的是大球

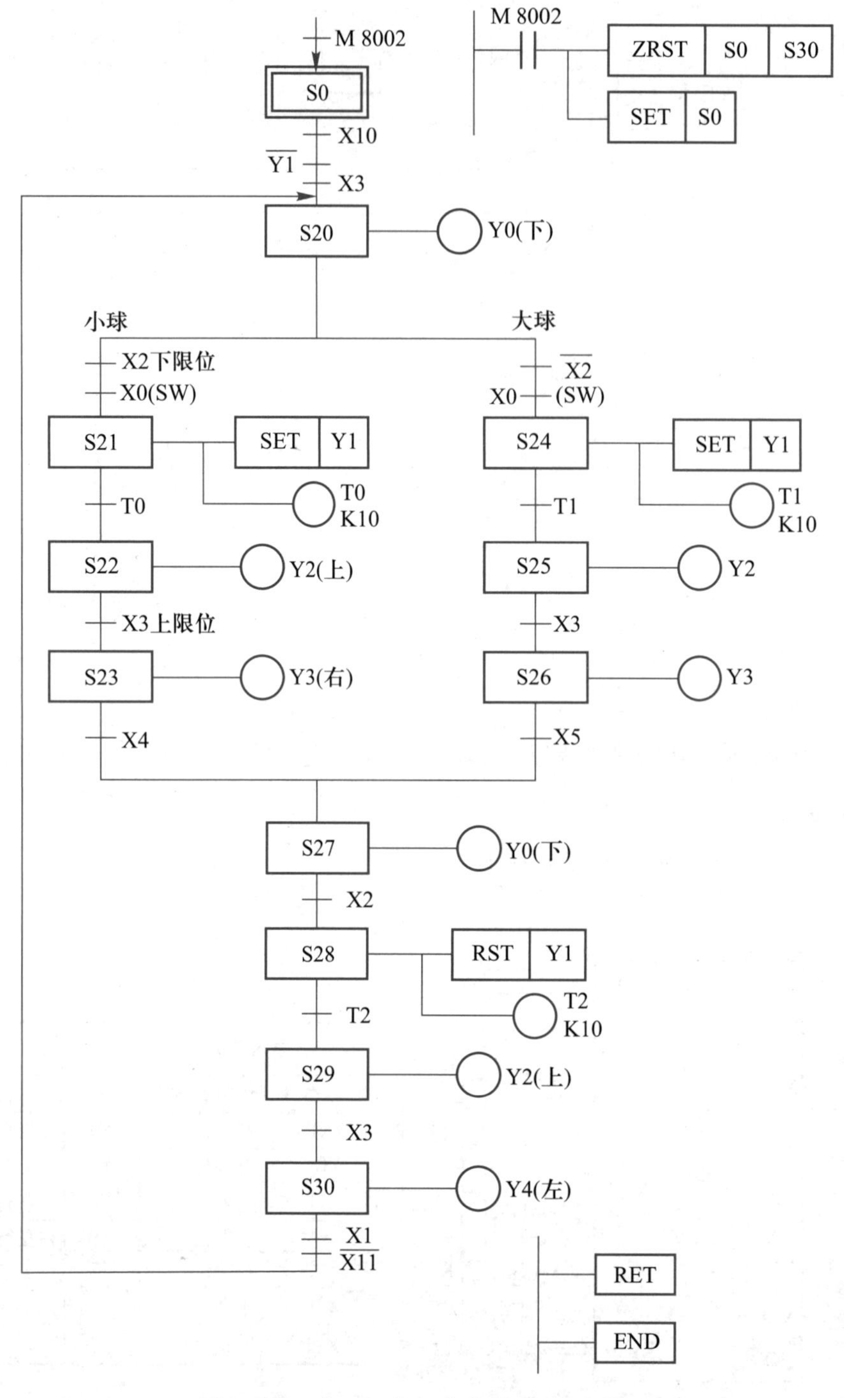

图 4-56　大、小球自动分拣控制功能图

则转移到 S24;如果遇到的是小球则转移到 S21。

假设首先遇到的是小球,极限开关 X0=ON 的同时,下限位开关也闭合(X2=ON),状态转移到 S21,吸盘得电,同时延时。当 1 s 延时时间到,转移到 S22 执行上行动作,到上限位开关闭合(X3=ON),转移到 S23 执行右行动作。因为捡出的是小球,右限位开关闭合(X4=ON)后开始下行,运动到下限位开关闭合(X2=ON),开始放下小球并延时 1 s,操作杆接着上行,再左行,直到左限位开关闭合(X1=ON),操作杆返回 S20 步,继续执行下一循环工作过程。

如果在 S20 步后,操作杆遇到的是大球,则极限开关闭合(X0=ON),但下限位开关 X2 并不闭合,由此区分出捡出的是大球。此时执行大球捡出分支程序。

当按下停止按钮时,操作杆一直要将当前的动作完成到最后一步才能停止,因为停止按钮 X11=ON 是功能图最后一步 S30 的转移条件。

**4. 梯形图的设计**

图 4-57 所示为大、小球分拣控制系统的梯形图。

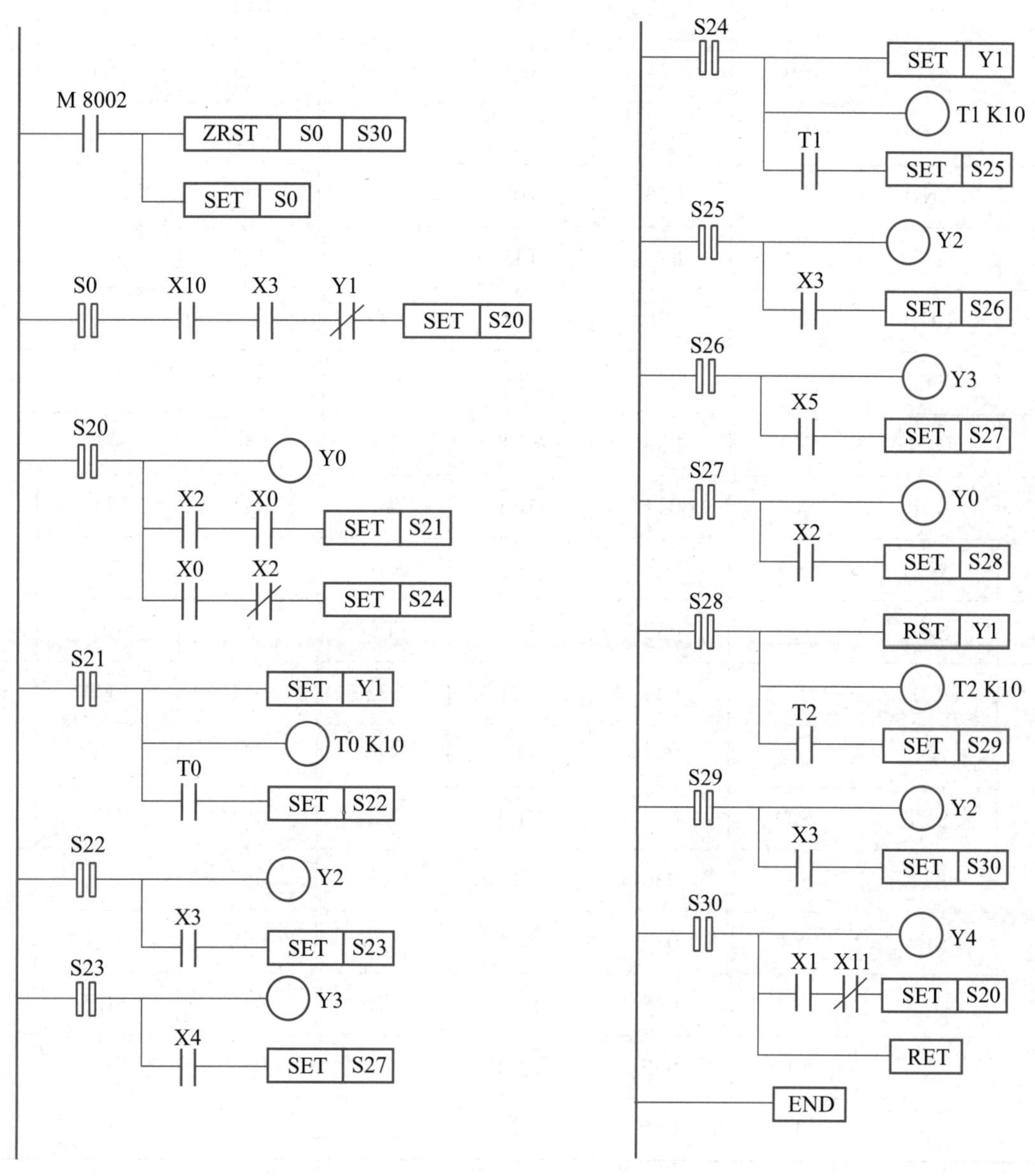


图 4-57　大、小球分拣控制系统的梯形图

**5. 指令语句表(表 4-8)**

表 4-8　指令语句表

| 步序号 | 助记符 | 操作数 | 步序号 | 助记符 | 操作数 | 步序号 | 助记符 | 操作数 |
|---|---|---|---|---|---|---|---|---|
| 000 | LD | M8002 | 020 | SET | S22 | 041 | SET | S27 |
| 001 | ZRST | S0 | 021 | STL | S22 | 042 | STL | S27 |
| | | S30 | 022 | OUT | Y2 | 043 | OUT | Y0 |
| 002 | SET | S0 | 023 | LD | X3 | 044 | LD | X2 |
| 003 | STL | S0 | 024 | SET | S23 | 045 | SET | S28 |
| 004 | LD | X10 | 025 | STL | S23 | 046 | STL | S28 |
| 005 | AND | X3 | 026 | OUT | Y3 | 047 | RST | Y1 |
| 006 | ANI | Y1 | 027 | LD | X4 | 048 | OUT | T2 |
| 007 | SET | S20 | 028 | SET | S27 | | | K10 |
| 008 | STL | S20 | 029 | STL | S24 | 049 | LD | T2 |
| 009 | OUT | Y0 | 030 | SET | Y1 | 050 | SET | S29 |
| 010 | LD | X2 | 031 | OUT | T1 | 051 | STL | S29 |
| 011 | AND | X0 | | | K10 | 052 | OUT | Y2 |
| 012 | SET | S21 | 032 | LD | T1 | 053 | LD | X3 |
| 013 | LD | X0 | 033 | SET | S25 | 054 | SET | S30 |
| 014 | ANI | X2 | 034 | STL | S25 | 055 | STL | S30 |
| 015 | SET | S24 | 035 | OUT | Y2 | 056 | OUT | Y4 |
| 016 | STL | S21 | 036 | LD | X3 | 057 | LD | X1 |
| 017 | SET | Y1 | 037 | SET | S26 | 058 | ANI | X11 |
| 018 | OUT | T0 | 038 | STL | S26 | 059 | SET | S20 |
| | | K10 | 039 | OUT | Y3 | 060 | RET | |
| 019 | LD | T0 | 040 | LD | X5 | 061 | END | |

### 4.6.3　带式运输机的控制程序设计

带式运输机广泛地运用于冶金、化工、机械、煤矿和建材等工业生产中。图 4-58 所示为某原材料带式运输机示意图。原材料从料斗经过 PD1、PD2 两台带式运输机送出,电磁阀 KM0 控制料斗向 PD1 供料,PD1、PD2 分别由电动机 M1 和 M2 控制。

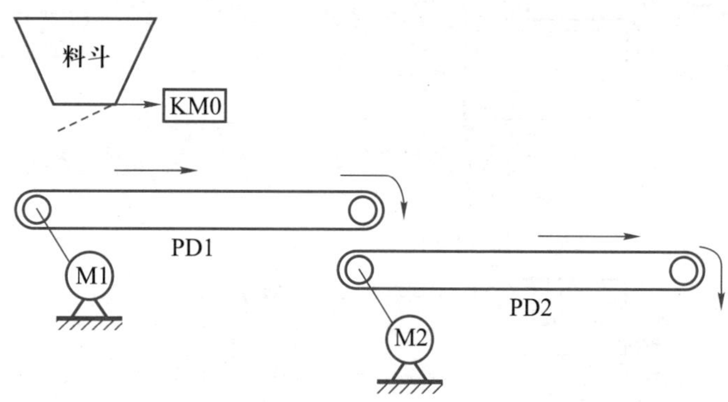


图 4-58　某原材料带式运输机示意图

**1. 控制要求**

(1) 初始状态。料斗、传动带 PD1 和传动带 PD2 全部处于关闭状态。

(2) 起动操作。起动时为了避免在前段传动带上造成物料堆积,要求逆送料方向按一定的时间间隔顺序起动。其操作步骤为:

传动带 PD2→延时 5 s→传动带 PD1→延时 5 s→料斗

(3) 停止操作。停止时为了使传动带上不留剩余的物料,要求顺物料流动的方向按一定的时间间隔顺序停止。其停止的顺序为:

料斗→延时 10 s→传动带 PD1→延时 10 s→传动带 PD2

(4) 故障停车。在带式运输机的运行中,若传动带 PD1 过载,应把料斗和传动带 PD1 同时关闭,传动带 PD2 应在传动带 PD1 停止 10 s 后停止。若传动带 PD2 过载,应把传动带 PD1、传动带 PD2(M1、M2)和料斗 KM0 都关闭。

**2. I/O 地址分配表(表 4-9)**

**表 4-9　I/O 地址分配表**

| 输入地址 | | 输出地址 | |
|---|---|---|---|
| 起动 | X0 | KM0 料斗控制 | Y0 |
| 停止 | X1 | M1 接触器 | Y1 |
| M1 热继电器 | X3 | M2 接触器 | Y2 |
| M2 热继电器 | X4 | | |

**3. 功能图的设计**

用步控指令根据带式运输机控制要求设计的功能图如图 4-59 所示。

M 8002
ZRST
S0
S25
SET
S0
S0
X3
X4
X0(起动)
S21
Y2(M2)
T1
K50
T1
S22
Y2
Y1(M1)
T0
K50
T0
起动过程
S23
Y2
Y1
Y0(KM0)
X4
X3
X1
(停止)
S24
Y2(M2)
Y1(M1)
T3
K100
T3
停止过程
S25
Y2(M2)
T2
K100
T2
RET
END
图 4-59　功能图

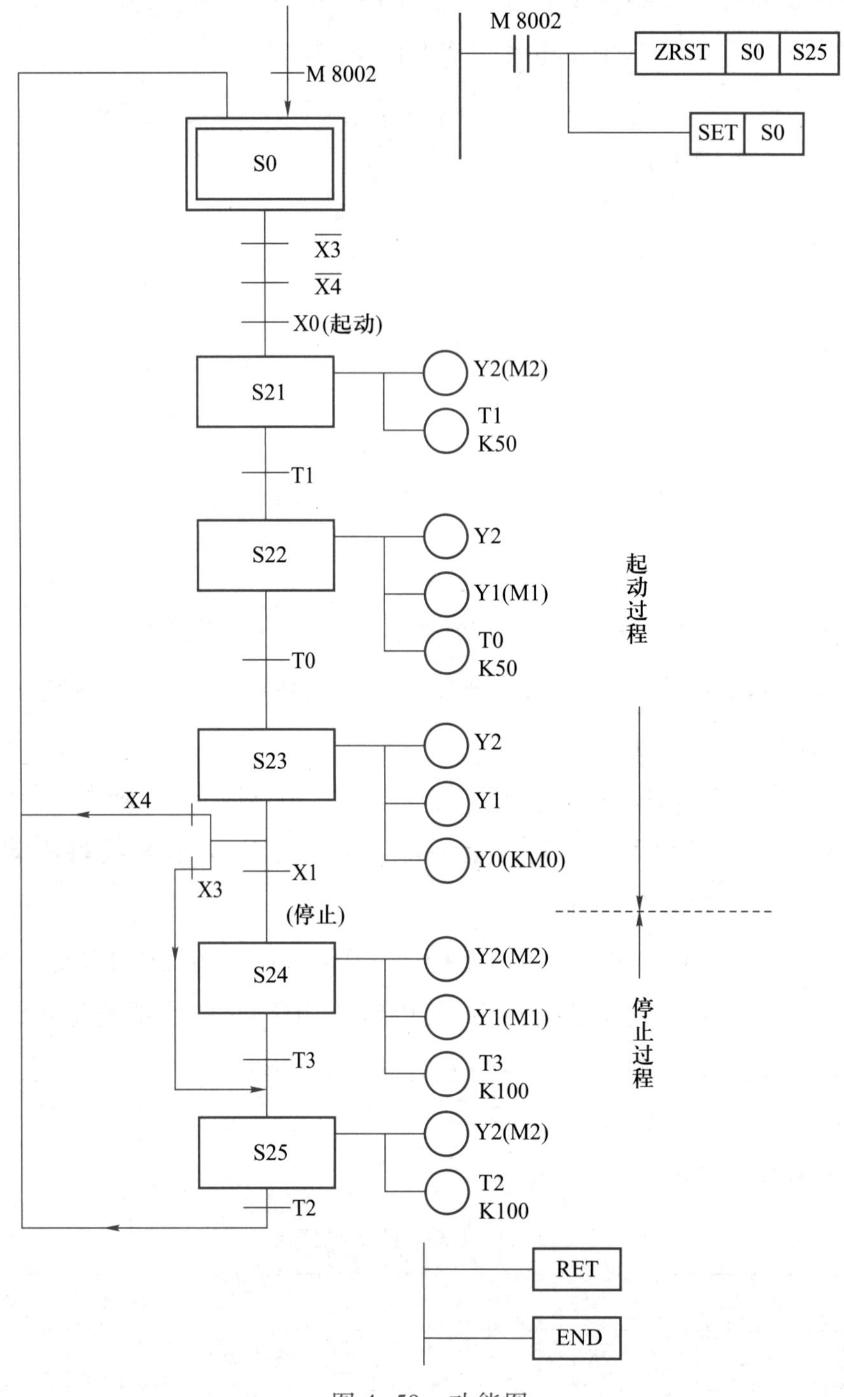

**4. 梯形图的设计**

带式运输机的 PLC 梯形图如图 4-60 所示。

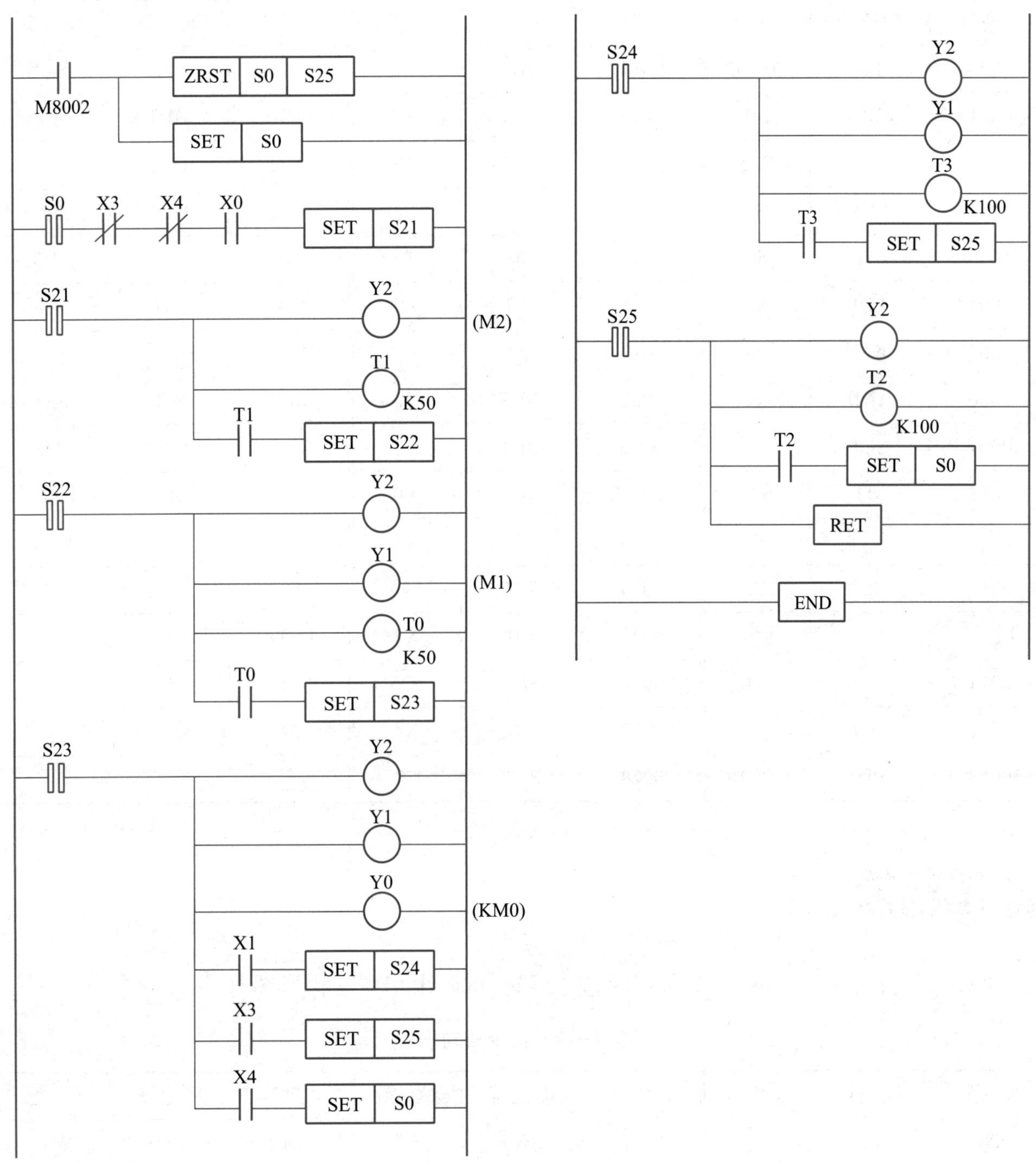


图 4-60　带式运输机的 PLC 梯形图

### 5. 指令语句表(表 4-10)

表 4-10　指令语句表

| 步序号 | 助记符 | 操作数 | 步序号 | 助记符 | 操作数 | 步序号 | 助记符 | 操作数 |
|---|---|---|---|---|---|---|---|---|
| 0000 | LD | M8002 | 0014 | OUT | Y2 | 0029 | STL | S24 |
| 0001 | ZRST | S0 | 0015 | OUT | Y1 | 0030 | OUT | Y2 |
| | | S25 | 0016 | OUT | T0 | 0031 | OUT | Y1 |
| 0002 | SET | S0 | | | K50 | 0032 | OUT | T3 |
| 0003 | STL | S0 | 0017 | LD | T0 | | | K100 |
| 0004 | LDI | X3 | 0018 | SET | S23 | 0033 | LD | T3 |
| 0005 | ANI | X4 | 0019 | STL | S23 | 0034 | SET | S25 |
| 0006 | AND | X0 | 0020 | OUT | Y2 | 0035 | STL | S25 |
| 0007 | SET | S21 | 0021 | OUT | Y1 | 0036 | OUT | Y2 |
| 0008 | STL | S21 | 0022 | OUT | Y0 | 0037 | OUT | T2 |
| 0009 | OUT | Y2 | 0023 | LD | X1 | | | K100 |
| 0010 | OUT | T1 | 0024 | SET | S24 | 0038 | LD | T2 |
| | | K50 | 0025 | LD | X3 | 0039 | SET | S0 |
| 0011 | LD | T1 | 0026 | SET | S25 | 0040 | RET | |
| 0012 | SET | S22 | 0027 | LD | X4 | 0041 | END | |
| 0013 | STL | S22 | 0028 | SET | S0 | | | |

## 习题 4

4-1　分析表 4-11、表 4-12 所列的指令语句,试画出相应的梯形图。

表 4-11　指令语句一

| 步序号 | 助记符 | 操作数 | 步序号 | 助记符 | 操作数 | 步序号 | 助记符 | 操作数 |
|---|---|---|---|---|---|---|---|---|
| 0000 | LD | X0 | 0006 | AND | X5 | 0012 | AND | M1 |
| 0001 | AND | X1 | 0007 | LD | X6 | 0013 | ORB | |
| 0002 | LD | X2 | 0008 | AND | X7 | 0014 | AND | M2 |
| 0003 | ANI | X3 | 0009 | ORB | | 0015 | OUT | Y4 |
| 0004 | ORB | | 0010 | ANB | | | | |
| 0005 | LD | X4 | 0011 | LD | M0 | | | |

表 4-12 指令语句二

| 步序号 | 助记符 | 操作数 | 步序号 | 助记符 | 操作数 |
|---|---|---|---|---|---|
| 000 | LD | X0 | 007 | OR | X6 |
| 001 | OR | X1 | 008 | ANB | |
| 002 | LD | X2 | 009 | OR | X3 |
| 003 | AND | X3 | 010 | OUT | Y10 |
| 004 | LDI | X4 | 011 | AND | X10 |
| 005 | AND | X5 | 012 | OUT | Y11 |
| 006 | ORB | | 013 | OUT | Y12 |

4-2 根据图 4-61 所示的梯形图试写出相应的指令语句。

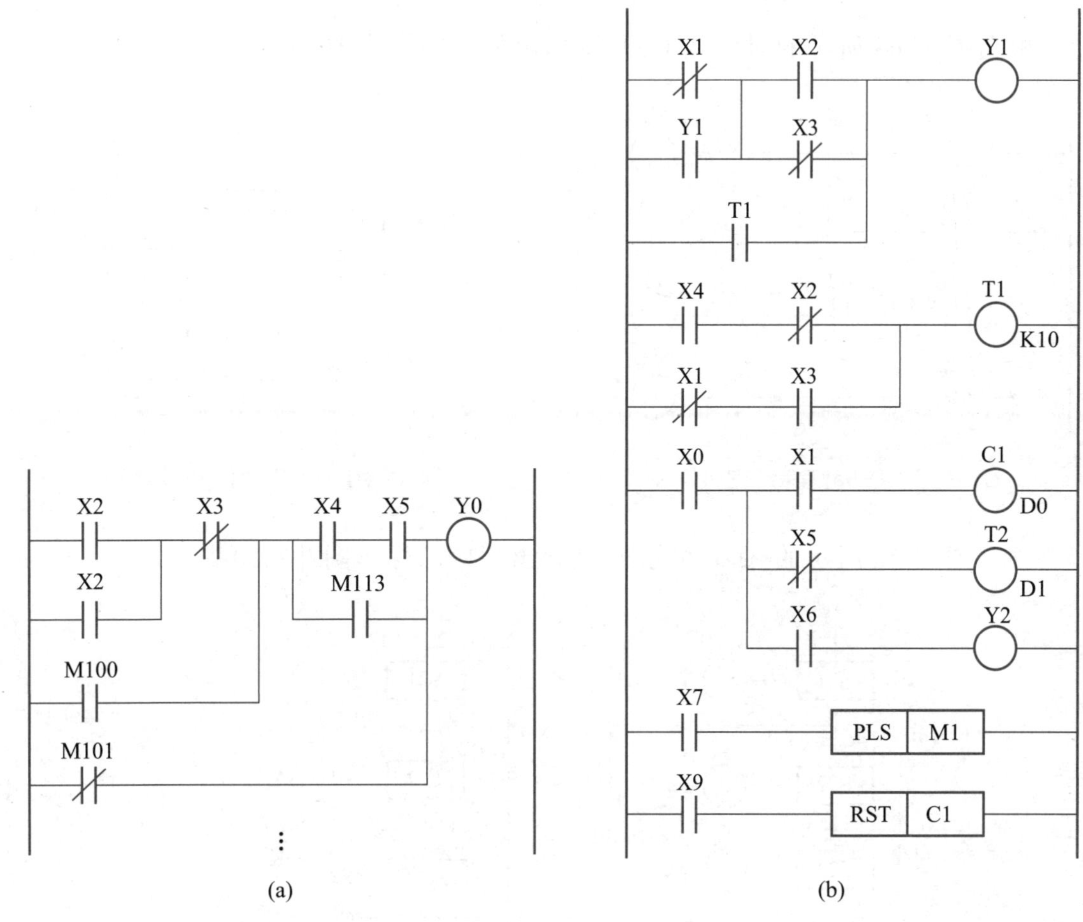


图 4-61 梯形图

4-3 将图 4-62 所示的梯形图简化后，再写出相应的指令语句。

4-4 分析图 4-63 所示的梯形图，写出在 5 个扫描周期内的 I/O 状态表。设在第 1 个扫描周期所有的输入信号均为 OFF，在第 2 个扫描周期所有的信号均为 ON，在第 3 个扫描周期

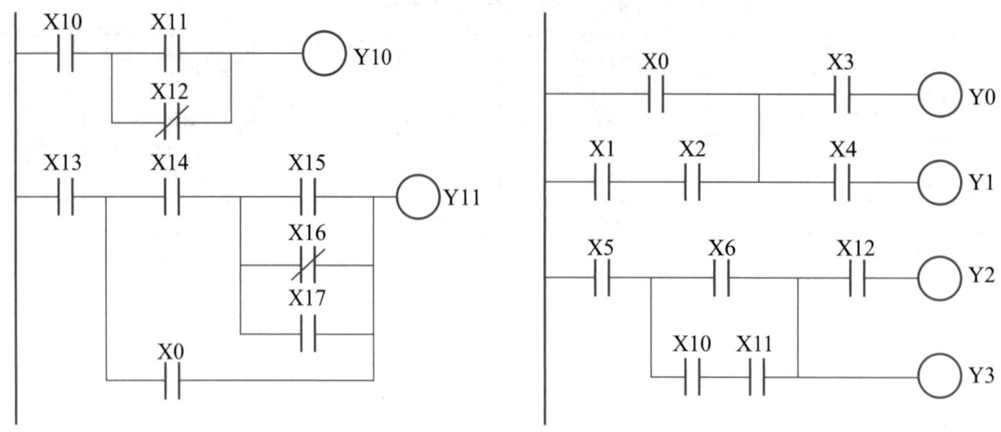


图 4-62　梯形图

X1 = ON, X2 = OFF, 在第 4 个扫描周期 X1 = OFF, X2 = ON, 在第 5 个扫描周期所有的信号均为 OFF。

4-5　根据图 4-64 所示的时序波形图,试画出相应的梯形图。

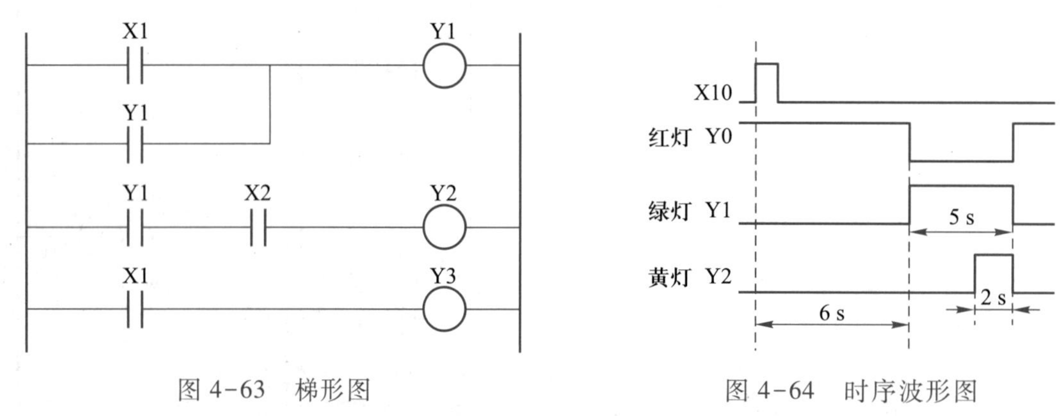


图 4-63　梯形图　　　　图 4-64　时序波形图

4-6　根据图 4-65 所示的 STL 功能图,试画出相应的梯形图并写出指令语句。

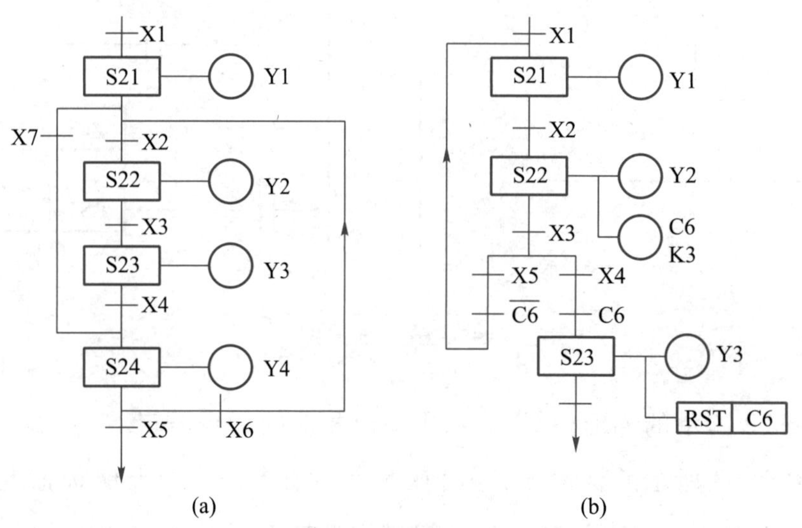


图 4-65　STL 功能图

4-7 分析图 4-66 所示的时序波形图，试设计一个小型的 PLC 控制系统，用于实现对锅炉鼓风机和引风机的起动、停止进行控制。控制要求为：首先起动引风机，延时 12 s 后鼓风机再起动；停止时鼓风机首先停止，延时 15 s 后引风机再停止（起动为 X10，停止为 X11；引风机为 Y1，鼓风机为 Y2）。

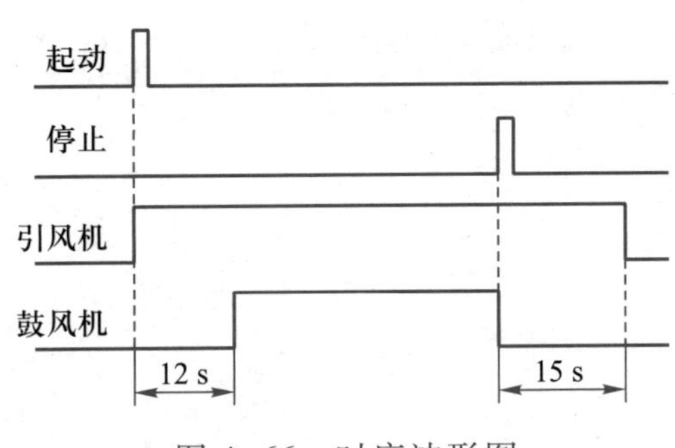


图 4-66 时序波形图

4-8 某三相电动机的控制要求为：按 1 次按钮后，电动机运行 5 s、停止 10 s；该动作重复执行 3 次后自动停止。试设计梯形图并写出指令语句。

4-9 分析图 4-67 所示的梯形图，根据输入信号的变化，试画出其他元件相对应的波形图。

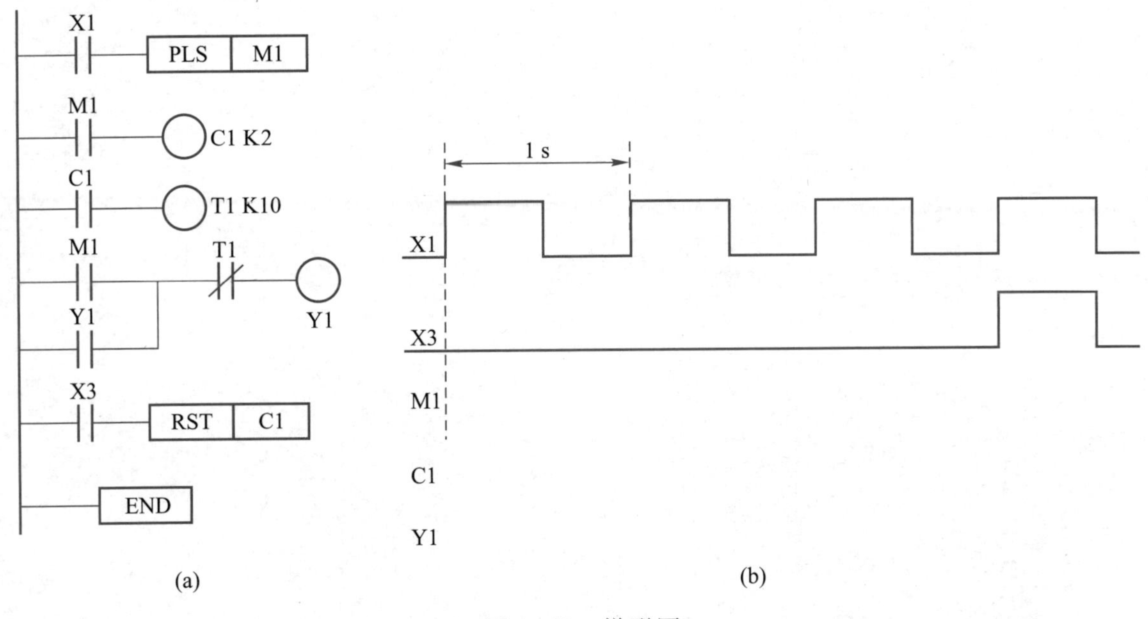


图 4-67 梯形图

4-10 分析图 4-68 所示的时序波形图，试设计相应的梯形图并写出指令语句。

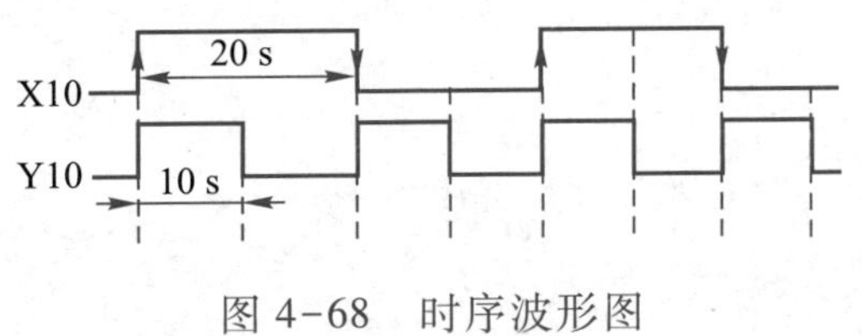


图 4-68 时序波形图

4-11　现有2台电动机(M1、M2)需要控制。其控制要求为:M1起动后50 s,M2才能起动;M2起动后M1才能停止;M2可以随时停止。试设计梯形图并写出指令语句。I/O地址分配如下:

| | | |
|---|---|---|
| M1的起动:X11 | M1的停止:X21 | M1:Y1 |
| M2的起动:X12 | M2的停止:X22 | M2:Y2 |

# 单元 5　FX 系列 PLC 的功能指令及编程方法

PLC 的内部除了存有很多基本逻辑指令外,还有大量的功能指令(应用指令)。因为一些功能指令实际上就是许多功能不同的子程序,所以功能指令的应用,使 PLC 具有数据处理的能力、与外部设备的联网通信能力,并使得程序的设计和执行更加便利,因此大大地扩展了 PLC 的应用范围。

功能指令和基本逻辑指令的形式不同,基本逻辑指令用助记符或逻辑操作符表示,其梯形图就是继电器触点、线圈的连接图。功能指令用功能号(代码)表示,FX2 系列 PLC 的功能指令代码为 FNC00~FNC99,FX2N 系列 PLC 功能指令的代码为 FNC00~FNC250,每条功能指令有其相应的助记符和代码。

本章中所用到的功能指令的代码、操作功能及操作数,见表 5-1。

**表 5-1　功 能 指 令**

| 分类 | 代码 FNC | 助记符 | 操作功能 | 操作数 | | | |
|---|---|---|---|---|---|---|---|
| | | | | [S] | [D] | n | m |
| 程序流程控制 | 00 | CJ | 跳转 | — | P0~P127 | — | — |
| | 01 | CALL | 调用子程序 | — | P0~P127 | — | — |
| | 02 | SRET | 子程序返回 | — | — | — | — |
| | 03 | IRET | 中断返回 | — | — | — | — |
| | 04 | EI | 允许中断 | — | — | — | — |
| | 05 | DI | 禁止中断 | — | — | — | — |
| | 06 | FEND | 主程序结束 | — | — | — | — |
| | 07 | WDT | 监视定时器 | — | — | — | — |
| | 08 | FOR | 循环开始 | K、H、KnX、KnY、KnM、KnS;T、C、D、V、Z | — | — | — |
| | 09 | NXT | 循环结束 | — | — | — | — |
| 数据传送和比较 | 10 | CMP | 比较 | K、H、KnX、KnY、KnM、KnS;T、C、D、V、Z | Y、M、S 3 个连续的元件 | — | — |
| | 11 | ZCP | 区间比较 | K、H、KnX、KnY、KnM、KnS;T、C、D、V、Z | Y、M、S 3 个连续的元件 | — | — |

| 分类 | 代码 FNC | 助记符 | 操作功能 | 操作数 [S] | 操作数 [D] | 操作数 n | 操作数 m |
|---|---|---|---|---|---|---|---|
| 数据传送和比较 | 12 | MOV | 传送 | K、H、KnX、KnY、KnM、KnS;T、C、D、V、Z | KnY、KnM、KnS;T、C、D、V、Z | — | — |
| | 13 | SMOV | 移位传送 | K、H、KnX、KnY、KnM、KnS;T、C、D、V、Z | KnY、KnM、KnS;T、C、D、V、Z | K、H 有效范围 1~4 | |
| | 14 | CML | 求反传送 | K、H、KnX、KnY、KnM、KnS;T、C、D、V、Z | KnY、KnM、KnS;T、C、D、V、Z | — | — |
| | 15 | BMOV | 数据块传送 | KnX、KnY、KnM、KnS;T、C、D(文件寄存器) | KnY、KnM、KnS;T、C、D(文件寄存器) | K、H,n≤512 | — |
| | 16 | FMOV | 多点传送 | KnX、KnY、KnM、KnS;T、C、D、V、Z | KnY、KnM、KnS;T、C、D、V、Z | K、H,N≤512 | — |
| | 17 | XCH | 数据交换 | — | [D1][D2]KnY、KnM、KnS;T、C、D、V、Z | — | — |
| | 18 | BCD | BCD 变换 | KnX、KnY、KnM、KnS;T、C、D、V、Z | KnY、KnM、KnS;T、C、D、V、Z | — | — |
| | 19 | BIN | BIN 变换 | | | — | — |
| 四则运算和逻辑运算 | 20 | ADD | 加法 | [S1][S2]K、H、KnX、KnY、KnM;KnS、T、C、D、V、Z | KnY、KnM、KnS、T、C、D、V、Z | — | — |
| | 21 | SUB | 减法 | | | — | — |
| | 22 | MUL | 乘法 | | | — | — |
| | 23 | DIV | 除法 | | | — | — |
| | 24 | INC | 加 1 | — | KnY、KnM、KnS、T、C、D、V、Z | — | — |
| | 25 | DEC | 减 1 | | | — | — |
| | 26 | WAND | 字逻辑与 | K、H、KnX、KnY、KnM、KnS、T、C、D、V、Z | KnY、KnM、KnS、T、C、D、V、Z | — | — |
| | 27 | WOR | 字逻辑或 | | | | |
| | 28 | WXOR | 字逻辑异或 | | | | |
| 循环和移位 | 30 | ROR | 循环右移 | — | KnY、KnM、KnS、T、C、D、V、Z | K、H | — |
| | 31 | ROL | 循环左移 | | | | |
| | 32 | RCR | 带进位右移 | — | KnY、KnM、KnS、T、C、D、V、Z | K、H | — |
| | 33 | RCL | 带进位左移 | | | | |
| | 34 | SFTR | 位右移 | X、Y、M、S | Y、M、S | K、H | — |
| | 35 | SFTL | 位左移 | | | | |

| 分类 | 代码 FNC | 助记符 | 操作功能 | 操作数 | | | |
|---|---|---|---|---|---|---|---|
| | | | | [S] | [D] | n | m |
| 循环和移位 | 36 | WSFR | 字右移 | KnX、KnY、KnM、KnS、T、C、D、V、Z | KnY、KnM、KnS、T、C、D、V、Z | K、H | — |
| | 37 | WSFL | 字左移 | | | | |
| 数据处理 | 40 | ZRST | 区间复位 | — | Y、M、S、T、C、D(D1≤D2) | — | — |
| | 41 | DECO | 解码 | K、H、X、Y、M、S、T、C、D、V、Z | Y、M、S、T、C、D | K、H, n=1~8 | — |
| | 42 | ENCO | 编码 | X、Y、M、S、T、C、D、V、Z | T、C、D、V、Z | | |
| | 45 | MEAN | 平均值 | KnX、KnY、KnM、KnS、T、C、D | KnY、KnM、KnS、T、C、D、V、Z | K、H, n=1~64 | — |
| | 48 | SQR | 开方值 | K、H、D | D | — | — |
| | 49 | FLT | 浮点操作 | D | D | — | — |
| 高速处理 | 53 | HSCS | 高速计数器置位 | [S1] K、H、KnX、KnY、KnM、KnS、T、C、D、V、Z；[S2] C235~C255 | Y、M、S | — | — |
| | 54 | HSCR | 高速计数器复位 | | | | |
| | 55 | HSZ | 高速计数器区间比较 | [S1][S2] K、H、KnX、KnY、KnM、KnS、T、C、D、V、Z；[S3] C235~C255 | Y、M、S 3个连续元件 | — | — |
| | 57 | PLSY | 脉冲输出 | K、H、KnX、KnY、KnM、KnS、T、C、D、V、Z | Y | — | — |
| | 58 | PWM | 脉宽输出 | | | | |
| 方便指令 | 60 | IST | 状态初始化 | X、Y、M | S20~S899 | — | — |
| | 66 | ALT | 交替输出 | — | Y、M、S | — | — |
| | 67 | RAMP | 斜坡信号 | D | D | K、H | — |
| 外部设备 | 78 | FROM | 特殊功能块读出数据 | — | KnY、KnM、KnS、T、C、D、V、Z | K、H | K、H |
| | 79 | TO | 特殊功能块数据写入 | K、H、KnX、KnY、KnM、KnS、T、C、D、V、Z | — | K、H | K、H |
| | 80 | RS | 串行通信 | D | D | K、H、D | K、H、D |
| | 81 | PRUN | 并行运行 | KnX、KnM | KnY、KnM | — | — |

续表

| 分类 | 代码 FNC | 助记符 | 操作功能 | 操作数 | | | |
|---|---|---|---|---|---|---|---|
| | | | | [S] | [D] | n | m |
| 外部设备 | 85 | VRRD | 模拟量读出 | K、H | KnY、KnM、KnS、T、C、D、V、Z | — | — |
| | 86 | VRSC | 模拟量开关设定 | K、H | KnY、KnM、KnS、T、C、D、V、Z | — | — |
| | 88 | PID | PID 运算 | K、H、KnX、KnY、KnM、KnS、T、C | D | — | — |

## 5.1 功能指令的基本格式及执行方式

### 5.1.1 功能指令的梯形图表示形式

功能指令采用梯形图和助记符相结合的形式。功能指令在梯形图中用功能框表示。在功能框中,用功能指令代码或通用的助记符形式表示该功能指令。图 5-1 所示为功能指令 MEAN 的梯形图,这是一条“求平均值”的功能指令,指令的代码是 45。当 X0 为 ON 时,可以求出 D0、D1、D2 中数据的平均值,并将结果送到 D10 中。

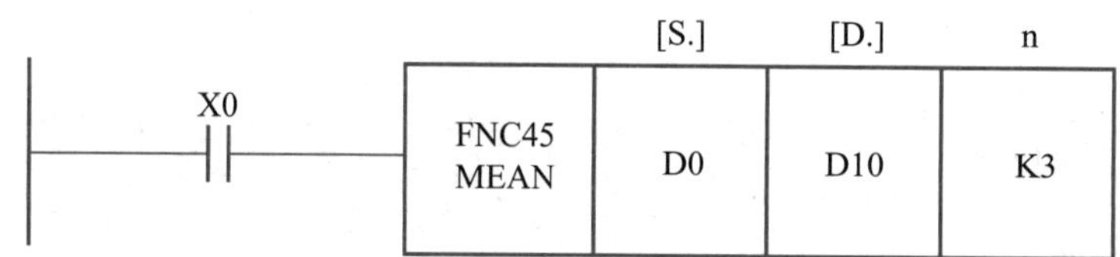


图 5-1　功能指令 MEAN 的梯形图

图中动合触点 X0=ON 是该条功能指令的执行条件,其后的方框即为功能指令的梯形图形式。由图可见,功能指令同一般的汇编指令相似,也是由助记符和操作数两部分组成的。

(1) 助记符部分。功能框的第一段即为助记符部分,表示该指令应完成的功能。由于功能指令有很多种类型,所以每条功能指令都设有相应的代码(功能号),如求平均值指令的代码为 45。但是为了便于记忆,每个功能指令都有一个助记符,对应 FNC45 的助记符是 MEAN,表示求平均值。在使用编程器编程时,按下功能指令键,输入该条指令的代码后,在编程器上实际显示的就是相应的助记符。

(2) 操作数部分。有的功能指令只需要指定功能号,但更多的功能指令在指定功能号的同时还需要指定操作元件。操作元件由操作数组成。功能框的第二部分为操作数部分。

操作数部分由源操作数[S.]、目标操作数[D.]和数据个数 n 三部分组成。无论操作数有多少,其排列顺序总是源操作数、目标操作数、数据个数。数据个数 n 实际是源操作数和目标操作数的补充说明。图 5-1 中的源操作数为 D0、D1、D2(D 的个数由 n 确定),n=K3 表示源操作数有 3 个,目标操作数为 D10。因为有的指令并不是直接给出数据,而给出的是存放操作数的地址,所以[S.]和[D.]也称源地址和目的地址。

### 5.1.2 功能指令的通用表达形式及执行方式

功能指令的通用表达形式如图 5-2 所示。

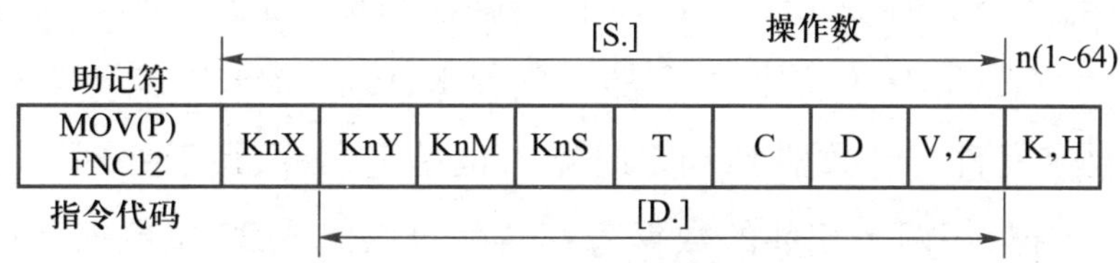


图 5-2 功能指令的通用表达形式

图 5-2 的前一部分表示指令的代码和助记符,如图中所示的数据传送指令;指令的代码为 12,MOV 为指令的助记符;图中(P)表示采用脉冲执行方式(Pulse),在执行条件满足时仅在一个扫描周期内执行(默认状态为连续执行方式)。功能指令可以处理 16 位数据和 32 位数据,默认状态为 16 位数据。图中若有符号(D),则表示指令的数据为 32 位(Double),如图 5-3 所示。

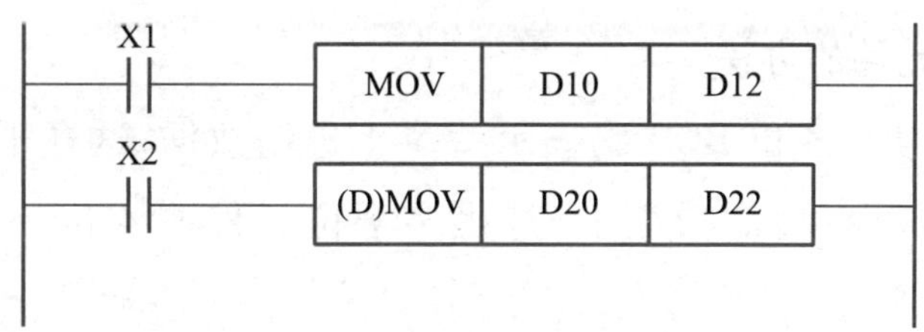


图 5-3 32 位数据处理

图 5-2 的后一部分中,[S.]表示源操作数(Source),当源操作数不止一个时,可以用[S1.]、[S2.]表示;[D.]表示目标操作数(Destination),当目标操作数不止一个时,用[D1.]、[D2.]表示。当补充说明 n 不止一个时,用 n1,n2,……或 m1,m2,……表示。这里要注意的是 X 不能作为目标操作数使用。

[S.]和[D.]中的符号"."表示操作数可以使用变址方式。当 n 表示常数时,用 K 表示十进制数,用 H 表示十六进制数。

图 5-3 中的第一个梯级执行的是数据传送功能,在满足执行条件 X1 为 ON 时,将 D10 中的数据送到 D12 中,处理的是 16 位数据。

图 5-3 中第二个梯级将 D21 和 D20 中的数据送到 D23 和 D22 中,处理的是 32 位数据。处理 32 位数据时,用元件号相邻的两个元件组成元件对。元件对的首位地址用奇数和偶数均可以。建议元件对的首位地址统一用偶数编号,如 D10、D12;D20、D22 等。

### 5.1.3 功能指令的操作数及变址操作

**1. 功能指令的操作数**

可编程控制器的编程元件根据内部位数的不同,可分为位元件和字元件。

位元件指用于处理 ON/OFF 状态的继电器,其内部只能存一位数据 0 或 1,例如,输出继电器 Y 和一般辅助继电器 M。而字元件是由 16 位寄存器组成,用于处理 16 位数据,数据寄存器 D 和变址寄存器 V 和 Z 都是 16 位数据寄存器。常数 K、H 和指针 P 在 PLC 内存中存放的都是 16 位数据,所以都是字元件。计数器 C 和定时器 T 也是字元件,用于处理 16 位数据。

若要处理 32 位数据,用两个相邻的数据寄存器就可以组成 32 位数据寄存器。一个位元件虽然只能表示一位数据,但是可以采用 16 个位元件组合在一起,作为一个字元件使用,即用位元件组成字元件。

功能指令的助记符后面可以有 0~4 个操作数,这些操作数主要有以下几种形式:

(1) 位元件,如 X、Y、M 和 S。

(2) 常数 K、H 或指针 P。

(3) 字元件,如 T、C 和 D 等。

(4) 位元件组合。由位元件 X、Y、M 和 S 组合成位元件组合,作为字元件用于数据处理。

**2. 用位元件组成字元件的方法**

在 FX 系列 PLC 中,使用 4 位 BCD 码表示一位十进制数据,这样采用 4 个位元件,就可以表示一个十进制数据,所以在功能指令中,是将多个位元件按 4 位一组的原则来组合的,以 KnMi 为例说明如下:

KnMi 中,n 表示组数,规定一组有 4 个位元件,4×n 为用位元件组成字元件的位数。K1 表示有 4 位,K2 表示 8 位,K4 表示 16 位。进行 16 位数据处理时,其数据可以是 4~16 位,即用 K1~K4 表示。32 位数据操作时,数据可以是 4~32 位,则用 K1~K8 表示。

KnMi 中,i 为首位元件号,即存放数据最低位的元件。

例如,K2M0 表示存放的数据为 8 位,即由 M7~M0 组成的 8 位数据,M0 是最低位。K4M10 表示由 M25 到 M10 组成的 16 位数据,M10 是最低位。K1Y0 表示数据为 4 位,由输出继电器 Y3~Y0 存放,Y0 是最低位。K3Y0 表示数据为 12 位,由输出继电器 Y13~Y10、Y7~Y0 存放。

**3. 变址操作**

变址寄存器 V 和 Z 是 16 位寄存器,V 和 Z 一共有 16 个,分别为 V0~V7 和 Z0~Z7。

V 和 Z 除了和通用数据寄存器一样用作数据的读、写之外,主要还用于运算操作数地址的修改,在传送、比较等指令中用来改变操作对象的组件地址。变址方法是将 V、Z 放在各种寄存器的后面,充当操作数地址的偏移量。操作数的实际地址就是寄存器的元件号和 V 或 Z 内容相加的和。当源地址或目标地址寄存器用[S.]或[D.]表示时,可以进行变址操作。当进行 32 位数据操作时,要将 V、Z 组合成 32 位(V、Z)来使用,这时 Z 为低 16 位,V 为高 16 位。32 位指令中用到变址寄存器时只需指定 Z,这时 Z 就代表了 V 和 Z。在 32 位指令中,V、Z 自动组对使用。

在图 5-4 所示的梯形图中,MOV 指令将 K10 送到 V,将 K20 送到 Z,所以 V、Z 的内容分别为 10、20。

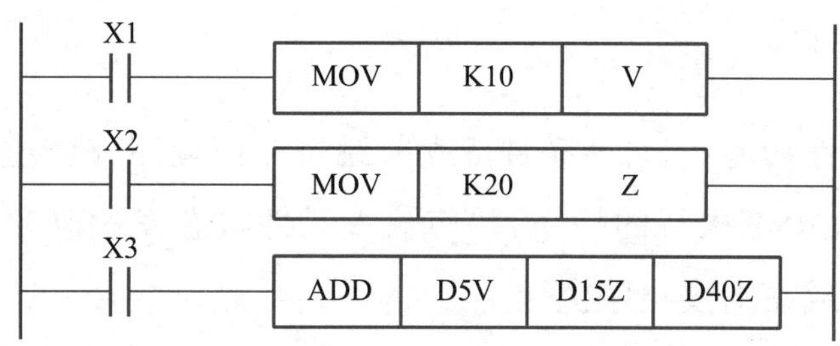


图 5-4 梯形图(变址操作说明)

第三个梯级为(D5V)+(D15Z)→(D40Z),即(D15)+(D35)→(D60)。

又如,若 Z=4,则 D5Z=D9,T6Z=T10,K1Y0Z=K1Y4,K1S2Z=K1S6。可见 V 和 Z 变址寄存器的使用将使编程简单化。

**4. 标志位**

在操作过程中,功能指令的运算结果可以通过某些特殊辅助继电器或寄存器表示出来,通常称其为标志位。标志位可以分为一般标志位,运算出错位和功能扩展用标志位。

(1) 一般标志位。在功能指令操作中,其结果将影响下列标志位。

M8020:零标志,如运算结果为零时动作。

M8021:借位标志,如做减法运算时出现借位时动作。

M8022:进位标志,如运算结果出现进位时动作。

M8029:指令执行结束标志。

(2) 运算出错标志。如果在功能指令的结构、继电器元件及编号方面有错误,或在运算过程中出现错误,下列标志位会动作,并同时记录出错信息。

M8067:运算出错标志。

M8068:运算错误代码编号存储。

M8069:错误发生的步序号记录存储。

PLC 由 STOP→RUN 时都是瞬间清除,若出现运算错误,则 M8068 保持动作,D8068 中存储发生错误的步序号。

(3) 功能扩展用标志。在部分功能指令中,同时使用由功能指令确定的固有特殊辅助继电器,可进行功能扩展。例如,M8160 为 XCH 交换,M8161 为 8 位处理模式。

## 5.2 程序流程控制指令

FX2N 系列 PLC 的功能指令中程序流程控制指令共有 10 条,功能号是 FNC00~FNC09。在通常情况下,PLC 的控制程序是顺序逐条执行的,但是在许多场合下却要按控制要求改变程序的执行流程,则可采用流程控制指令来实现。

### 5.2.1 条件跳转指令 CJ

条件跳转指令的操作功能:当跳转条件成立时跳过一段程序,跳转至指令中所表明的标号处执行,被跳过的程序段中不执行的指令,即使输入元件状态发生改变,输出元件的状态也维持不变。若跳转条件不成立则按顺序执行。

图 5-5 所示为条件跳转指令 CJ 使用说明。当 X0=ON 时,程序跳到标号 P10 处,执行下面的程序:如果 X0=OFF,跳转不执行,程序按原顺序执行。

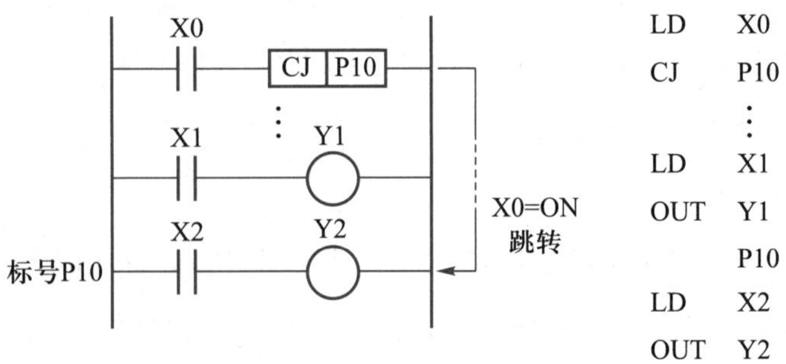


图 5-5 条件跳转指令 CJ 使用说明 1

在程序中,两条跳转指令可以跳转到相同的标号处,如图 5-6 所示。图中如果 X10 为 ON,第一条跳转指令生效,从这一步跳转到标号 P9 处。如果 X10 为 OFF,而 X12 为 ON,则第二条跳转指令生效,程序由此处开始跳到标号 P9 处。

跳转指令使用注意:

(1) 在同一程序中,一个标号只能使用一次,不能在两处或多处使用同一标号。

(2) CJ P63 指令专门用于程序跳转到 END 语句,编程时标号不用输入。

(3) 跳转指令的执行条件若是 M8000,则为无条件跳转,因为 PLC 运行时 M8000 为 ON。

(4) 使用 CJ(P)指令时,跳转只执行一个扫描周期。

### 5.2.2 中断指令 IRET、EI、DI

中断返回指令为 IRET(Interruption Return)。

允许中断指令为 EI(Interruption Enable)。

禁止中断指令为 DI(Interruption Disable)。

中断是 CPU 与外设之间进行数据传送的一种方式。数据传送时低速的外设远远跟不上高速 CPU 的节拍,为此可以采用数据传送的中断方式来匹配两者之间的传送速度,以提高 CPU 的工作效率。采用中断方式后,CPU 与外设是并行工作的,平时 CPU 在执行主程序,当外设需要数据传送服务时,才去向 CPU 发出中断请求。在允许中断的情况下,CPU 可以响应外设的中断请求,从主程序中被拉出来,去执行一段中断服务子程序,比如给外设传送一组数据后,就不再与外设联系,而返回主程序。以后每当外设需要数据传送服务时,又会向 CPU 发送中断请求。可见 CPU 只有在执行中断服务子程序时才与外设交互,所以 CPU 的工作效率就大大提高了。

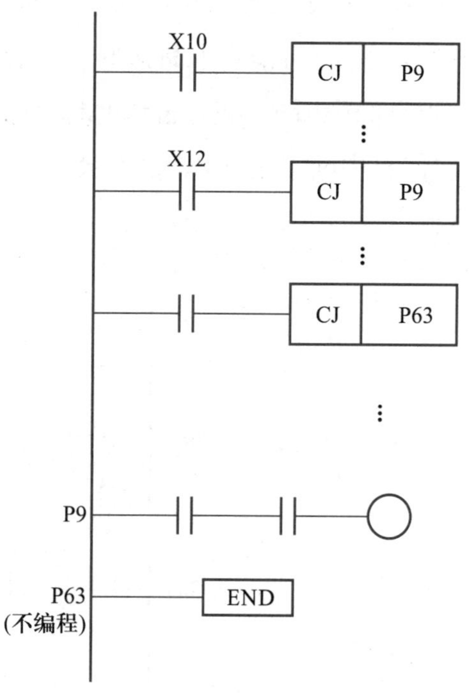


图 5-6　条件跳转指令 CJ 使用说明 2

FX 系列 PLC 有两类中断,即外部中断和内部定时器中断。外部中断信号从输入端子输入,可用于机外突发随机事件引起的中断。定时中断是内部中断,是定时器定时时间到引起的中断。

FX 系列 PLC 设置有 9 个中断源,9 个中断源可以同时向 CPU 发送中断请求信号,这时 CPU 响应优先级较高的中断源的中断请求。9 个中断源的优先级由中断号决定,中断号小的优先级较高。每个中断源的中断子程序有中断标号,中断标号的含义如图 5-7 所示。

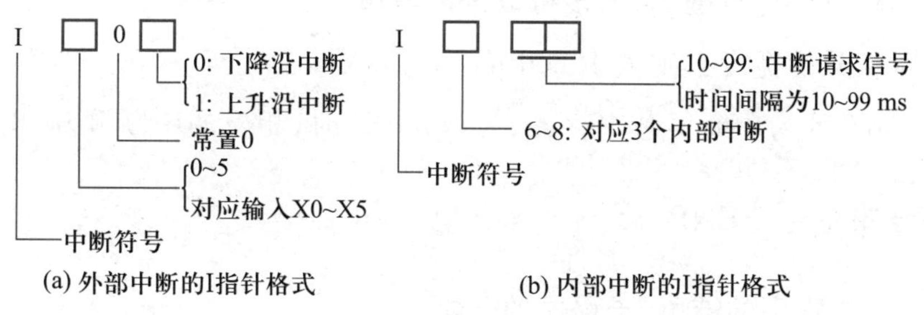


图 5-7　中断标号的含义

中断标号以 I 开头,又称为 I 指针。外部中断的 I 指针格式如图 5-7a 所示,共 6 点,对应的外部中断信号的输入口为 X0 ~ X5。例如,I001 的含义是:当输入 X0 从 OFF 变为 ON 时(上升沿),执行由该指针作为标号的中断服务程序,并在执行 IRET 时返回。内部中断的 I 指针格式如图 5-7b 所示,共 3 点。内部中断即定时中断,由指定编号为 6 ~ 8 的专用定时器控制。设定时间为 10 ~ 99 ms,每隔设定时间 PLC 就会自动中断一次。

PLC 一般处在禁止中断状态。如图 5-8 所示，指令 EI～DI 之间的程序段为允许中断区间，而 DI～EI 之间为禁止中断区间。当程序执行到允许中断区间并且出现中断请求信号时，PLC 执行相应的中断子程序，遇到中断返回指令 IRET 时返回断点处继续执行主程序。在此区间之外，即使有中断请求，CPU 也不会立即响应，而是将这个中断信号存储下来，并在 EI 指令之后被执行。

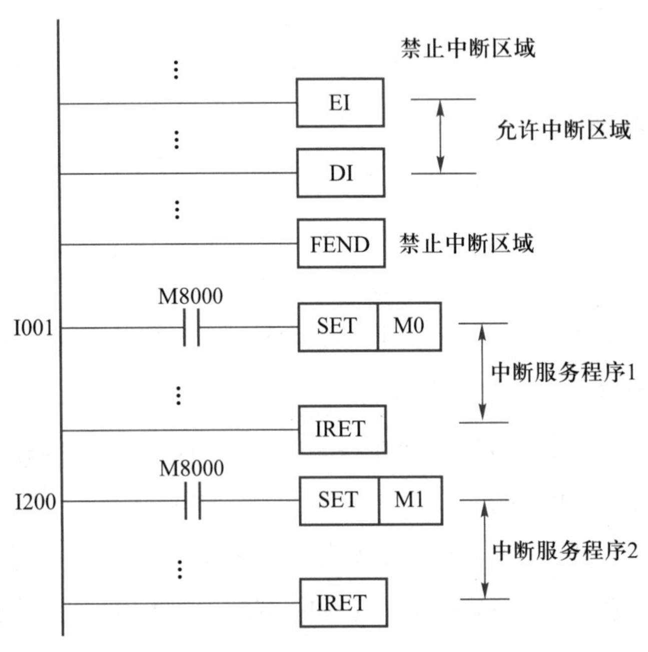


图 5-8　中断指令使用说明

中断指令使用注意事项如下：

(1) 当多个中断信号同时出现时，中断指针号小的具有优先权。

(2) 中断子程序可以进行嵌套，最多可以嵌套二级。

(3) 中断请求信号的宽度必须大于 200 μs。

(4) M8050～M8058 为中断屏蔽寄存器，当其为 ON 时，相应的中断源 0～8 被屏蔽。

### 5.2.3　主程序结束指令 FEND

FEND 指令表示主程序的结束、子程序的开始。

FEND 指令的操作功能：在程序执行到 FEND 时，进行输出处理、输入处理、监视定时器刷新，完成后返回第 0 步。

主程序结束指令使用注意事项如下：

(1) 子程序和中断服务程序都必须写在主程序结束指令 FEND 之后，子程序以 SRET 指令结束，中断服务程序以 IRET 指令结束，两者不能混淆。

(2) 当程序中没有子程序或中断服务程序时，也可以没有 FEND 指令，但是程序的最后必须用 END 指令结尾。所以子程序及中断服务程序必须写在 FEND 指令与 END 指令之间。

### 5.2.4 监视定时器指令 WDT

PLC 在循环扫描执行程序时，利用内部定时器（监视定时器）监视执行用户程序的循环扫描时间，如果扫描的时间（从程序的第 0 步到 END 或 FEND 指令之间）超过了规定的时间（FX2 系列 PLC 为 100 ms；FX2N 系列 PLC 为 200 ms）时，PLC 将停止工作，此时 CPU 的出错指示灯亮。WDT 指令可以用于循环扫描执行程序中，刷新监视定时器。

为防止执行用户程序超时的情况发生，可以将 WDT 指令插到合适的程序步中及时刷新监视定时器，使顺序程序得以继续执行到 END 或 FEND。如图 5-9a 所示，将一个 240 ms 的程序分成两个扫描时间为 120 ms 的程序，在两个程序之间插入一条 WDT 指令。

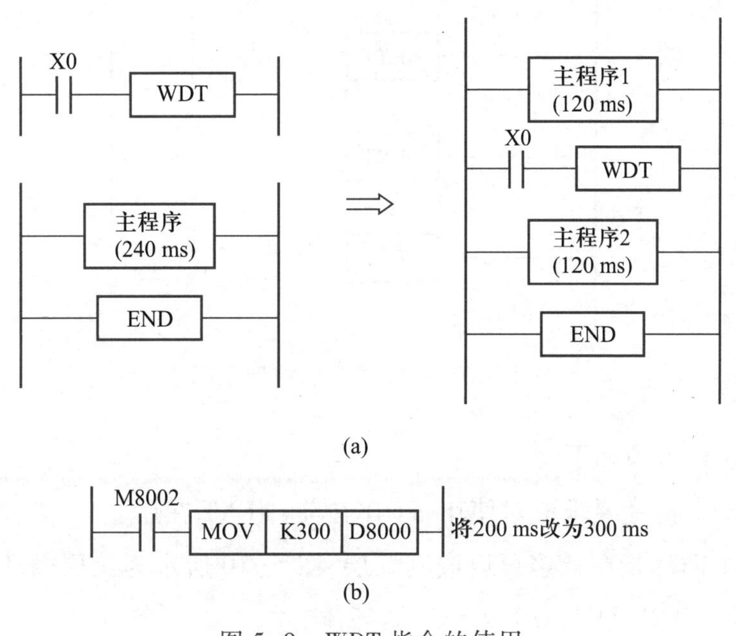


图 5-9 WDT 指令的使用

监视定时器的报警值 200 ms 存储在特殊数据寄存器 D8000 中，它由 PLC 的监控程序写入，同时也允许用户改写 D8000 的内容。可以用功能指令 MOV 来改写 D8000 的内容，如图 5-9b 所示。在这之后的 PLC 程序将采用新的监视定时器时间执行监视。图 5-9b 中将监视定时器的报警数值改变为 300 ms。

### 5.2.5 循环指令 TOR、NEXT

循环指令包括循环开始指令 FOR 和循环结束指令 NEXT。

循环指令的操作功能：控制 PLC 反复执行某一段程序，只要将这段程序放在 FOR 和 NEXT 之间，待执行完指定的循环次数后（由操作数指定），才能执行 NEXT 指令后的程序。循环指令的使用说明如图 5-10 所示，图中一共有三层循环嵌套，内层循环次数由 M10～M13 的状态决定,中间循环次数由数据寄存器 D6 中的数据决定,外层循环为 4 次。

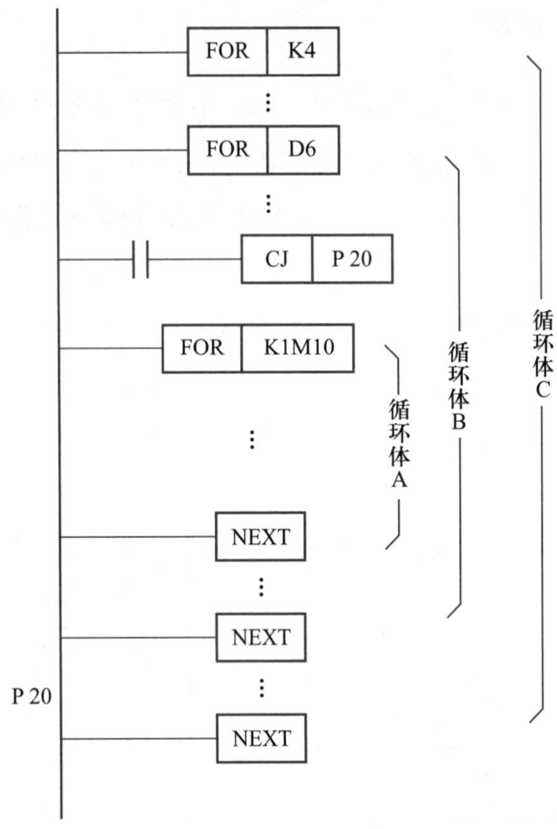


图 5-10　循环指令的使用说明

循环指令使用注意事项如下:

(1) FOR 与 NEXT 指令要求成对使用,FOR 在前,NEXT 在后。

(2) FOR-NEXT 循环指令最多可以嵌套 5 层,图 5-10 所示为三层循环嵌套。

(3) 利用 CJ 指令可以跳出 FOR-NEXT 循环体。

## 5.3　数据比较指令

### 5.3.1　比较指令 CMP(Compare)

比较指令 CMP 的功能是将两个源操作数[S1.]、[S2.]中的数据进行比较,并将比较结果送到目标操作数[D.]中。图 5-11 所示为比较指令的使用说明。

当 X0 为 ON 时,将两个源操作数[S1.]、[S2.]中的数据进行比较,即 K100(十进制数 100)与 T20 的当前值比较。若 T20 的当前值小于 100,则 M0 为 ON,Y0 得电;若 T20 的当前值等于 100,则 M1 为 ON,Y1 得电;若 T20 的当前值大于 100,则 M2 为 ON,Y2 得电。在 X0 为 OFF 时,不执行 CMP 指令,M0、M1、M2 的状态保持不变。

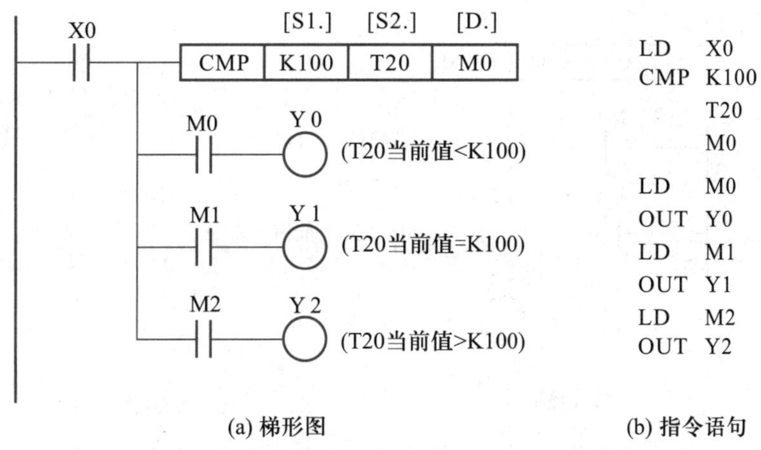


(a) 梯形图　　(b) 指令语句

图 5-11　比较指令的使用说明

比较指令使用注意事项如下：

（1）CMP 指令将源数据按照二进制数形式处理，数据大小的比较按代数形式进行。

（2）要清除比较结果时，可采用 RST 和 ZRST 指令。

（3）图 5-11b 所示为采用编程器录入的指令语句形式。

比较指令的应用示例如图 5-12 所示，该梯形图采用比较指令实现监视计数值的功能。由 T0 和 T1 控制产生周期为 1 s 的脉冲信号，驱动 Y10 做 ON/OFF 交替变化，Y10 为脉冲指示，同时还给计数器 C0 提供计数脉冲信号。

当 X10 为 ON 时，若 C0 的当前值小于 10，Y0 有输出；若 C0 的当前值等于 10，Y1 有输出；若 C0 的当前值大于 10，Y2 有输出；若 C0 的当前值为 15，Y3 和 Y2 均有输出，采用 C0 的动合触点控制 Y3 给 C0 复位，故 Y3 线圈的得电时间仅为一个扫描周期。

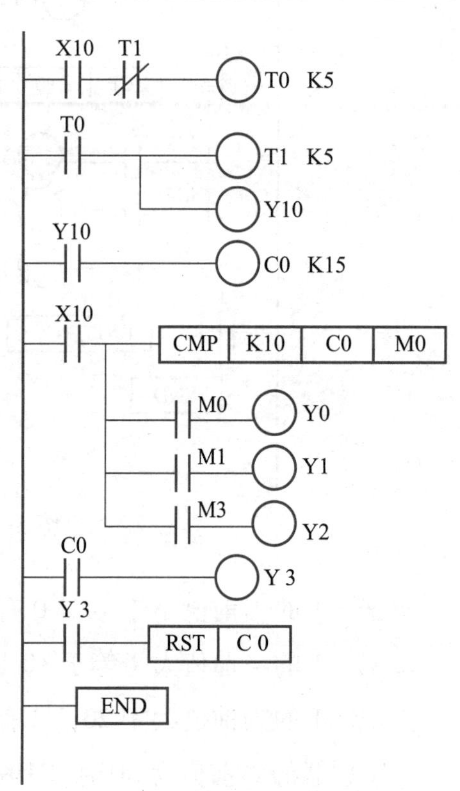


图 5-12　比较指令的应用示例

### 5.3.2　区间比较指令 ZCP

区间比较指令 ZCP 的功能是将一个操作数[S.]与两个操作数[S1.]、[S2.]形成的区间比较，并将比较结果送到[D.]中。

图 5-13 所示为区间比较指令的使用说明，当 X0 为 ON 时，将计数器 C30 的当前值与 K100 和 K120 比较，若 C30 的当前值小于 100，则 M1 为 ON，Y1 得电；若 C30 的当前值大于等于 100 并小于等于 120，则 M2 为 ON，Y2 得电；若 C30 的当前值大于 120，则 M3 为 ON，Y3 得电。

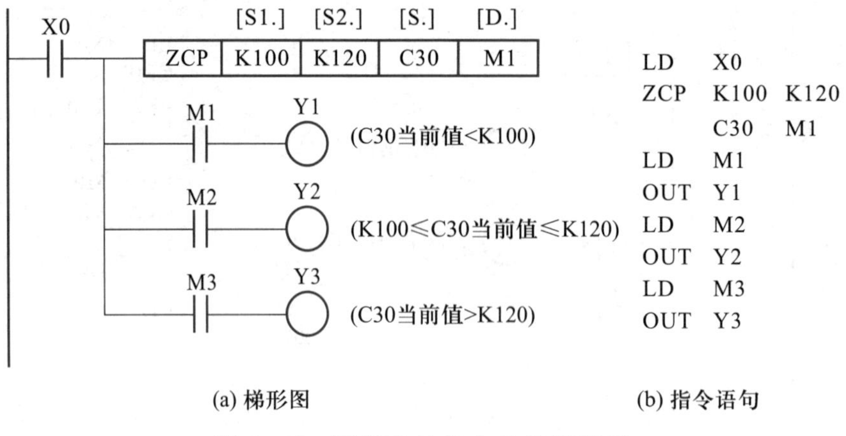


图 5-13　区间比较指令的使用说明

区间比较指令使用注意事项如下：

（1）ZCP 指令将所有数据按照二进制形式处理，区间比较按代数形式进行。

（2）设置比较区间时，要求[S1.]不得大于[S2.]。

区间比较指令应用示例如图 5-14 所示，图中的梯形图采用区间比较指令实现监视计数值的功能。特殊辅助继电器 M8013 为 1 s 时钟继电器，给计数器提供计数脉冲信号。当 X10 为 ON 时，计数器 C1 的当前值和输出端 Y 的关系为：

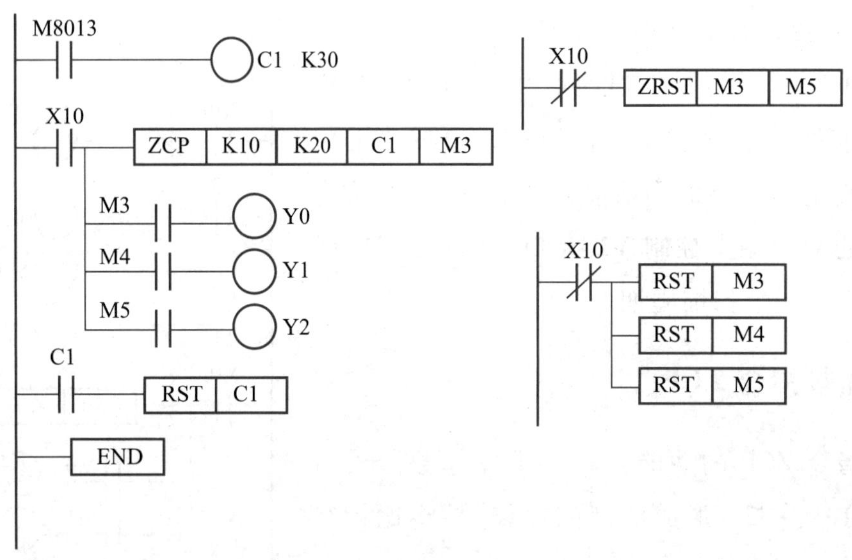


图 5-14　区间比较指令应用示例

① 若 C1 的当前值小于 10，Y0 有输出。

② 若 C1 的当前值大于等于 10 且小于等于 20，Y1 有输出。

③ 若 C1 的当前值大于 20，Y2 有输出。

当计数器的当前值为 30 时，C1 复位。在下一个扫描周期，PLC 又开始循环工作。Y0、Y1、Y2 为 ON 的状态均为 10 s。

### 5.3.3 触点比较指令(FX3U 型 PLC)

触点比较指令有 LD=、LD>、LD<、LD<>、LD<=、LD>=6 种类型。触点比较指令是执行数值的比较,实现对源操作数 S1、S2 中的内容进行 BIN 数据形式的比较,根据其结果来控制触点的 ON 或 OFF 状态。该指令有 32 位数据的操作形式,触点比较指令的功能见表 5-2。

**表 5-2　触点比较指令的比较功能说明**

| 指令助记符 | 满足比较条件 | 不满足比较条件 |
|---|---|---|
| LD= | [S1.]=[S2.] | [S1.] ≠[S2.] |
| LD> | [S1.]> [S2.] | [S1.] ≤[S2.] |
| LD< | [S1.]< [S2.] | [S1.] ≥[S2.] |
| LD<> | [S1.]≠[S2.] | [S1.]= [S2.] |
| LD<= | [S1.]≤[S2.] | [S1.]> [S2.] |
| LD>= | [S1.]≥[S2.] | [S1.]< [S2.] |

触点比较指令 LD=的使用说明如图 5-15 所示。图中表示将源操作数[S1.]中的数据与源操作数[S2.]中的数据 K200 做比较。当 D10 中的数据等于 200 时,Y0 线圈得电。当 D10 中的数据不等于 200 时,Y0 线圈不得电。

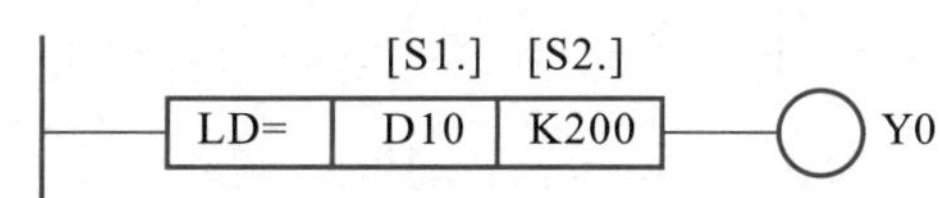

图 5-15　触点比较指令 LD=的使用说明

## 5.4 数据传送指令

### 5.4.1 传送指令 MOV

MOV 指令的操作功能是将源地址中的数据传送到目的地址中。图 5-3 所示为 MOV 指令的使用说明。

MOV 指令的使用举例 1 如图 5-16 所示。图 5-16a 所示是用 MOV 指令将定时器的当前值输出。在图 5-16a 中,当 X10=ON 时,将 T10 的当前值由 Y17~Y0 输出。在图 5-16b 中,当 X11=ON 时,将 K500 送到 D10 中,用于设定定时器的时间常数。这两种方法同样也可以使用于计数器。

MOV 指令的使用举例 2 如图 5-17 所示,它是采用 MOV 指令实现电动机的Y-△减压起动控制的应用实例,I/O 地址分配见表 5-3。梯形图程序的控制功能分析:起动按钮闭合(X0=ON)时,第一个梯级执行,将 K3(**0011**)送到输出端 Y3、Y2、Y1、Y0,由于 Y0=Y1=ON,所以 KM1

和 KM2 得电，电动机绕组按Y联结且接通电源起动运转，同时 Y0 动合触点闭合，使定时器 T0 得电开始延时。当 6s 延时时间到，电动机的转速已上升到接近额定转速时，PLC 执行程序将 K5(**0101**)送到 Y3、Y2、Y1、Y0，此时 Y0、Y2 为 ON 状态，Y2 控制 KM3 得电，即电动机的绕组被接成△，实现 PLC 控制电动机处于△联结方式运行，完成了电动机的Y-△起动方式。当闭合停止按钮(X1 为 ON)或电动机超载(X2 为 ON)时，PLC 执行程序将 K0(**0000**)送到 Y3、Y2、Y1、Y0，此时 Y0~Y2 全部为 OFF 状态，电动机则停止运行。

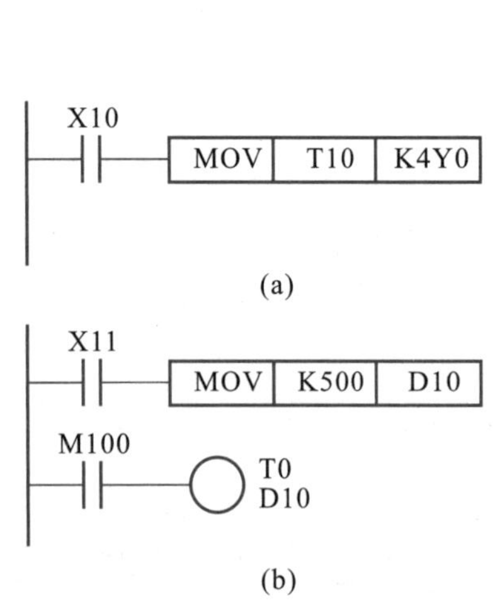

图 5-16　MOV 指令的使用举例 1

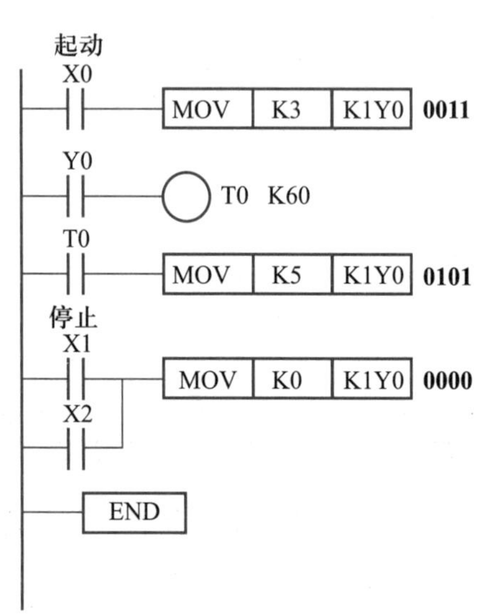

图 5-17　MOV 指令的使用举例 2

**表 5-3　I/O 地址分配**

| 输入地址 | | 输出地址 | |
|---|---|---|---|
| 起动按钮 SB1 | X0 | KM1(电动机电源) | Y0 |
| 停止按钮 SB2 | X1 | KM2(星形联结) | Y1 |
| 热继电器 FR | X2 | KM3(三角形联结) | Y2 |

### 5.4.2　块传送指令 BMOV(Block Move)

块传送指令 BMOV 的操作功能是将数据块(由源地址指定元件开始的 $n$ 个数据组成)传送到指定的目的地址中，$n$ 只能取常数 K、H。如果地址超出允许的范围，数据仅传送到允许范围的目的地址中。

(1) 数据寄存器间的数据块传送。图 5-18a 所示为块传送指令举例，对应的指令为 BMOV D0 D10 K3。当 X10 为 ON 时，执行块传送指令，根据 K3 指定的数据块个数为 3，则将 D2~D0 中的内容传送到 D12~D10 中去，如图 5-18b 所示，传送后 D2~D0 中的内容不变，而 D12~D10 中的内容相应地被 D2~D0 的内容取代。

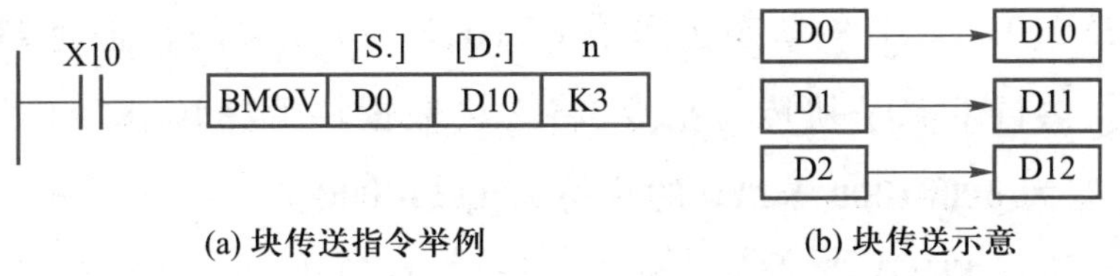


图 5-18　块传送指令的使用说明

(2) 用位元件组合传送数据块。图 5-19 所示为用位元件组合传送数据块应用示例。当 X10 为 ON 时,将 M7~M4、M3~M0 的数据相对应地传送到 Y7~Y4 和 Y3~Y0,K1 表示数据是 4 位,补充说明 $n$ 为 K2 表示是两块数据的传送。

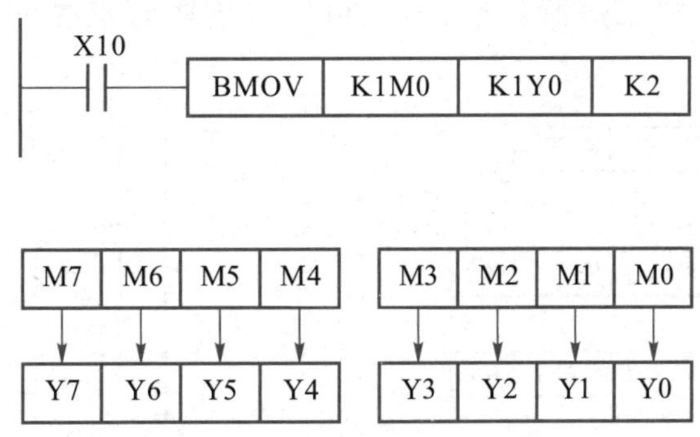


图 5-19　用位元件组合传送数据块应用示例

### 5.4.3　多点传送指令 FMOV(Fill Move)

多点传送指令 FMOV 的操作功能是将源地址中的数据传送到指定目标开始的 $n$ 个元件中。这 $n$ 个元件中的数据完全相同,指令中给出的是目标元件的首地址。如果元件号超出允许的范围,数据仅传送到允许范围的元件中。该指令常用于对某一段数据寄存器的清零或置相同的初始值。

图 5-20 所示为多点传送指令使用说明。当 X10=ON 时执行多点传送指令:FMOV K0 D10 K3。根据 K3 指定的目标元件个数为 3,将 K0 传送到 D12~D10 中去,传送后 D12~D10 中的内容被 K0 取代。

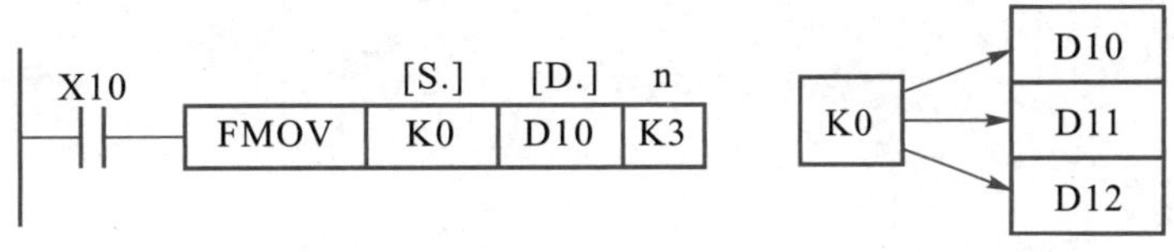


图 5-20　多点传送指令使用说明

数据传送指令 MOV、BMOV 和 FMOV 指令的应用示例如下。

数据传送的应用示例如图 5-21 所示。假设 PLC 的输入端 K4X0(X17,X16,X15,…,X11,X10,X7,X6,X5,…,X1,X0)的 16 位输入状态为 **00001000 11110000**。在输入 X20=ON 执行

MOV 指令后,将 K2X0(X7~X0)的状态传送给 K2Y0,即 Y7~Y0 的状态为 **11110000**。

在 X21=ON 时,执行 BMOV 块传送指令,将 2 块数据块 K2X10、K2X0 分别传到 K2Y10 和 K2Y0,即 K2Y10 状态为 **00001000**,K2Y0 的状态为 **11110000**。

在 X22=ON 时,执行 FMOV 多点传送指令,将 K2X0 的状态同时传送到 K2Y10 和 K2Y0,即 K2Y10 和 K2Y0 均为 **11110000**。

图 5-22 所示为彩灯循环控制梯形图。图中采用 4s 脉冲发生器和 MOV 指令实现对彩灯的控制,即 8 个彩灯按照 2 s 频率隔灯交替点亮。X0 为起动开关,当 X0=ON 时,连接在输出端 Y7~Y0 的 8 个彩灯,实现隔灯点亮,每 2 s 交换一次,反复运行。因为 K85 和 K170 在 PLC 内部是两组状态(0,1)完全相反的二进制数码,所以可以实现隔灯点亮的功能。

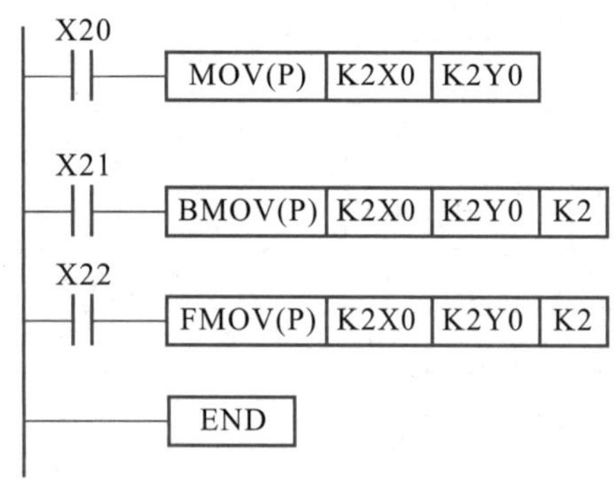


图 5-21 数据传送的应用示例

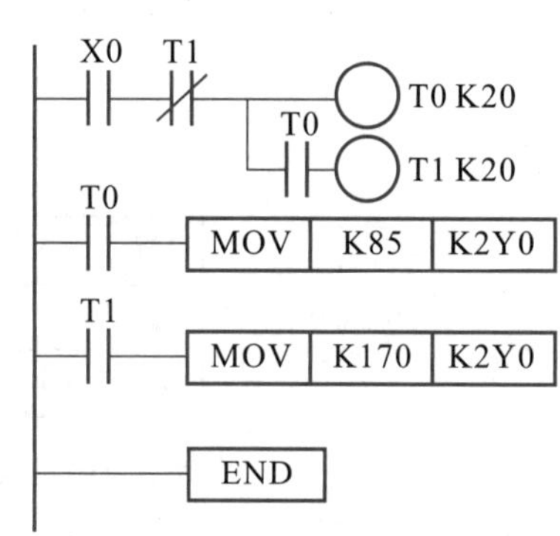


图 5-22 彩灯循环控制梯形图

## 5.5 数据变换指令

### 5.5.1 BCD 变换指令

BCD 变换指令的操作功能是将源地址中的二进制数转换为 BCD 码并送到目标地址中。

图 5-23 所示为 BCD 变换指令的使用说明,对应的指令为 BCD D10 K2Y0。当 X10 为 ON 时,执行 BCD 变换指令,将 D10 中的二进制数转换为 BCD 码,然后将其低 8 位(由 K2 指明)的内容送到 Y7~Y0 中去。

### 5.5.2 BIN 变换指令

BIN 变换指令的操作功能:将源地址中的 BCD 码转换为二进制数并送到目的地址中。此指令的功能与 BCD 变换指令相反。

图 5-24 所示为 BIN 变换指令使用说明,对应的指令为 BIN K2X0 D10。这条指令可以将 BCD 拨盘的设定值通过 X7~X0 输入到 PLC 中去。当 X10 为 ON 时,执行 BIN 变换指令,将

X7～X0 端口上输入的两位 BCD 码转换成二进制数，传送到 D10 的低 8 位中。

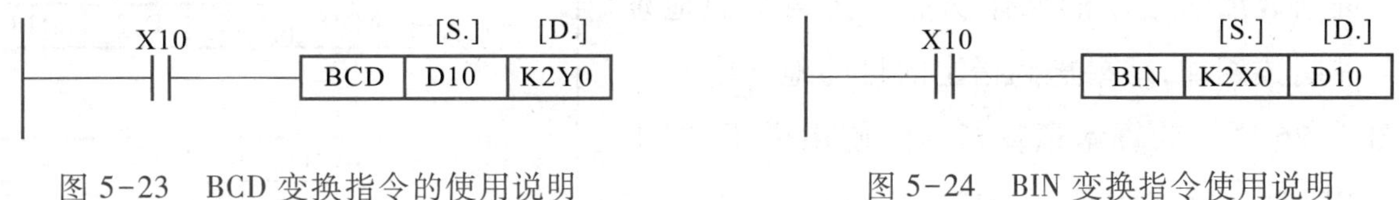


图 5-23　BCD 变换指令的使用说明　　图 5-24　BIN 变换指令使用说明

图 5-25 所示为 BIN、BCD 指令和变址寄存器的应用示例。图中利用特殊辅助继电器 M8000，在 PLC 通电后首先将输入端 X3～X0 输入的 BCD 码转换成二进制数据送到变址寄存器 Z0，采用 Z0 对定时器 T0 实现变址功能（T0Z0）。当改变输入端 X3～X0 的状态从 0000～1001（0～9）变化时，可以将 T0～T9 的当前值转换成 BCD 码后由 Y17～Y0 输出如图 5-25b 所示。

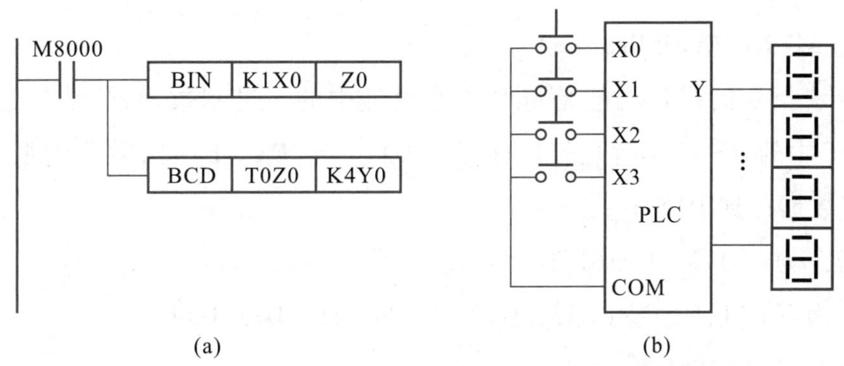


图 5-25　BIN、BCD 指令和变址寄存器的应用示例

## 5.6　算术运算及逻辑运算指令

FX 系列 PLC 设置了 10 条算术运算和逻辑运算指令，其功能号是 FNC20～FNC29。在这些指令中，源操作数可以取所有的数据类型，目标操作数可以取 KnY、KnM、KnS、T、C、D、V 和 Z。

每个数据的最高位为符号位（**0** 表示为正，**1** 表示为负）。在 32 位运算中被指定的字编程元件为低位字，紧挨着的下一个字编程元件为高位字。为了避免错误，建议指定操作元件时采用偶数元件号。

若运算结果为 **0**，零标志 M8020 置 **1**；16 位运算结果超过 32 767 或 32 位运算结果超过 2 147 483 647时，进位标志 M8022 置 **1**；16 位运算结果小于-32 768 或 32 位运算结果小于-2 147 483 648时，借位标志 M8021 置 **1**。

如果目标操作数（如 KnM）的位数小于运算结果，将只保存运算结果的低位。

### 5.6.1　算术运算指令

算术运算指令包括 ADD、SUB、MUL、DIV（二进制数加、减、乘、除）指令。

**1. 加法指令 ADD(Addition)**

二进制数加法指令的操作功能是将两个源地址中的二进制数相加,结果送到指定的目的地址中。

图 5-26 所示为算术运算指令的使用说明,图中的 X1=ON 时,执行(D10)+(D12)→(D14)。

**2. 减法指令 SUB(Subtraction)**

二进制数减法指令的操作功能是将两个源地址中的二进制数相减,结果送到指定的目的地址中。图 5-26 中,SUB 采用脉冲执行方式,在 X2 为 ON 时,执行一次(D0)-K22(十进制数 22)→(D10)。

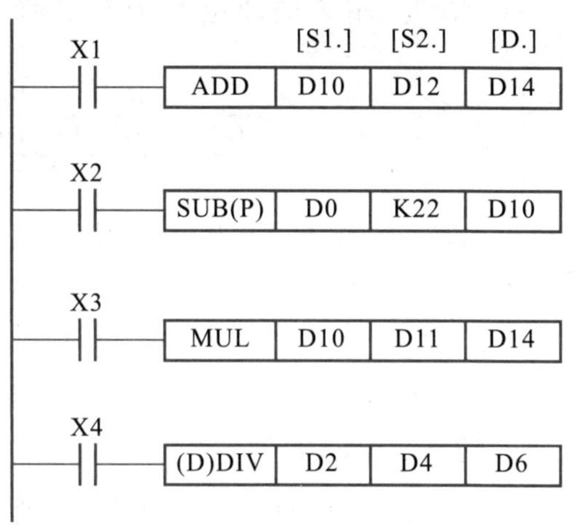


图 5-26 算术运算指令的使用说明

**3. 乘法指令 MUL(Multiplication)**

二进制数乘法指令的操作功能是将两个源地址中的二进制数相乘,结果送到指定的目的地址中。图 5-26 中的 X3=ON 时执行(D10)×(D11)→(D15、D14),乘积的低 16 位数据送到 D14 中,高 16 位数据送到 D15 中。

如果该条指令为:(D)MUL D10 D12 D14;

其操作功能为:(D11,D10)×(D13,D12)=(D17,D16,D15,D14)

**4. 除法指令(DIV)(Division)**

二进制数除法指令的操作功能是将[S1.]除以[S2.],商送到指定的目标地址中,余数送到[D.]的下一个元件。图 5-26 中的 X4=ON 时,执行 32 位除法运算功能,(D3、D2)÷(D5、D4),商送到(D7、D6),余数送到(D9、D8)。如果该条指令不是 32 位操作,其指令的形式为:DIV D2 D4 D6,执行 16 位二进制数的除法操作,即(D2)÷(D4),并将商送到 D6,余数送到 D7 中。

图 5-27 所示为实现四则运算应用的梯形图。图中,X20 是执行条件,当 X20=ON 时,可以实现[(20×$x$)/2]+3 的运算。式中,$x$ 为输入端 K2X0 送入的数据,运算的结果送到 K2Y0 输出。

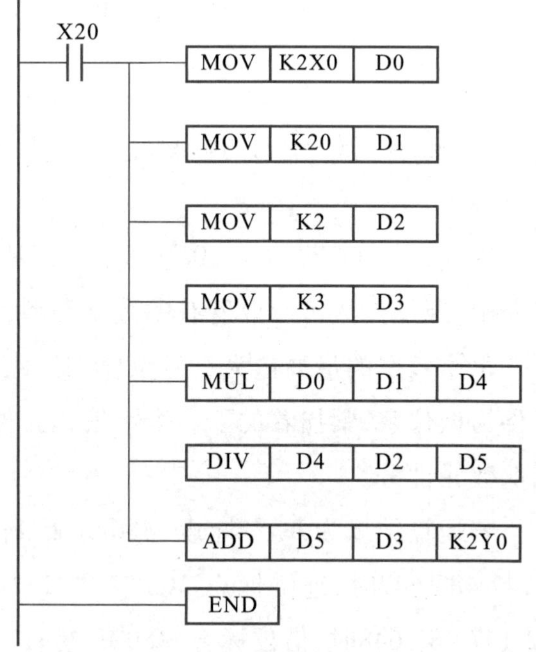


图 5-27 实现四则运算应用的程序梯形图

### 5.6.2 加 1、减 1 指令

INC(Increment)加 1 指令,DEC(Decrement)减 1 指令的操作功能为满足执行条件时,(D)

中的内容自动加 **1** 或减 **1**。这两条指令的运算结果不影响零标志、借位标志和进位标志。

图 5-28 所示为加 **1**、减 **1** 指令的使用说明。图中，加 **1**、减 **1** 指令均采用脉冲执行方式，当 X4 由 OFF 变为 ON 一次，D10 中的数增加 **1**。当 X1 由 OFF 变为 ON 一次，D11 中的数减 **1**。如果不用脉冲指令，则每一个扫描周期都要执行一次加 **1**、减 **1** 指令。

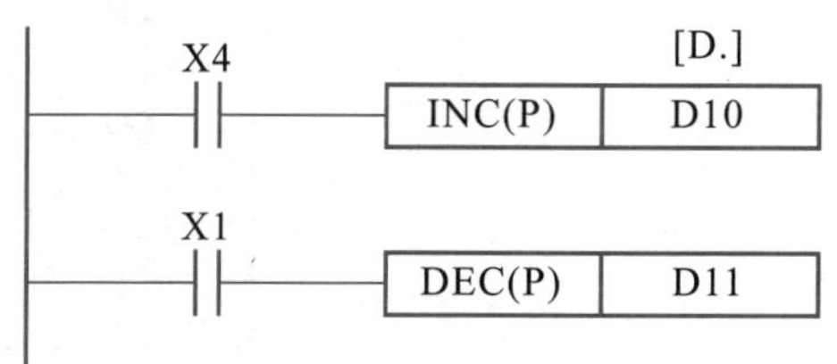


图 5-28 加 1、减 1 指令的使用说明

加 **1**、减 **1** 和比较指令的应用如图 5-29 所示。图中，通过分别手动控制 X10 和 X11 执行加 **1** 或减 **1** 操作时，并采用比较指令将加 **1** 或减 **1** 过程中 D0 的内容与 K6 比较，实现对数据寄存器 D0 中的内容进行监视。参考图 5-29 所示梯形图程序的原理可以设计一个停车场车位的控制程序。首先对进入停车场的车辆进行加 **1** 操作，对出停车场的车辆进行减 **1** 操作，再采用减法指令，将已进入的车辆数与停车场总的车位数相减，可随时得知停车场现有的空车位，即可对进出停车场的车辆进行控制。

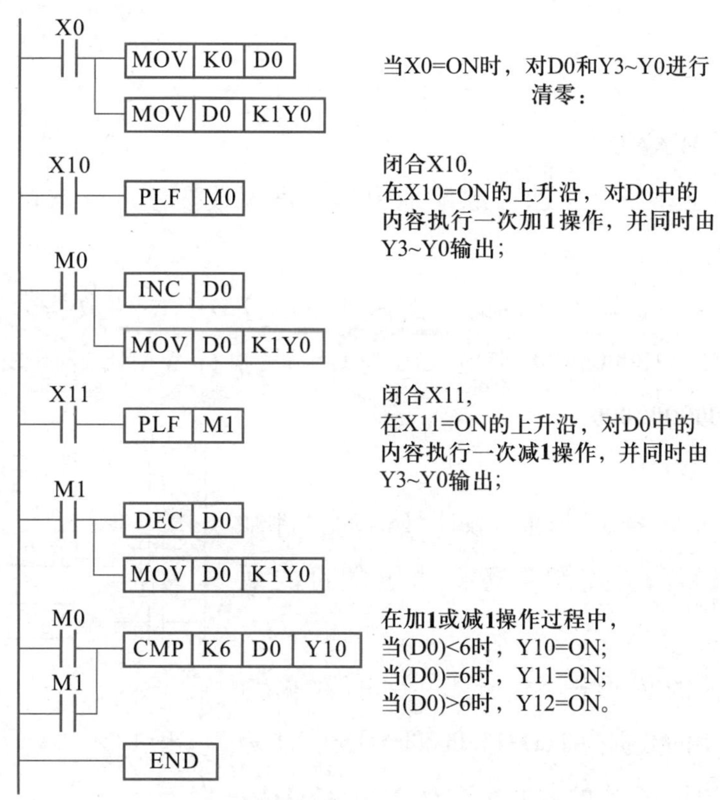


图 5-29 加 **1**、减 **1** 和比较指令的应用

图 5-30 所示为监视 C0～C9 当前值的梯形图。用寄存器的变址功能（变址寄存器 Z）、加 **1** 指令实现 C0～C9 地址的自动切换，用比较指令控制被监视的最后一个计数器是 C9。

当 X10=ON 时，将十进制数 0 送变址寄存器中，采用脉冲执行方式对 Z 复位（清零）一次。在 X11 第一次为 ON 时，将 C0（Z=**0**）的当前值转换成 BCD 码到 Y17～Y0 输出，随后 Z 中内容

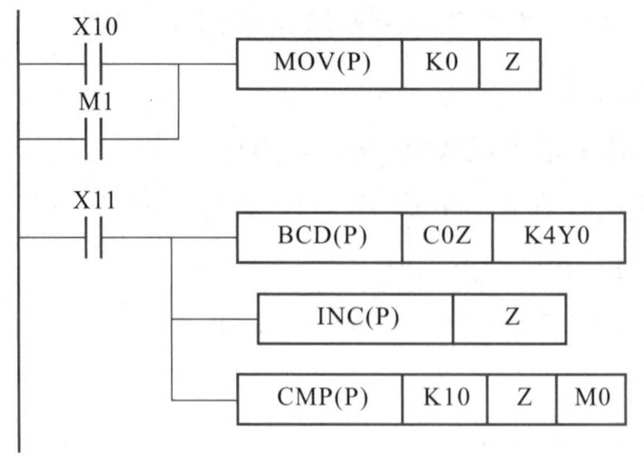


图 5-30　监视 C0~C9 当前值的梯形图

自动加 **1**,接着执行一次比较指令。在 X11 第二次为 ON 时,将 C1(此时由于 Z=**1**,C0 变址为 C1)的当前值转换成 BCD 码到 Y 输出,以后每当 X11 由 OFF 到 ON 变化一次,都依次将 C0, C1,C2,…,C9 的当前值输出到 Y,直到 Z=10 时,比较器结果使 M1=ON,将 Z 再清零一次,又回到初始状态,在 X11=ON 时继续执行上述的功能。

### 5.6.3　字逻辑运算指令

**1. 字逻辑与指令 WAND**

字逻辑**与**指令用于将指定的两个源地址中的二进制数按位进行**与**逻辑运算,并将结果送到指定的目标地址中。

图 5-31 所示为字逻辑运算指令的示例梯形图。若 D10 中的数据为 **0000000011111111**, D20 中的数据为 **1111111100000000**,满足 X10 为 ON 时,执行 WAND 字逻辑与运算指令后,D30 中的数据为 **0000000000000000**。

**2. 字逻辑或指令 WOR**

字逻辑**或**指令用于将指定的两个源地址中的二进制数按位进行**或**逻辑运算,并将结果送到指定的目的地址中。

在图 5-31 所示的梯形图中,若 D1 中的数据为 **0000000011111111**,D2 中的数据为 **1111111100000000**,在 X1 为 ON 时,执行 WOR 指令后,D3 中的数据为 **1111111111111111**。

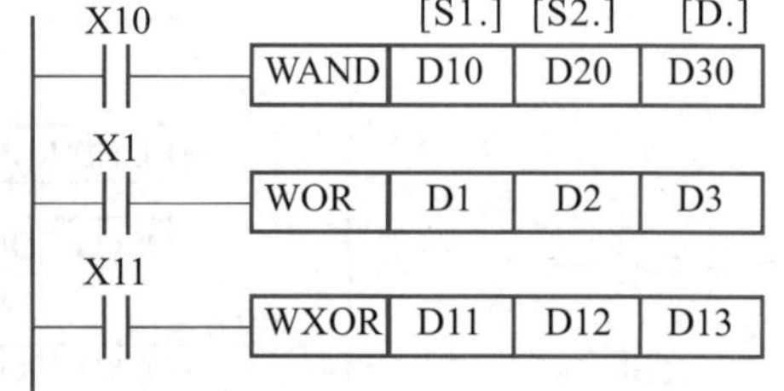


图 5-31　字逻辑运算指令的示例梯形图

**3. 字逻辑异或指令 WXOR**

字逻辑**异或**指令用于将指定的两个源地址中的二进制数按位进行**异或**逻辑运算,结果送到指定的目标地址中。

在如图 5-31 所示的梯形图中,若 D11 中的数据为 **0000000011111111**,D12 中的数据为 **1111111100000000**,在 X11 为 ON 时,执行 WXOR 指令后,D13 中的数据为 **1111111111111111**。

## 5.7 方便指令

### 5.7.1 区间复位指令 ZRST(Zone Reset)

区间复位指令 ZRST 的操作功能是将[D1.][D2.]指定的元件号范围内的同类元件成批复位。图 5-32 所示为区间复位指令 ZRST 的使用说明。图中,在 PLC 通电后的第一个扫描周期内,M8002 接通,给指定范围的数据寄存器、计数器和辅助继电器全部复位为零状态。

ZRST 指令使用注意事项如下:

(1) [D1.]的元件号应小于[D2.]的元件号。如果[D1.]的元件号大于[D2.]的元件号,则只有[D1.]指定的元件被复位。

(2) 目标操作数可以取 T、C 和 D,或 Y、M 和 S。[D1.]和[D2.]应为同一类型的元件。

(3) 虽然 ZRST 指令是 16 位数据处理指令,但[D1.]和[D2.]也可以指定 32 位计数器。

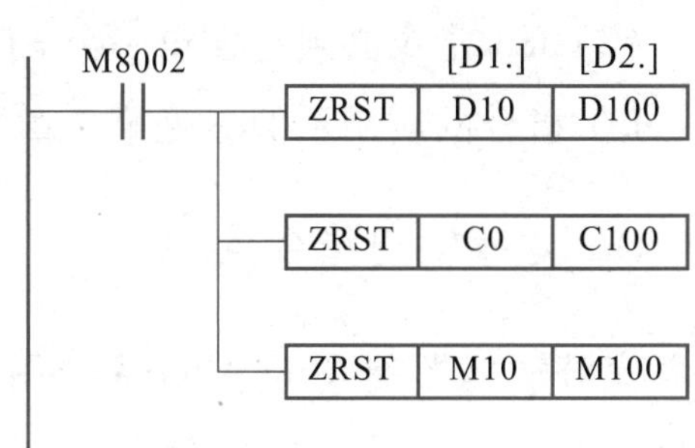


图 5-32 区间复位指令 ZRST 的使用说明

(4) 可用于元件复位或清零的指令还有 FMOV、RST 指令,其使用方法如图 5-33 所示。

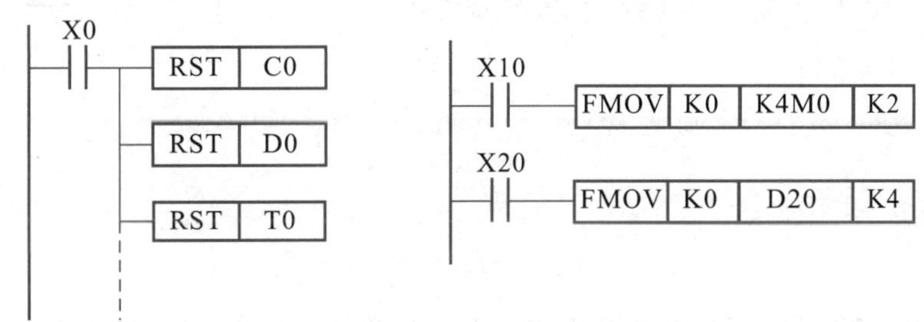


图 5-33 FMOV、RST 指令使用方法

### 5.7.2 置初始状态指令 IST(Initial State)

置初始状态指令 IST 与 STL 指令一起使用,用于自动设置多种工作方式的顺序控制编程。

IST 指令的应用说明如图 5-34 所示。图中程序表明在 PLC 通电后,M8000 接通,执行 IST 指令。指令指定在自动方式中,所用状态继电器的最小编号应为[D1.],最大状态继电器的编号应为[D2.],本例中指定为 S20~S40。同时指明,从[S.]开始的连续 8 个输入继电器的功能是固定的,本例是从 X20 开始的 8 个连号元件。8 个元件 X20~X27 被自动定义为如下功能:

X20:手动控制　　X24:连续运行(自动)

X21:回原点　　X25:回原点起动

X22:单步运行　　　　　　　　　　X26:起动

X23:单周期运行　　　　　　　　　X27:停止

X20~X27 为选择开关或按钮,其中 X20~X24 不能同时接通,可以使用选择开关或其他编码开关,X25~X27 为按钮开关。

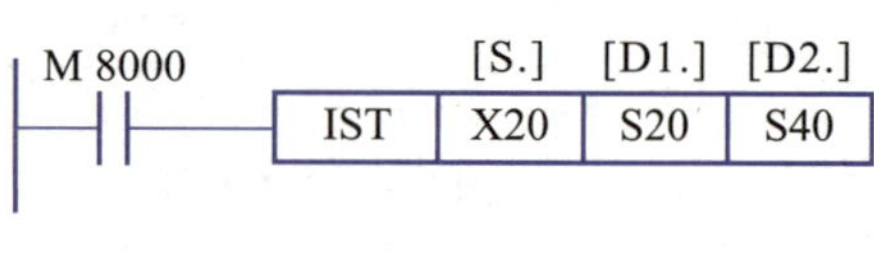

图 5-34　IST 指令的应用说明

IST 指令使用注意事项如下:

(1) 实际设计程序时根据需要确定步状态继电器的使用范围。对于 X 的编号,只要首元件号确定,则首元件和其后面的 7 个连续的元件功能也就确定了。

(2) IST 指令必须写在第一个 STL 指令出现之前,且该指令在一个程序中只能使用一次。

IST 指令的应用示例参见第 7 章相关内容。

### 5.7.3　交替输出指令 ALT

交替输出指令 ALT(Alternate)用于控制指定元件做 ON 和 OFF 状态的交替变换。ALT 的目标操作数[D.]可以取 Y、M、S,只有 16 位运算。ALT 指令的使用说明如图 5-35 所示。图中,每当 X0 由 OFF 变为 ON 的上升沿时,Y0 的状态就改变一次,若不用脉冲执行方式,每个扫描周期 Y0 的状态都要改变一次。使用 ALT 指令,用 1 个按钮 X0 就可以控制 Y0 对应的外部负载的起动和停止。

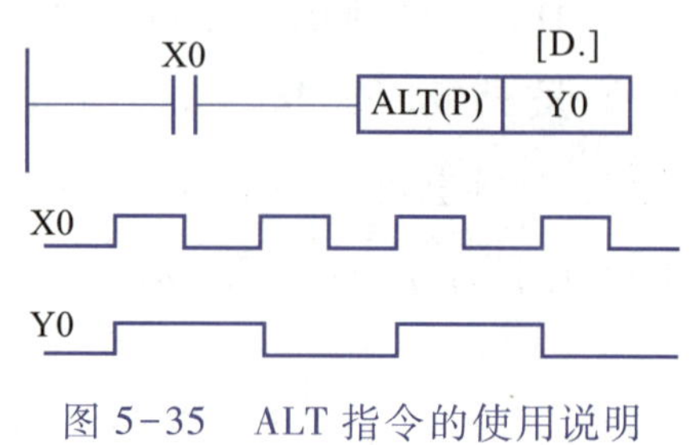

图 5-35　ALT 指令的使用说明

## 5.8　位元件移位指令

位元件移位指令只对位元件进行操作,即源操作数和目的操作数只能是位元件。其中,源操作数可以取 X、Y、M 和 S,目标操作数可以取 Y、M 和 S。

### 5.8.1　位元件右移指令 SFTR

图 5-36 所示为位元件右移位指令的使用说明。

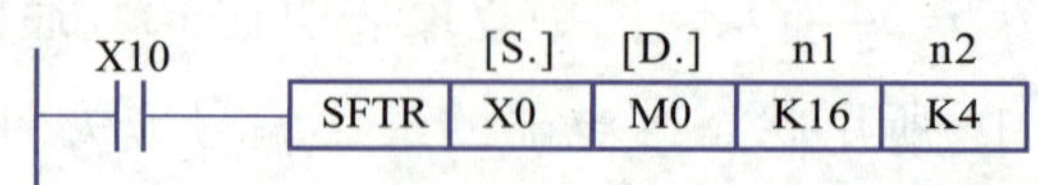

图 5-36　位元件右移位指令的使用说明

(1) [S.]为移位的源位元件首地址,[D.]为移位的目标位元件首地址。

(2) n1 为[D.]的补充说明,即说明目标位元件组的长度(个数)。

（3）n2 为[S.]的补充说明，为源元件个数（也是目标位元件移动的位数）。

（4）n1 和 n2 只能是常数 K 和 H，且要求 n2≤n1≤1024。

位元件右移位指令 SFTR(Shift Right)指令的操作功能是将 n1 个目标位元件中的数据向右移动 n2 位，n2 个源位元件中的数据被补充到空出的目标位元件中。

图 5-37 所示为位元件右移位指令执行过程示意图，如果 X10 为 ON，则执行位右移位指令，目标位元件组 M15～M0（n1 为 16）中的 16 位数据将右移 4 位（n2 为 4），M3～M0 中的内容从低位端移出，X3～X0 中的 4 位数据将被传送到 M15～M12，所以 M3～M0 中原来的内容将会丢失，但源位元件 X3～X0 的内容保持不变。

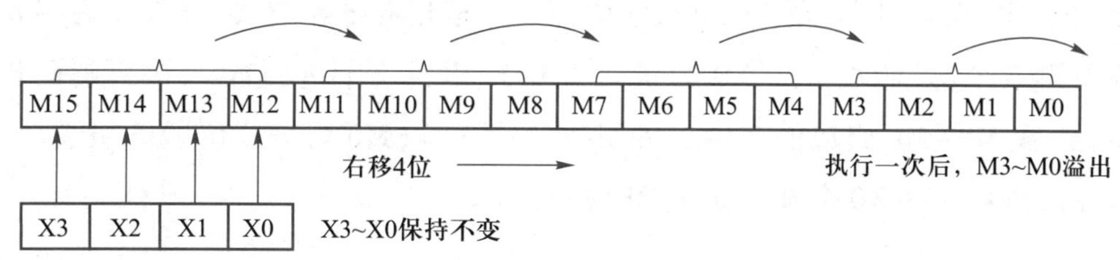


图 5-37 位元件右移位指令执行过程示意图

### 5.8.2 位元件左移位指令 SFTL

图 5-38 所示为位元件左移位指令的使用说明。位元件左移位指令 SFTL(Shift Left)的操作功能为将 n1 个目标位元件中的数据向左移动 n2 位，n2 个源位元件中的数据被补充到空出的目标位元件中。

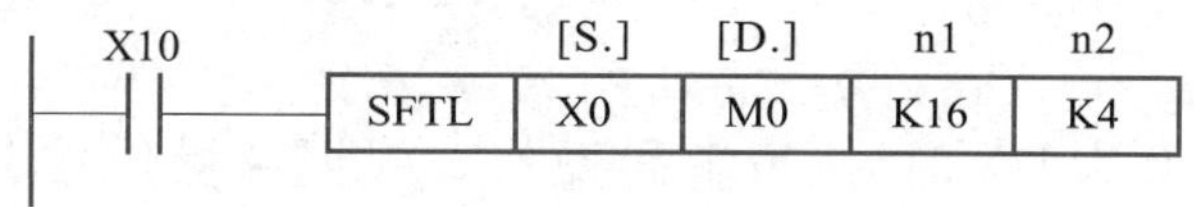


图 5-38 位元件左移位指令的使用说明

图 5-39 所示为位元件左移位指令执行过程示意图，如果 X10 为 ON，则执行位元件左移位指令，目标位元件组 M15～M0（n1 为 16）中的 16 位数据将左移 4 位（n2 为 4），M15～M12 中的内容从高位端移出，X3～X0 中的 4 位数据将被传送到 M3～M0，所以 M15～M12 中原来的内容将会丢失，但源位元件 X3～X0 的内容保持不变。

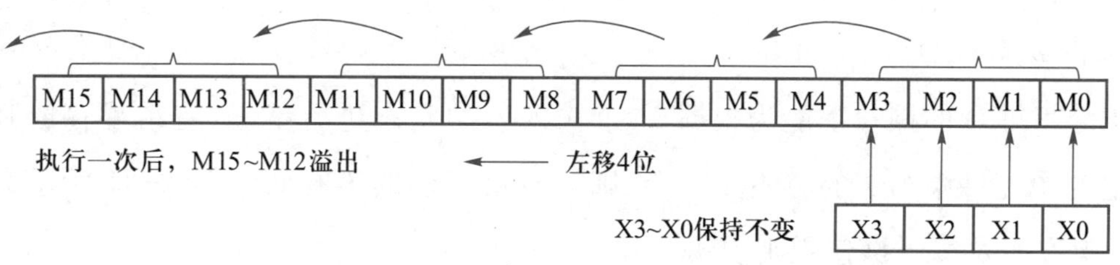


图 5-39 位元件左移位指令执行过程示意图

# 5.9 数据处理指令

## 5.9.1 解码指令和编码指令 DECO、ENCO

### 1. 解码指令 DECO

解码指令 DECO 的操作规则与数字电路中的状态译码器(如 3 线-8 线译码器)相同。图 5-40 所示为解码指令 DECO 的使用说明及解码操作规则说明。

在图 5-40a 中,当 X10 为 ON 时,执行解码操作。根据源操作数 X0 和补充说明 n 确定输入位为 X2~X0(共 3 位)。假设 X2~X0 的状态为 **011**,相当于十进制数 3,执行解码指令 DECO 后,将目标操作数 M7~M0 组成的 8 位二进制数的第 3 位(M0 为第 0 位)M3 被置为 **1**,其余位为 **0**。如果源操作数 X2~X0 全部为 **0**,则 M0 被置为 **1**。

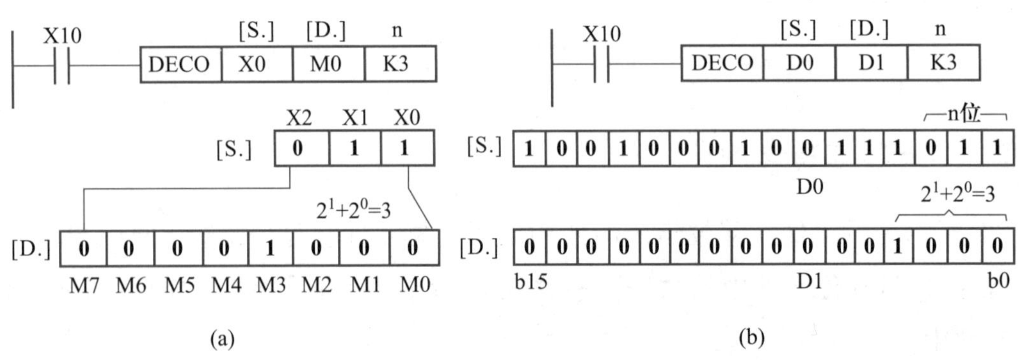


图 5-40 解码指令 DECO 的使用说明及操作规则说明

在图 5-40b 中,当 X10 为 ON 时,执行解码操作。根据源操作数 D0 和补充说明 n 确定输入为 D0 中的 3 位数据,假设 D0 中的 3 位数据为 **011**,相当于十进制数 3,执行解码指令 DECO 后,将 D1 中的第 3 位(b0 为第 0 位)置为 **1**,其余位为 **0**。如果源操作数据为 **0**(D0 中全部为 **0**),则将 D1 的 b0 位置为 **1**。

DECO 指令使用注意事项如下:

(1) 若目标操作数是位元件,要求源组件的位数 1≤n≤8。

(2) 若目标操作数是字元件,由于 T、C、D 都是 16 位的,所以要求 1≤n≤4($2^n$)。

### 2. 编码指令 ENCO

编码指令 ENCO 的操作功能为根据 $2^n$ 个输入位的状态进行编码,将结果存放到目标元件中。若指定的源元件中为 **1** 的位不止一个,则只有最高位的 **1** 有效。图 5-41 所示为编码指令 ENCO 的使用说明及编码操作规则说明。

在图 5-41a 中,当 X10 为 ON 时,执行编码操作,编码操作功能是将源元件 M7~M0($2^n$=8,

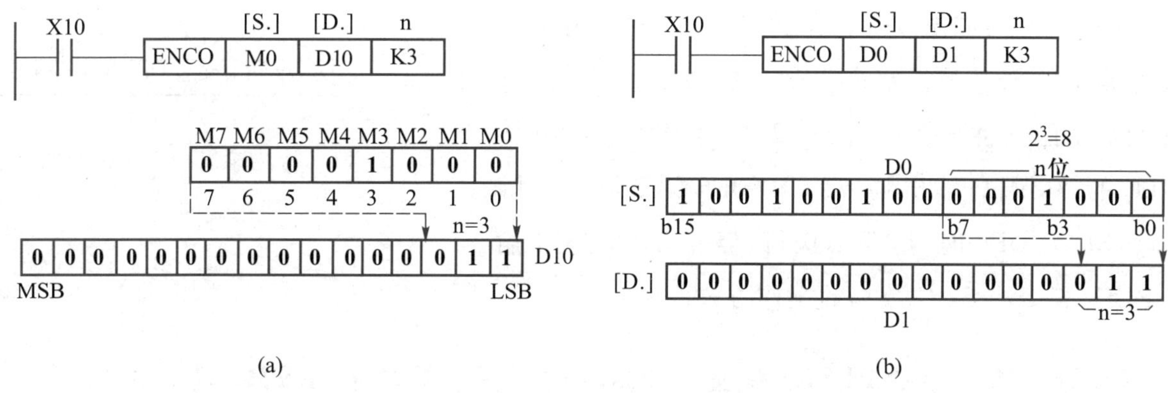


图 5-41　编码指令 ENCO 的使用说明及操作规则说明

n=3)的状态(即 M3 为 **1**),编码为 3 位二进制数 **011**,并送到目标元件 D10 的低 3 位。若在此例中 M0 为 **1**,则执行编码指令后,D10 中的数据为 **0**。当 M7~M0 的状态出现全部为 **0**,被视为运算错误。

在图 5-41b 中,当 X10 为 ON 时,执行编码操作,编码操作功能是将源元件 D0 中 8 位(**0000 1000**)数据(b3 为 **1**),编码为 3 位(n 为 3)二进制数 **011**,并送到目标元件 D1 的低 3 位。若在此例中 D0 中数据为 **1**(即 b0 为 **1**),则执行编码指令后,D1 中的数据为 **0**。当 D0 中的数据出现全部为 **0**,被视为运算错误。

解码指令、编码指令使用注意事项如下:

(1) 指令的源操作数和目标操作数可以是位元件,也可以是字元件。

(2) 当 n=0 时,不处理。

(3) 当执行条件为 OFF 时指令不执行,解码指令、编码指令的输出保持不变。

### 5.9.2　平均值指令 MEAN

求平均值指令 MEAN 的操作功能为计算 n 个源操作数的平均值,结果送到目标元件中。其中,源操作数可以取 KnX、KnY、KnM、KnS、T、C 和 D,目标操作数可以取 KnY、KnM、KnS、T、C、D、V 和 Z,n 可以取 1~64。

平均值指令 MEAN 的示例梯形图如图 5-1 所示。在图 5-1 中,当 X0 为 ON 时,执行 MEAN 指令,取出 D0~D2 的连续 3 个数据寄存器中的内容,求出其算术平均值后送入 D10 寄存器中。

## 5.10　脉冲输出指令

### 5.10.1　脉冲输出指令 PLSY

脉冲输出指令 PLSY 的操作功能为按指定的频率输出指定数量的脉冲。脉冲输出指令

PLSY 的使用说明如图 5-42 所示，其中，[S1.]为指定的脉冲频率；[S2.]为指定产生脉冲的数量；[D.]为指定脉冲输出的元件号。在图 5-42 中，当 X0 为 ON 时，由 PLC 的 Y0 端口输出频率为 2000Hz 的 30000 个脉冲。当 X0 为 OFF 时，指令不执行，停止 Y0 的脉冲输出。PLSY 指令有 32 位数据的操作方式。

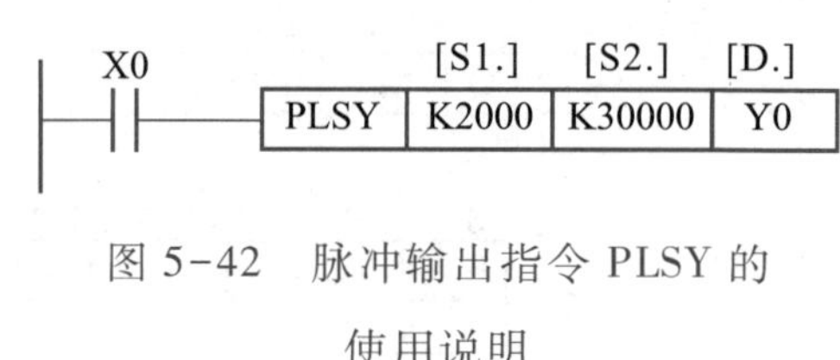


图 5-42 脉冲输出指令 PLSY 的使用说明

### 5.10.2 脉冲输出指令 PLSR(有加速和减速的时间设置功能，FX3U 型 PLC)

PLSR 指令的操作功能是按照指定的频率输出指定数量的脉冲，并可以同时指定输出脉冲的开始和结束的时间。带加减速设置的脉冲输出指令 PLSR 的使用说明如图 5-43 所示，其中，[S1.]为指定的最高脉冲频率值；[S2.]为指定输出脉冲的数量；[S3.]为输出脉冲加减速时的指定时间；[D.]为指定脉冲输出的元件号。在图 5-43 中，当 X0 为 ON 时，由 PLC 的 Y0 端口输出频率为 2000Hz 的 30000 个脉冲，输出脉冲加速和减速的时间为 500ms；当 X0 为 OFF 时，指令不执行，停止 Y0 的脉冲输出。

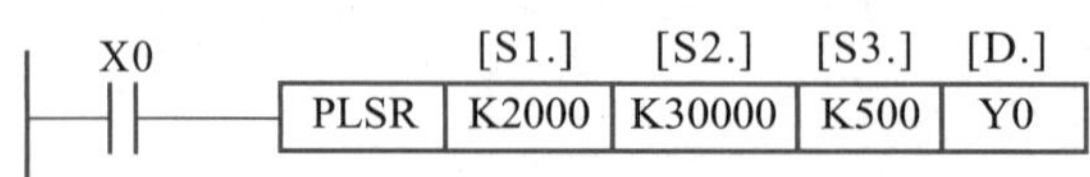


图 5-43 带加减速设置的脉冲输出指令 PLSR 的使用说明

PLSR 指令有 32 位数据的操作方式。图 5-44 所示为 PLSR 指令加减速时间的说明。

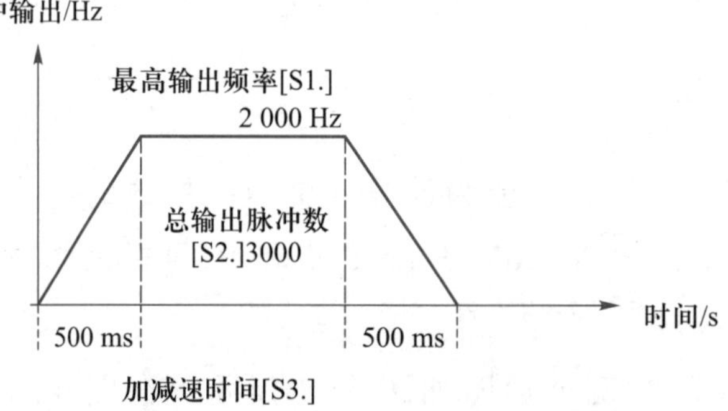


图 5-44 PLSR 指令加减速时间的说明

## 5.11 外部设备指令

### 5.11.1 串行通信指令 RS

串行通信指令 RS 是通信功能板发送和接收串行数据的指令。

（1）图 5-45 所示为 RS 串行通信指令的示例梯形图，[S.]用于指定发送数据的首位地址；m 用于指定传输数据的长度，m 可以是一个常数，若传输的数据长度是可变的，也可以是一个数据寄存器；[D.]用于指定接收数据的首位地址；n 用于指定接收数据长度，可以是常数也可以是一个数据寄存器。传输数据的位数可以是 8 位或 16 位，由特殊辅助继电器 M8161 控制，M8161 被置位时，传输的数据为 8 位。

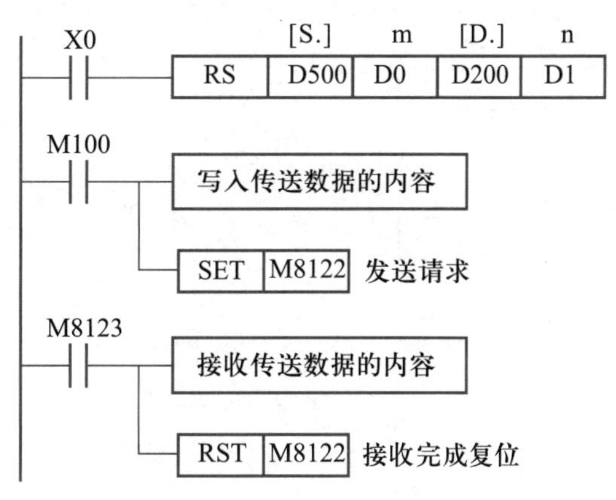


图 5-45　RS 串行通信指令的示例梯形图

（2）当图 5-45 中的 X0 为 ON 时，执行 RS 发送指令，发送起始软件位为 D500 中的数据，发送数据位数由 D0 中的数据指定。D200 为接收数据的首元件，接收数据的位数由 D1 中的数据指定。

（3）一般用初始化脉冲 M8002 驱动的 MOV 指令将数据的传输格式（如数据位数、奇偶校验位、停止位、波特率、是否有调制解调）写入特殊数据寄存器 D8120 中。采用 MOV 指令可把传输数据传送到传送数据缓冲区。

（4）在图 5-45 中，当 M100 为 ON 时，传输数据写入到数据寄存器，并将 M8122 置位（请求发送）。当接收方完成标志 M8123 为 ON 后，将接收的数据传送到专用的数据存储器，并将 M8122 复位（接收完成）。

（5）与 RS 指令有关的特殊辅助继电器有 M8122（发送请求）、M8123（接收完成标志）、M8124（载波检测）、M8129（超时判定标志）。

### 5.11.2　并行通信指令 PRUN

并行通信指令 PRUN 用于两台 PLC 的并行运行。图 5-46 所示为并行通信指令的使用说明，[S.]用于指定主站、从站的输入端元件号；[D.]用于指定主站、从站接收数据的辅助继电器号。当图 5-46 中的 M8070 为 ON 时，主站的输入 X17～X10 送到主站的 M817～M810。当 M8071 为 ON 时，从站的输入 X27～X20 送到从站的 M927～M920。

为了使源地址和目标地址有简单的对应关系，在设计程序时可选取 X 和 M 为相对应的编号。

## 5.11.3 七段译码指令 SEGD

七段译码指令 SEGD 用于控制 1 位七段数码管，其使用说明如图 5-47 所示。SEGD 的操作功能是将源操作数的低 4 位二进制数译码后送至目标操作数。在图在 5-47 中，当 X10 为 ON 时，将 D0 中的低 4 位二进制数据译为七段码送到 Y7～Y0 端。

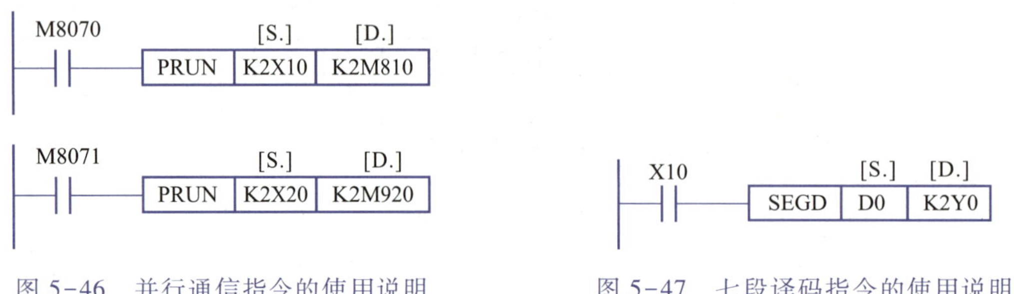


图 5-46 并行通信指令的使用说明

图 5-47 七段译码指令的使用说明

## 习题 5

5-1 简述功能指令的基本格式。

5-2 简述字元件和位元件的定义、字元件和位元件组合有哪些区别。

5-3 变址寄存器有什么功能？试举例说明。

5-4 下列元件是什么类型？由几位组成？

X001、S20、V2、M8000、C15、M800、D8000、D150、KnS30。

5-5 分析图 5-48 中梯形图的功能，试画出对应 X6 变化的时序波形图。

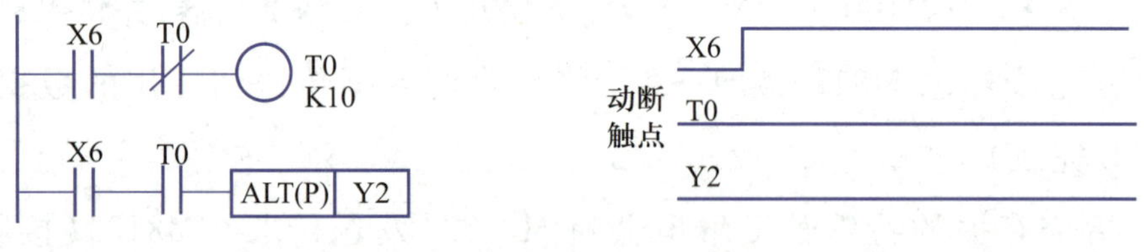


图 5-48 题 5-5 图

5-6 对风机选择运转装置进行监视。如果 3 台风机中有 2 台工作或 3 台都在工作，则信号灯持续发亮；如果只有 1 台风机工作，信号灯以 0.5 Hz 的频率闪光；如果 3 台风机都不工作，信号灯以 2 Hz 的频率闪光；如果选择运行装置不运行，则信号灯熄灭。请根据控制要求设计程序梯形图。

5-7 采用功能指令设计彩灯点亮的控制程序，要求依次点亮 16 盏彩灯，每盏彩灯点亮 3 s 暂停 2 s，且连续循环执行。

5-8 设 PLC 输入端 X10、X11、X12、X13、X14 的闭合顺序如图 5-49b 所示，试分析图 5-49

所示的梯形图程序，并将 Y0～Y7 的状态填入表格内，执行条件 X 每次 OFF→ON→OFF 变化。

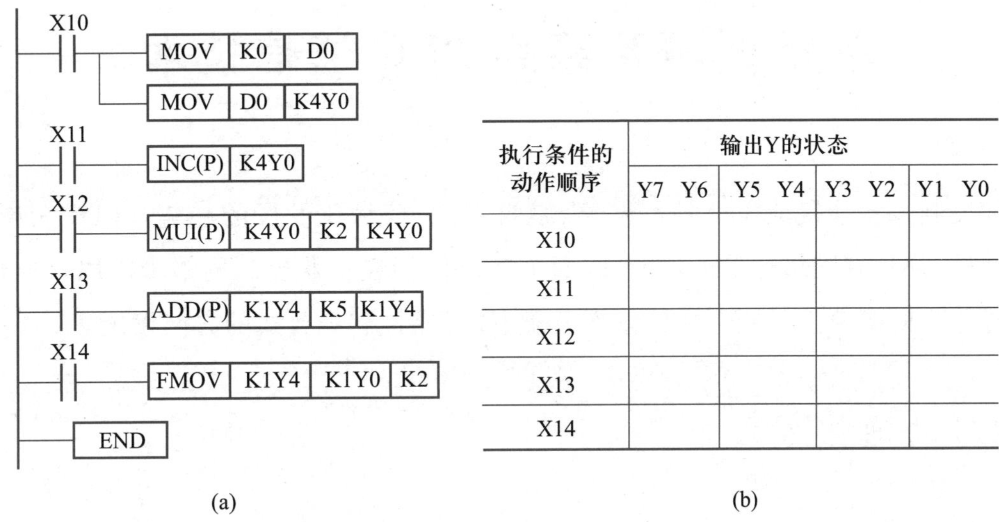


| 执行条件的动作顺序 | 输出Y的状态 | | | |
|---|---|---|---|---|
| | Y7 Y6 | Y5 Y4 | Y3 Y2 | Y1 Y0 |
| X10 | | | | |
| X11 | | | | |
| X12 | | | | |
| X13 | | | | |
| X14 | | | | |

(b)

图 5-49 题 5-8 图

5-9 设 PLC 输入端 X17～X0 的状态为“**0000 1000 1111 0001**”，D0 中的内容为“**0000 0000 0011 0010**”，试分析图 5-50a 所示的梯形图，将 PLC 输出端 Y 的状态变化情况填入图 5-50b 所示表格内（设 Y 端的初始状态为 0，X 执行条件每次 OFF→ON→OFF 变化）。

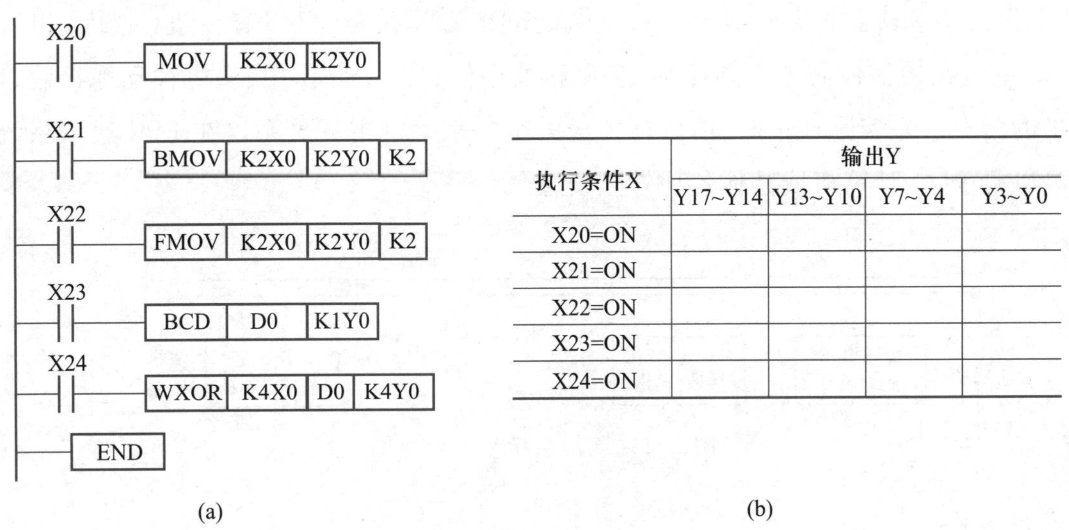


| 执行条件X | 输出Y | | | |
|---|---|---|---|---|
| | Y17~Y14 | Y13~Y10 | Y7~Y4 | Y3~Y0 |
| X20=ON | | | | |
| X21=ON | | | | |
| X22=ON | | | | |
| X23=ON | | | | |
| X24=ON | | | | |

(b)

图 5-50 题 5-9 图

# 单元6　FX 系列 PLC 通信技术

将各种控制设备连接成工业控制网络，是自动化、信息化发展的趋势。PLC 无论是大型、小型及微型机，都具有网络通信的功能，因而被广泛使用在工业控制网络中。PLC 通信网络的总体发展趋势是向高速、多层次、大信息吞吐量、高可靠性和开放式的方向发展。

## 6.1　PLC 的通信方式

### 6.1.1　PLC 通信系统的基本概念

**1. PLC 通信系统的基本组成**

PLC 通信系统的硬件设备包括发送设备、接收设备和通信介质（总线）等，通信软件有通信协议和通信编程软件。通信系统组成示意图如图 6-1 所示。由图可知，通信传送设备至少有两个，即发送设备和接收设备。对于多台设备之间的数据传送，可以有主机（主站）和从机（从站）之分。主机在通信控制中起到控制、发送和处理信息的主导作用，从机被动地接收、监视和执行主机的信息。在实际通信时，由数据传送的结构来确定主从关系。在 PLC 通信系统中，传送设备可以是 PLC、计算机或其他各种外围设备。

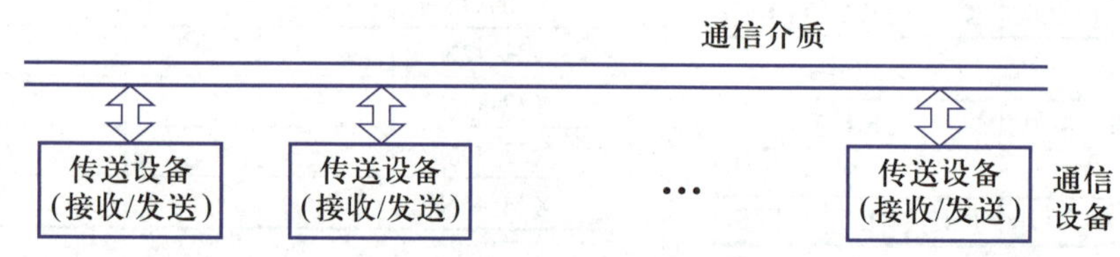


图 6-1　通信系统组成示意图

**2. 通信方式**

根据通信系统中数据传输方式的不同，数据通信的基本方式分为两种：并行通信方式和串行通信方式。

（1）并行通信。将传送数据的每一位同时传输的方式称为并行通信。并行通信是以传送数据的位为单位，除了使用 8 根或 15 根数据线和 1 根公共线外，还需要通信双方之间进行联络用的控制线。

并行通信的特点是传输速度快，传送 n 位数据，只需要一个时钟周期的传送时间，但所需的传输线数目多，成本较高，通常用于传输速率高的近距离数据传输，如 PLC 与编程设备、打印机及计算机之间的数据传输。

(2) 串行通信。串行通信只用一根数据线进行传输,多位数据在一根数据线上顺序传送。这是一种以二进制的位(bit)为单位的数据传输方式。串行通信每次只传送1位,除了公共线外,在一个数据传输方向上只需要一根数据线,这根线既可以作为数据线,又可以作为通信联络用的控制线。

为了保证发送和接收数据的一致性,可以采用两种串行通信技术,即异步串行通信和同步串行通信。

① 异步串行通信方式是将传输的数据按照某位数进行分组(通常以8位字节为单位),在每组数据的前面和后面分别加上起始位和停止位,还可以在停止位加校验位,这样组合成一组数据,称为一帧。发送设备一帧一帧地发送,接收设备一帧一帧地接收。加入了起始位、停止位及校验位,就可以确保数据传输的完整性。但是加入了起始位、停止位和校验位后,降低了异步串行通信的传输效率。

② 同步串行通信方式对每一帧数据的分组方式做了一些改进,不再以字节构成,而是以每个数据块为单位。每个数据块可以由多个字节构成,只在每个数据块的前后加上起始位和停止位即可。这样减少了需要额外传输的控制数据长度,提高了传输效率。

串行通信的特点是数据传输速度慢,但通信时需要的信号线少(最少只需要两根线),在远距离传输时通信线路简单,故此方法常用于远距离传输。串行通信在工业控制中应用广泛,计算机和 PLC 都有通用的串行通信接口(如 RS-232C)。

**3. 通信介质**

一个通信系统不论采用并行通信或串行通信,数据最终要通过某种介质和接口才能从发送设备传送到接收设备。在通信系统中,可以将通信介质比做输送数据信息的管道,管道的好坏及畅通的程度,决定了通信的质量。因此对于 PLC 网络通信来讲,要求通信介质应具有传输效率高、能量损耗小、抗干扰能力强等特性。

目前 PLC 通信大多数采用有线介质,例如,双绞线、同轴电缆、光纤。由于工业环境中存在各种各样的干扰,因此对于 PLC 网络通信来讲,要求通信介质必须具备较强的抗干扰能力,所以双绞线和同轴电缆适用于 PLC 的通信。

**4. 通信接口**

PLC、计算机及其外部设备可采用 RS-232、RS-422 及 RS-485 型标准通信接口。各标准通信接口的特点如下。

(1) RS-232 通信接口。RS-232 通信接口是数据通信中应用最为广泛的一种串行接口,它是数据终端设备与数据通信设备进行数据交换的线路接口。

RS-232C 通信接口是标准的 25 针的 D 型连接器,如图 6-2 所示。通常插头在数据终端设备(DTE)端,插座在数据通信设备(DCE)端。“RS”是英文“推荐标准”的缩写,“232”是标识号,“C”表示此标准修改的次数。它既是一种协议标准,又是一种电气标准,规定了终端和通信设备之间信息交换的方式和功能。

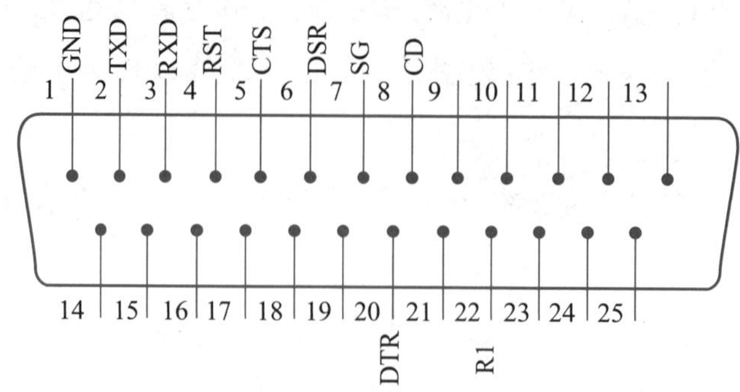

图 6-2 RS-232C 通信接口

RS-232C 各引脚的定义:TXD 为连接到设备的接地线,RXD 为数据输出线,RST 用于要求发送数据,CTS 用于回应对方 RST 的发送许可(告诉对方可以发送),DSR 用于告知本机在待命状态,DTR 用于告知数据终端处于待命状态,CD 用于载波检测,确认是否收到载波,SG 为信号的接地线。

RS-232C 采用负逻辑,规定逻辑“**1**”电平在-15~-5 V 范围内,逻辑“**0**”电平在 5~15 V 范围内,具有较强的抗干扰能力。

(2) RS-422 通信接口。RS-422 通信接口定义有 RS-232C 通信接口所没有的 10 种电路功能,规定用 37 针的连接器,采用差动发送、差动接收的工作方式。发送器、接收器使用+5V 的电源,因此在通信速率、通信距离、抗干扰能力等方面较 RS-232C 通信接口有很大的提高,其数据的传送速率可达 10 Mb/s,通信距离为 12~1 200 m。

(3) RS-485 通信接口。RS-485 通信接口是 RS-422 的改进,具有以下特点。

① RS-485 通信接口采用平衡驱动器和差动接收器的组合形式,用屏蔽双绞线传输,抗共模干扰能力增强、抗噪声干扰性能好。

② RS-485 通信接口的最大传输距离标准值为 1 291m,实际传输距离可达 3 000 m。另外 RS-232 C 接口在总线上只允许连接 1 个接收器,仅具有单站能力,而 RS-485 接口在总线上允许连接 128 个接收器,即具有多站能力,这样用户利用单一 RS-485 接口就可以方便地建立设备网络。

**5. 通信协议**

PLC 网络和计算机网络一样,也是由各种数字设备(其中也包括 PLC、计算机)和终端设备(显示器、打印机等)通过通信线路连接起来的复合系统。在这个系统中,由于数字设备的型号、通信线路的类型、连接方式、同步方式、通信方式的不同,给网络的通信带来了不便。不同系列的 PLC、不同型号的计算机,其通信方式各有差异,使通信软件需要依据不同的情况进行开发。这不仅涉及数据的传输,而且还涉及 PLC 网络的正常运行,因此在网络系统中,为确保数据通信双方能正确而自动地进行通信,针对通信过程中的各种问题,人们制定了一整套的约定,这就是网络系统的通信协议,又称为网络通信规程。

通信协议主要用于规定各种数据的传输规则,使之能更有效地利用通信资源,保证通信的畅通,接发双方都必须严格遵守通信协议的各项规定。通信软件是人与通信系统之间沟通的一个工具,使用者可以通过通信软件了解整个系统运作的情况,进而对系统进行各种控制和管理,如同道路交通管理中的交通规则。

网络通信协议是一组约定,通常至少应有两种功能:一是通信,包括识别和同步;二是信息传输,包括传输正确的保证,错误检测和修正等。具体来讲,网络通信协议主要有以下 3 个组成部分。

(1) 语义。语义是对协议元素含义的解释。不同类型的协议元素所规定的语义是不同的,例如,需要发出何种控制信息、完成何种动作及得到的响应。

(2) 语法。语法是将若干个协议元素和数据组合在一起用来表达一个完整的内容所应遵循的格式,是对信息的数据结构做出的一种规定。例如,用户数据与控制信息的结构与格式。

(3) 时序。时序是对事件实现顺序的详细说明。例如,在双方进行通信时,发出一个数据报文,如果目标点正确收到,则回答源点接收正确;若接收到错误的信息,则要求源点重发一次。

由此可以看出,网络通信协议实质上是网络通信时所使用的一种联络语言。

### 6.1.2 FX 系列 PLC 的通信形式

FX 系列 PLC 支持以下 4 种类型的通信形式。

(1) 并行通信。PLC 可以采用 FX2N-485-BD 内置通信板和专用通信电缆连接实现两台同系列 PLC 间的并行通信。

(2) 计算机与多台 PLC 之间的通信。一台计算机采用 RS-485 通信接口与多台 PLC 之间进行通信,多见于计算机为上位机的控制系统中,这时,各 PLC 均可以接收上位机的命令,并将执行结果送给上位机,形成一个简单的集中管理、分散控制的分布式控制系统。

(3) N : N 网络通信。采用 RS-485 通信接口在 FX 系列 PLC 之间进行简单的数据链接,实现多机通信互联,常用于生产过程中的分散控制与集中管理等方面。

(4) 无协议通信。采用具备 RS-422 通信接口或 RS-485 通信接口的各种设备,以无协议的方式进行数据交换,对于 PLC 只需编写实现通信功能的梯形图即可实现通信,常用于 PLC 与计算机、条形码阅读器、打印机和各种智能仪表等串口设备之间的数据交换。

## 6.2 PLC 与计算机的通信

PLC 和计算机的通信是一种最简单、最直接的通信方式,一般的 PLC 具有和计算机通信的功能。当 PLC 和计算机联网通信后,可充分地发挥出计算机在系统管理、数据处理、图像显示、文字处理及打印报表等方面的优点。利用计算机可以实现 PLC 采用梯形图编程,使程序的自动监控执行更加直观和形象,可以实现生产过程的模拟仿真以及流程图和受控量数据的显示功能。

### 6.2.1 计算机与多台 PLC 的连接

一台计算机和多台 PLC 连接通信称为 1∶N 型网络。一台计算机最多可以连接 16 台 PLC。图 6-3 所示为采用 RS-485 通信的 1∶3 型网络连接示意图,图中 PLC 采用 FX2N-485-BD 型内置通信板和 FX-485PC-IF 型接口转换模块,将 1 台计算机和 3 台 PLC 连接为通信网络,可进行 PLC 和计算机之间的信息、数据交换。

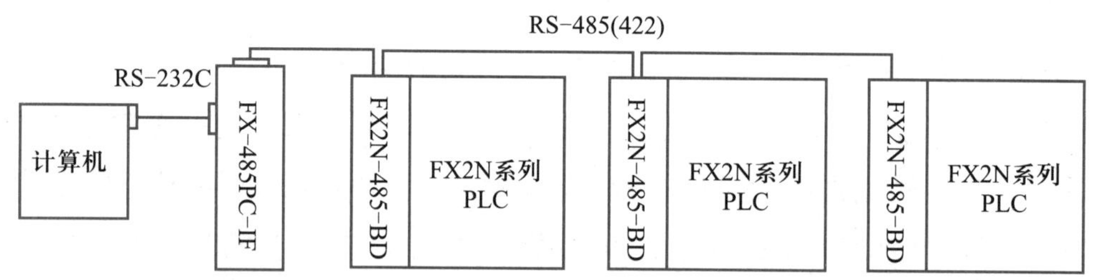


图 6-3 采用 RS-485 通信的 1∶3 型网络连接示意图

### 6.2.2 通信协议

FX 系列 PLC 与计算机采用 RS-232C 标准,通信协议的有关规定如下所述。

**1. 数据格式**

通信采用异步串行方式,通信协议的数据交换格式为字符串的方式,由奇偶校验位、起始位、停止位、数据位组成。数据位利用字符串的 ASCII 码表示。数据是以帧为单位发送和接收的,FX 系列 PLC 与计算机通信的数据格式是如图 6-4 所示的报文格式。

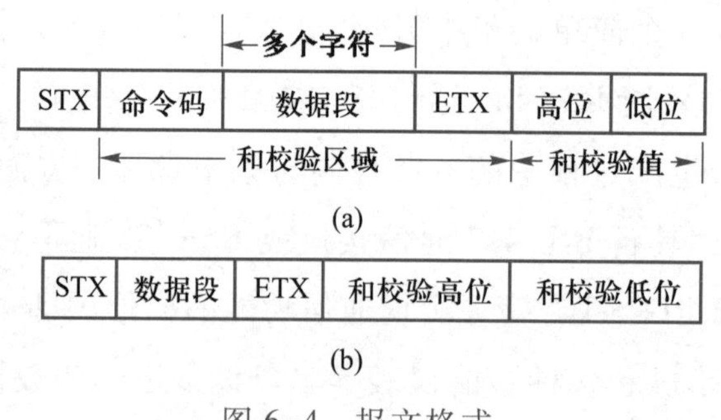


图 6-4 报文格式

**2. 通信控制字符**

通信控制字符有 ENQ、ACK、NAK、STX 和 ETX 共 5 个。PLC 和计算机之间的数据传输以帧为单位,每一帧为 10 个字符,其中 ENQ、ACK 或 NAK 可以构成单字节字符帧,其余的字符在发送和接收时,必须以字符 STX 为起始符,ETX 为结束符,否则将不能保持同步,产生错帧。FX

系列 PLC 与计算机的通信控制字符及含义见表 6-1。

**表 6-1　FX 系列 PLC 与计算机的通信控制字符及含义**

| 字符 | ASCII 码 | 数据格式 | 注释 |
|---|---|---|---|
| ENQ | 05H | **1100001010** | 来自计算机的查询信号 |
| ACK | 06H | **1100001100** | 无校验错误,PLC 对 ENQ 的确认应答信号 |
| NAK | 15H | **1100101010** | 检测到错误,PLC 对 ENQ 的否认应答信号 |
| STX | 02H | **1100000100** | 数据(信息帧)的起始标志 |
| ETX | 03H | **1100000110** | 数据(信息帧)的结束标志 |

### 3. 通信命令

FX 系列 PLC 有 4 条通信命令,分别是读命令、写命令、强制为 ON 命令和强制为 OFF 命令。FX 系列 PLC 的通信命令代码及功能说明见表 6-2。

**表 6-2　FX 系列 PLC 的通信命令代码及功能说明**

| 命令 | 命令代码 | 目标元件 | 功能说明 |
|---|---|---|---|
| 读 | 0:ASCII 码 30H | X,Y,M,S,T,C,D | 读软继电器状态及数据 |
| 写 | 1:ASCII 码 31H | X,Y,M,S,T,C,D | 将数据写入软继电器 |
| 强制为 ON | 7:ASCII 码 37H | X,Y,M,S,T,C | 强制为 ON |
| 强制为 OFF | 8:ASCII 码 38H | X,Y,M,S,T,C | 强制为 OFF |

### 4. 报文格式

多字符传送时构成多字符帧,一个多字符帧由字符 STX、命令码、数据段、字符 ETX 及校验位组成。计算机向 PLC 发出的报文格式如图 6-4a 所示,PLC 向计算机发出的应答报文格式如图 6-4b 所示。

### 5. 传输规程

在 FX 系列 PLC 与计算机的通信中,无论是读或写操作,PLC 始终为被动状态,都是由计算机发出信号,传输规程说明如图 6-5 所示。

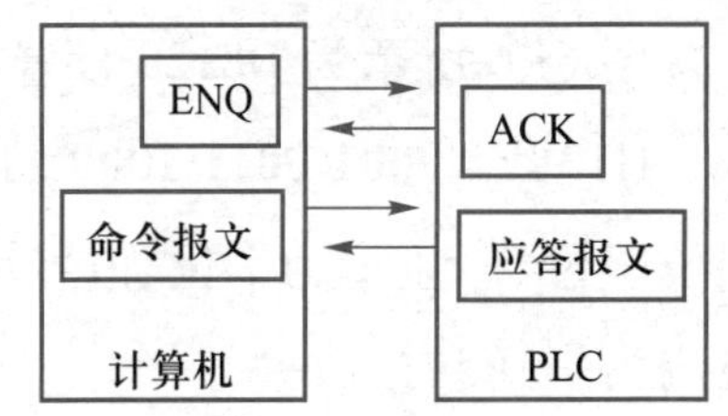

图 6-5　传输规程说明

开始通信时由计算机发出一个控制字符 ENQ,去询问 PLC 是否做好通信准备,同时也可以检查 PLC 与计算机之间的连接是否正确。当 PLC 接收到该字符后,正处在 STOP 状态,则立即做出回答,如通信有错,则回答 NAK,如通信正常,则回答 ACK。若 PLC 正处于 RUN 状态,则要等待至本次扫描结束时(至 END 指令)才能回答。

如果计算机发出一个 ENQ 经过 5 s 后,没有收到回答,则计算机会再次发出 ENQ 控制字符,仍没有回答说明连接有错。在计算机收到回答字符 ACK 后,就可以进行数据通信了。

**6. 通信格式**

PLC 和计算机通信格式由 PLC 的特殊数据寄存器 D8120 进行设置,具体的设置内容为数据长度、校验形式、传输速率和协议格式等,见表 6-3。

**表 6-3 特殊数据寄存器 D8120 的设置内容**

| 位号 | 意义 | 设置内容 | |
|---|---|---|---|
| b0 | 数据长度 | 为 **0** 时设置为 7 位 | 为 **1** 时设置为 8 位 |
| b1<br>b2 | 奇偶性 | b1,b2 的设置:<br>(**00**)为无,(**01**)为奇,(**11**)为偶 | |
| b3 | 停止位 | 为 **0** 时设置为 1 位 | 为 **1** 时设置为 2 位 |
| b4<br>b5<br>b6<br>b7 | 波特率<br>(bps) | b7 b6 b5 b4 的设置:<br>(**0011**)为 300;(**0111**)为 4800;(**0100**)为 600;(**1000**)为 9600;<br>(**0101**)为 1200;(**1001**)为 19200;(**0110**)为 2400 | |
| b8 | 起始位① | 无 | D8124② |
| b9 | 结束位① | 无 | D8124③ |
| b10 | 保留 | — | — |
| b11 | DTR 检测<br>(控制线)④ | 为 **0** 时设置为发送和接收 | 为 **1** 时设置为接收 |
| b12 | 控制线④ | 无 | H/W |
| b13 | 和校验⑤ | 为 **0** 时设置为不加和校验 | 为 **1** 时设置为和校验码自动加上 |
| b14 | 协议 | 为 **0** 时设置为无协议 | 为 **1** 时设置为专用协议 |
| b15 | 传输控制协议⑤ | 为 **0** 时设置为协议格式 1 | 为 **1** 时设置为协议格式 4 |

① 当使用专用协议时,设置为 **0**。

② 只有当选择无协议(RS 指令)时,它才有效,并具有初始标志 STX(02H:可由用户修改)。

③ 只有当选择无协议(RS 指令)时,它才有效,并具有结束标志 ETX(03H:可由用户修改)。

④ 当使用专用协议时,设置(b11,b12)=(**1**,**0**)。

⑤ 当使用无协议时,设置为 **0**。

图 6-6 所示为 D8120 设置示例,图中梯形图程序的设置数据为:

H138F=**0001 0011 1000 1111**(二进制数),则设置的通信格式内容为:传送数据长度 8 位、偶校验位、停止位为 2 位、波特率为 9600、无协议、使用起始标志和结束标志、控制线 H/W、DTR 检测为发送和接收。

对于多台 PLC 连接,还要用 D8121 设置 PLC 的站号。站号的设置范围为 00~07CH。同时,采用 D8129 设置检验时间。检验时间指计算机向 PLC 传送数据失败时,从传送开始至接收完最后一个字符等待的时间。计算机向 PLC 传送的字符串的格式如图 6-7 所示。

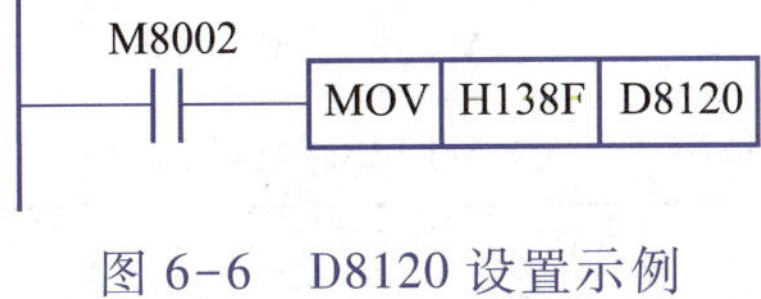


图 6-6　D8120 设置示例

| 控制代码 |
| --- |
| 站号 |
| PLC的CPU代码 |
| 操作指令 |
| 等待时间 |
| 软元件及其设定 |
| 合校验码 |
| 控制码CR/LF |

图 6-7　字符串的格式

## 6.3　FX 系列 PLC 的 N：N 网络

N：N 连接通信协议用于 FX 系列 PLC 之间的自动数据交换。N：N 网络主要应用于工业生产过程的复杂控制系统中，网络中的 PLC 都有各自不同的控制任务，但是通过相互间的连接通信，可以达到统一管理和共同控制的目的。

### 6.3.1　N：N 网络的特点

（1）采用 RS-485 通信传输标准。

（2）最多连接 8 台 PLC，1 台为主机，其他为从机。

（3）采用 FX2N-485-BC 通信模块，通信距离最大为 50 m。采用 FX0N-485-ADP 模块最大通信距离可达 500 m。

（4）采用设置通信模式（3 种）的方法，确定可供数据交换的共享区域。

### 6.3.2　N：N 网络的参数设置

N：N 网络中有系统指定的共享数据区域，即网络中的每一台 PLC 都要提供各自的编程元件，用于组成网络交换数据的共享区域。网络编程元件的共享区域见表 6-4。

**表 6-4　网络编程元件的共享区域**

| 站号 | 模式 0 | 模式 1 | | 模式 2 | |
| --- | --- | --- | --- | --- | --- |
| | 4 点字元件 | 32 点位元件 | 4 点字元件 | 64 点位元件 | 8 点字元件 |
| 0 | D0～D3 | M1000～M1031 | D0～D3 | M1000～M1063 | D0～D7 |
| 1 | D10～D13 | M1064～M1095 | D10～D13 | M1064～M1127 | D10～D17 |
| 2 | D20～D23 | M1128～M1159 | D20～D23 | M1128～M1191 | D20～D27 |

续表

| 站号 | 模式 0 | 模式 1 | | 模式 2 | |
|---|---|---|---|---|---|
| | 4 点字元件 | 32 点位元件 | 4 点字元件 | 64 点位元件 | 8 点字元件 |
| 3 | D30～D33 | M1192～M1223 | D30～D33 | M1192～M1255 | D30～D37 |
| 4 | D40～D43 | M1256～M1287 | D40～D43 | M1256～M1319 | D40～D47 |
| 5 | D50～D53 | M1320～M1351 | D50～D53 | M1320～M1383 | D50～D57 |
| 6 | D60～D63 | M1384～M1415 | D60～D63 | M1384～M1447 | D60～D67 |
| 7 | D70～D73 | M1448～M1479 | D70～D73 | M1448～M1511 | D70～D77 |

对于网络中的每一台 PLC,都可以将自身用于网络交换的数据存入共享数据区域。网络中的每一台 PLC,使用网络中其他 PLC 自动传来的数据就像读本身内部数据区的数据一样方便。采用 N : N 网络通信,能链接一个小规模系统中的数据,每一台 PLC 都可以监视网络中其他 PLC 共享区域中的数据。N : N 网络的设置只有在程序运行或 PLC 起动时才有效。N : N 网络的参数设置数据寄存器及其设置内容如下。

(1) D8176:站号设置。D8176 的取值范围为 0～7,主机应设置为 0,从机设置为 1～7。

(2) D8177:设置从机个数。该设置只适用于主机,设定范围为 1～7,默认值为 7。

(3) D8178:设置刷新范围。刷新范围是指所有共享数据区域中寄存器的复位操作范围。对于网络中不同型号的 PLC,其内部编程元件的地址和范围是有差异的,所以要根据 PLC 的机型设置刷新范围。

刷新范围的设定有两步:首先由主机的 D8178 设置刷新模式(0、1、2 共三种,默认值为 0),见表 6-5。当刷新模式设定后,N : N 网络中主机和从机的刷新范围也就确定了,其主、从机的共享辅助继电器和数据寄存器的使用范围也就确定了。假设采用 FX2N 系列 PLC 进行联网,如果设定模式 1,则参考表 6-4 的内容就可以知道采用模式 1 编程元件的共享区域了。

**表 6-5 刷新模式**

| 通信元件 | 刷新模式(刷新范围) | | |
|---|---|---|---|
| | 模式 0 | 模式 1 | 模式 2 |
| | (FX0N、FX1S、FX1N、FX2N、FX2NC) | (FX1N、FX2N、FX2NC) | (FX1N、FX2N、FX2NC) |
| 位元件 | 0 点 | 32 点 | 64 点 |
| 字元件 | 4 点 | 4 点 | 8 点 |

(4) N : N 网络的其他相关标志继电器和数据寄存器。

① M8038:通信参数设定继电器,在网络参数被设定时为 ON。

② M8183:在主机的通信错误时为 ON。

③ M8184~M8190:在从机出错时为 ON。

④ M8191:在与其他从机通信时为 ON。

⑤ D8179:主机设定通信重试次数,设定值为 0~10(默认值为 3),该设置仅用于主机,当通信出错时,主机就会根据设置的次数自动重试通信。

⑥ D8180:设置主机和从机间的通信驻留时间,设定值为 5~255,对应设置的通信驻留时间为 50~2 550 ms。

### 6.3.3 N∶N 网络示例

图 6-8 所示为 3∶3 通信网络示意图。图中的系统有 3 个站点,其中 1 个为主站,2 个为从站,每个站点的 PLC 都连接一个 FX2N-485-BD 通信板,通信板之间用单根双绞线连接,刷新范围选择模式 1,重试次数选择 3,通信超时选择 50 ms,要求系统的功能为:

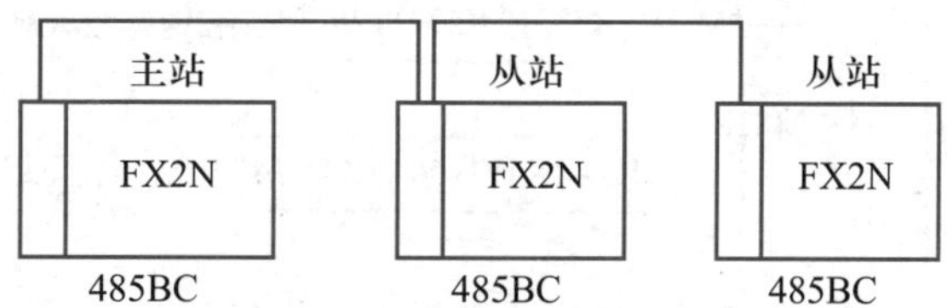

图 6-8　3∶3 通信网络示意图

(1) 将主站的输入点 X0~X3 输出到从站 1 和 2 的输出点 Y10~Y13。

(2) 将从站 1 的输入点 X0~X3 输出到主站和从站 2 的输出点 Y14~Y17。

(3) 将从站 2 的输入点 X0~X3 输出到主站和从站 1 的输出点 Y20~Y23。

根据系统的功能要求,图 6-9 所示为主站的程序梯形图,图 6-10 所示为从站 1 的程序梯形图,图 6-11 所示为从站 2 的程序梯形图。

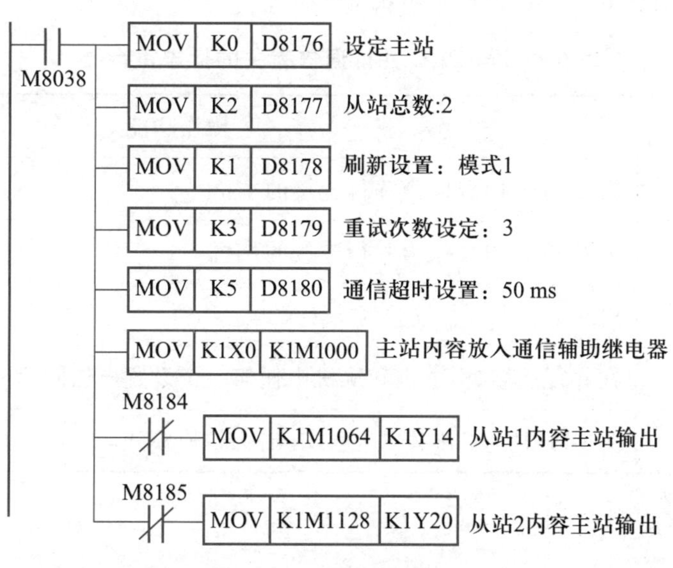

图 6-9　主站的程序梯形图

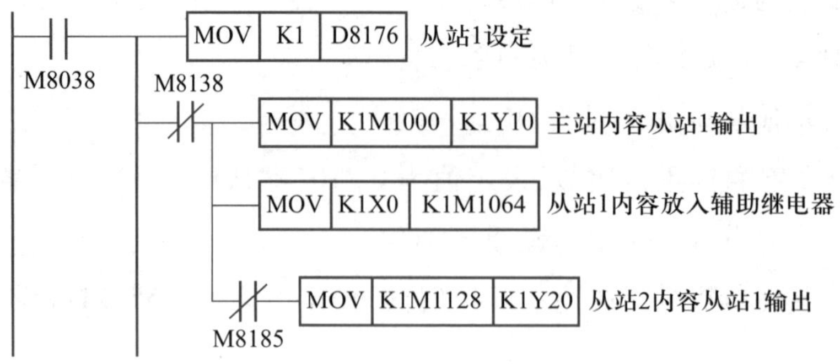


图 6-10　从站 1 的程序梯形图

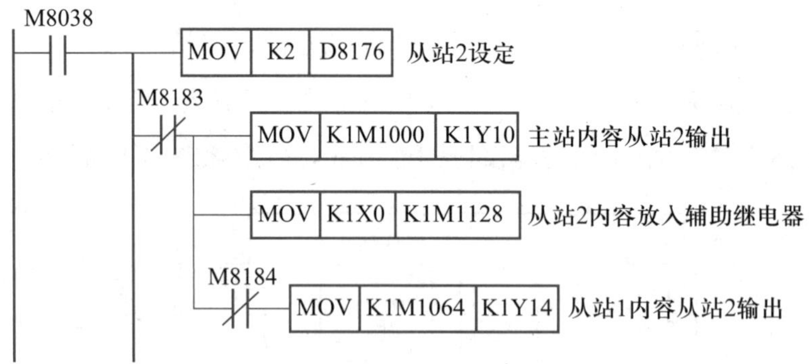


图 6-11　从站 2 的程序梯形图

## 6.4　双机并行通信

### 6.4.1　与并行通信有关的标志寄存器

与 PLC 并行通信有关的标志寄存器见表 6-6。

**表 6-6　与 PLC 并行通信有关的标志寄存器**

| 元件号 | 操作功能 |
|---|---|
| M8070 | 为 ON 时,PLC 作为并行连接的主机 |
| M8071 | 为 ON 时,PLC 作为并行连接的从机 |
| M8072 | PLC 运行在并行连接时为 ON |
| M8073 | 在并行连接时,主机和从机中任何一个设置出错时为 ON |
| M8162 | 为 OFF 时为标准模式,为 ON 时为快速模式 |

### 6.4.2 并行通信模式的设置与连接

对于 PLC 的并行通信网络,编程时要设定主站和从站,用特殊辅助继电器在两台 PLC 之间进行自动数据传送,实现数据通信连接。主站和从站由 M8070 和 M8071 设定,图 6-12 所示为并行通信模式,两台 FX2N 主单元用两块 FX2N-485-BD 模块通信连接。

若图 6-12 的配置选用标准模式(特殊辅助继电器 M8162 为 OFF)时,主站、从站的设定和通信用特殊继电器和数据寄存器如图 6-13 所示。按照并行通信方式连接好两台 PLC 后,将其中一台 PLC 的特殊辅助继电器 M8070 置为 ON 状态,表示该台 PLC 为主站;将另一台 PLC 中的 M8071 置为 ON 状态,表示该台 PLC 为从站。主站和从站的区别仅在于供通信用的数据寄存器和辅助继电器的地址分配不同,不表示两台 PLC 在通信中的主、从关系。

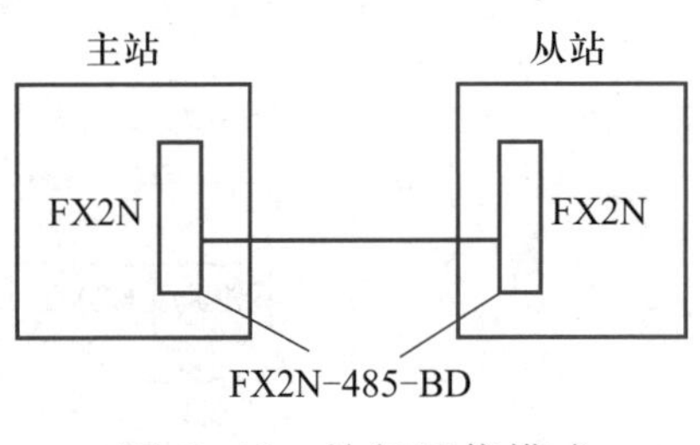

图 6-12 并行通信模式

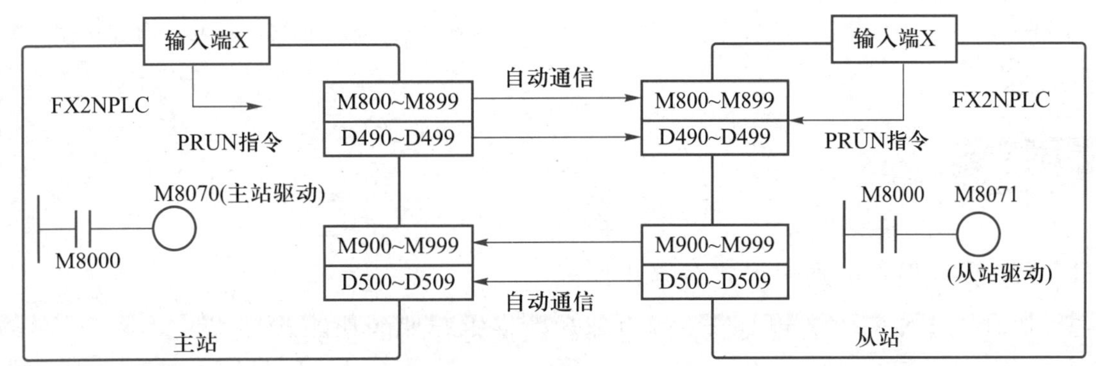

图 6-13 主站、从站的设定和通信用特殊继电器和数据寄存器

两台双机并行通信的 PLC 投入运行后,主站内的 M800~M899 的状态随时可以被从站读取,即从站通过这些触点状态就可以知道主站内相应线圈的状态,但是从站不可以再使用同样地址的线圈(M800~M899)。同样,从站内 M900~M999 的状态也可以被主站读取,即主站通过这些线圈的触点就可以知道从站内相应线圈的状态,但是主站也不能再使用 M900~M999 线圈。

另外,主站中数据寄存器 D490~D499 中的数据可以被从站读取,从站中的数据寄存器 D500~D509 中的数据可以被主站读取。

### 6.4.3 双机并行通信示例

设图 6-12 所示并行通信系统的控制要求如下。

(1) 主站输入 X0~X7 的 ON/OFF 状态输出到从站点的 Y0~Y7。

(2) 当主站的计算结果(D0+D2)大于 100 时,从站的 Y10 为 ON。

(3) 从站的 M0~M7 的 ON/OFF 状态输出到主站的 Y0~Y7。

(4) 用从站 D10 中的数值设置主站定时器 T0 的值。

根据控制要求,并行通信主站的程序梯形图如图 6-14 所示;并行通信从站的程序梯形图如图 6-15 所示。

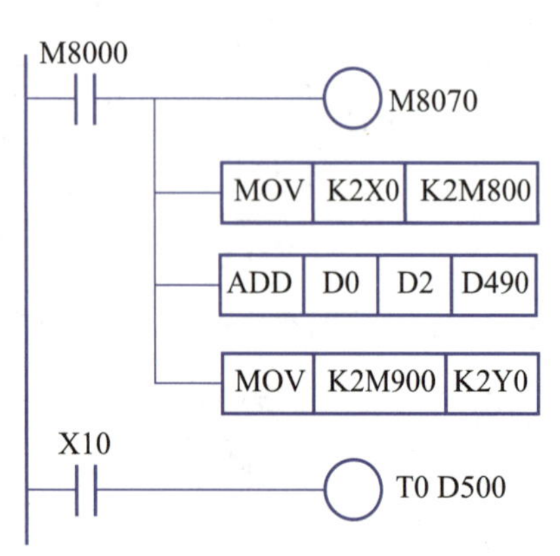


图 6-14 并行通信主站的程序梯形图

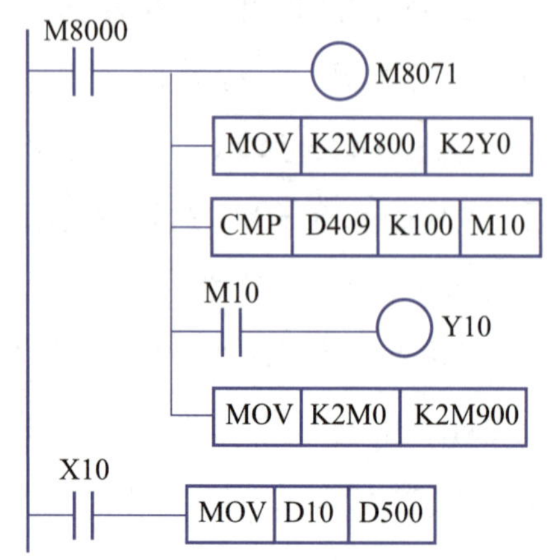


图 6-15 并行通信从站的程序梯形图

## 习题 6

6-1 FX 系列 PLC 的通信形式有哪几种?

6-2 简述 N:N 网络的相关标志继电器和数据寄存器的功能。

6-3 简述通用通信接口的类型及特点。

6-4 双机并行通信的两台 PLC 是怎样交换数据的?

6-5 N:N 网络的各站之间是怎样交换数据的?

6-6 采用两台 FX2N 系列 PLC,通过 RS-485-BD 内置通信板和专用通信电缆连接,构建一个 N:N 网络。其中一台设置为主站,另一台设置为从站。要求编程实现如下通信控制功能。

(1) 主、从站通信对方呼叫响应的功能。按下主站的呼叫按钮 SB0,从站的指示灯点亮;按下从站的呼叫按钮 SB1,主站的指示灯点亮。

(2) 当从站检查到主站出现通信错误时,从站点亮从站端设置的主站通信故障指示灯。同理,当主站检查到从站通信出现错误时,点亮主站端的从站通信故障指示灯。

(3) 采用从站的计数器,对某生产过程中的参数进行计数,在计数器计满时点亮主站端的指示灯,由主站设定计数器的设定值,并控制计数器复位。

(4) 设置主站和从站的通信检测指示灯,对主、从站的“通信准备到位”进行检测。当其指示灯点亮,表明对方未准备好通信工作。

6-7　采用两台 FX2N 系列 PLC 实现并行通信控制。试设计通信控制程序,要求实现以下功能。

(1) 主站的信号 X10~X17 由从站的 Y10~Y17 端输出。

(2) 主站将从站端定时器 T1 的设定值设置为 K2000。

(3) 从站将定时器 T1 的当前值送主站。

(4) 主站在 T1 的当前值达到 K1000 时,点亮从站 Y20 端口的指示灯。

(5) 当 T1 达到设定值时,由从站 X0 端送出控制信号点亮主站 Y0 端的指示灯。

# 单元 7　PLC 的应用

## 7.1　PLC 控制系统的设计

### 7.1.1　PLC 控制系统设计的步骤和内容

#### 1. PLC 控制系统设计的基本原则

任何一个控制系统都是为了实现被控对象的工艺要求，以提高生产率、产品质量和生产安全为准则。因此，在设计 PLC 控制系统时，应遵循以下基本原则：

（1）最大限度地满足被控对象和用户的要求。

（2）在满足要求的前提下，力求使控制系统简单，使用方便，一次性投资小，节约能源。

（3）保证控制系统安全、可靠，使用、维修方便。

（4）考虑到今后的发展和工艺的改进，在配置硬件设备时应留有一定的裕量。

#### 2. PLC 控制系统设计的步骤

PLC 控制系统设计的一般步骤如图 7-1 所示。

如图 7-1 所示，首先应根据系统控制任务和要求，在深入了解和分析工艺条件和控制要求的基础上，确定 PLC 控制的基本方式、要完成的动作、自动工作循环的组成、自动控制的动作顺序、必需的保护和联锁条件及故障指示等。

根据控制任务，确定 PLC 的机型，进行 I/O 地址分配，画出 I/O 接线图。

对较复杂的控制系统，应根据生产工艺要求设计控制流程图，画出工作循环图表，或画出详细的功能图，根据功能图或控制流程图设计程序梯形图。

在进行软件设计的同时，还要进行控制系统硬件设计。硬件设计的内容包括电动机主电路进入 PLC 的控制电路；主令元件、传感器及执行元件的选择；PLC 输入、输出端的接线图；输出电路的外接电源；电器柜的结构及柜内电器供电系统等。

程序的初步调试是在模拟状态下进行的。如果控制系统是由几个部分组成，则应先作局部调试，然后再进行整体调试。如果控制系统的步骤较多，则可先进行分段调试，然后再连接起来统调。

现场调试是对实际受控对象进行调试。首先应仔细检查 PLC 的外部接线，硬件检查完毕后，将初步调试好的用户程序进行总调试。总调试时也可以先作局部调试试验和分段调试，直

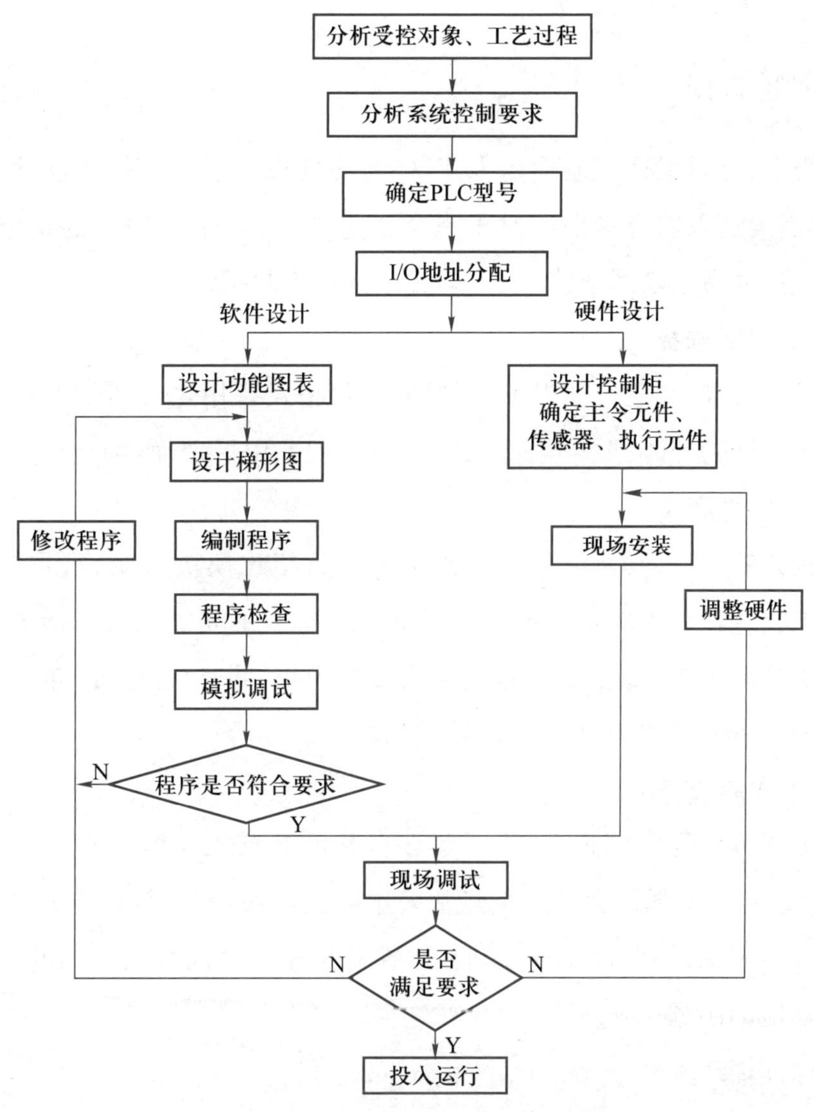


图 7-1　PLC 控制系统设计的一般步骤

到各部分的功能都正常,并能协调一致贯通成一个完整的体系为止。对不符合要求的部分,则可以对硬件、软件进行调整,通常只需要修改程序即可达到调整的目的。

全部调试好以后,将程序固化到存储器中,交用户使用。

**3. PLC 控制系统设计的基本内容**

(1) 确定控制系统设计的技术条件。技术条件一般以设计任务书的形式来确定,它是整个系统设计的依据。

(2) 选择主令元件和检测元件、电力拖动形式和电动机、电磁阀等执行机构。

(3) 选择 PLC 的型号。

(4) 分配 PLC 的 I/O 点数,绘制 PLC 的 I/O 硬件接线图。

(5) 设计控制系统的梯形图并调试。

(6) 设计控制系统的操作台、电气控制柜以及安装接线图等。

(7) 编写设计说明图和使用说明书。

### 7.1.2 PLC 硬件的选择

PLC 的种类繁多,可以根据控制要求及 PLC 的功能、I/O 点数、存储容量,以及安全可靠、维修方便、性价等因素加以综合考虑。对于一个企业,应尽量统一 PLC 的机型,这样其外部设备通用,资源可共享,也易于联网通信,便于组成分布式控制系统。

**1. PLC 的 I/O 点数选择**

首先要考虑控制要求,在这一前提下,还要兼顾价格及备用量。通常 I/O 点数是根据受控对象的输入、输出信号的实际需要,再加上 10%~30%的备用量来确定的。

**2. PLC 结构形式的选择**

对于整体结构式的 PLC,其每一个 I/O 点的平均价格比模块式便宜,且体积相对较小,所以一般用于系统工艺过程较为固定的系统。而模块式 PLC 的功能扩展灵活方便,在 I/O 点数、I/O 模块的种类等方面,选择余地大,维修时只需更换模块,同时故障判断也很方便,因此,模块式 PLC 一般用于较复杂的系统和工作环境较差的场合。

**3. PLC 安装方式的选择**

PLC 的安装方式可分为集中式、远程式和多台联网分布式。集中式不需要设置驱动远程 I/O 硬件,系统反应快、成本低。大型系统经常采用远程式,因为它们的装置分布范围很广。对于多台联网分布式控制,采用多台设备分别独立控制且相互之间采用通信联系方式时,则要选择具有较强通信功能的小型机。

**4. PLC 功能的选择**

PLC 的功能主要有逻辑运算、算术运算、计时、计数、数据处理、PID 运算和通信功能。对于以开关量控制为主,带少量模拟量控制的系统,可以选用小型且能配接 A/D 和 D/A 转换,具有加减算术运算、数据传送功能的 PLC。对于控制系统较复杂,要求实现 PID 运算、闭环控制、通信联网等功能,可按控制规模的大小及复杂程度,选用中型或大型 PLC。

### 7.1.3 控制程序的设计方法

常用的 PLC 程序设计方法有经验法和顺序功能图法。

**1. 经验法**

经验法设计程序,通常是先采用对基本控制环节的编程方法进行编程,然后再加入连锁和互锁关系、保护措施,来完善控制程序。经验法设计的程序没有固定的模式,程序的可读性差。由于经验法设计的程序不规范,给使用和维护带来不便,也给控制系统的改进带来麻烦,因此经验法一般仅适用于简单的梯形图设计。

**2. 顺序功能图法**

功能图和步进指令设计程序的方法易被初学者接受,程序的设计严谨、规范,直观、易阅读,也便于修改和调试。

### 7.1.4 减少所需 I/O 点数的方法

在工程设计中,经常遇到 I/O 点不够用的问题,如果直接增加硬件配置,会加大投资量,在实际设计时,可以采用改进接线与编程相结合的方法,减少所需的 I/O 点数。

**1. 减少输入点数的措施**

(1) 分组输入。一个控制系统常常需要设置多种工作方式,若各种工作方式的程序不可能同时执行,就可以采用分组输入的方式。

例如,对控制系统的自动和手动控制方式,采用的分组输入接线方式如图 7-2 所示,X0 用于自动/手动切换控制,将自动/手动分别需要的输入信号分成两组:“自动”需要输入信号为 SBn1、SBn2,“手动”需要的输入信号为 SBm1、SBm2。两组输入信号分别共用 PLC 的输入点 X1 和 X2,用工作方式选择开关 SA 来切换,并通过输入信号 X0 让 PLC 识别是“自动”还是“手动”信号,从而控制执行自动程序或手动程序。图中的二极管用于切断寄生信号,避免错误信号的产生,可见用一个输入端就可以分别反映两个输入信号的状态,节省了输入点数。

(2) 将控制功能相同的操作开关并联。对于多个功能相同的操作按钮,在 PLC 输入点数较多的情况下,可以采用一般的接线方式,即一个操作按钮接到一个输入端。但当 PLC 的输入点数不够用时,可以采用并联的方式,如图 7-3 所示。

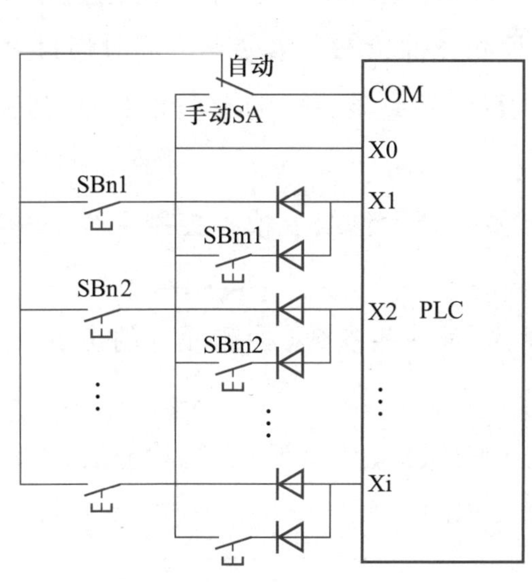

图 7-2 分组输入接线方式

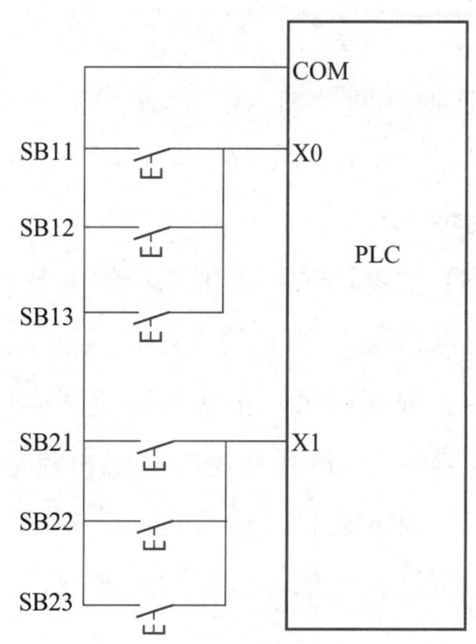

图 7-3 并联连接输入接线方式

另外,还有矩阵式的输入方式。对于某些功能简单、涉及面窄的输入操作按钮,如某些手动按钮、电机过载保护的热继电器触点等,放在外部电路可以满足控制要求的,就可以不进入 PLC。

**2. 减少输出点数的措施**

(1) 分组输出。当两组负载不会同时工作时,可以通过外部转换开关或通过受 PLC 控制的电器触点进行切换,这样 PLC 的每个输出点可以控制两个不会同时工作的负载。如图 7-4 所示,KM1、KM3、KM5 和 KM2、KM4、KM6 两组执行元件不会同时接通,采用外部转换开关 SA 进行切换。

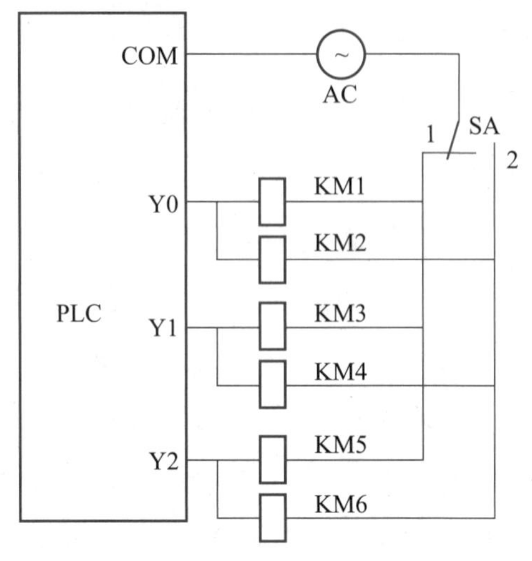

图 7-4　分组输出方式

(2) 并联输出。两个通断状态完全相同的负载,可并联后共用 PLC 的一个输出端子。采用这种方式必须要注意 PLC 输出端子驱动负载的能力。

(3) 用编程方式使负载具有多个功能,用一个负载实现多种用途,也可以节省输出端子。例如,利用 PLC 编程的功能,用一个输出端指示灯的两种不同状态(如常亮和闪烁发亮)表示两种不同的信息,可以节省输出点数。除此之外,还可以将一些相对独立、比较简单的控制部分,不通过 PLC 而直接用继电器控制。

### 7.1.5　程序的调试与运行

PLC 程序调试和运行的步骤如下:

(1) 程序的检查。将设计的程序输入编程设备进行检查,修改后存入 PLC 的内部存储器中。

(2) 模拟运行。模拟实际控制系统的输入信号,在程序运行中的适当时刻,通过手动操作开关,接通或断开输入信号,来模拟各种机械动作使检测元件状态发生变化。同时通过 PLC 输出端状态指示灯的变化来观察程序执行的情况,与执行元件应该完成的动作相对照,判断程序的正确性。

(3) 实物调试。采用现场的主令元件、检测元件及执行元件组成模拟控制系统,检验检测元件的可靠性及 PLC 的实际负载能力。

(4) 现场调试。在现场安装完毕后进行现场调试,对一些参数(检测元件的位置、定时器的设定常数等)进行现场的整定和调整。

(5) 投入运行。最后对系统的所有安全措施(接地、保护、互锁等)进行检查后,即可投入系统的试运行。试运行一切正常后,再把程序固化到 EPROM 中。

## 7.2　PLC 在机械加工中的应用

图 7-5 所示为机械手的动作示意图。该机械手可以上下、左右动作。机械手的上下、左右

运动分别由双线圈双位电磁阀驱动气缸来控制，一旦某个方向的电磁阀得电，机械手就一直保持当前状态，直到另一个电磁阀得电后，才终止机械手的动作。机械手的夹紧与放松动作是由一个单线圈两位电磁阀驱动气缸来实现的，要求控制夹紧和放松动作的时间，线圈得电时机械手夹紧，断电时机械手放松。机械手运动轨迹如图 7-6所示。

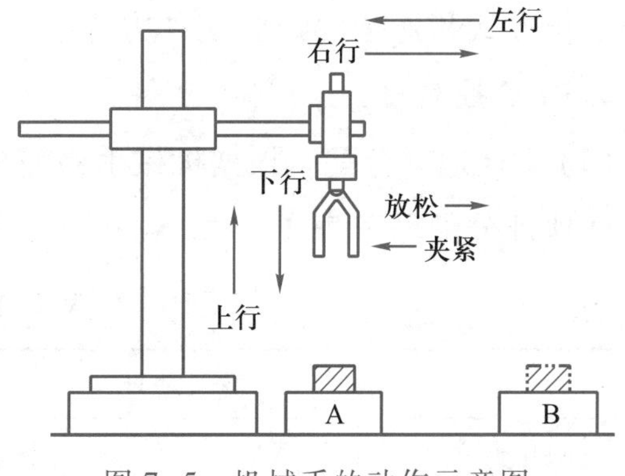


图 7-5 机械手的动作示意图

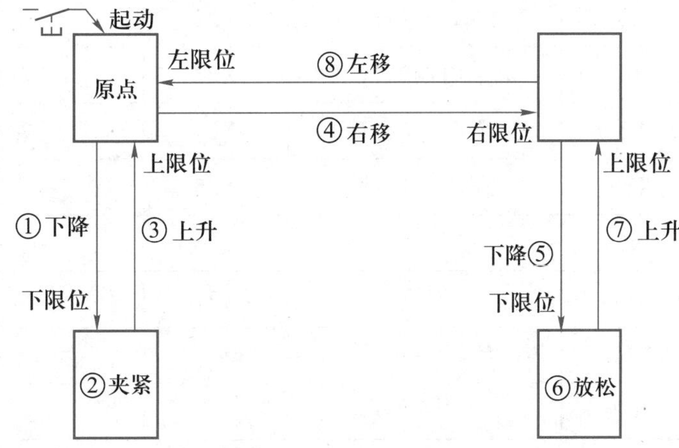


图 7-6 机械手运动轨迹

**1. 机械手的控制要求**

(1) 初始位置。机械手停在初始位置上，其上限位开关和左限位开关闭合。

(2) 起动状态。

① 机械手由初始位置开始向下运动，直到下限位开关闭合为止。

② 机械手夹紧工件，时间为 1 s。

③ 夹紧工件后向上运动，直到上限位开关闭合为止。

④ 向右运动，直到右限位开关闭合为止。

⑤ 向下运动，直到下限位开关闭合为止。

⑥ 机械手将工件放到工作台上，其放松的时间为 1 s。

⑦ 向上运动，直到上限位开关闭合为止。

⑧ 向左运动，直到左限位开关闭合，一个工作周期结束。

⑨ 机械手返回到初始状态。

(3) 停止状态。按下停止按钮后，机械手要将一个工作周期的动作完成后，才返回到初始位置。

(4) 机械手动作操作方式。要求机械手有 4 种操作方式：点动工作方式、单步工作方式、单周期工作方式和连续(自动)工作方式。

**2. PLC 控制设计**

(1) I/O 地址分配。根据机械手要完成的动作及 4 种工作方式,设定输入输出控制信号,其 I/O 地址分配见表 7-1。

**表 7-1　I/O 地址分配**

| 输入地址 | | | | 输出地址 | |
|---|---|---|---|---|---|
| 下限位开关 | X1 | 手动 | X20 | 下降 | Y0 |
| 上限位开关 | X2 | 回原点 | X21 | 夹紧/放松 | Y1 |
| 右限位开关 | X3 | 单步运行 | X22 | 上升 | Y2 |
| 左限位开关 | X4 | 单周期运行 | X23 | 右移 | Y3 |
| 上升按钮 | X5 | 连续运行(自动) | X24 | 左移 | Y4 |
| 下降按钮 | X10 | 回原点启动 | X25 | — | — |
| 左移按钮 | X6 | 起动 | X26 | — | — |
| 右移按钮 | X11 | 停止 | X27 | — | — |
| 夹紧按钮 | X12 | — | — | — | — |
| 放松按钮 | X7 | — | — | — | — |

(2) 机械手的操作方式。机械手工作方式的 PLC 操作面板如图 7-7 所示。操作面板上设置的开关可以实现机械手的各种工作方式的切换。

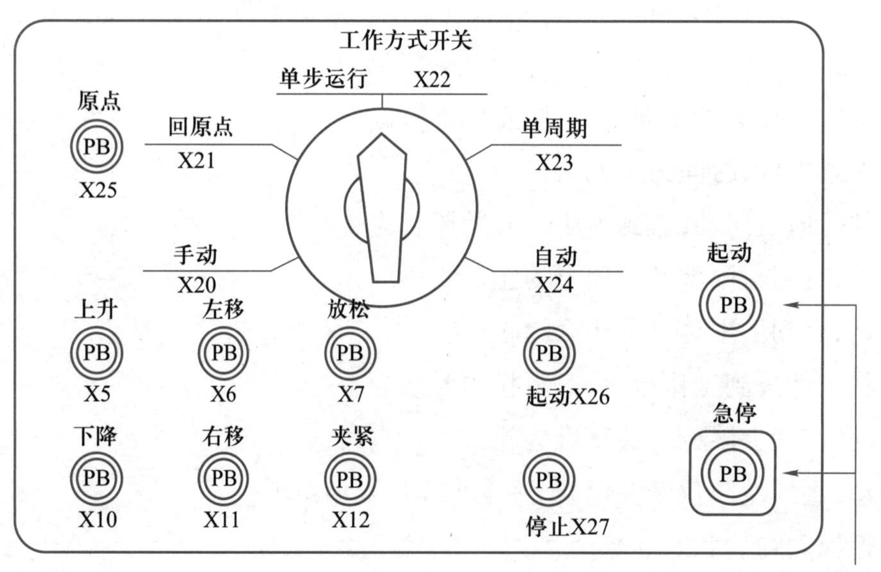


图 7-7　PLC 操作面板

① 手动工作方式(X20):首先将工作方式选择开关置于手动位置即 X20=ON,再通过操作面板上的各个按钮(X5、X10、X12、X7、X6 和 X11)控制机械手完成其相应的动作,即机械手的上升和下降、加紧和放松、左移和右移。

② 单步工作方式(X22):按动一次起动按钮 X26,机械手前进一个工步。

③ 单周期工作方式(X23):机械手在原点时,按下起动按钮 X26,机械手自动运行一遍后再返回原点停止。

④ 连续工作方式:即自动工作方式(X24=ON),机械手在原点时,按下起动按钮 X26,机械手可以连续反复的运行。若中途按动停止按钮 X27,机械手只能运行到原点后停止。

⑤ 回原点:将工作方式开关置于回原点位置,按下按钮 X25,机械手自动回到原点。

⑥ 面板上设置的另一组起动按钮和急停按钮无 PLC 的 I/O 编号,说明它们不进入 PLC 的内部,与 PLC 运行程序无关。这两个按钮是用来接通或断开 PLC 外部负载的电源。

**3. 机械手控制系统的程序设计**

(1) 初始状态设定。利用功能指令 FNC60(IST)自动设定与各个运行方式相应的初始状态及首元件编号。系统的初始化梯形图如图 7-8 所示。图中,X20 是输入的首元件编号;S20 是自动方式的最小状态器编号;S27 是自动方式的最大状态器编号。当功能指令 IST 满足执行条件时,初始状态器、特殊辅助继电器的功能见表 7-2。

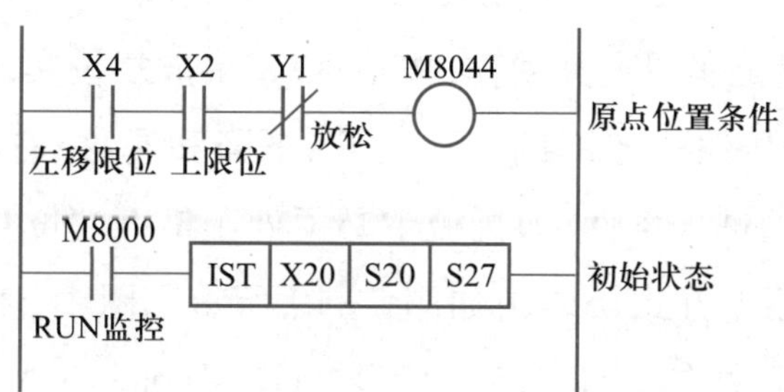


图 7-8 初始化梯形图

**表 7-2 初始状态器、特殊辅助继电器的功能**

| | | |
|---|---|---|
| S0:手动操作初始状态 | M8040:禁止转移 | M8043:回原点结束 |
| S1:回原点初始状态 | M8041:开始转移 | M8044:原点位置条件 |
| S2:自动操作初始状态 | M8042:起动脉冲 | M8047:STL 监控有效 |

(2) 初始化程序。一个控制程序必须有初始化功能。程序的初始化功能就是自动设定控制程序的初始化参数,机械手控制系统的初始化程序是设定初始状态和原点位置条件。图 7-8 中的特殊辅助继电器 M8044 作为原点位置条件用,M8044 为 FX 系列 PLC 的原点条件继电器。当原点位置条件满足时 M8044 接通,用 M8044=ON 作为执行自动程序的进入条件。其他初始状态是由 IST 指令自动设定。需要指出的是,初始化程序在开始执行程序时执行一次,其结果

存在寄存器中,这些状态在程序执行过程中大部分都不再变化,但 S2 的状态例外,它随着程序的执行而变化。

(3) 手动工作方式的程序。将操作面板上的工作方式开关置于手动工作位置(X20=ON)时,机械手进入手动工作状态。手动工作方式的梯形图如图 7-9 所示。S0 为手动方式时的初始状态。

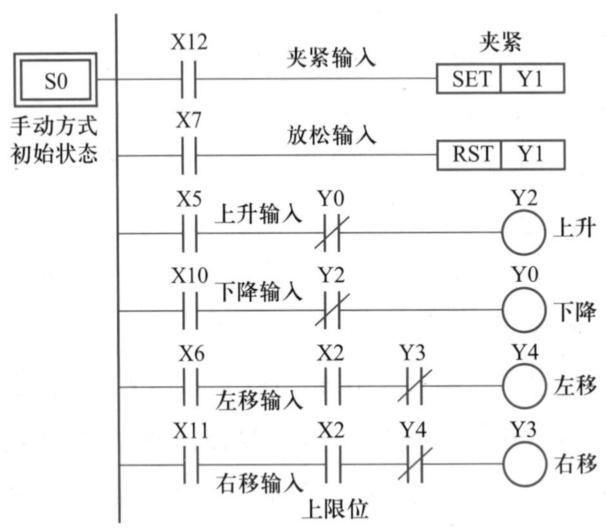


图 7-9 手动工作方式的梯形图

此时按下 X12,Y1 被置位实现夹紧动作,按下 X7,Y1 被复位实现放松动作。同理上升、下降、左移和右移是由相应的按钮来控制的。在上升、下降和左移、右移的控制中加入互锁。上限位开关 X2 为左、右动作的进入条件,即机械手必须处于最上端位置时才能进行左、右动作。

(4) 回原点方式。回原点方式功能图如图 7-10 所示。图中 S1 是回原点的初始状态,由初始化程序使 S1 置位,按下原点按钮 X25=ON,状态转移到 S10,Y1 复位,机械手放松;Y0 复位,机械停止下降;Y2 得电,机械手上升直至上限位开关 X2 闭合,状态转移到 S11;Y3 复位,停止机械手的右移,Y4 得电,机械手左移,直至左限位开关 X4 闭合,状态转移到 S12;M8043 置位。此时机械手停在原位(最上端、最左端),Y1(夹紧)、Y2(上升)都复位,回原点结束。M8043 是 FX 系列的回原点结束继电器。

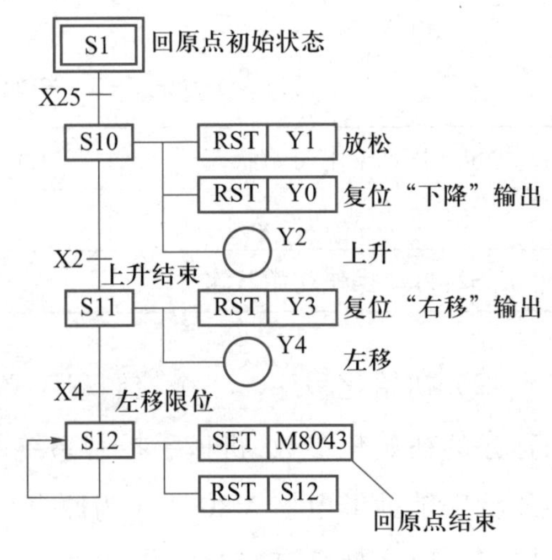


图 7-10 回原点方式功能图

(5) 自动工作方式。将工作方式开关置于自动工作位置(X24=ON),机械手进入自动工作状态。自动方式功能图如图 7-11 所示。图中 S2 是自动方式的初始状态,状态器 S2 和状态转移开始辅助继电器 M8041 及原点位置条件辅助继电器 M8044 的状态都是在初始化程序中设定的，在程序运行中不再改变。

当辅助继电器 M8041、M8044 闭合时，状态从 S2 向 S20 转移，S20 置位，Y0 得电，机械手下降；当下降运行到下限位，开关 X1 闭合时，状态转移到 S21（S20 自动复位，Y0 失电），Y1 得电，机械手夹紧工件，同时定时器 T0 开始计时；当 1 s 时间到，T0 触点闭合，状态转移到 S22，Y2 得电，机械手上升；一直到上限位，开关闭合 X2 时，状态转移到 S23，Y3 得电，机械手右移；一直到右限位，开关 X3 闭合时，转移到 S24，Y0 得电，机械手下降，直到下限位，开关 X1 又闭合时，状态转移到 S25，使得 Y1 复位，机械手松开工件，同时起动定时器 T1，经过 1 s 延时时间后，状态转移到 S26，Y2 得电，机械手上升；直到上限位开关 X2 闭合时，状态转移到 S27，Y4 得电，机械手左移到左限位，开关 X4 闭合，返回到 S2，又进入下一个周期的工作过程。

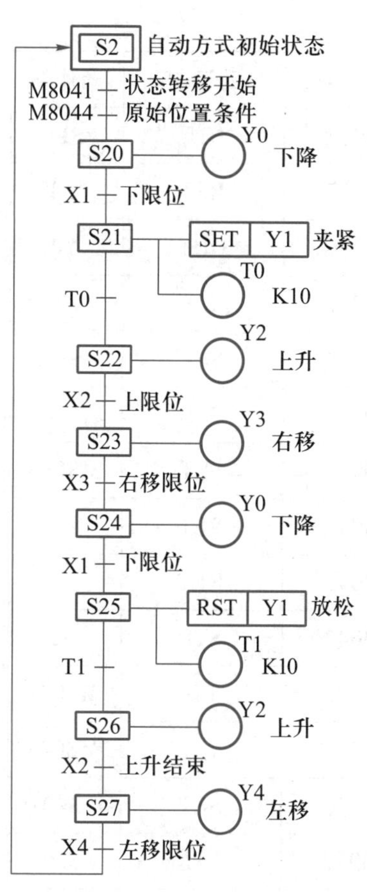


图 7-11　自动方式功能图

(6) 指令语句表。将上面设计的几部分梯形图汇总后，转换成与其相对应的指令语句，可以得到机械手控制系统指令语句表，见表 7-3。

**表 7-3　机械手控制系统指令语句表**

| 步序号 | 助记符 | 操作数 | 步序号 | 助记符 | 操作数 | 步序号 | 助记符 | 操作数 |
| --- | --- | --- | --- | --- | --- | --- | --- | --- |
| 0000 | LD | X4 | 0010 | RST | Y1 | 0022 | AND | X2 |
| 0001 | AND | X2 | 0011 | LD | X5 | 0023 | ANI | Y4 |
| 0002 | ANI | Y1 | 0012 | ANI | Y0 | 0024 | OUT | Y3 |
| 0003 | OUT | M8044 | 0013 | OUT | Y2 | 0025 | STL | S1 |
| 0004 | LD | M8000 | 0014 | LD | X10 | 0026 | LD | X25 |
| 0005 | IST | X20 | 0015 | ANI | Y2 | 0027 | SET | S10 |
|  |  | S20 | 0016 | OUT | Y0 | 0028 | STL | S10 |
|  |  | S27 | 0017 | LD | X6 | 0029 | RST | Y1 |
| 0006 | STL | S0 | 0018 | AND | X2 | 0030 | RST | Y0 |
| 0007 | LD | X12 | 0019 | ANI | Y3 | 0031 | OUT | Y2 |
| 0008 | SET | Y1 | 0020 | OUT | Y4 | 0032 | LD | X2 |
| 0009 | LD | X7 | 0021 | LD | X11 | 0033 | SET | S11 |

续表

| 步序号 | 助记符 | 操作数 | 步序号 | 助记符 | 操作数 | 步序号 | 助记符 | 操作数 |
|---|---|---|---|---|---|---|---|---|
| 0034 | STL | S11 | 0051 | STL | S21 | 0067 | SET | S25 |
| 0035 | RST | Y3 | 0052 | SET | Y1 | 0068 | STL | S25 |
| 0036 | OUT | Y4 | 0053 | OUT | T0 | 0069 | RST | Y1 |
| 0037 | LD | X4 | | | K10 | 0070 | OUT | T1 |
| 0038 | SET | S12 | 0054 | LD | T0 | | | K10 |
| 0039 | STL | S12 | 0055 | SET | S22 | 0071 | LD | T1 |
| 0040 | SET | M8043 | 0056 | STL | S22 | 0072 | SET | S26 |
| 0041 | RST | S12 | 0057 | OUT | Y2 | 0073 | STL | S26 |
| 0042 | RET | | 0058 | LD | X2 | 0074 | OUT | Y2 |
| 0043 | STL | S2 | 0059 | SET | S23 | 0075 | LD | X2 |
| 0044 | LD | M8041 | 0060 | STL | S23 | 0076 | SET | S27 |
| 0045 | AND | M8044 | 0061 | OUT | Y3 | 0077 | STL | S27 |
| 0046 | SET | S20 | 0062 | LD | X3 | 0078 | OUT | Y4 |
| 0047 | STL | S20 | 0063 | SET | S24 | 0079 | LD | X4 |
| 0048 | OUT | Y0 | 0064 | STL | S24 | 0080 | OUT | S2 |
| 0049 | LD | X1 | 0065 | OUT | Y0 | 0081 | RET | |
| 0050 | SET | S21 | 0066 | LD | X1 | 0082 | END | |

## 7.3 PLC 在生产流水线上的应用

### 7.3.1 送料车选择运行的控制

某生产流水线上需要用一个送料车进行运料的工作。送料车选择运行工作示意图如图 7-12 所示,要求采用 PLC 实现控制。

**1. 控制要求**

(1) 送料车在甲地或乙地装料,但是统一到原位卸料。送料车的工作顺序:起动后送料车首先由原位前进到 A 处,再由选择按钮设定的控制信号确定,去甲地还是去乙地装料;在装料动作完成后,送料车后退到原位卸料,如此连续循环工作下去。

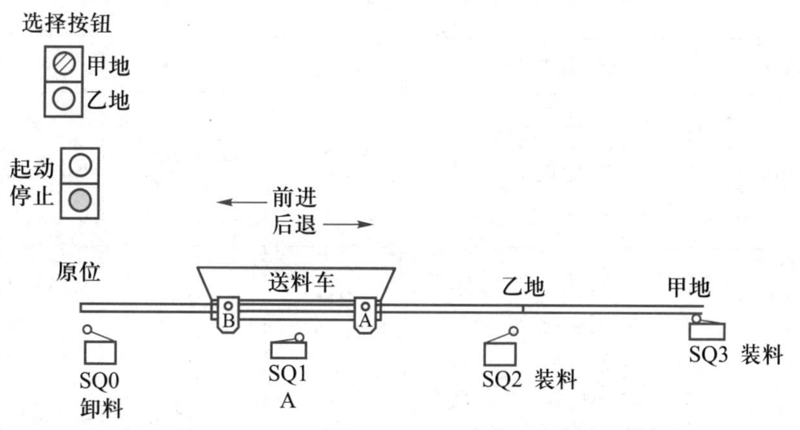


图 7-12　送料车选择运行工作示意图

（2）当按下停止按钮后，要求送料车将当前周期的装、卸料动作完成，在原位停止下来。

（3）控制送料车按照设定次数，在甲、乙两地装、卸料。装、卸料的次数要求采用数字显示，并能手动操作按钮设定。

**2. 设计内容**

（1）控制系统硬件电路的设计及元器件的选择。

（2）PLC 控制程序的设计及调试。

（3）PLC 控制系统的整机连调。

**3. PLC 控制系统的硬件电路设计**

送料车往返运行的控制主电路如图 7-13 所示。

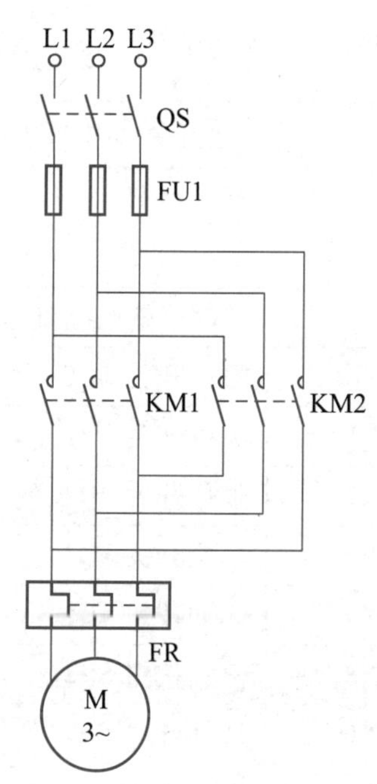


图 7-13　送料往返运动的控制主电路

（1）控制主电路的设计。图 7-13 所示电路由刀开关 QS、熔断器 FU、交流接触器 KM1 和 KM2 及热继电器 FR 组成。

（2）主电路元器件的选择。假设送料车采用 Y112M-4 型电动机驱动，其额定功率为 4 kW，额定电压为 380 V，额定转速为 1 440 r/min。主电路其他元器件的型号及规格见表 7-4。

**4. PLC 的 I/O 接线图设计**

（1）I/O 地址分配。根据控制要求设置 9 个 PLC 的输入信号端，将起动、停止按钮、限位开关和送料车的参数设定信号接入 PLC。设置 5 个 PLC 输出端，连接交流接触器 KM1、KM2 线圈及装、卸料的控制信号。另外设置 14 个 PLC 的输出端，用于连接数字显示器件。I/O 地址分配见表 7-5。

**表 7-4　主电路其他元器件的型号及规格**

| 符号 | 名称 | 型号及规格 | 符号 | 名称 | 型号及规格 |
|---|---|---|---|---|---|
| QS | 电源开关 | HK1-30/3 型，瓷底、胶盖刀开关，配套的熔丝线径为 2.30～2.52mm | SQ | 霍尔式接近开关 | SB12-5DN 型 |
| FU1 | 熔断器 | RL-60 型，配套的熔体（管），额定电流为 25A | KM | 交流接触器 | CJK2（LCI-D）型，线圈额定电压 220V |
| FU2 | 熔断器 | RL2-15 型，配套的熔体（管），额定电流为 6A | LED | 数码管 | BS204 型，共阳极 |
| FR | 热继电器 | JR16-20/3D 型，电流等级为 11A | R | 限流电阻 | 8kΩ（1/4W） |
| SB | 按钮开关 | LA39-11 型 | SB0 | 急停开关 | LA20-11J 型 |

**表 7-5　I/O 地址分配**

| 输入地址 | | 输出地址 | |
|---|---|---|---|
| X0 | 限位开关 SQ0 | Y0 | 交流接触器 KM1（前进） |
| X1 | 限位开关 SQ1 | Y1 | 交流接触器 KM2（后退） |
| X2 | 限位开关 SQ2 | Y2 | 装料 KM3 |
| X3 | 限位开关 SQ3 | Y3 | 装料 KM4 |
| X4 | 起动按钮 SB1 | Y4 | 卸料 KM5 |
| X5 | 停止按钮 SB2 | Y10～Y16 | 甲地装料次数显示 |
| X6 | 选择开关 SA | Y20～Y26 | 乙地装料次数显示 |
| X7 | 选择开关 SA | | |
| X11 | 参数设定控制按钮 SB3 | | |
| X13 | 参数设定按钮 SB4 | | |
| X14 | 参数设定按钮 SB5 | | |

（2）PLC 的 I/O 接线图设计。送料车选择运行的 I/O 接线图如图 7-14 所示。X4～X14 端连接的开关及输出端连接的数字显示器件均安装在系统的控制面板上；KM1、KM2 安装在控制主电路的接线板上；控制装、卸料的交流接触器 KM3～KM5 分别安装在甲、乙地及原位的电路板上。SB0 为不进入 PLC 的外部急停开关，安装在控制面板上。

**5. 控制主电路的接线图和控制面板的设计**

图 7-15 所示为送料车选择运行的主电路接线图。图 7-16 所示为送料车选择运行的控制面板图。

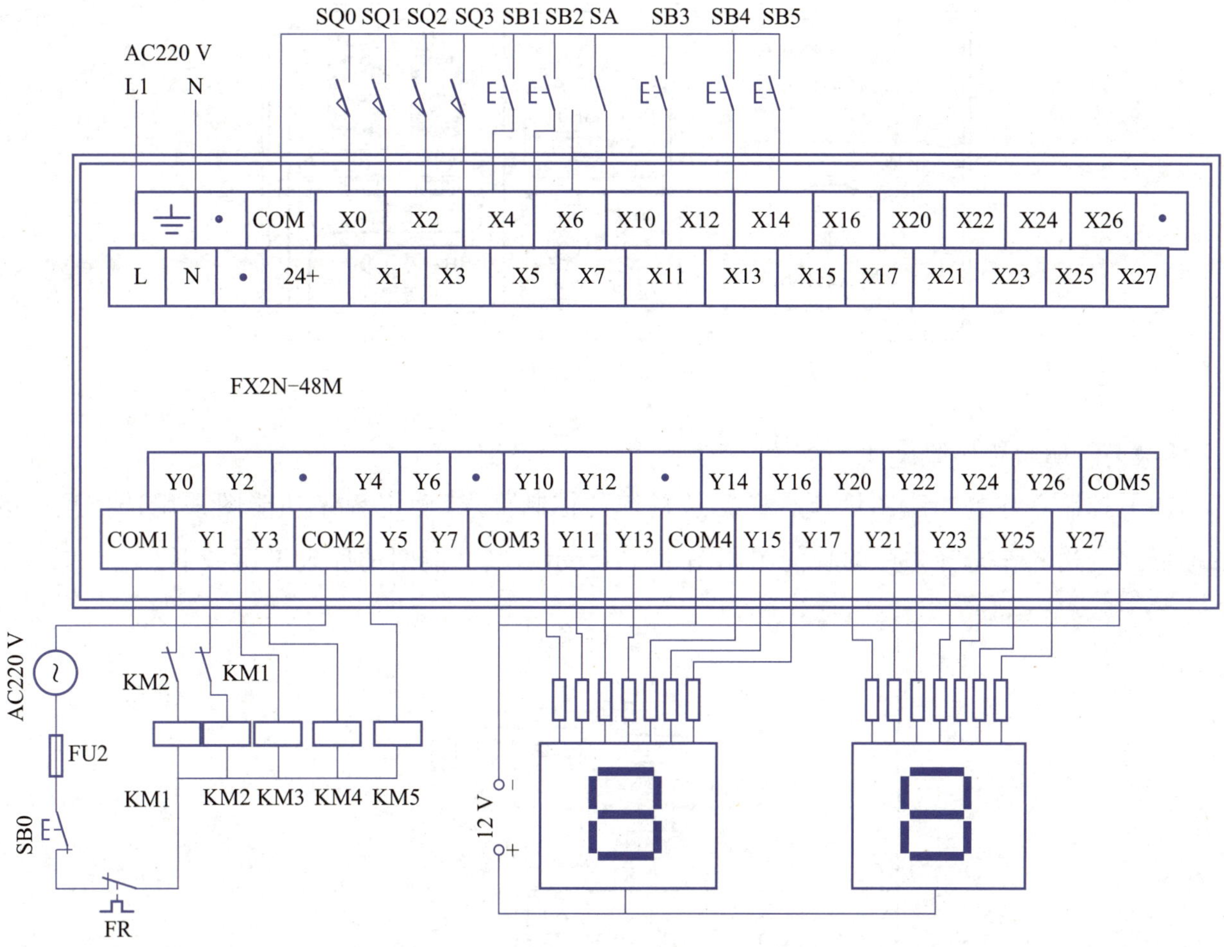

图 7-14　送料车选择运行的 I/O 接线图

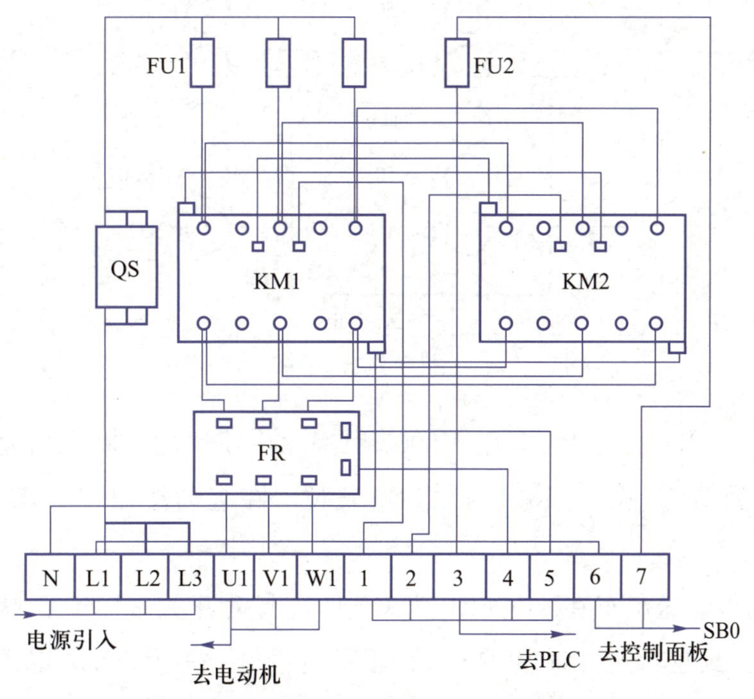


图 7-15　送料车选择运行的主电路接线图

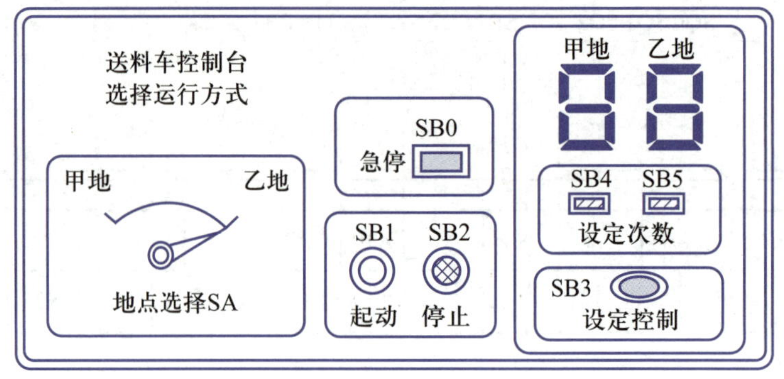


图 7-16　送料车选择运行的控制面板图

### 6. PLC 控制程序的设计

(1) 控制程序的功能图设计。根据送料车的控制要求,确定程序功能图采用选择顺序的结构形式。送料车选择顺序的功能图如图 7-17 所示。其功能图的原理说明如下:

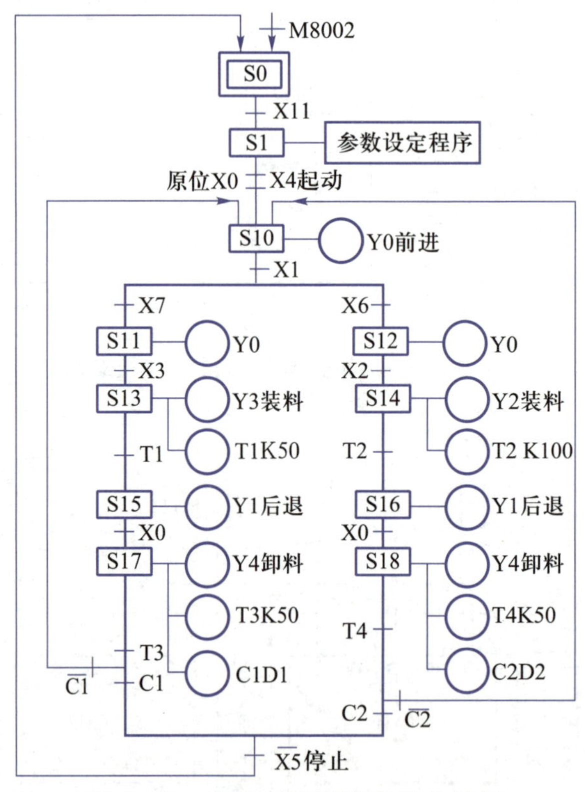


图 7-17　送料车选择顺序的功能图

① 开机清零。在 PLC 上电后,利用 M8002 对程序中使用的步状态器复位,执行 FMOV 指令对以前的设定参数清零(图 7-18a),再将 S0 置位。在起动按钮(X4)闭合之前,首先闭合 X11 进行参数设定。

② 选择控制功能。送料车在原位(X0 为 ON)时,起动开关 X4 闭合,执行程序的 S10 步,Y0 得电送料车前进,到达 A 处(X1 为 ON)后,根据选择开关的状态,决定进入程序的左、右分支。若 X7 闭合进入左边的支路,控制送料车到甲地装料;若 X6 闭合则进入右边的分支,到乙

地装料。因为采用选择顺序编程,所以不可能出现同时要求到甲地和乙地的情况。

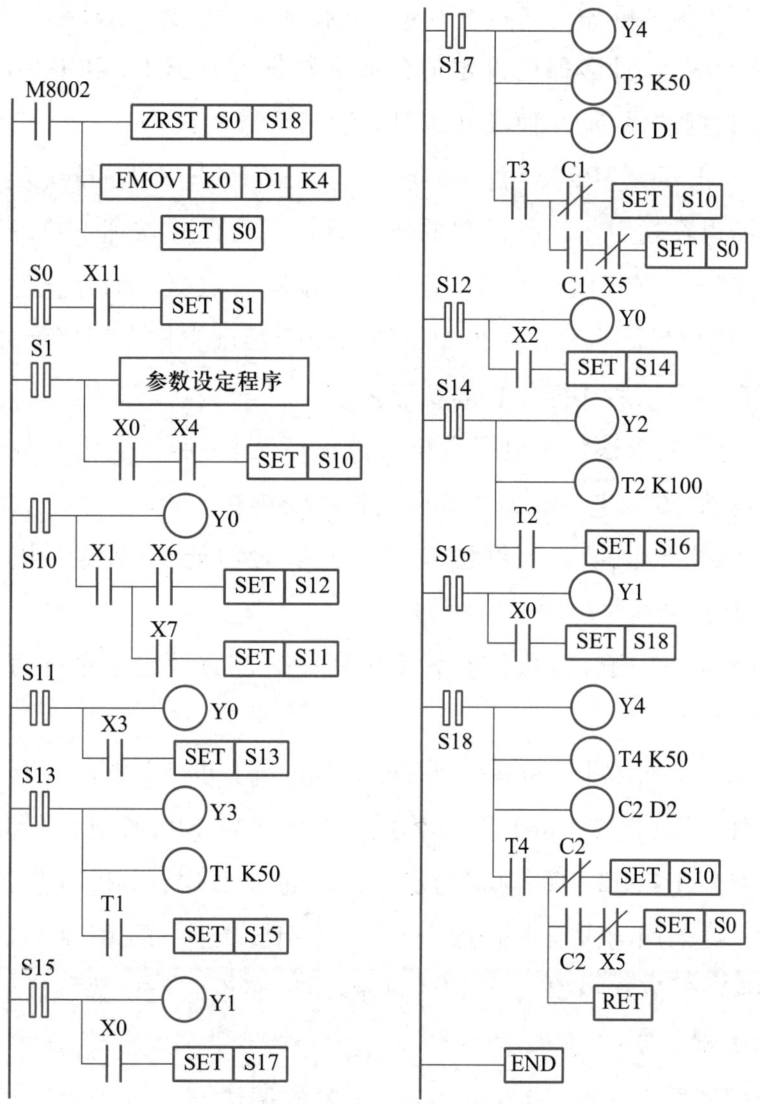

(a) 送料车选择运行的控制程序梯形图

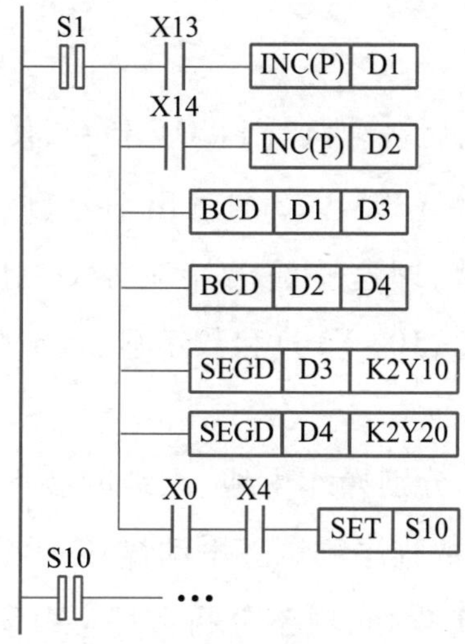

(b) 送料车选择运行的参数设定梯形图

图 7-18　送料车梯形图

③ 循环装料功能。采用计数器控制两个选择分支程序的循环次数，如果未达到设定次数，程序执行到 S17 或 S18 步继续循环执行 S10 步，如果达到计数器的设定值，则计数器的动合触点闭合，程序转移到 S0 步。计数器的设定值存放在数据寄存器 D1 和 D2 中，通过对其内容的改写，可进行计数器数据的设定，从而实现送料车装料次数的设定。

④ 停止功能。停止开关 SB2(X5)的动断触点为 S17 和 S18 步的转移条件，在此送料车的卸料动作已完成。所以在送料车运行过程的任意时刻闭合停止按钮 SB2，都不能停止运行，只能在执行完最后一步(S17 或 S18)，由于停止按钮的动断触点断开而停止运行。要恢复新运行只能在停止按钮 X5 复位后。也可以将停止按钮的动断触点安排在程序的开始位置，同样可以实现必须在本周期动作结束后才能停止的功能。

⑤ 参数设定功能。要求送料车根据设定次数进行装料，所以应将参数设定程序安排在起动信号(X4)的前面。如图 7-17 所示，参数设定程序安排在 S1 步。

(2) 控制程序的梯形图设计。将图 7-17 所示的功能图转换为相对应的梯形图，如图 7-18a 所示。参数设定程序的功能说明如下。

① 在步状态继电器 S1 闭合时执行参数设定程序。参数设定程序有两个功能：设定参数、控制数字显示。

② SB3 为参数设定控制按钮，当 SB3 为 ON 时进入 S1 步，S1 步执行参数设定程序段。在送料车的参数设定梯形图(图 7-18b)中，操作按键开关 SB4、SB5 控制执行 INC 加 **1** 指令，实现设定参数。数据寄存器 D1、D2 中的内容为设定的二进制数码，采用 BCD 指令转换成 BCD 码后，存入 D3、D4 中。再采用七段码译码指令 SEGD 将 D3、D4 中的 BCD 码进行译码，最后通过 PLC 输出端口 Y10～Y16、Y20～Y26 上连接的显示器件，将设定值用数字显示出来。

### 7. 控制程序的调试

(1) 控制功能的调试。参照 7.1.5 的内容(程序的调试与运行步骤)，对程序的选择、循环运行功能进行调试。

(2) 参数设定功能的调试。

① 清零程序调试。PLC 上电后自动执行 FMOV 指令，使数据寄存器 D1、D2 的内容全部为零，此时对应 PLC 的 Y10～Y16 及 Y20～Y26 的输出信号，应和数字显示器 0 的笔画驱动信号一致，即这些输出端应为 ON 状态。图 7-19 所示为 PLC 的输出信号(Y10～Y16)和数字显示(a～b)的对应关系。

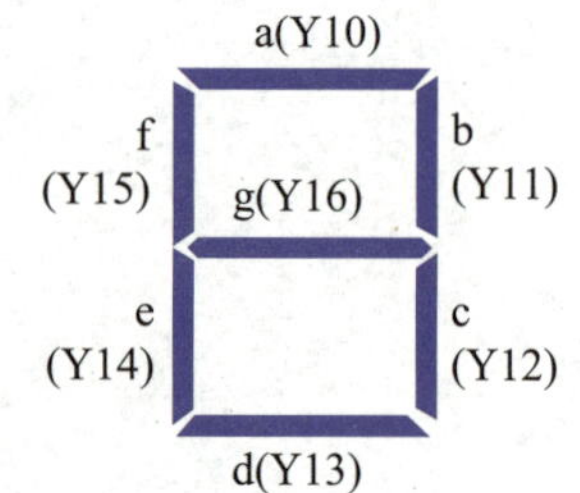


图 7-19 PLC 的输出信号和数字显示的对应关系

② 装料次数设定程序调试。分别操作甲地、乙地的装料次数设定开关(X13、X14)进行设定次数程序调试。手动操作 SB4，X13 由 OFF 到 ON 变化，程序进行加 **1** 操作，观察分析 Y10～Y16 端信号的变化。同样操作 SB5，X14 端的开关由 OFF 到 ON 变化，观察

Y20～Y26 端信号的变化,参考图 7-19 验证 PLC 译码输出的信号。

③ 停止操作功能调试。在送料车运行的任何时刻闭合停止按钮 SB2,验证控制程序都只能在完成循环次数后停止。

**8. PLC 控制系统的调试**

(1) 主电路接线板的试通电。在连接 PLC 进行整机联调之前,要对主电路接线板进行通电实验,以确认接线板接线正确。通电前的安全注意事项:操作人员要穿绝缘鞋;螺旋式熔断器要拧紧瓷套、瓷帽;刀开关、按钮要罩好盖子。对于高压电路的调试工作,不允许一人单独通电操作。主电路接线板的通电步骤如下:

① 在未接入电动机负载时,先将电源接入线路板(不允许带电操作)。

② 合闸通电,首先检查电源是否接入(用试电笔检查)。

③ 确认电路电源已接入,电路无异常现象后,再断电接入电动机负载。接入负载后,通电观察电路是否正常,确认电路一切正常,再断电将 PLC 和控制主电路接线板连接,进行系统的整机调试。

(2) PLC 控制系统的整机调试。参考控制主电路板接线图、PLC 外部 I/O 接线图、控制面板图,进行控制系统的接线。在所有接线过程中,三相电源开关必须处于断开状态。接线完毕经检查后,才可以闭合电源开关,以确保人身、设备安全。

整机调试步骤如下:合上交流电源开关后,先观察电气电路是否有异常现象;在确认电路正常后,将 PLC 的工作方式开关置于"RUN"状态;闭合 PLC 的电源开关,开始运行程序。

操作送料车选择运行控制面板上的按钮开关,按照参数设定操作,选择、循环运行操作,停止操作和急停控制操作的顺序调试程序。在调试步骤中,若出现不符合控制要求的现象,则要断开交流电源,通过检查控制电器的接线、调整行程开关的位置、修改程序及参数,反复进行调试运行,直至符合控制要求。

### 7.3.2 送料车的定点呼叫控制

图 7-20 所示为某送料车定点呼叫控制示意图。送料车根据要求给 1#～4#的工位送料。每个工位上都设置有位置检测传感器 SQ,用于检测送料车到位状况。每个工位都设置有呼叫按钮 SB,用于呼叫送料车。送料车在生产线 1#～4#工位的范围内左右运动,当某个工位的呼叫按钮闭合时,送料车将自动运行到呼叫工位。

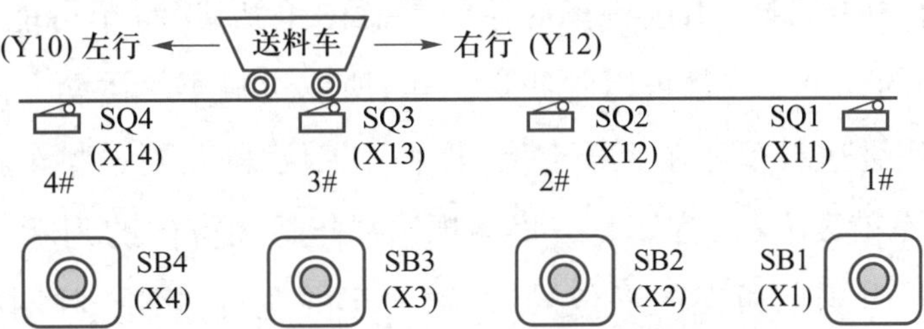


图 7-20 某送料车定点呼叫控制示意图

**1. 控制要求**

要求采用功能指令设计控制程序,利用数字显示器显示送料车的当前位置及当前呼叫按钮的编号。

**2. PLC 控制系统的硬件电路设计**

(1) 控制主电路设计。送料车采用电动机驱动,送料车定点呼叫的控制主电路参照图 7-13 所示电路。通过交流接触器 KM1 和 KM2 控制电动机的正反转,实现送料车左行、右行。所以,KM1、KM2 为 PLC 的控制负载。

(2) 电气控制元件的选择。假设送料车采用 Y112M-4 型电动机驱动,电动机的额定功率为 4kW,额定电压为 380V。电气元件的选择依据可参考 7.3.1 相关内容。

(3) I/O 地址分配。送料车定点呼叫的 I/O 地址分配见表 7-6。送料车的位置检测开关 SQ 要安装在送料车运动导轨旁,可采用外部直流电源供电,呼叫按钮 SB 安置在各个工位上,数字显示,急停开关 SB 都安装在控制面板上。数字显示器件采用用户电源供电。

**表 7-6 I/O 地址分配**

| 输入地址 | | 输出地址 | |
|---|---|---|---|
| 呼叫按钮 SB1 | X1 | 按钮呼叫号显示器 | Y0~Y6 |
| 呼叫按钮 SB2 | X2 | 送料车工位号显示器 | Y20~Y26 |
| 呼叫按钮 SB3 | X3 | 送料车左行 KM1 | Y10 |
| 呼叫按钮 SB4 | X4 | 送料车右行 KM2 | Y12 |
| 热继电器 FR | X5 | | |
| 位置检测开关 SQ1 | X11 | | |
| 位置检测开关 SQ2 | X12 | | |
| 位置检测开关 SQ3 | X13 | | |
| 位置检测开关 SQ4 | X14 | | |

**3. PLC 的控制程序设计**

(1) 控制程序设计思路。根据控制要求,初步确定控制程序分为 4 个部分:开机清零程序,送料车运动方向的判断程序,左、右运动控制程序及数字显示控制程序。

① 送料车的运动方向判断。由送料车的控制示意图可知,送料车可能停在生产流水线的任何一个工位上,而另外的 3 个工位都可以呼叫送料车,所以送料车的运动方向,由当前所在的工位和呼叫按钮号决定。假设送料车停在 2 号工位,若 4 号工位呼叫,则送料车就要左行,此时若出现 1 号工位呼叫,则送料车就要右行,首先要编程实现送料车运动方向的判断。由前面的分析可知,当呼叫按钮号大于送料车当前所在的工位号时,送料车要左行,相反,呼叫按钮号小于当前所处工位号时,送料车要右行。所以,采用比较指令编程就可以实现送料车运动方向的判断。

② 送料车左、右运动的控制。生产线共设置 4 个工位，当送料车停在 4#工位时，不会出现向左运动的要求，同理，送料车停在 1#工位时，也不会出现向右运动的要求。所以可以确定左、右运动的要求各为 3 个，这些要求就是送料车左行和右行的起动条件，而每个工位的位置检测传感器信号(SQ)为运动的停止信号。可采用主控指令和跳转指令选择执行左行、右行的控制程序。

③ 数字显示。采用七段译码指令 SEGD 将数据寄存器中的数据译为七段码信号，驱动 PLC 输出端的数字显示器件，就可以实现数字显示。

按照上面的思路设计的控制程序梯形图如图 7-21 所示。

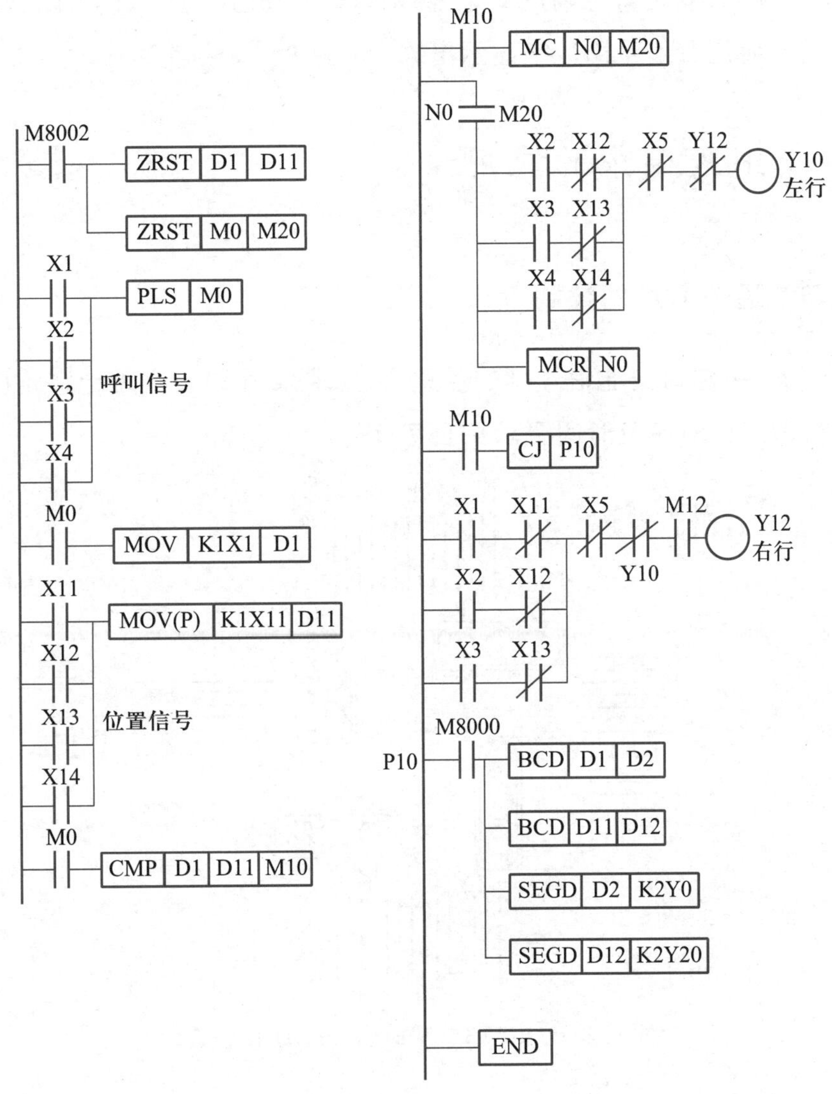


图 7-21 控制程序梯形图

(2) 控制程序梯形图的分析。

① 采用了区间复位指令 ZRST 给程序中使用的数据寄存器和辅助继电器复位。

② 将呼叫开关的输入信号采用 PLS 脉冲指令，得到宽度为一个扫描周期宽度的控制信号 M0。用 M0 信号控制执行 MOV 指令，将当前的呼叫信号送到数据寄存器 D1。同理，将送料车

当前所处的位置信号(X11～X14)送到数据寄存器 D11 中。

③ 在 M0 为 ON 时执行比较指令,以确定送料车的运动方向。

④ 程序执行流程分析。当 D1 中的内容(呼叫开关编号)大于 D11 中的内容(送料车的当前工位号)时,M10 动合触点闭合,满足 N0 号主控指令的执行条件,执行左行的程序(Y10 得电),M10 为 ON 满足 P10 跳转条件,则跳过右行的程序段。相反,当 D1 中的内容小于 D11 中的内容时,M12 的动合触点闭合(M10=OFF),不满足主控指令的执行条件,则不执行左行的程序段,也不满足跳转指令的执行条件,则执行右行的程序(Y12 得电)。

⑤ 在 PLC 运行期间,利用特殊辅助继电器 M8000 的动合触点一直为闭合状态,将送料车的呼叫按钮编号及当前位置编号用数字显示出来。

## 7.4 PLC 在交通控制中的应用

### 7.4.1 十字路口交通信号灯的控制

图 7-22 所示为十字路口交通信号灯的示意图,要求采用 PLC 实现十字路口交通信号灯的控制。交通信号灯的工作时序及时间要求见表 7-7。

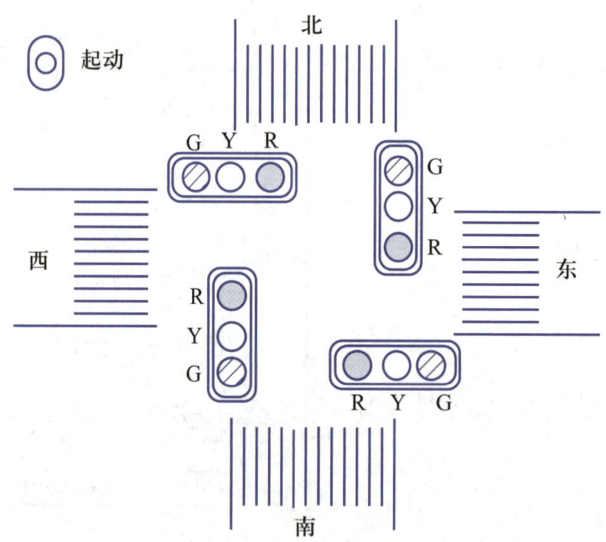


图 7-22　十字路口交通信号灯的示意图

表 7-7　交通信号灯的工作时序及时间要求

| 南北方向灯 | 绿灯(Y0) | 绿灯闪(Y0) | 黄灯(Y1) | 红灯 (Y3) | | |
|---|---|---|---|---|---|---|
| 时间 | 10 s | 3 s | 2 s | 15 s | | |
| 东西方向灯 | 红灯(Y2) | | | 绿灯(Y4) | 绿灯闪(Y4) | 黄灯(Y5) |
| 时间 | 15 s | | | 10 s | 3 s | 2 s |

**1. 交通信号灯的控制要求**

（1）当启动开关（按钮）闭合时，信号灯控制系统开始工作，首先东西方向红灯和南北方向绿灯亮。当启动开关断开时，所有的信号灯均熄灭。

（2）控制系统启动后，首先东西方向红灯点亮，在东西方向红灯点亮的 15 s 时间内，南北方向的绿灯持续点亮 10 s，再闪亮 3 次后自动熄灭，接着黄灯点亮 2 s。15 s 时间结束后，转为南北方向红灯点亮 15 s，同时东西方向变为绿灯点亮 10 s，绿灯闪 3 s，黄灯点亮 2 s，再转为东西方向红灯点亮 15 s，南北方向绿灯点亮 10 s……周而复始，循环工作下去。

**2. I/O 地址分配（表 7-8）**

表 7-8　I/O 地址分配

| 输入地址 | | 输出地址 | |
|---|---|---|---|
| 启动开关 SB | X0 | 南北方向绿灯 | Y0 |
| | | 南北方向黄灯 | Y1 |
| | | 东西方向红灯 | Y2 |
| | | 南北方向红灯 | Y3 |
| | | 东西方向绿灯 | Y4 |
| | | 东西方向黄灯 | Y5 |

**3. PLC 的控制程序设计**

可以采用经验法、功能图法及功能指令进行十字路口交通信号灯的控制程序设计。图 7-23 所示为交通信号灯的部分控制程序（用功能指令编程），图 7-24 所示为 I/O 接线图。梯形图的控制功能分析如下。

（1）初始状态南北绿灯亮（10 s），东西红灯亮的控制。若起动开关闭合后，程序执行到 S10 步，执行 MOV 指令，将 K5 传送到 K1Y0，使 Y3Y2Y1Y0 的状态为 0101，即 Y0＝Y2＝ON，南北绿灯和东西红灯点亮，同时驱动 T0 计时 10 s，维持南北绿灯亮 10 s。

（2）南北绿灯闪 3 s，东西红灯持续亮的控制。当 T0 的 10 s 延时时间到，程序转移到 S11 步，驱动定时器 T1 延时 0.5 s，并执行 MOV 指令，将 K4 传送到 K1Y0，使 Y3Y2Y1Y0 的状态变为 0100，即 Y0 变为 OFF，熄灭南北绿灯，而 Y2 仍旧为 ON 继续保持东西红灯亮。当 0.5 s 延时时间到，转移到 S12 步，驱动定时器 T2 延时 0.5 s，并执行 MOV 指令，再将 K5 传送到 K1Y0，使 Y3Y2Y1Y0 的状态又变为 0101，Y0 为 ON 再次点亮南北绿灯，而东西红灯持续亮，延时 0.5 s，计数器计数 1 次，采用 T1 控制绿灯灭 0.5 s、T2 控制绿灯亮 0.5 s，再用计数器完成 3 次计数，控制循环执行 S11 和 S12 步 3 次，实现南北绿灯闪 3 s。在此阶段 Y2 始终为 ON，所以东西红灯一直亮。

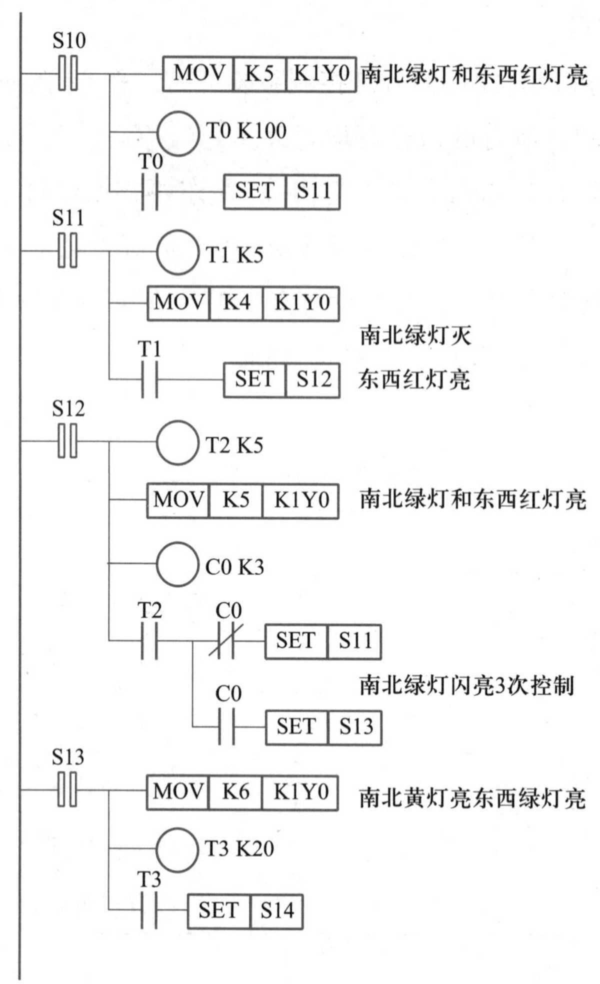


图 7-23 交通信号灯的部分控制程序(用功能指令编程)

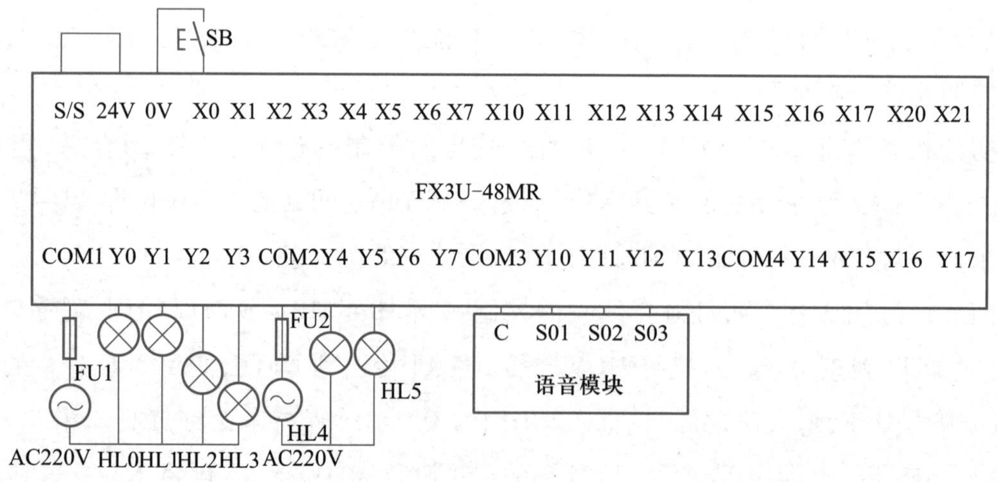


图 7-24 I/O 接线图

(3) 南北黄灯亮、东西红灯持续亮的控制。当计数器 C0 的设定值 3 次计满(南北绿灯闪 3 s 结束),C0 的动合触点闭合,S13 被置位,执行 MOV 指令,传送数据 K6(0110),此时 Y2 和 Y1 为 ON,实现南北黄灯点亮,东西红灯持续亮。定时器 T3 计时控制黄灯点亮时间为 2 s,当

2 s 时间到,状态转移到下一步,执行南北红灯亮,东西绿灯亮的程序……

**4. 设计补充内容**

(1) 四个人行道入口处安置有检测和显示装置,当该装置的传感器检测到有行人在红灯点亮期间通过马路时,PLC 启动语音模块工作(发出语音提醒行人)。

(2) 采用功能指令,参考图 7-23 和图 7-24,设计完整的交通信号灯控制系统程序。

读者可自行完成设计补充内容,这里不再赘述。

### 7.4.2 按钮式交通信号灯的控制

按钮式交通信号灯的控制示意图如图 7-25 所示,要求采用 PLC 对很少有行人通过的公路实现按钮式交通信号灯的自动控制。

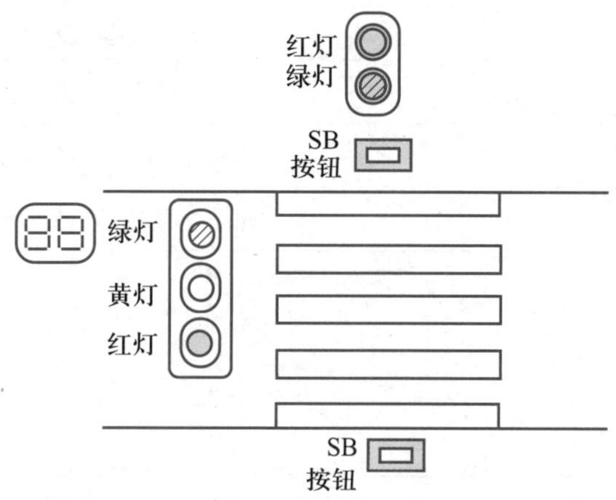


图 7-25 按钮式交通信号灯的控制示意图

**1. 控制要求**

(1) 在无人通过公路时,机动车道始终为绿灯,人行道始终为红灯。当有人需要通过公路时,在人行横道边按下请求通过按钮后,交通信号灯控制系统按照表 7-9 中的时序控制交通信号灯点亮。

**表 7-9 交通信号灯控制时序表**

<table>
<tr><th rowspan="3">道路</th><th colspan="7">交通信号灯点亮的时间及顺序</th></tr>
<tr><th>无人请求</th><th colspan="6">有人请求通过公路(X0=ON)</th></tr>
<tr></tr>
<tr><td>机动车道</td><td>绿灯</td><td>绿灯 30 s</td><td>黄灯 10 s</td><td>红灯 5 s</td><td colspan="3">红灯 25 s</td></tr>
<tr><td>人行道</td><td>红灯</td><td colspan="3">红灯 45 s</td><td>绿灯 15 s</td><td>绿灯闪 5 s</td><td>红灯 5 s</td></tr>
</table>

(2) 附加控制要求如下。

① 在有人请求通过公路时,采用数字显示器对机动车道绿灯亮的时间进行倒计时显示。

② 用脉冲信号驱动蜂鸣器实现人行道放行时间的声音提示,实现导盲功能。

### 2. PLC 的 I/O 地址分配

PLC 的输入端 X0 接入人行道请求通过按钮开关,Y10～Y16 和 Y20～Y26 输出端口控制 2 个七段式数字显示器件,Y0～Y4 端口用于控制交通信号灯,Y7 端口控制蜂鸣器。I/O 地址分配见表 7-10,按钮式交通信号灯的 I/O 接线图如图 7-26 所示。

**表 7-10　I/O 地址分配**

| 输入地址 | | 输出地址 | |
|---|---|---|---|
| 人行道按钮 SB | X0 | 机动车道红灯 | Y0 |
| | | 机动车道黄灯 | Y1 |
| | | 机动车道绿灯 | Y2 |
| | | 人行道红灯 | Y3 |
| | | 人行道绿灯 | Y4 |
| | | 蜂鸣器 HA | Y7 |
| | | 机动车道绿灯计时显示 | Y10～Y16 |
| | | 机动车道绿灯计时显示 | Y20～Y26 |

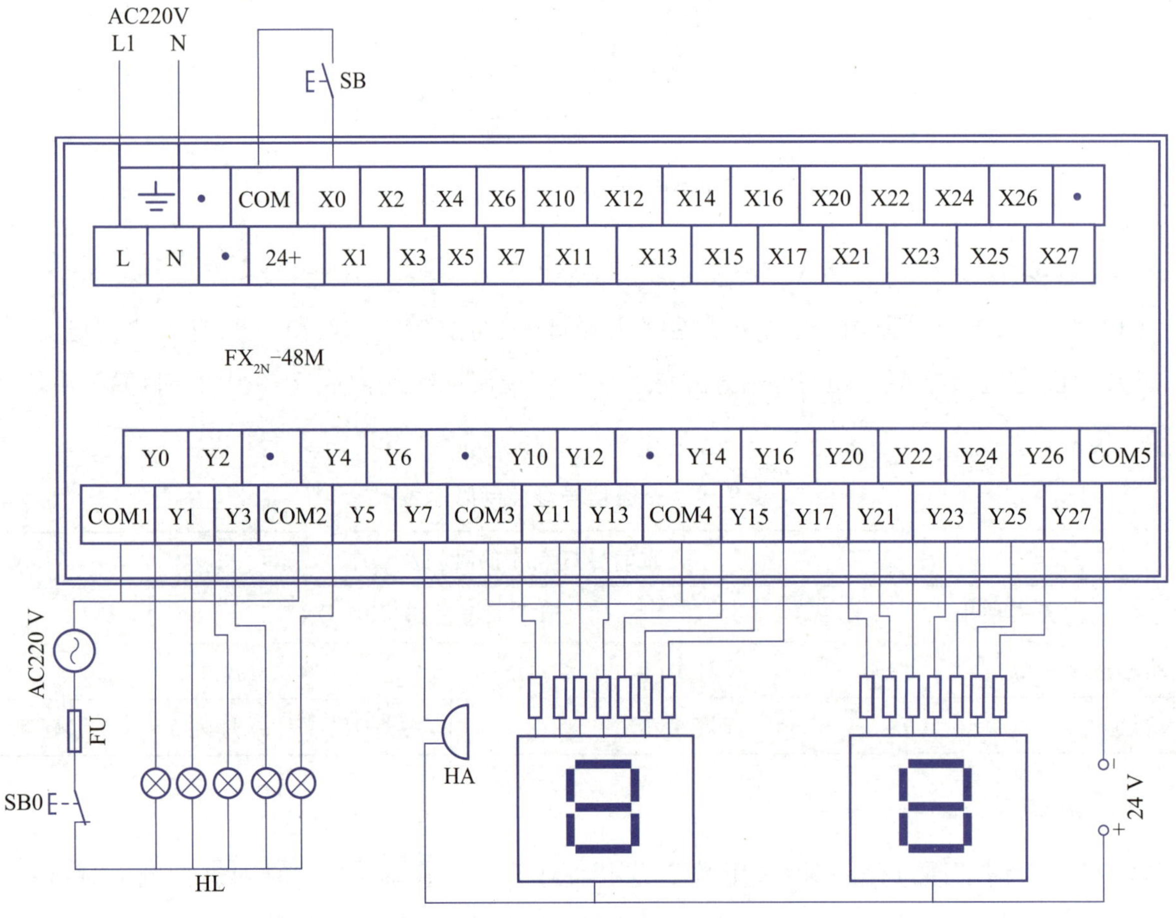


图 7-26　按钮式交通信号灯的 I/O 接线图

**3. 控制程序的设计**

（1）功能图设计。根据控制要求确定功能图采用并行结构形式。按钮式交通信号灯的控制程序功能图如图 7-27 所示，其控制原理分析如下。

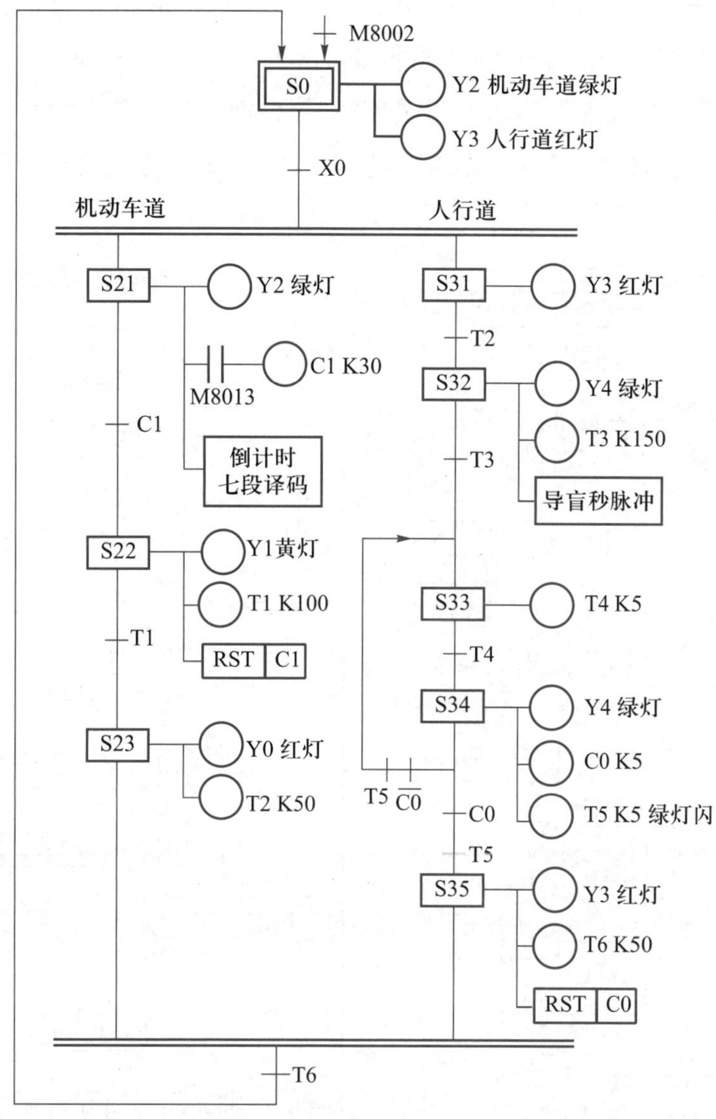


图 7-27 按钮式交通信号灯的控制程序功能图

① PLC 上电后，由区间复位指令 ZRST 给程序中使用的步状态器复位（图 7-28），并给 S0 步置位。S0 步控制机动车道绿灯亮，人行道红灯亮。如果人行道没有人请求通过，机动车道绿灯、人行道红灯的工作状态将一直持续下去，因为 X0 为 OFF 状态，所以程序不能转移到下一步执行。

② 若有人按下人行道请求通过按钮，X0 为 ON，状态转移到 S21 和 S31 步，同时执行 S21 和 S31 步，S21 步控制机动车道仍旧绿灯亮（S31 步控制人行道红灯亮），机动车道继续放行并开始计时，当 30 s 时间到，机动车道黄灯亮 10 s 后，接着红灯亮 5 s（此时机动车道和人行道都

是红灯亮)，只有在机动车道红灯亮 5 s 结束，T2 的动合触点闭合，控制 S31 步转移到 S32 步，此刻关闭 S31 步，人行道红灯熄灭，绿灯点亮，但 S23 步未关闭，故机动车道仍保持红灯亮状态。人行道绿灯亮 15 s 后，执行 S33 和 S34 组成的循环状态，此时人行道绿灯变为闪烁(闪烁 5 次时间为 5 s)，5 s 结束后，人行道红灯亮，由 T6 控制点亮 5 s，此时机动车道仍旧为红灯。

③ 由 T6 动合触点控制程序返回到初始步 S0，恢复为机动车道绿灯、人行道红灯的无人请求通过的初始状态，直至下次有人请求通过公路 X0 为 ON 时，程序才能开始向下执行。

(2) 梯形图设计。将图 7-27 所示的功能图采用步进指令转换成梯形图，如图 7-28 所示。

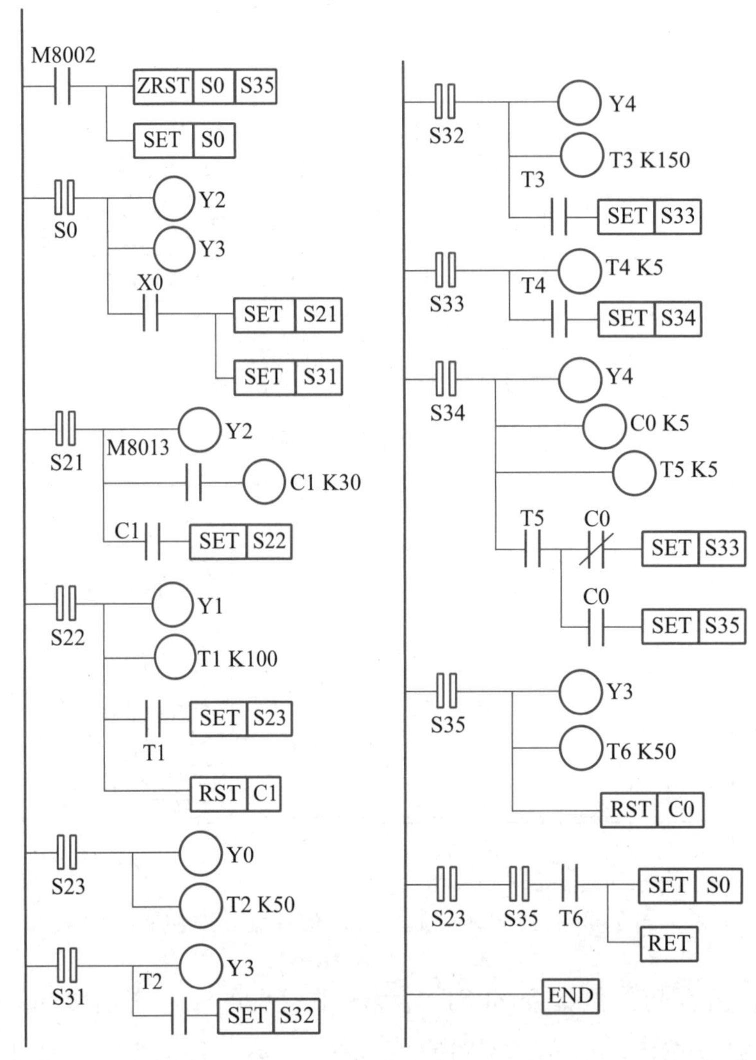


图 7-28 按钮式交通信号灯的控制程序梯形图

(3) 附加控制要求的程序设计。

① 导盲蜂鸣器控制程序设计。为引导盲人安全通过人行道，可采用秒脉冲驱动蜂鸣器发声提示。导盲秒脉冲程序如图 7-29a 所示。当人行道的绿灯点亮时，程序执行到第 S32 步，定时器 T3 开始 15 s 计时，采用 PLC 内部的特殊辅助继电器 M8013 的秒脉冲信号，经 Y7 端口驱

动蜂鸣器发出嘀嗒的声音。当 15 s 时间到,程序转移到 S33 步,Y7 自动关闭。

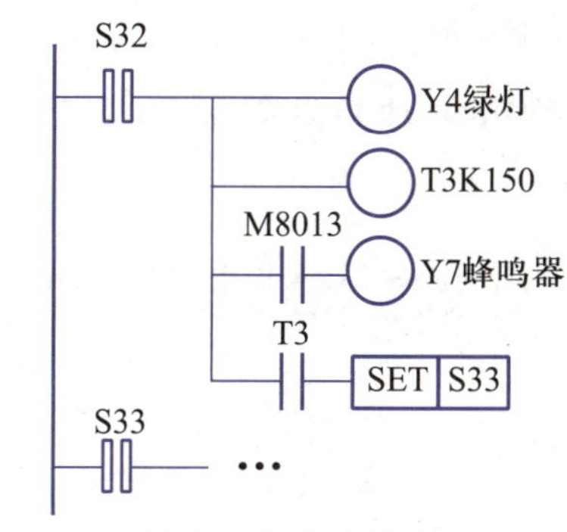

(a) 导盲秒脉冲程序

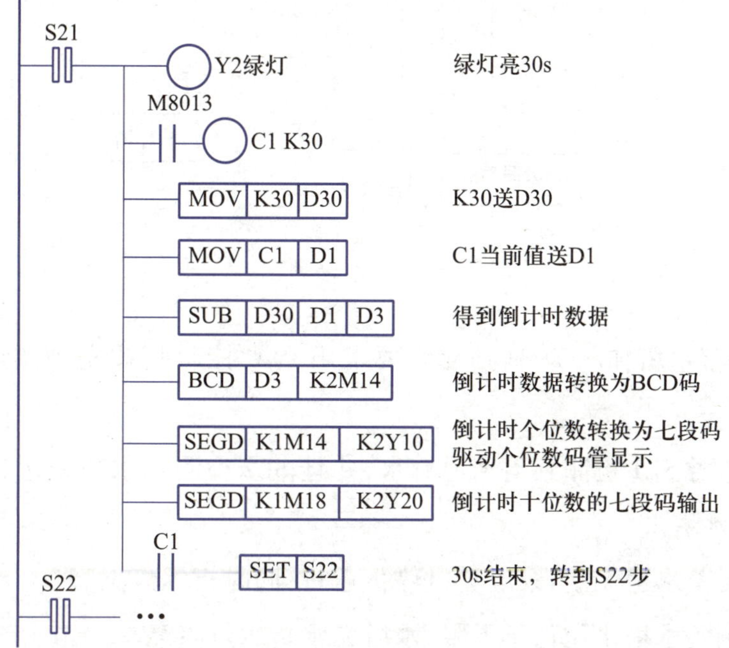

(b) 倒计时七段码程序

图 7-29　附加控制要求的程序梯形图

② 倒计时数字显示程序设计。机动车道绿灯亮 30 s 的倒计时七段码程序如图 7-29b 所示。利用 C1 对 M8013 产生的秒脉冲计数得到 30 s 延时时间;用减法指令 SUB 得到倒计时的变化数据(K30 减 C1 的当前值);利用 SEGD 指令将 2 位倒计时 BCD 码数据译为七段码,控制输出端的两个数码管进行倒计时数字显示。由于本例中采用的是七段式显示器件,所以输出端 Y17、Y27 未使用,为空置端。

## 习题 7

7-1　某油循环系统如图 7-30 所示。要求用 PLC 实现油循环系统的控制,设计功能图、梯形图和指令语句。控制要求为:

(1) 当按下起动按钮 SB1 时,泵 1 和泵 2 通电运行,由泵 1 将油从循环槽打入到淬火槽;经过沉淀,再由泵 2 打入循环槽,运行 15 s 后,泵 1、泵 2 停止工作。

(2) 在泵 1、泵 2 运行期间,当沉淀槽液位升高到高液位时,液位传感器 SL1 接通,此时泵 1 停止,泵 2 继续运行 1 s。

(3) 在泵 1、泵 2 运行期间,当沉淀槽液位降低到低液位时,液位传感器 SL2 断开,此时泵 2 停止,泵 1 继续运行 1 s。

(4) 按下停止按钮 SB2 时,泵 1、泵 2 停止。

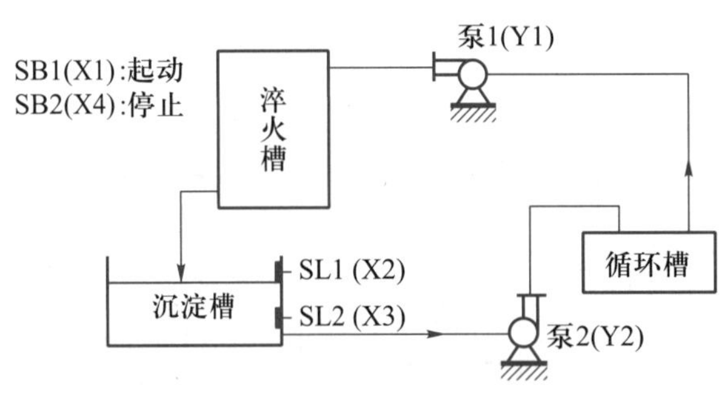


图 7-30　某油循环系统

7-2　某抽水式蓄水塔如图 7-31 所示。要求用 PLC 控制此系统,画出梯形图并写出指令语句。控制要求为:

(1) 若液位传感器 SL1 检测到蓄水池有水,并且 SL2 检测到水塔未达到满水位时,抽水泵电动机运行,抽水至水塔。

(2) 若 SL1 检测蓄水池无水,泵电动机停止运行,同时指示灯点亮。

(3) 若 SL3 检测到水塔水位低于下限,水塔无水指示灯点亮。

(4) 若 SL2 检测到水塔满水位(高于上限),泵电动机停止运行。

7-3　某矿场采用的离心式选矿机工作示意图如图 7-32 所示。用 PLC 对其进行控制,采用步进指令实现控制,要求设计功能图、梯形图和指令语句。控制系统的要求为:

(1) 在任何时候按下停车按钮,选矿的整个工艺过程都要进行到底。这样可以减少浪费,同时在下一次工作时可以从头开始,做到工作有序。

(2) 按下起动按钮,选矿开始。首先打开断矿阀 A,矿流进入离心选矿机。

(3) 180 s 后装满选矿机后,关闭断矿阀,暂停 4 s。

(4) 起动离心式选矿机和分矿阀 B(使精矿和尾石分开),运行 25 s。

(5) 关闭分矿阀 B,同时离心选矿机也停止旋转。

(6) 暂停 4 s 后,再打开冲矿阀 C 进行冲水。

(7) 2 s 后关闭冲矿阀 C,暂停 4 s。

(8) 继续打开断矿阀 A,矿流进入离心式选矿机,进入下一个工作循环。

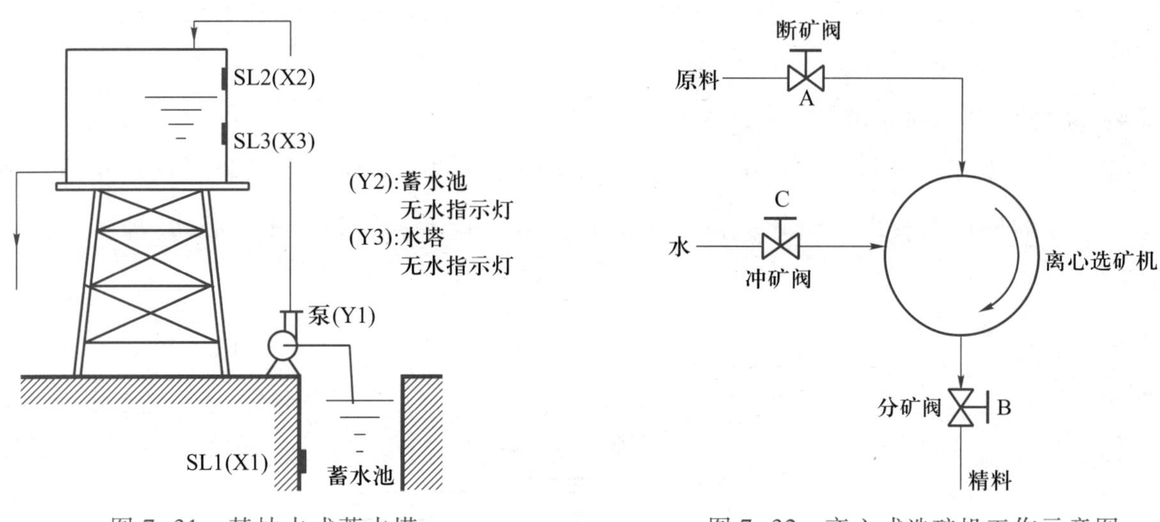


图 7-31　某抽水式蓄水塔　　　　图 7-32　离心式选矿机工作示意图

7-4　某机加工自动线上的动力线有一个钻孔动力头,其动作示意图如图 7-33 所示。用 PLC 实现对钻孔动力头的控制。要求用步进指令编程,画出功能图、梯形图并写出指令语句。该动力头的加工过程如下。

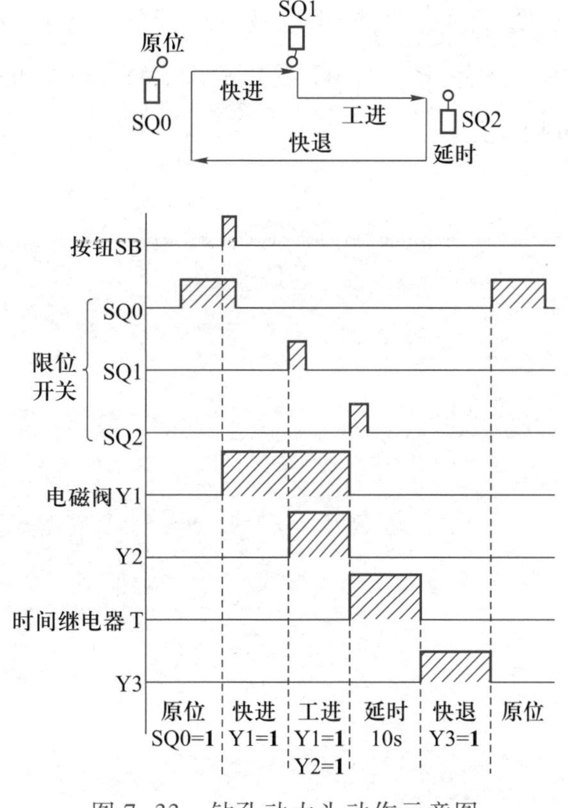


图 7-33　钻孔动力头动作示意图

(1) 动力头在原位时按下起动按钮,电磁阀 Y1 闭合,动力头快进。

(2) 动力头碰到限位开关 SQ1 后,接通电磁阀 Y1 和 Y2,动力头由快进转入工进。

(3) 动力头碰到限位开关 SQ2 后,开始延时 10 s。当延时时间到,接通电磁阀 Y3,动力头快退。

(4) 动力头退回到原位。

7-5 有一个用 4 台带式运输机组成的传输系统如图 7-34 所示。要求用 PLC 构成控制系统,写出设计的梯形图及指令语句。该系统分别用 4 台电动机(M1~M4)带动,具体的控制要求如下。

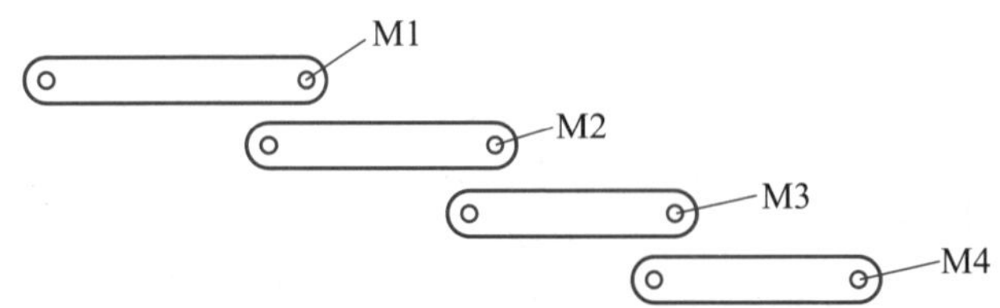


图 7-34 4 台带式运输机组成的传输系统

(1) 起动时的顺序:M4→M3→M2→M1。

(2) 停止时的顺序:先停止最前一台带式运输机,待料运送完毕后再依次停止其他带式运输机,即 M1→M2→M3→M4。

(3) 当某台带式运输机发生故障时,该机以及其前面的电动机立即停止,而该带式运输机以后的带式运输机待料运完后才停止。如 M2 发生故障,M1、M2 立即停止;经过 5 s 延时后,M3 停止;再经过 5 s 延时后,M4 停止。

# 单元 8　编程器与编程软件的功能及使用

三菱 PLC 的编程工具有手持编程器、图形编程器和计算机编程软件。计算机编程软件包括 SWOPC-FXGP/WIN-C 和 GX Developer 等。SWOPC-FXGP/WIN-C 适用于 FX 系列 PLC，GX Developer 适用于 FX 系列、Q 系列、QnA 系列和 A 系列 PLC。本章主要介绍编程器和 SWOPC-FXGP/WIN-C 及 GX Developer 编程软件的使用方法。

## 8.1　编程器的功能及使用

### 8.1.1　FX-20P-E 编程器的操作面板

FX 系列 PLC 与编程器的连接如图 8-1 所示。图 8-2 所示为 FX-20P-E 型简易编程器的操作面板示意图。图 8-1 中将 FX-20P-E 简称为 HPP。HPP 由液晶显示屏、ROM 写入器接口、存储卡接口及键盘(功能键、指令键、元件符号键和数字键等)组成。HPP 各按键的功能见表 8-1。

**表 8-1　HPP 的按键功能**

| 符号 | 名称 | 功能说明 |
|---|---|---|
| RD/WR | 读/写 | 这 3 个键为复用键，交替起作用。按第一次是选择上方表示的功能，按第二次则选择的是下方表示的功能 |
| INS/DEL | 插入/删除 | |
| MNT/TEST | 监控/监测 | |
| OTHER | 其他 | 无论在使用何种操作时，按此键，显示方式项目单。安装 ROM 写入模块的 HPP 是在脱机方式项目单上进行项目选择的 |
| CLEAR | 消除 | 在按下 GO 键之前，按下此键，可以消除错误信息返回到上一个屏幕，该键也可用于清除显示屏幕上的错误信息 |
| HELP | 帮助 | 显示应用指令菜单，在监控功能下，显示十进制与十六进制之间的转换 |
| SP | 空格 | 元器件号或常数，连续输入时用此键 |
| STEP | 步长 | 设置程序的步序号(地址号) |
| ↑　↓ | 上下移动 | 移动光标和提示符或快速卷动屏幕(选定已用过或未用过的步序号的元件，作上下滚动) |
| GO | 执行 | 确认或执行指令，或连续搜索屏幕信息 |

续表

| 符号 | 名称 | 功能说明 |
| --- | --- | --- |
| LD AND<br>X M<br>NOP MPS<br>**0 1** | 指令<br>符号<br>数字 | 这组键均为复用键，有两种功能，键上部为指令键，下部为数字键或器件符号键，何种功能有效，由当前操作状态下的功能自动定义。E、F 键未被定义 |

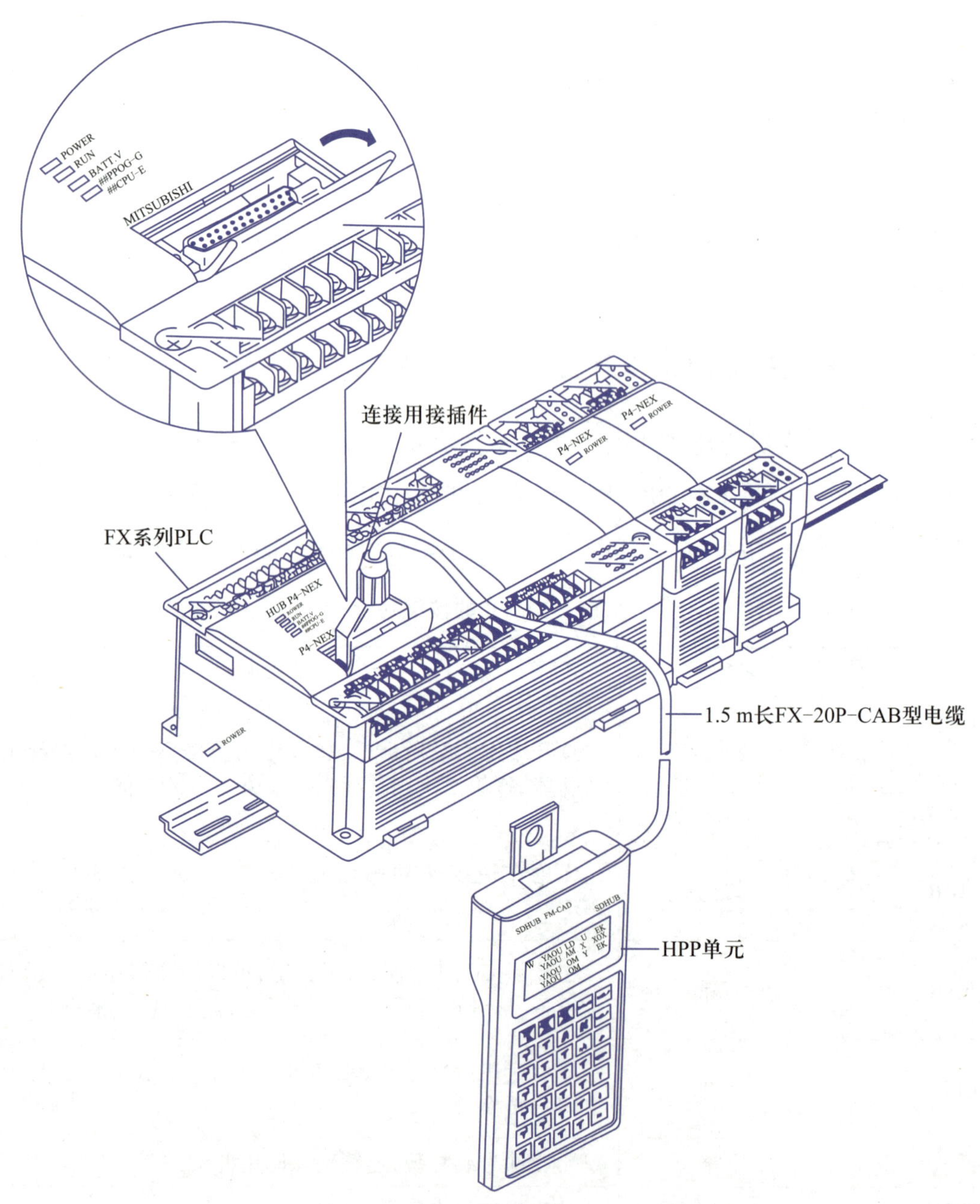


图 8-1 FX 系列 PLC 与编程器的连接

HPP 液晶显示屏能同时显示 4 行，每行 16 个字符，在编程操作时，显示屏上显示的内容如图 8-3 所示。液晶显示屏左上角的黑三角提示符是功能方式说明，共有以下几种提示符：

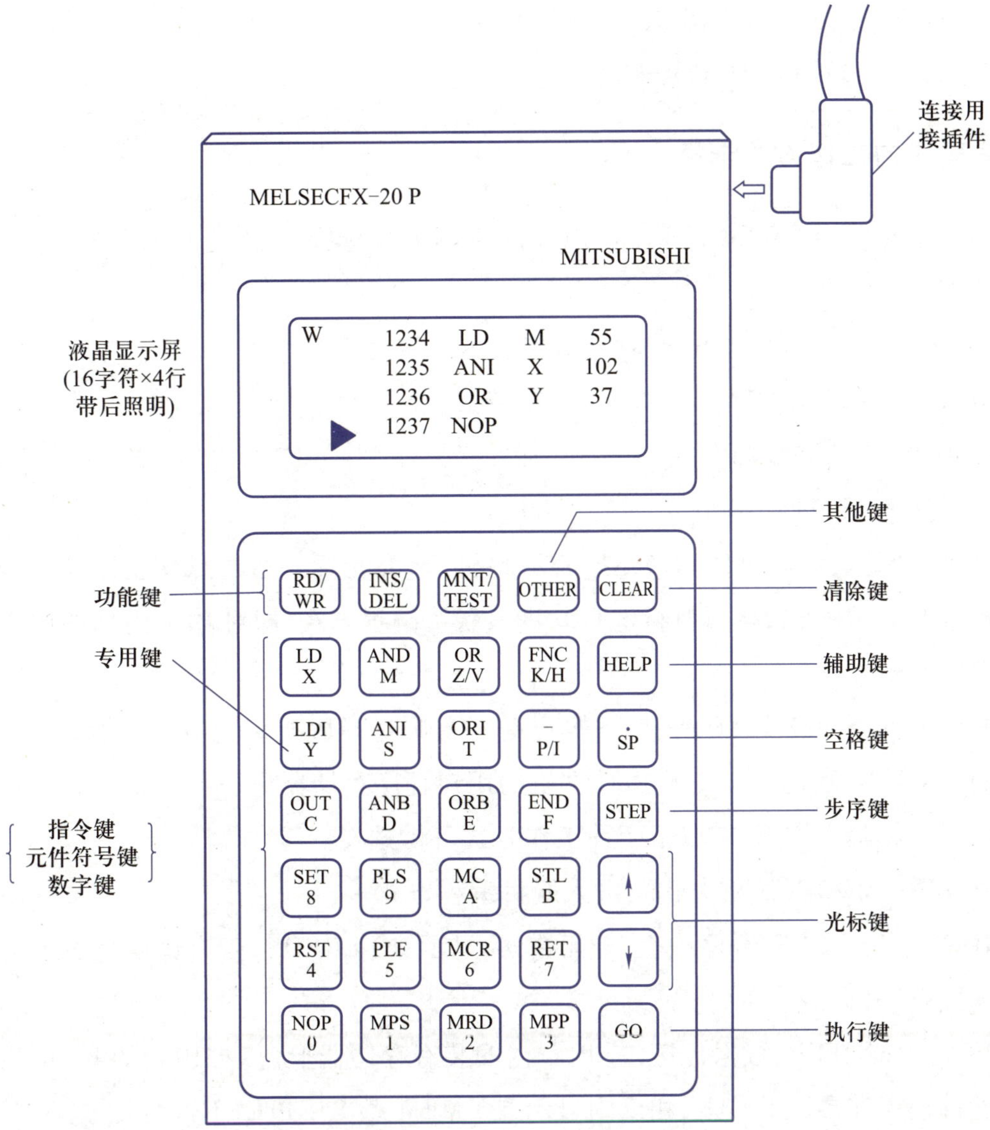

连接用
接插件
MELSECFX-20 P
MITSUBISHI
W
1234 LD M 55
1235 ANI X 102
1236 OR Y 37
1237 NOP
液晶显示屏
(16字符×4行
带后照明)
功能键
专用键
指令键
元件符号键
数字键
RD/
WR
INS/
DEL
MNT/
TEST
OTHER
CLEAR
LD
X
AND
M
OR
Z/V
FNC
K/H
HELP
LDI
Y
ANI
S
ORI
T
P/I
SP
OUT
C
ANB
D
ORB
E
END
F
STEP
SET
8
PLS
9
MC
A
STL
B
RST
4
PLF
5
MCR
6
RET
7
NOP
0
MPS
1
MRD
2
MPP
3
GO
其他键
清除键
辅助键
空格键
步序键
光标键
执行键

图 8-2　FX-20P-E 型简易编程器的操作面板示意图

行光标
元件符号
功能方式选择
R
0 1 0 LD X 10
0 1 1 OUT T 2
K 120
0 1 4 LDI M 10
4行×16字符
步序号，编程
操作时，自动显示
指令助记符
元件地址，用功能指令时，
显示功能指令编号

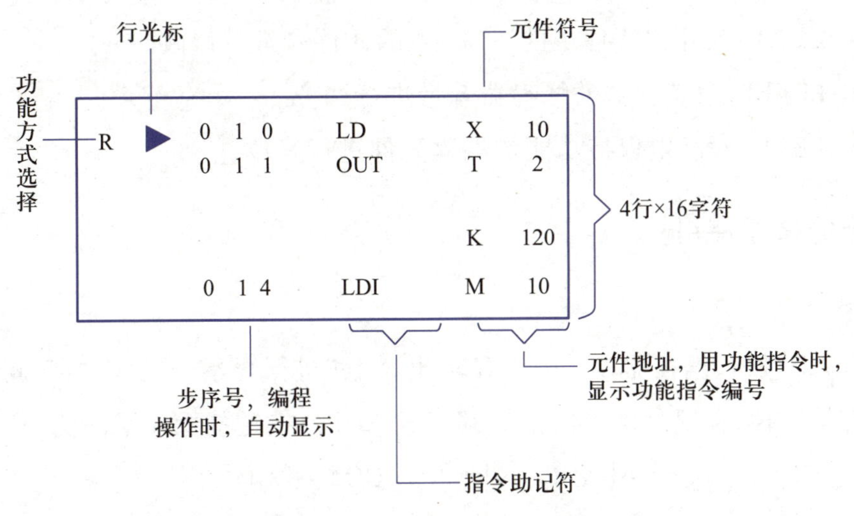

图 8-3　显示屏上显示的内容

R(READ)——读出;W(WRITE)——写入;I(INSERT)——插入;D(DELETE)—— 删除;M(MONITOR)——监控;T(TEST)——测试。

### 8.1.2 编程器的工作方式选择

(1) PLC 通电后,POWER 灯亮;将 PLC 的工作方式选择开关置于 STOP 状态,此时,PLC 处于编程状态。

(2) 编程器与主机同时通电,此时显示器显示内容为:

PROGRAM MODE

▶ON　　LINE (PC)

OFF　LINE(HPP)

其中,ON LINE 表示联机,OFF LINE 表示脱机,▶为光标。通过操作上下移动键(↑、↓)将光标移动到 ON LINE 前,按下执行键 GO,进入联机编程方式,即对 PLC 内部的用户程序存储器进行读/写操作。

若将光标移动到 OFF LINE 前,按下执行键 GO,则选择脱机编程方式,编程时将指令先写入编程器的 RAM 中,联机后再转入 PLC 主机的用户程序存储器里。

(3) 在联机编程方式下,有以下 7 种工作方式可供选择。

① OFF LINE MODE(脱机方式):进入脱机编程方式。

② PROGRAM CHECK:程序检查,若无错误,显示 NO ERROR;若有错误将显示出错误的步序号及出错代码。

③ DATA TRANSFER:数据传送,若 PLC 内安装有存储器卡盒,在 PLC 的 RAM 和外装的存储器之间进行程序和参数的传送,相反则显示 NO MEM CASSETTE,不进行传送。

④ PARAMETER:对 PLC 的用户程序存储器容量、各种具有断电保持功能的编程元件的范围,以及文件寄存器的数量进行设置。

⑤ XYM.NO.CONV:对用户程序中的 X、Y、M 的元件号进行修改。

⑥ BUZZER LEVEL:对编程器的蜂鸣器音量进行调节。

⑦ LATCH CLEAR:对断电保持功能的编程元件进行复位。

### 8.1.3 编程器的操作使用

#### 1. 写指令操作 W

按下功能键 RD/WR,编程器显示屏上显示出 W,在进行写指令操作之前,可以将用户存储器中原先的内容清除掉,使显示屏上的指令都变成 NOP。按键的操作顺序为

→[NOP]→[A]→[GO]→[GO]

此操作进行之后显示器上全部显示为 NOP。也可以直接写入,即将原来的指令语句覆盖。写

指令操作包括写入基本指令、功能指令及指针。

（1）写入基本指令。基本指令的写入有以下3种情况。

① 写入仅有指令助记符的指令。例如，要写指令ORB，按键的操作顺序为

→[ORB]→[GO]

② 写入有指令助记符和一个元件的指令。例如，写入指令LD X0，按键的操作顺序为

→[LD]→[X]→[0]→[GO]

③ 写入指令助记符和一个元件带常数的指令。例如，要写入OUT T0 K100的指令，按键的操作顺序为

→[OUT]→[T]→[0]→[SP]→[K]→[100]→[GO]

写入OUT T0 D0指令的按键操作顺序为

→[OUT]→[T]→[0]→[SP]→[D]→[0]→[GO]

（2）写入功能指令。写入功能指令时，先按功能指令键FNC，再输入功能指令代码及SP键，接着再输入元件或常数，最后按GO键结束。例如，要写入图8-4所示的16位功能指令，其按键的操作顺序分别为

→[FNC]→[12]→[SP]→[K]→[5]→[SP]→[D]→[1]→[GO]

→[FNC]→[12]→[P]→[SP]→[K]→[0]→[SP]→[K]→[4]→[Y]→[0]→[GO]

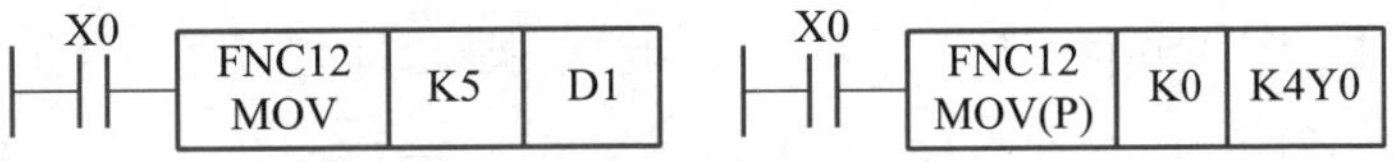
X0
FNC12
MOV
K5
D1
X0
FNC12
MOV(P)
K0
K4Y0

图8-4　16位功能指令

又如，要写入图8-5所示的32位功能指令，其按键的操作顺序分别为

→[FNC]→[D]→[12]→[SP]→[K5]→[SP]→[D1]→[GO]

→[FNC]→[D]→[12]→[P]→[SP]→[K0]→[SP]→[K4]→[Y0]→[GO]

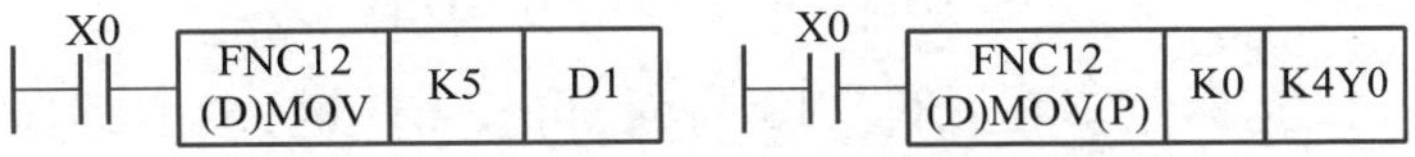
X0
FNC12
(D)MOV
K5
D1
X0
FNC12
(D)MOV(P)
K0
K4Y0

图8-5　32位功能指令

（3）写入指针指令。写入指针P、I和写入指令的方法相同，即按P或I键后，再输入标号，最后按GO键确认。例如，要写入图8-6所示的指针P0。按键的操作顺序为

[P]→[0]→[GO]

P0
C0
M8012
FNC12
MOV(P)
D0
D2

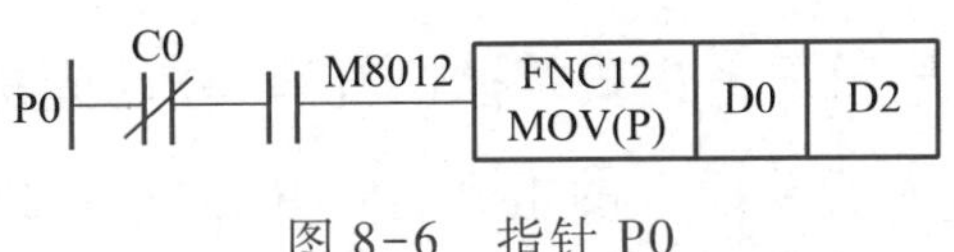

图8-6　指针P0

（4）指令的改写操作。在指定的步序上改写指令时，首先将光标移到改写的指令处，然后将正确的指令写入，按 GO 键确认。

（5）移动光标。在写状态下移动光标到指定的程序步。例如，要将光标从目前位置移动到程序步 100，按键的操作顺序为

→[STEP]→[100]→[GO]

**2. 读指令操作 R**

按功能键 RD/WR，使编程器显示屏上出现 R，此时可进行读指令操作，读指令的操作分为以下 3 种情况。

（1）由步序号读出指令。由程序的步序号读出写入的指令语句。例如，要读出步序号为 50 的指令语句，其按键的操作顺序为

→[RD]→[STEP]→[5]→[0]→[GO]

按上下移动键可显示该指令前后的其他指令语句。

（2）由指令语句读出指令。由已写入程序的某条指令语句读出程序。例如，根据 OUT T0 读出操作，其按键的操作顺序为

→[OUT]→[T0]→[GO]

当找到 OUT　T0 指令时，光标停留在指令 OUT　T0 前面，再按 GO 键，会继续向下寻找 OUT　T0 指令。如果程序中还有 OUT　T0 指令出现，则光标停留在 OUT　T0 指令出现的第二个位置前面；如果没有，显示屏上则显示 NOT FOUND，表示程序中 OUT　T0 指令再没有第二次出现。按 CLEAR 键，可以清除 NOT FOUND 显示。

（3）由元件号读出指令。在程序中寻找一个元件的操作，无论该元件以何种指令形式出现在程序中，都可在读指令的功能下进行检索。例如，要在一个程序中寻找定时器 T10，按键的操作顺序为

→[SP]→[T10]→[GO]

当找到 T10 元件时，光标停留在元件 T10 前面，再按 GO 键，会继续向下寻找元件 T10。如果程序中还有 T10 元件出现，则光标停留在第二个 T10 元件前面；如果再没有此元件了，显示屏上显示 NOT FOUND，表示程序中 T10 元件再没有出现第二次。按 CLEAR 键，可以清除 NOT FOUND 显示。

**3. 插入指令操作 I**

按功能键 INS/DEL，出现标识符 I 后，可进行插入指令操作。

插入指令的操作过程：在显示屏上出现 I 标识符后，移动光标（▶），将光标对准要插入指令位置的下一条指令，然后写入所要插入的指令，按 GO 键实现该指令的插入。插入 1 条指令后，程序的步序号会自动加 1。

**4. 删除指令操作 D**

按功能键 INS/DEL,使编程器显示屏上出现删除标识符 D,此时可进行删除指令操作。删除指令有两种操作方式。

(1) 逐条删除指令。在显示标识符 D 的状态下,移动光标(▶)对准要删除的指令,然后按 GO 键即可删除该条指令。如果一直不停地按 GO 键,将逐条删除连续的指令。

(2) 删除部分指令。在显示标识符 D 的状态下,删除部分指令的操作顺序为

[STEP]→[起始步序号]→[SP]→[STEP]→[终止步序号]→[GO]

例如,要删除程序步号 10 到程序步号 120 之间的指令,按键的操作顺序为

→[STEP]→[10]→[SP]→[STEP]→[120]→[GO]

**5. 监视操作 M**

监视标识符为 M,编程器和 PLC 在联机的方式下可进行监视操作。监视功能是利用编程器的显示屏监视用户程序中元件的 ON/OFF 状态,以及 T、C 元件当前值的变化。

(1) 位元件的监视。位元件的监视是指监视指定位元件的 ON/OFF 状态。元件监视的操作过程:按 MNT/TEST 键,使编程器显示屏上出现标识符 M,再按 SP 键,输入要监视的元件符号及元件号,再按 GO 键即可。例如,要监视元件 Y0~Y7 的 ON/OFF 状态,按键操作顺序为

→[M]→[SP]→[Y0]→[GO]

显示屏出现 Y0,按向下的光标键(↓),显示屏依次出现 Y1~Y7 的状态显示,如果元件前面出现"▮"标记,表示该元件处于 ON 状态;如果元件前面没有出现"▮"标记,表示该元件处于 OFF 状态。

(2) 对基本指令运行状态的监视。如需要对某条基本指令的运行状态进行监视,则先按照指令读出的方法,将其读出在显示屏上,并移动光标(▶)指向该条指令,再按功能键"MNT/TEST",编程器显示屏上出现标示符 M 后,根据该指令中元件的左边有无"▮"标记,判断指令中的触点和线圈的状态。例如,监视第 126 条指令,按键的操作顺序为

→[M]→[STEP]→[1]→[2]→[6]→[GO]

显示屏的显示内容如下所示:

```
M      126    LD         X000
    ▶  127    ORI     ▮  M100
       128    OUT     ▮  Y005
       129    OUT        Y006
```

由显示屏的显示内容可知,M100 触点为 ON 状态,Y5 线圈为得电状态。

(3) 监控数据寄存器 D、V、Z 中的数据。如需要监视数据寄存器中的数据,首先要按 MNT/TEST 键,使编程器显示屏上出现标识符 M 后,再输入数据寄存器的元件号。例如,要监视数据寄存器 D10 中的数据,其按键的操作顺序为

→[M]→[SP]→[D]→[1]→[0]→[GO]

此时显示屏上显示出数据寄存器 D10 中的数据,若按下移动键↓,依次可以显示 D10、D11、D12 中的数据。此时显示的数据为十进制数,按 HELP 键,显示的数据在十进制和十六进制之间切换。

(4) 定时器和计数器的监视。如需要监视计数器的运行情况,首先要按 MNT/TEST 键,编程器显示屏上出现标识符 M 后,再输入计数器的元件号。例如,要监视计数器 C10 的运行情况,其按键的操作顺序为

→[M]→[SP]→[C]→[1]→[0]→[GO]

显示屏的显示内容为

M　　T100　　K100
　　　P　R　　K20
　　　▶ C10　　K9
　　　P　R　　K100

光标(▶)停在 C10 的位置,K9 是 C10 的当前计数值。在下一行中,K100 为 C10 计数器的设定值,P 表示 C10 的动合触点状态,其右侧若有"▮"标记,表示 C10 动合触点闭合,若没有则表示动合触点断开,R 表示 C10 复位电路的状态。当其右侧有"▮"标记时表示其复位电路闭合,复位位为 ON 状态;若无"▮"标记表示其复位电路断开,复位位为 OFF 状态。

(5) 对步状态器的监视。采用指令或编程元件的测试功能使特殊辅助继电器 M8047(STL 监视有效)为 ON,然后先进入元件的监视状态 M,再按下 STL 键和 GO 键,可以监视最多 8 点为 ON 的步状态器 S,它们按照元件从大到小的顺序排列。

**6. 强制元件置位/复位 T**

编程器的测试功能的标识符为 T,测试功能用于对程序中位元件的触点和线圈进行强制置位/复位(ON/OFF)操作。此操作只能在 PLC 的工作方式开关为 STOP 时使用。

要强制元件为 ON/OFF,首先要进入位元件的监视状态,然后再对元件进行测试。例如,要对元件 Y13 进行强制 ON/OFF,首先要进入对 Y13 的监视状态,按键的操作顺序为

→[M]→[SP]→[Y]→[1]→[3]→[GO]

再按 MNT/TEST 功能键,出现测试标识符 T 后,对位元件进行测试,其按键的操作顺序为

→[T]→[SET](强制 Y13 为 ON)→[RST](强制 Y13 为 OFF)

操作时可观察到显示屏上 Y13 旁▮标记的变化。

## 8.2 SWOPC-FXGP/WIN-C 编程软件的使用

SWOPC-FXGP/WIN-C 编程软件是专为 FX 系列 PLC 设计的编程软件,其操作方便,功能

强。该软件可以采用梯形图和指令语句进行编程,并具有两者间的相互转换功能;能够进行监控和测试,如梯形图程序的监控、元件的监控;可以强制位元件 ON/OFF;可以改变 T、C、D 的当前值等。

### 8.2.1 SWOPC-FXGP/WIN-C 编程软件的使用说明

安装 SWOPC-FXGP/WIN-C 编程软件后,计算机桌面上将出现 SWOPC-FXGP/WIN-C 软件的图标,双击该图标后,出现初始界面,单击初始界面菜单栏中的文件菜单,并在下拉菜单中选取新文件菜单条,即出现如图 8-7 所示的 PLC 型号选择界面图,选择好 PLC 的机型,单击确认后,则出现如图 8-8 所示的编辑程序菜单的主界面图。

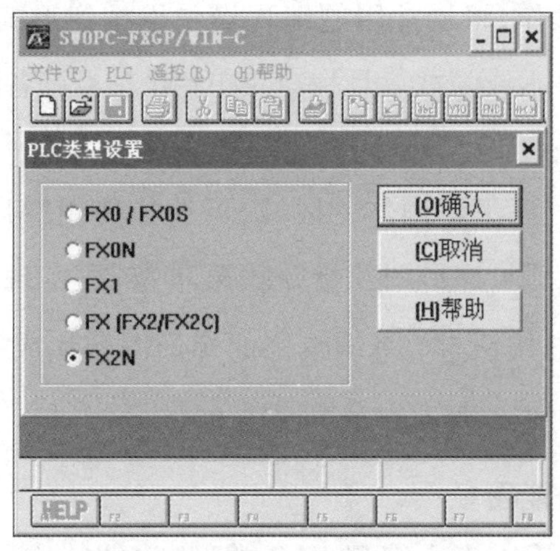


图 8-7 PLC 型号选择界面图

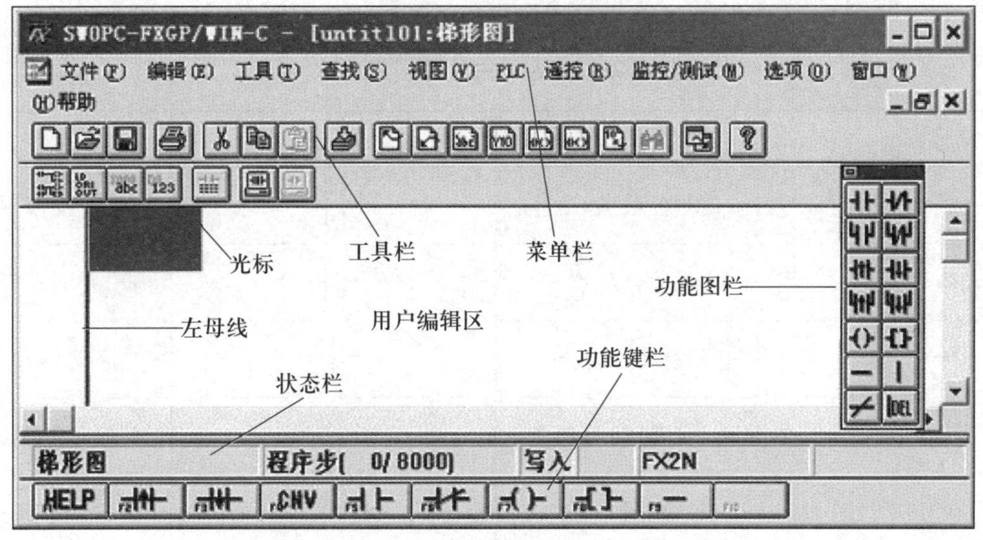


图 8-8 编辑程序菜单的主界面图

图 8-8 所示的主界面图分为以下几个主要区域:菜单栏(包括 11 个主菜单项)、工具栏(快捷操作窗口)、用户编辑区。在用户编辑区下边分别是状态栏及功能键栏,在主界面图的右侧

还有功能图栏。各区域的操作功能分别说明如下。

**1. 菜单栏**

菜单栏是以菜单形式操作的入口,菜单中包含文件、编辑、工具、查找、视图、PLC、遥控、监控/测试等项。单击某项菜单项,可弹出该菜单项的细目,如文件菜单包含新建、打开、保存、另存为、打印、页面设置等项;编辑菜单包含剪切、复制、粘贴、删除等项。这两个菜单项的主要功能为程序文件的建立及编辑。菜单栏中的其他项目为编程形式(梯形图和指令语句表)的变换、程序的下载传送、程序监控及测试等功能的操作。

**2. 工具栏**

工具栏提供简便的鼠标操作,将最常用的编程操作以按钮形式设定到工具栏中。用户可以利用菜单栏中的视图菜单来显示或隐藏工具栏。菜单栏中涉及的各种功能在工具栏中都能找到。

**3. 用户编辑区**

用户编辑区是用来显示程序编辑操作的区域,可选择使用梯形图、指令表等方式进行程序的编辑工作。使用菜单栏中视图、梯形图及指令表菜单条,可实现梯形图程序与指令表程序间的转换。也可利用工具栏中的按钮,将编辑好的梯形图转换成指令表。另外,利用程序查找按钮和,可以直接查找到所编辑程序的开始和结尾。

**4. 状态栏、功能键栏和功能图栏**

编辑器的下部是状态栏,用于表示编程 PLC 类型、软件的应用状态及所处的程序步数等。状态栏下为功能键栏,它与编辑区中的功能图栏都含有各种梯形图符号,相当于梯形图绘制的图形符号库。功能图栏的符号及含义见表 8-2。

**表 8-2 功能图栏的符号及含义**

| 符号 | 含义 | 符号 | 含义 |
|---|---|---|---|
| ┤├ | 动合触点 | ┤/├ | 动断触点 |
| ┘├ | 并联动合触点 | ┘/├ | 并联动断触点 |
| ┤↑├ | 上升沿动合触点 | ┤↓├ | 下降沿动合触点 |
| ┘↑├ | 并联上升沿动合触点 | ┘↓├ | 并联下降沿动合触点 |
| ─(　)─ | 线圈 | ─[　]─ | 功能指令框 |
| — | 横线 | \| | 竖线 |
| ─/─ | 取反 | \| DEL | 删除竖线 |

### 8.2.2 SWOPC-FXGP/WIN-C 软件的程序编辑操作

#### 1. 程序编辑操作的方式

(1) 梯形图方式编程。采用梯形图方式编程是在编辑区中绘制梯形图，首先选择文件菜单项中的新文件选项，再打开视图菜单项目，选择梯形图或指令表的编程形式。

若选择梯形图编程形式，在打开新建文件夹时，主窗口左边可以看到一根竖直的线，这就是梯形图中的左母线，蓝色的方框为光标。梯形图的绘制过程是取用图形符号库中的符号，完成“拼绘”梯形图的过程。例如，要输入一个动合触点，可单击功能图栏中的动合触点，也可以在工具菜单中选择触点，并在下拉菜单中单击动合触点符号，这时出现如图 8-9 所示的输入元件对话框，在对话框中输入触点的地址及其他有关参数后单击确认按钮，要输入的动合触点及其他地址就出现在蓝色光标所在的位置。

图 8-9 输入元件对话框

如需输入功能指令，则单击工具菜单中的功能菜单或单击功能图栏及功能键中的功能按钮，即可弹出如图 8-10 所示的输入指令对话框，然后在对话框中填入功能指令的助记符及操作数，单击确认按钮即可。输入功能指令时需要注意：

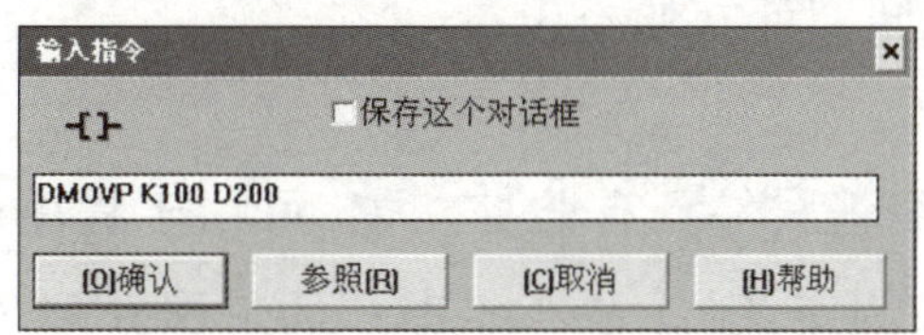


图 8-10 输入指令对话框

① 助记符与操作数间要空格。

② 指令的脉冲执行方式中加的“P”与指令之间无空格。

③ 32 位数据操作指令的助记符与其前面的“D”之间无空格。

梯形图符号间的连线,要通过工具菜单中的连线菜单选择水平线与竖线完成。另外还需注意,不论绘制什么图形符号,首先都要将光标移到梯形图中需要绘制这些图形符号的地方。梯形图符号的删除用计算机的删除键完成,梯形图竖线的删除要用工具菜单中的竖线删除工具完成。梯形图元件及电路块的剪切、复制和粘贴等方法与其他编辑类软件的操作相似。

(2) 指令表方式编程。采用指令表方式编程比较简单,选择“视图”→“指令语句表”即可,或者单击工具栏中的指令语句视图图标,进入指令表编程方式,即可在编辑区光标位置直接用键盘输入指令语句。一条指令语句输入完毕,按回车键后,光标移至下一条指令,则可输入下一条指令。指令表方式的指令修改也十分方便,将光标移到需修改的指令语句上,重新输入新指令即可。

无论采用梯形图方式或指令表方式编程,当编程完成后,都可以通过选择视图菜单中的梯形图和指令表,实现两者间的转换。

**2. 程序的检查**

程序编制完成后,可利用菜单栏中选项菜单下的程序检查功能,对程序做语法、双线圈及电路错误的检查。如有问题,软件会显示出程序存在的错误。

**3. 计算机和 PLC 之间的程序传递**

(1) 将计算机中编辑的程序写入到 PLC。首先将 PLC 的工作方式开关置于 STOP 状态,再单击菜单栏中“PLC”→“传送”→“写入”命令,出现一个对话框,选中“范围设置”按钮,将所编辑程序的步序号写入到对话框中的终止步,然后单击确认按钮,即可将步序号范围内的程序写入到 PLC 中。如果选择所有范围按钮,则程序写入到 PLC 的 0~7999 步中,这样写入的时间就会变长。在“写出”的过程中,计算机会自动将计算机中的程序与 PLC 中的程序进行核对。

(2) 将 PLC 中的程序传送到计算机。选择“PLC”→“传送”→“读出”命令,就可以将 PLC 中的程序传送到计算机中。执行读出命令后,计算机中的程序将丢失,即原有的程序被传送的程序所代替。由此可以对计算机中的程序进行修改。

(3) 核对程序。选择“PLC”→“传送”→“核对”命令,就可以将 PLC 中的程序和计算机中的程序进行对比,并将其中不同的部分显示出来。

**4. 程序的运行及监控**

SWOPC-FXGP/WIN-C 编程软件具有监控功能,可用于程序的运行及监控。在程序已读入到 PLC 之后,要运行或监控程序,则首先要将 PLC 的工作方式开关置于 RUN 状态。

(1) 程序的运行及监控。程序传入 PLC 后,要仍保持编程计算机与 PLC 的联机状态并使程序运行,在编辑区显示梯形图的状态下,单击菜单栏中的监控/测试选项后,单击开始监控即进入元件的监控状态。这时,在梯形图上将显示各触点的状态及各数据存储单元的数值变化情况,程序的监控界面如图 8-11 所示。图中有长方形光标显示的位元件,表示该元件处于接通状态,数据元件中的数据可直接标出。在监控状态时单击停止监控可终止监控状态。

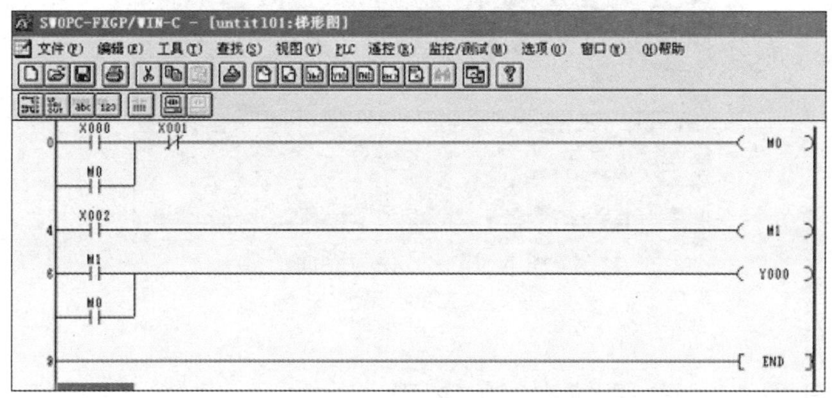


图 8-11　程序的监控界面

元件状态的监视还可以通过表格方式实现。在编辑区显示梯形图或指令语句表的状态下,单击菜单栏中的监控/测试,再选择进入元件监控项,则进入元件监控状态对话框,在对话框中设置要监控的元件号,在运行程序时就可以显示出要监视的元件的状态了。

(2) 位元件的强制状态。在调试程序时可能需要 PLC 的某些位元件处于 ON 或 OFF 状态,以便观察程序的反应,此功能通过监控/测试菜单项中的强制 Y 输出及强制 ON/OFF 命令来实现。选择这些命令时会弹出对话框,在对话框中设置需要强制的元件号,再单击确定按钮即可。

(3) 改变 PLC 字元件的当前值。在调试过程中可以改变字元件的当前值,如定时器、计算器的当前值及存储单元的当前值。具体操作也是从监控/测试菜单进入,选择改变当前值,在弹出的对话框中设置元件号及数值后,再单击确定按钮即可。

**5. PLC 程序的保存和打开**

单击文件菜单中的保存子菜单即可对文件进行保存,文件保存界面如图 8-12 所示,选择正确的文件名及路径,单击确定按钮,出现如图 8-13 所示的另存为界面,输入文件题头名,单击确定按钮即可。

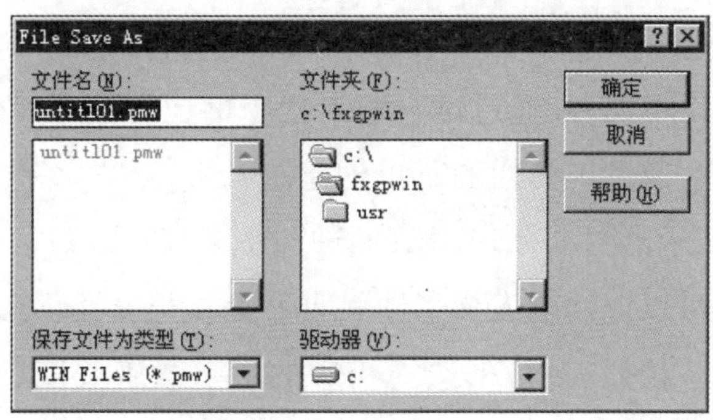


图 8-12　文件保存界面

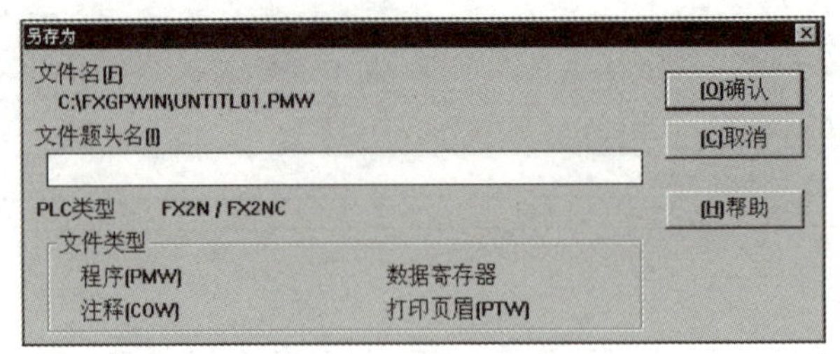


图 8-13　另存为界面

## 8.3　GX Developer 编程软件的使用

GX Developer 编程软件是三菱公司 Q 系列、QnA 系列、A 系列及 FX 全系列 PLC 的编程软件。该软件简单易学，具有丰富的工具箱和可视化界面，可以采用梯形图、指令表、SFC 及功能块等多种方法编程，能现场进行程序的在线修改，具有监控、诊断及调试功能，能迅速排除故障。GX Developer 编程软件具有网络参数设定功能，可通过网络实现诊断及监控。

### 8.3.1　GX DeveLoper 编程软件的程序编辑操作

通过单击开始菜单中的"MELSOFT 应用程序"→"GX Developer"就可以起动 GX Developer。通过单击工程菜单的 GX Developer 关闭，就可以关闭 GX Developer 编程软件。GX Developer 编程软件的基本操作说明如下。

**1. 新建工程**

单击 GX Developer 的"工程"→"新建工程"命令，或单击工具栏中的工程生成按钮，或按快捷键 Ctrl+N，就可以新建一个工程。创建新工程的界面如图 8-14 所示。

在创建新工程界面，首先设定 PLC 系列及 PLC 类型，再设定梯形图逻辑或 SFC 程序的编程类型，还可对是否采用标号程序等进行设定。当确定了对话框中的所有内容后，即可进入梯形图写入窗口进行梯形图的设计。

**2. 梯形图的设计**

梯形图的创建方法有以下四种：通过键盘输入指令助记符的方式创建，通过工具栏的工具按钮创建，通过功能键创建，通过工具栏的菜单创建。

执行上述操作后，将显示出图 8-15 所示的梯形图（写入）窗口。单击连续输入按钮后，将不关闭梯形图输入窗口并可以连续输入梯形图触点。如果想要在梯形图模式下输入"LD X0"，可以通过触点线圈类型的下拉列表框，来选择相应的触点或者线圈（如┤├），在软元件指令输入栏中输入元件号（如 X0），或者在梯形图输入窗口的软元件输入栏中直接输入相应的指令语句（如 LD X0），即可完成梯形图模式下的元件、指令的输入。指令的助记符和元件号间应有空格。在绘制梯形图时，应注意以下几点。

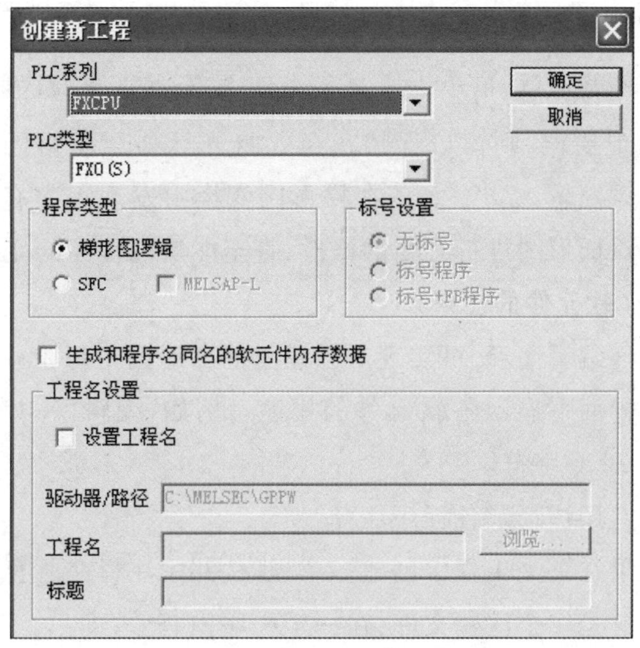


图 8-14　创建新工程的界面

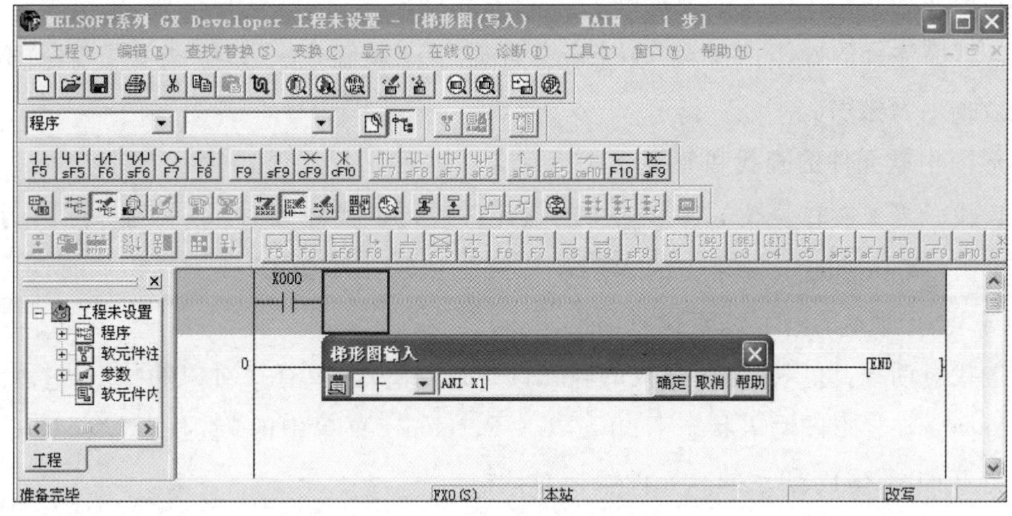


图 8-15　梯形图(写入)窗口

(1) 一个梯形图块应在 24 行以内设计,否则会出错。

(2) 一个梯形图的行触点数为 11 个触点+1 个线圈。如果在设计梯形图时,一行中有 12 个触点以上,多出的触点将自动移至下一行。

(3) 梯形图剪切和复制的最大范围为 48 行。

(4) 梯形图符号的插入依据挤紧右边和列插入的组合来处理,所以有时梯形图也会出现无法插入的情况。

(5) 在读取模式下,剪切、复制、粘贴等操作不能进行。

(6) 当梯形图块显示为黄色时,表示该梯形图块存在错误。选择"工具"→"程序检查"命令,可以确认出错内容,进行程序修改。

**3. 梯形图和列表的变换与修改**

首先单击要进行变换的窗口,再单击工具栏上的按钮或使用快捷键 F4 完成程序变换。若在程序变换过程中出现错误,则窗口保持灰色并将光标移至出错区域。此时,可双击编辑区,调出程序输入窗口,重新输入指令。若在梯形图变换中发现程序有问题,可以利用编辑菜单的插入、删除等操作,对梯形图进行必要的修改,直至能实现程序的变换。

**4. 程序功能的注释(软元件的注释)**

通过对梯形图软元件编辑注释,可实现对已建立的梯形图中每个软元件的用途进行说明,以便能够在梯形图编辑界面上显示各软元件的用途。例如,编辑“X10”的用途为“停止”。每个软元件注释不能超过 32 个字符。

软元件的注释包括共用注释及各程序注释。

(1) 共用注释。如果在一个工程中创建多个程序,共用注释在所有的程序中有效。

(2) 各程序注释。这是一个注释文件,在一个程序内有效,即只在一个特定的程序内有效的注释。

创建共用注释的操作:“工程数据列表”→“软元件注释”→“COMMENT”。

创建各程序注释的操作:“工程”→“编辑数据”→“新建”→“数据类型”命令(各程序注释),设置数据名及索引。

**5. 梯形图中软元件的查找和替换**

(1) 查找。当要对较复杂的梯形图中的软元件进行批量修改时,可采用梯形图的查找/替换操作。单击 GX Developer 菜单中的“查找/替换”→“软元件查找”或工具栏上的查找按钮,就可打开如图 8-16 所示的软元件查找对话框。

通过查找对话框,可以指定所查找的软元件,对查找方向及查找对象的状态进行设定。

(2) 替换。在梯形图写入状态下,单击 GX Developer 菜单中的“查找/替换”→“软元件替换”,就可打开如图 8-17 所示的软元件替换对话框。

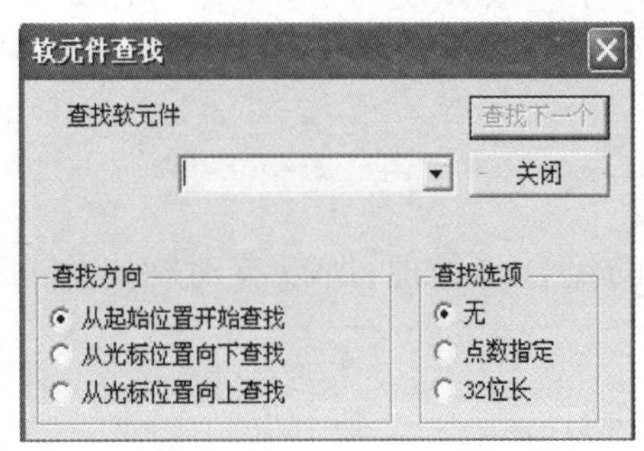


图 8-16 软元件查找对话框

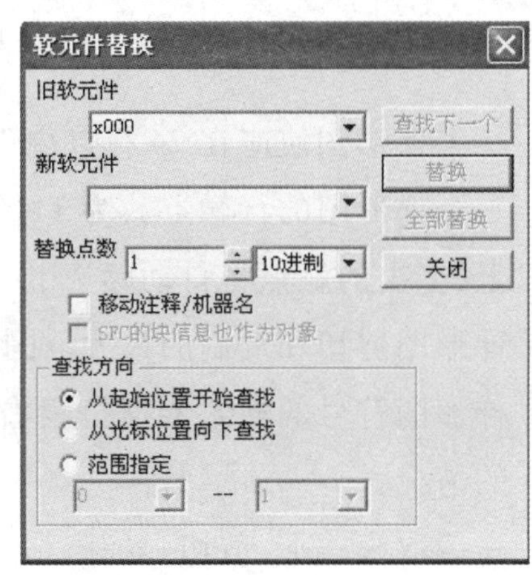


图 8-17 软元件替换对话框

另外,编程软件还具有指令的查找、替换及动合触点、动断触点的互换等功能。

**6. 指令语句编辑**

指令语句编辑为利用指令表进行程序的编辑。首先单击 GX Developer 菜单中的“显示”→“列表显示”或单击工具栏上的操作按钮,就可以进入如图 8-18 所示的指令表编辑区。

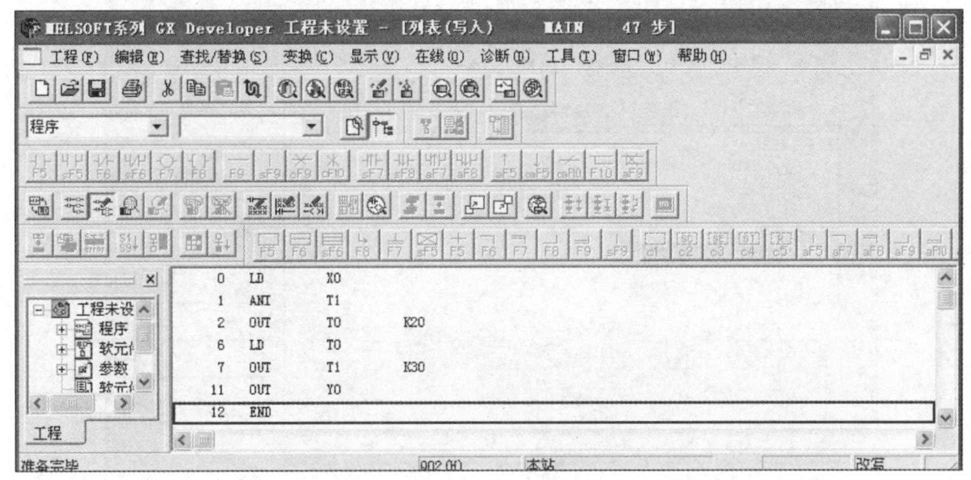


图 8-18　指令表编辑区

**7. PLC 程序的写入和读出**

(1) 传输设置。采用专用电缆将 PLC 与计算机连接,并将 PLC 各种方式开关置于 STOP 状态。传输设置对话框如图 8-19 所示。在传输设置对话框中,可进行 PLC 和计算机的串口通信口及通信方式的设定,也可以进行其他网络站点的设定及通信测试。

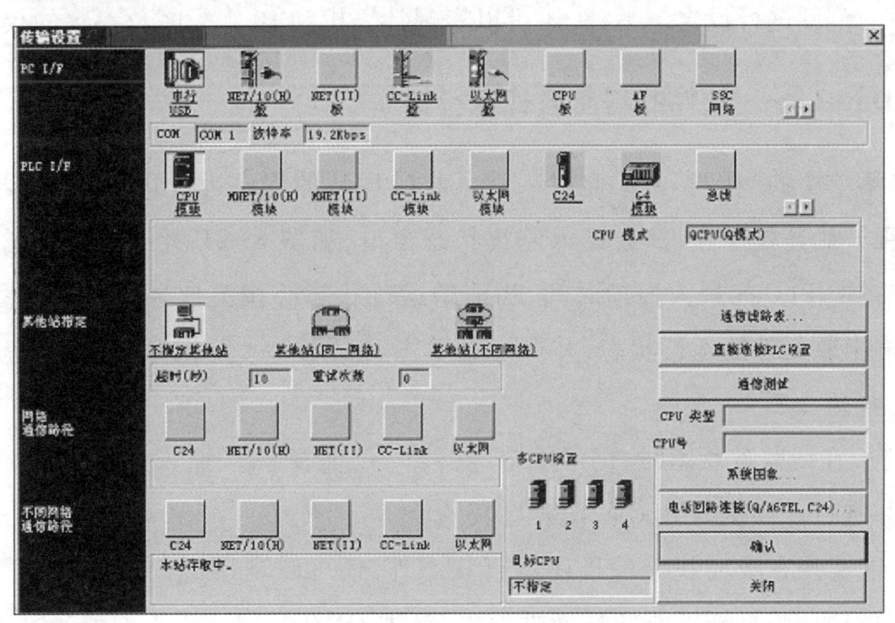


图 8-19　传输设置对话框

(2) 程序的写入。将 PLC 置于 STOP 状态,单击“在线”→“写入 PLC”或单击工具栏上的写入 PLC 工具按钮，出现写入 PLC 对话框，选择参数+程序，再单击开始执行按钮，实现将编制好的程序写入到 PLC 中，如图 8-20 所示。

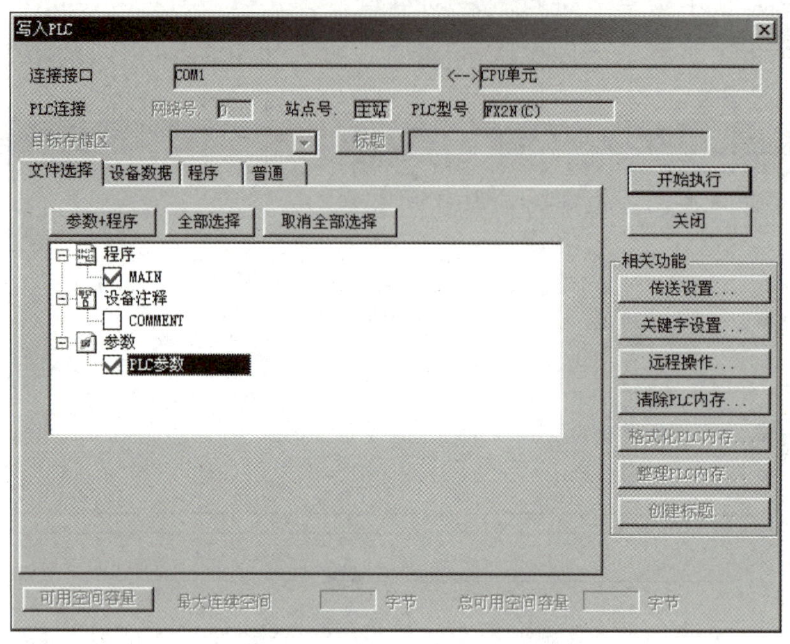


图 8-20　写入 PLC 对话框

（3）程序的读取。将 PLC 置于 STOP 状态，单击“在线”→“读取 PLC”或单击工具栏上的读取 PLC 工具按钮，就可以将 PLC 中的程序发送到计算机。

在读取 PLC 或写入 PLC 对话框中，可以对读取或写入的文件种类进行选择，也可以对软元件数据及程序的范围进行设定。另外，还可以实现计算机和 PLC 程序及参数的校验。

### 8.3.2　GX DeveLoper 软件的程序监视运行操作

通过单击菜单中的“在线”→“监视”，就可监视 PLC 的程序运行状态。当程序处于监视模式时，不论监视开始还是停止，都会显示监视状态窗口，如图 8-21 所示。由监视状态窗口，可以观察到被监视的 PLC 的最大扫描时间、当前的运行状态等相关信息。在梯形图上也可以观察到各输入、输出软元件的运行状态，并可通过单击“在线”→“监视”→“软元件批量”实现对软元件的成批监视。

在 PLC 处于在线监视状态时，仍可单击“在线”→“监视”→“监视（写入模式）”，对程序进行在线编辑，并进行计算机与 PLC 间的程序校验。

PLC 除了能实现在线监视当前程序运行状态外，还可以利用“在线”→“跟踪”→“采样跟踪”，间隔一定的时间采样跟踪指定软元件的内容（即 ON/OFF 状态、当前值），并将采样结果存储到存储器的采样跟踪区域内，可查看指定软元件的数据变化过程，以及触点、线圈等 ON/OFF 状态的时序。

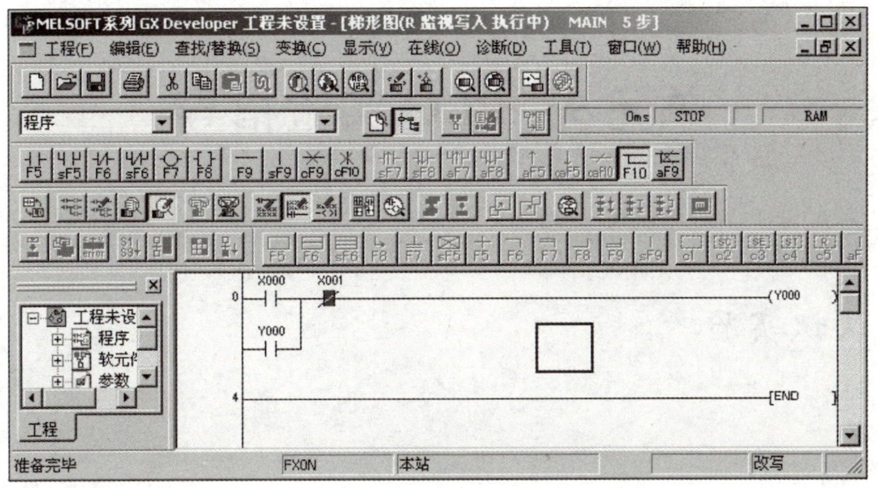

图 8-21 监视状态窗口

## 习题 8

8-1 PLC 有哪几种编程工具？各自有哪些特点？

8-2 简述手持编程器的功能。

8-3 简述编程设备与 PLC 之间的在线和离线编程方式。

8-4 简述编程软件的监视功能，并说明这些监视功能的具体作用。

# 单元9 PLC实验指导

## 9.1 PLC认识实验

**1. 实验内容**

(1) 编程器的使用。

(2) 各种指令语句的写入、读出和修改方法。

(3) 操作 PLC 运行程序。

**2. 准备内容及要求**

(1) 复习 PLC 的基本组成及工作原理。

(2) 复习 PLC 的外部接线方式。

(3) 阅读编程器的使用说明。

(4) 复习基本逻辑指令的操作功能。

**3. 实验设备及器材**

(1) FX 系列 PLC 一台。

(2) 编程器一台。

(3) 编程电缆。

**4. 实验要求及步骤**

(1) 关闭电源,将专用电缆插到编程器插孔中,电缆的另一端接 PLC 基本单元的插座,并将 PLC 基本单元的工作方式开关(STOP/RUN)置于 STOP 位置。

(2) 按下 PLC 的电源开关,PLC 通电,电源指示灯点亮,编程器的液晶显示窗口显示自检内容。

(3) 清除 PLC 中以前的用户程序,操作步骤如下。

[RD]→[WR]→[NOP]→[A]→[GO]→[GO]

当显示器上全部显示为"NOP"时,即可写入程序。

(4) 写入程序时,首先要选择功能编辑键,键盘上分别有 RD/WR、INS/DEL、MNT/TEST 等键,分别表示读/写、插入/删除、监控/测试功能。这些键均为一键两用,其功能为后按者有优先权。当操作这些键时,在液晶显示窗口的左上角显示出对应的标示符 R 和 W、I 和 D、M 和 T。

(5) 编程器的操作练习。

① 写入指令的操作练习。将表 9-1 中的指令语句写入 PLC。

**表 9-1 指令语句**

| | | | | | |
|---|---|---|---|---|---|
| 00 | LD X0 | 08 | OUT T0 | 18 | LD X6 |
| 01 | AND X1 | — | K10 | 19 | OUT C0 |
| 02 | OUT Y0 | 11 | LD T0 | — | K5 |
| 03 | LD X2 | 12 | OUT T1 | 22 | LDI X4 |
| 04 | OR X3 | — | K10 | 23 | OUT Y3 |
| 05 | OUT Y1 | 15 | OUT Y2 | 24 | END |
| 06 | LD X4 | 16 | LD X5 | — | — |
| 07 | ANI TI | 17 | RST C0 | — | — |

② 读出指令的操作练习。将上面写入的指令语句按照下面的按键操作顺序读出。

[RD]→[STEP]→[0]→[GO]

③ 修改指令的操作练习。读出 02 条语句,并将其改写成“OUT M0”;在第 11 条语句前插入“OUT Y3”指令语句;读出 08 条语句,并将 T0 的时间常数“K10”改写为“D0”。

④ 写入并运行程序的操作练习。

加法运算程序的运行操作练习如图 9-1a 所示,操作练习步骤如下。

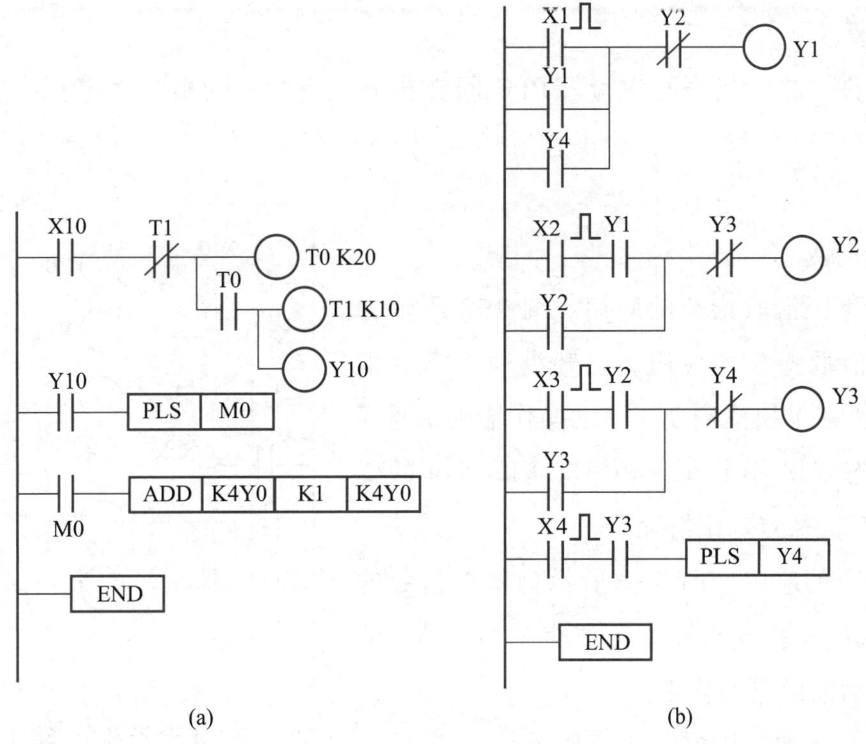


图 9-1 运行操作练习

a. 将图 9-1a 所示的梯形图所对应的指令语句写入 PLC。

b. 将 PLC 的工作方式切换开关置于 RUN 位置。

c. 闭合输入开关(X10),观察 PLC 输出端 Y17~Y0 的变化规律。

顺序控制程序的运行操作练习如图 9-1b 所示,操作练习步骤如下。

a. 将图 9-1b 所示的顺序控制梯形图所对应的指令语句写入到 PLC。

b. 将 PLC 置于 RUN 状态。

c. 操作 PLC 输入端(X)信号以脉冲形式变化(OFF→ON→OFF)模拟运行程序。

## 9.2 基本逻辑指令实验

**1. 实验内容**

(1) 基本逻辑指令的使用。

(2) 程序的写入、检查和修改等操作方法。

(3) PLC 程序运行的方法。

**2. 准备内容及要求**

(1) 基本逻辑指令的操作功能。

(2) 编程器的使用说明。

(3) 写出本次实验中梯形图所对应的指令语句。

**3. 实验要求和步骤**

(1) 实验要求

① 将梯形图对应的指令语句写入 PLC,再读出并检查写入的指令语句。

② 操作 PLC 运行程序,手动操作输入信号,观察输出的状态,记录 PLC 程序运行的结果。

(2) 实验步骤

① 上升沿下降沿取指令的应用。图 9-2 所示为上升沿和下降沿取指令的应用。上升沿和下降沿指令的执行时间为一个扫描周期。手动操作输入信号 X 的 ON/OFF 状态变化,分析画出相对应 X12、X14 的变化,输出 Y3、Y5 状态的变化情况。

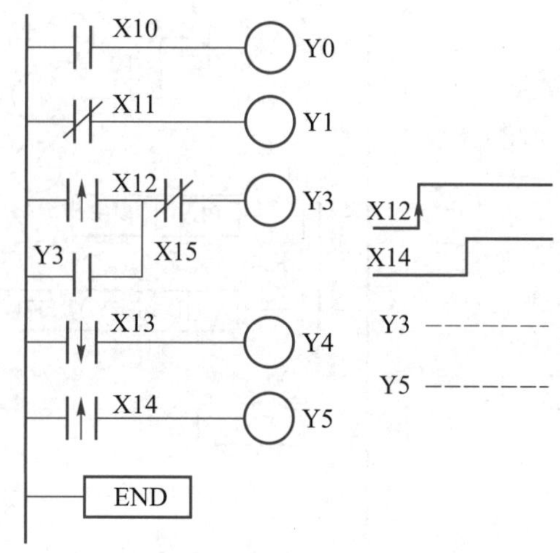

图 9-2 上升沿和下降沿取指令的应用

② 基本指令的应用。图 9-3 所示为基本指令的应用梯形图,通过实验分析图中第三个梯级中 Y2 动合触点和 X13 动断触点的作用。

③ 电路块指令的应用如图 9-4 所示。

④ 置位、复位指令的应用如图 9-5 所示。

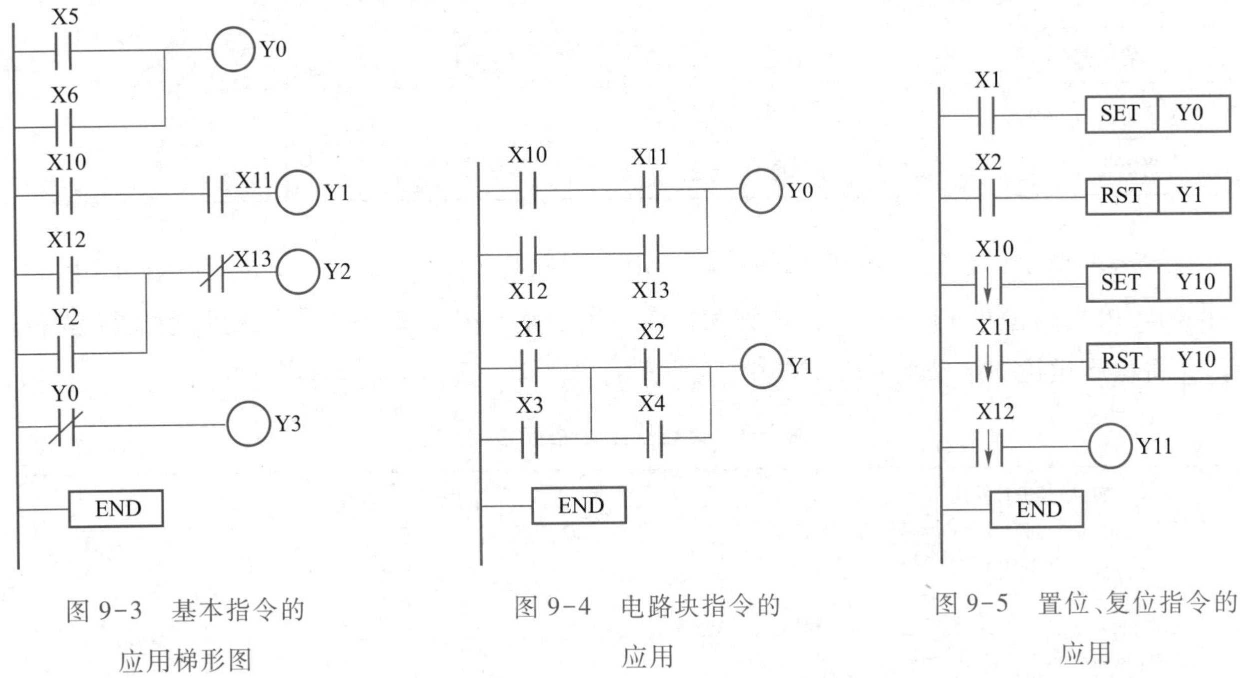


图 9-3 基本指令的应用梯形图

图 9-4 电路块指令的应用

图 9-5 置位、复位指令的应用

采用相同的步骤完成对图 9-4 和图 9-5 所示梯形图的操作。

⑤ 基本指令的应用程序。图 9-6a 所示为优先电路，手动输入 X1 和 X2 信号，先到来者优先控制输出。将实验的结果填入表 9-2 中。通过实验分析，在第一梯级和第二梯级中相互串入 M10 和 M11 各自动断触点的作用。

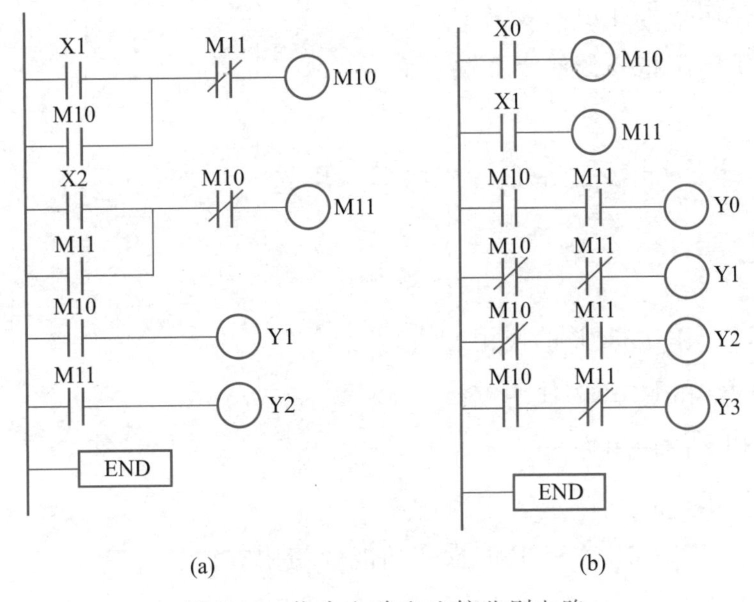


图 9-6 优先电路和比较鉴别电路

表 9-2　优先电路的实验结果

| 输入 X 的状态 | | 输出 Y 的状态 | |
|---|---|---|---|
| 动作顺序 | 状态 | Y1 | Y2 |
| X1 先于 X2 | ON | | |
| X2 先于 X1 | ON | | |

图 9-6b 所示为比较鉴别电路，该电路采用两个状态不同的输入信号 X0 和 X1，产生 4 种不同的输出状态（Y0、Y1、Y2、Y3），故称为比较鉴别电路。根据表 9-3 中 X 的状态执行程序运行，并将程序运行的结果填入表 9-3 中。

表 9-3　比较鉴别电路实验结果

| 输入 X 的状态 | | 输出 Y 的状态 | | | |
|---|---|---|---|---|---|
| X0 | X1 | Y0 | Y1 | Y2 | Y3 |
| ON | ON | | | | |
| OFF | OFF | | | | |
| OFF | ON | | | | |
| ON | OFF | | | | |

**4. 实验报告要求**

（1）写出实验中梯形图对应的指令语句。

（2）整理实验操作结果并填入表格中。

（3）总结实验中所用指令的使用方法。

## 9.3　栈指令、主控指令和脉冲指令实验

**1. 实验内容**

（1）栈指令 MPS、MRD、MPP 的使用方法。

（2）主控指令 MC 和 MCR 的使用方法。

（3）脉冲指令 PLS 的使用方法。

**2. 准备内容及要求**

（1）复习栈指令 MPS、MRD、MPP 的操作功能及使用方法。

（2）复习主控指令 MC 和 MCR 编程录入的要求、操作功能及使用方法。

（3）复习脉冲指令 PLS 的操作功能及使用方法。

（4）写出本次实验中梯形图所对应的指令语句。

(5) 分析梯形图并画出相对应的时序波形图。

(6) 分析梯形图原理并预先将程序运行的结果填入实验表格中。

**3. 实验要求及步骤**

(1) 栈指令实验。

① 图 9-7 所示为栈指令应用梯形图(一)。

实验步骤:按照梯形图输入指令语句,操作 PLC 运行程序;手动输入信号 X0~X7,观察输出端信号的变化情况;分析 X0 和 X3 对输出 Y0~Y5 的影响。

② 图 9-8 所示为栈指令应用梯形图(二)。

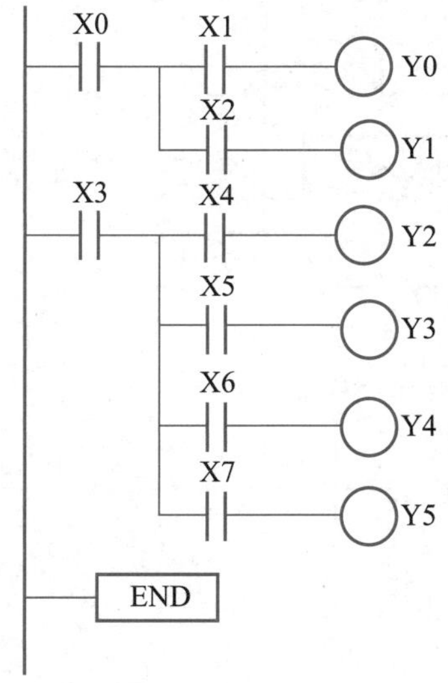


图 9-7 栈指令应用梯形图(一)

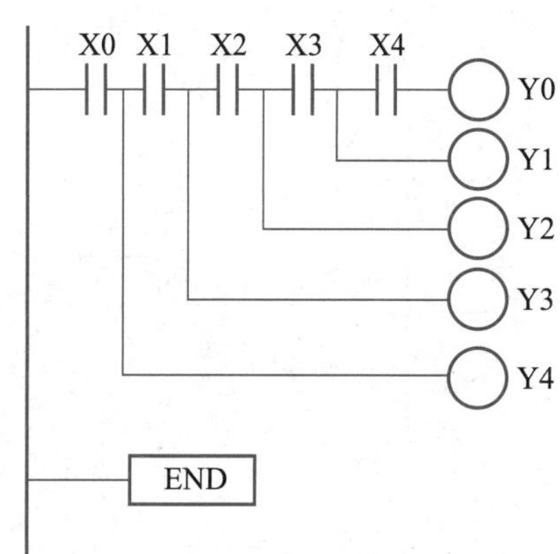


图 9-8 栈指令应用梯形图(二)

实验步骤:按照梯形图输入指令语句,操作 PLC 运行程序;手动输入信号 X0~X4,观察输出端信号的变化情况;分析 X0 对输出 Y0~Y4 的影响,将 Y0~Y4 的变化和理论分析的结果进行比较,并将正确的结果填入表 9-4 中。

**表 9-4 实验数据**

| 输入 X 的状态 | | | | | 输出 Y 的状态 | | | | |
|---|---|---|---|---|---|---|---|---|---|
| X0 | X1 | X2 | X3 | X4 | Y0 | Y1 | Y2 | Y3 | Y4 |
| ON | ON | ON | ON | ON | | | | | |
| | ON | ON | ON | OFF | | | | | |
| | ON | ON | OFF | OFF | | | | | |
| | ON | OFF | OFF | OFF | | | | | |
| | OFF | OFF | OFF | OFF | | | | | |
| | OFF | ON | ON | ON | | | | | |

续表

| 输入 X 的状态 | | | | | 输出 Y 的状态 | | | | |
|---|---|---|---|---|---|---|---|---|---|
| X0 | X1 | X2 | X3 | X4 | Y0 | Y1 | Y2 | Y3 | Y4 |
| ON | OFF | OFF | ON | ON | | | | | |
| | OFF | OFF | OFF | ON | | | | | |
| OFF | — | — | — | — | | | | | |

注:表格中"—"为任意状态。

(2) 主控指令实验。图 9-9 所示为主控指令应用梯形图。

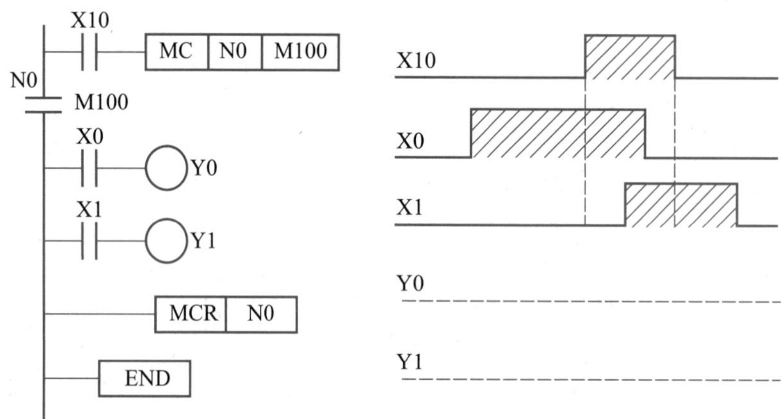


图 9-9　主控指令应用梯形图

实验步骤:

① 根据梯形图输入指令语句,操作 PLC 运行程序。

② 使输入信号 X10=OFF、X0=X1=ON,观察 PLC 输出端 Y0、Y1 的变化情况。

③ 使输入信号 X10=ON、X0=X1=ON,观察 PLC 输出端 Y0、Y1 的变化情况。

④ 根据主控指令的操作功能,分析 X10 对输出 Y0、Y1 的影响。将 Y0、Y1 时序波形图的变化和理论分析的结果进行比较,画出正确的波形图。

(3) 脉冲指令实验。图 9-10 所示为脉冲指令应用梯形图。

实验步骤:

① 根据梯形图输入指令语句,操作 PLC 运行程序。

② 参考时序波形图中输入信号的变化,改变输入信号 X,同时观察 PLC 输出端 Y 的变化情况。

③ 分析画出 X 变化时对应 M 及 Y 的时序波形图。

**4. 实验报告要求**

(1) 整理实验操作结果(表格内容及时序波形图)。

(2) 总结实验中所用指令的使用方法。

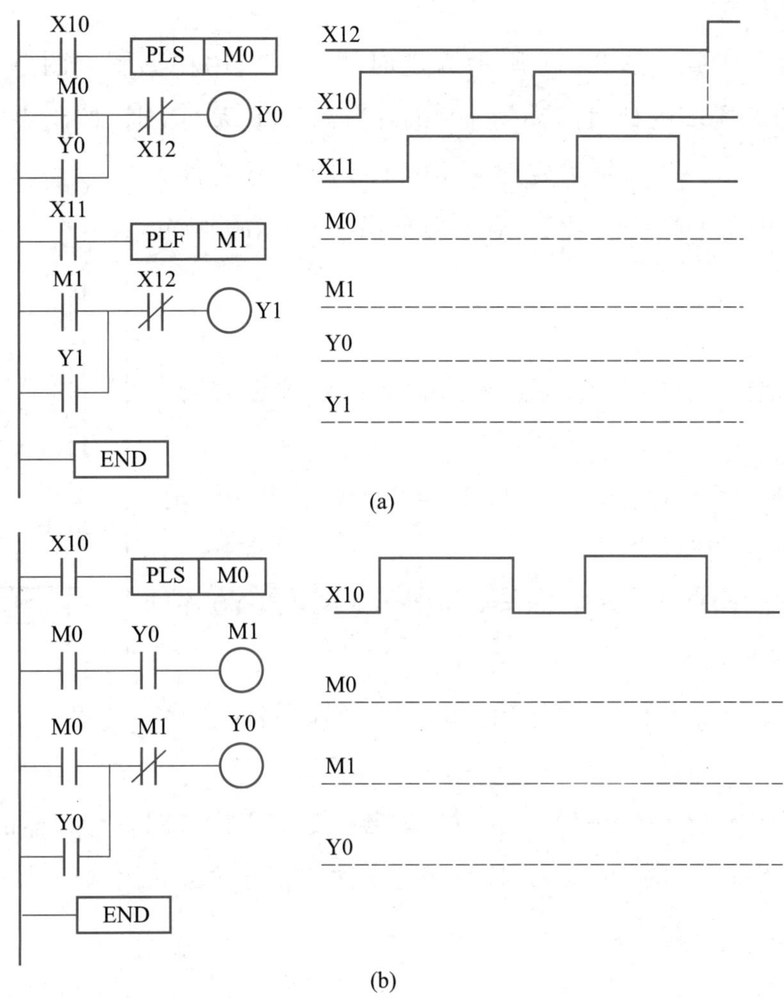


图 9-10　脉冲指令应用梯形图

## 9.4　定时器和计数器实验

**1. 实验内容**

(1) 定时器和计数器指令的编程方法。

(2) 定时器和计数器时间常数的设置方法。

(3) 定时器、计数器的应用方法。

**2. 准备内容及要求**

(1) 复习定时器、计数器指令的操作功能及使用方法。

(2) 提前阅读实验内容和步骤。

(3) 写出本次实验中梯形图所对应的指令语句。

(4) 分析梯形图并画出相对应的时序波形图。

**3. 实验要求及步骤**

（1）定时器指令实验。图 9-11 所示为定时器指令应用梯形图。图中内部辅助继电器 M8028 为 OFF 时，T0～T62 的计时脉冲为 100 ms；当 M8028 为 ON 时，控制定时器 T32～T62 的计时脉冲为 10 ms。X1、X2 分别为定时器 T0、T33 的执行条件。实验时通过操作 X20 的 ON/OFF 状态，观察对输出 Y0、Y1 的延时作用。

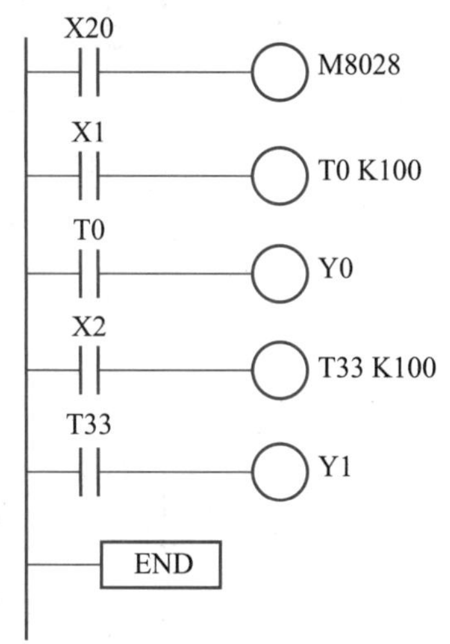

图 9-11　定时器指令应用梯形图

实验步骤：

① 按照梯形图输入指令语句，检查输入程序的正确性，操作 PLC 运行程序。

② 使 X20 = OFF，手动操作输入信号 X1 = X2 = ON，观察输出端 Y0、Y1 的延时输出情况。

③ 手动操作 X20 = ON 后，再使 X1 = X2 = ON，观察输出 Y0、Y1 延时时间的变化情况。

④ 改变 T0、T33 的设定值，观察输出 Y0、Y1 延时时间的变化情况。

（2）计数器指令实验。图 9-12 所示为计数器指令应用梯形图。计数器的设定常数 K = 5，当 X10 为 OFF 时，操作 X7 的 ON/OFF 状态变化 5 次，Y0 有输出。当 X10 为 ON 时，计数器 C0 被复位，X7 计数输入信号无效。

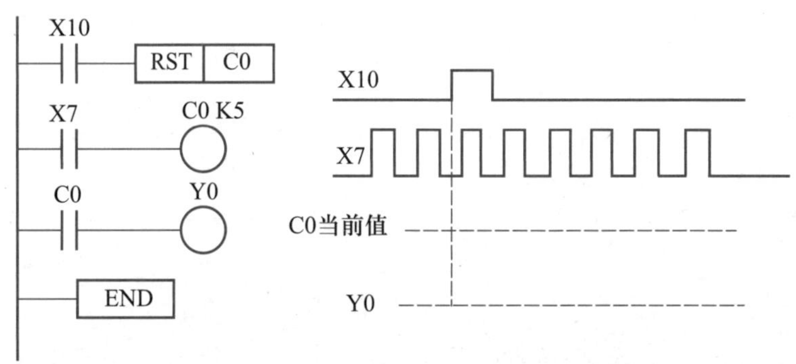

图 9-12　计数器指令应用梯形图

实验步骤：

① 按照梯形图输入指令语句，检查输入程序的正确性。

② 操作 PLC 运行程序。

③ 手动操作 X7 做 ON/OFF 变化，观察 PLC 输出端 Y0 的状态，并画出相应的时序波形图。

（3）定时器和计数器的综合实验。图 9-13 所示为定时器和计数器综合使用梯形图。工作原理为：计数器 C0 的设定常数 K = 10，当 X10 为 ON（X1 为 OFF）时，定时器 T0 开始定时；经过 2 s 后，T0 的动合触点闭合，计数器计数 1 次，与此同时 T0 的动断触点断开，T0 定时器复位；在下一次扫描到来时,T0 的动断触点复位,T0 线圈得电又开始延时,2 s 后计数器再次计数……直到计数器计到 10,Y0 得电有输出。从 X10 闭合到 Y0 有输出,其延时时间为 10×2 s=20 s。X1 为 ON 时计数器 C0 复位。

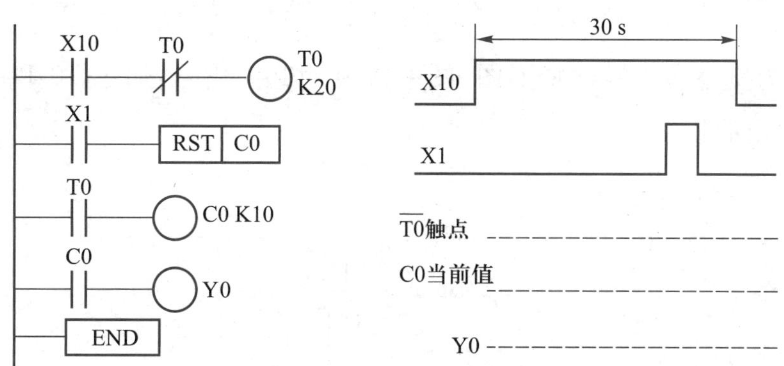


图 9-13　定时器和计数器综合使用梯形图

实验步骤:

① 按照梯形图输入指令语句,检查输入程序的正确性。

② 操作 PLC 运行程序。

③ 手动操作输入信号 X10 为 ON,2 s 后计数器开始计数。

④ 当操作 X1=ON 时,计数器 C0 复位。

⑤ 观察 PLC 输出端 Y0 的状态,并画出时序波形图。

(4) 脉冲发生器实验。图 9-14 所示为脉冲发生器的梯形图,其工作原理为:当 X10 为 ON (X20 为 OFF)时,定时器 T50 开始延时;10 s 后,T50 的动合触点闭合,Y0 得电有输出,与此同时 T51 线圈得电开始延时;5 s 后,由于 T51 的动断触点断开,T50 复位,T51 也复位,T50 动合触点断开,Y0 断电无输出;在下次扫描到来时 T51 动断触点复位,T50 又开始延时 10 s,依次类推,Y0 输出脉冲波形;当 X20 为 ON 时,M8028 得电,Y0 的脉冲周期发生变化。

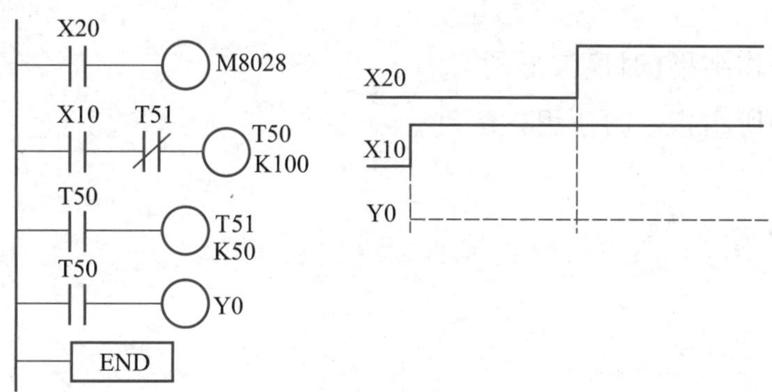


图 9-14　脉冲发生器的梯形图

实验步骤:

① 按照梯形图输入指令语句,检查输入程序的正确性。

② 操作 PLC 运行程序。

③ 在 X20 分别持续为 ON 或 OFF 两种情况下,手动操作输入信号 X10=ON。

④ 观察 PLC 输出端 Y0 的状态变化,画出 Y0 的时序波形图。

**4. 选做内容**

图 9-15 所示为交替输出脉冲梯形图,图中 X10 为起动信号,通过 T0 和 T1 延时时间的设定可以控制交替输出的频率值。

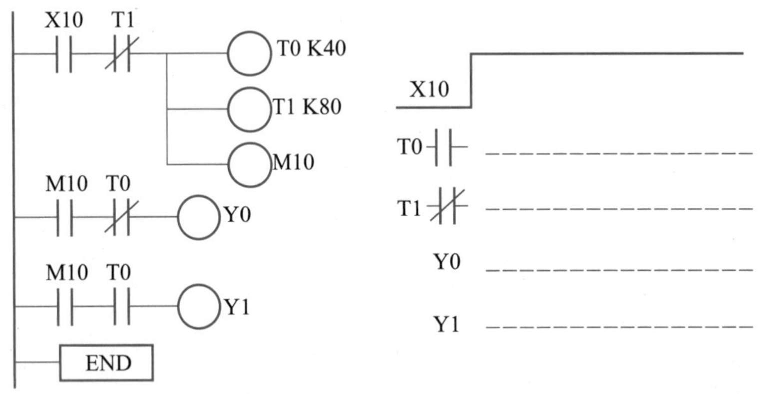


图 9-15 交替输出脉冲梯形图

实验步骤:

① 按照梯形图输入指令语句,检查输入程序的正确性。

② 操作 PLC 运行程序。

③ 手动输入信号 X10=ON,观察输出端 Y0、Y1 的状态。

④ 分析画出 T0 和 T1 触点及 Y0、Y1 的时序波形图。

⑤ 分析 Y0、Y1 交替输出的工作原理。

⑥ 说明 T1 动断触点在电路中的作用。

**5. 实验报告要求**

(1) 整理实验操作结果(时序波形图)。

(2) 总结实验中所用指令的使用方法。

## 9.5 步进顺控指令实验

**1. 实验内容**

(1) 步进指令的功能。

(2) 功能图的编程方法。

(3) 步进程序运行的监控操作方法。

(4) 分析梯形图并画出相对应的时序波形图。

**2. 准备内容及要求**

(1) 复习步进指令的操作功能及编程方法。

(2) 阅读实验步骤。

(3) 画出本次实验中功能图所对应的梯形图,并写出对应的指令语句。

**3. 实验要求及步骤**

(1) 单一循环工作。图 9-16 所示为单一循环工作梯形图。

实验步骤:

① 正确输入程序后,运行程序。

② 观察 PLC 的输出。

③ 画出 Y0、Y1、Y2 的时序波形图。

(2) 选择顺序循环工作。图 9-17 所示为选择顺序循环工作梯形图。

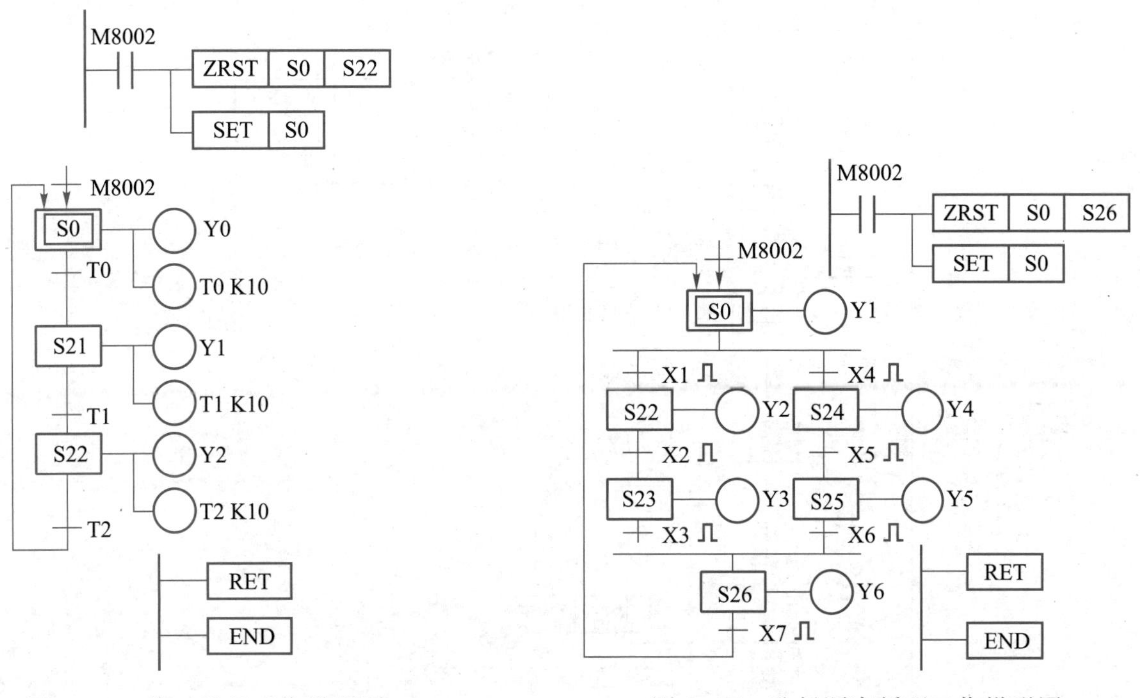


图 9-16 单一循环工作梯形图

图 9-17 选择顺序循环工作梯形图

(3) 并行顺序循环工作。图 9-18 所示为并行顺序循环工作梯形图。

实验步骤:

① 正确输入程序后,运行程序。

② 手动操作输入信号 X 进行 ON/OFF 变化,观察 PLC 的输出。

③ 分析验证功能图的执行顺序。

**4. 选做内容**

图 9-19 所示为重复控制的功能图。

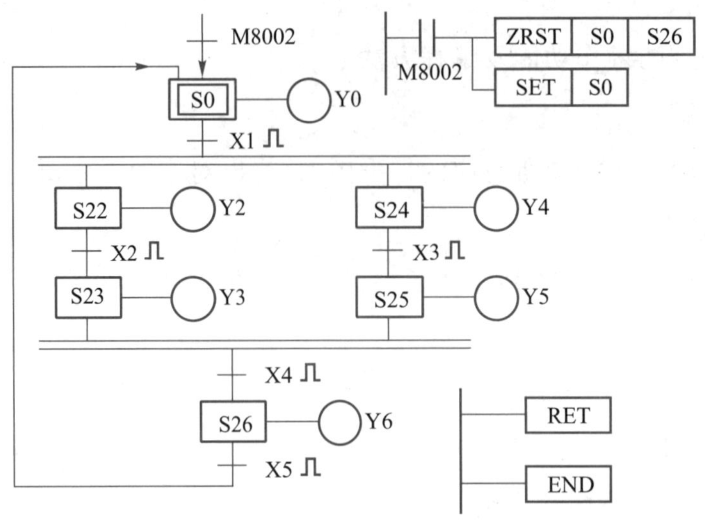


图 9-18 并行顺序循环工作梯形图

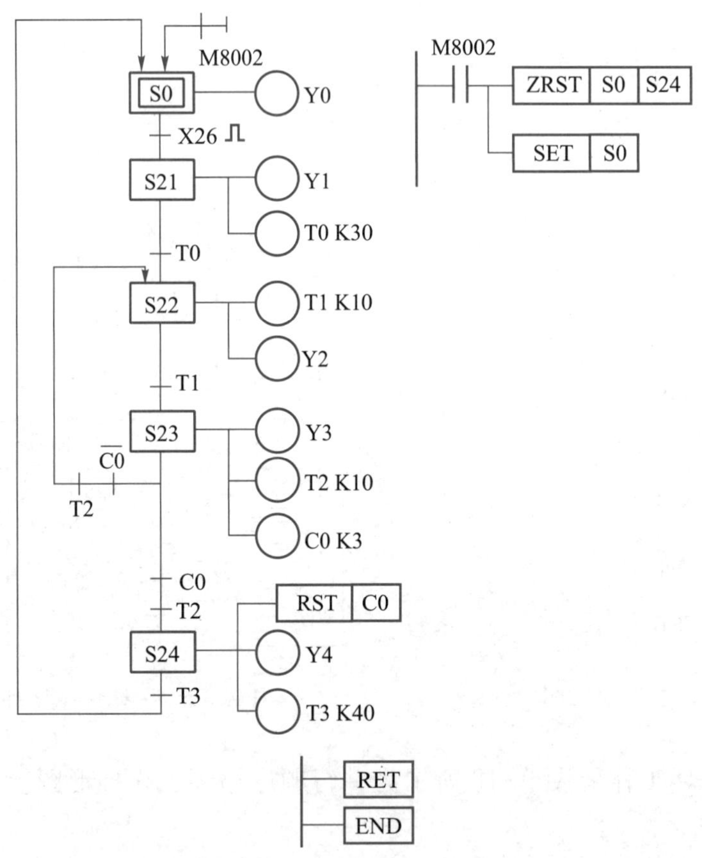


图 9-19 重复控制功能图

实验步骤：

① 正确输入程序后，运行程序。

② 手动改变输入信号 X26 做 ON/OFF 变化，观察 PLC 的输出变化。

③ 验证功能图重复控制的功能。

**5. 实验报告要求**

(1) 整理实验操作结果(时序波形图)。

(2) 写出梯形图对应的指令语句。

(3) 总结实验中所用指令的使用方法。

## 9.6 跳转和比较指令实验

**1. 实验内容**

(1) 跳转指令的编程方法及跳转指令程序的执行和验证方法。

(2) 数据比较指令的使用方法。

**2. 准备内容及要求**

(1) 复习跳转指令编程录入的要求及指令的操作功能。

(2) 复习比较指令的操作功能及使用注意事项。

(3) 写出本次实验中梯形图所对应的指令语句。

(4) 分析本次实验中梯形图的工作原理,并填写表格中的内容。

**3. 实验要求及步骤**

(1) 跳转指令实验。图 9-20 所示为跳转指令应用梯形图。其工作原理为:在程序运行时,若 X10 为 OFF,不满足跳转条件,程序顺序执行,定时器、计数器工作;当 X10 为 ON 时,程序直接跳到指针 P8 处,跳转指令区域中的继电器状态保持不变;当 X10 再次为 OFF 时,继续按顺序执行程序,定时器、计数器继续工作。

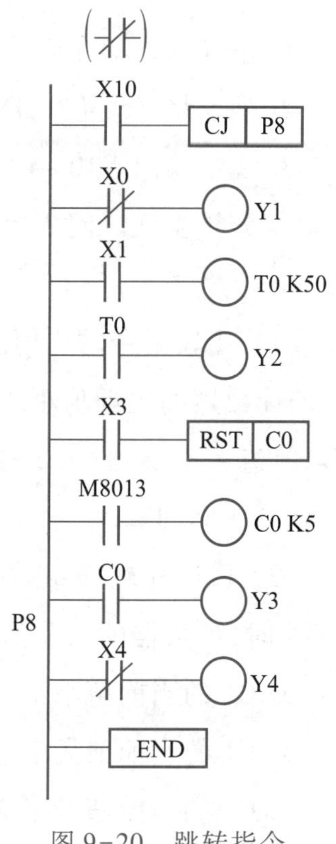

图 9-20 跳转指令应用梯形图

实验操作步骤如下:

① 编程时首先取 X10 为动合触点,运行程序,观察 Y1、Y2、Y3 的状态。

② 再将 X10 改为常闭触点编程,重新运行程序,观察程序的执行情况,通过实验,分析图 9-20 所示跳转指令应用梯形图的工作原理及跳转指令的操作功能。

(2) 比较指令实验。图 9-21 所示为采用比较指令应用梯形图,图中 X6 为 C5 计数器的计数输入信号,X7 为复位信号,X10 为比较指令的执行条件。

实验步骤:

① 使 X10=ON,通过操作 X6 的 ON/OFF 状态,使 C5 计数器

的当前值分别为 2、4、5，观察 3 种情况下 Y0、Y1、Y2 的状态，验证比较指令的功能。

② 在需要减小计数器的当前值时，可通过操作 X7 由 ON 到 OFF 变化一次，使计数器复位，再从零开始计数。应注意：计数器计数时 X7 必须为 OFF 状态。

（3）区间比较指令。图 9-22 所示为区间比较指令应用梯形图，图中 X6 为区间比较指令的执行条件，比较区间为十进制数 2~6。

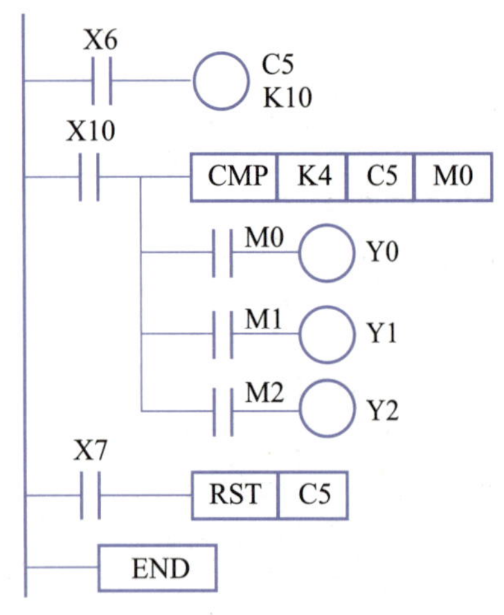


图 9-21　比较指令的应用

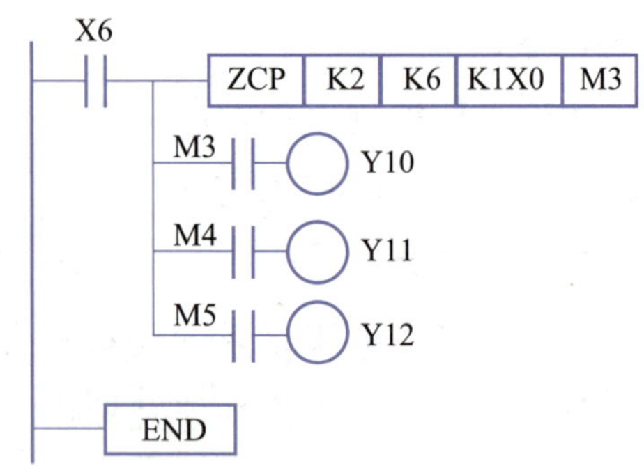


图 9-22　区间比较指令应用梯形图

实验步骤：

① 正确输入程序后，操作 PLC 运行程序。

② 手动将 X6 置为 ON 状态，按照图 9-22 中所示的梯形图，改变输入 X0~X3 状态。

③ 观察输出 Y10~Y12 的状态。

④ 分析验证区间比较指令的功能，并将比较的结果填入表格内（自行设计数据表格）。

**4. 选做内容**

（1）比较指令的应用。图 9-23 所示为采用比较指令监视计数值的梯形图。当 X10 为 ON 时，若计数器的当前值小于 10 时，Y0 有输出；当计数器的当前值为 10 时，Y1 有输出；当计数器的当前值大于 10 时，Y2 有输出；当计数器的当前值为 15 时，Y3 和 Y2 均有输出。分析 Y3 为 ON 状态的时间。

（2）区间比较指令的应用。图 9-24 所示为用区间比较指令监视计数值的梯形图，当 X10 为 ON 时，计数器的当前值和输出端 Y 的关系如下。

① C1 的当前值小于 10 时，Y4 有输出。

② C1 的当前值大于等于 10 而小于等于 20 时，Y5 有输出。

③ C1 的当前值大于 20 时，Y6 有输出。

Y11 为内部辅助继电器 M8013（1 s 时钟）的输出显示。当计数器的当前值为 30 时，C1 复位，在下一个扫描周期，PLC 又开始循环工作。

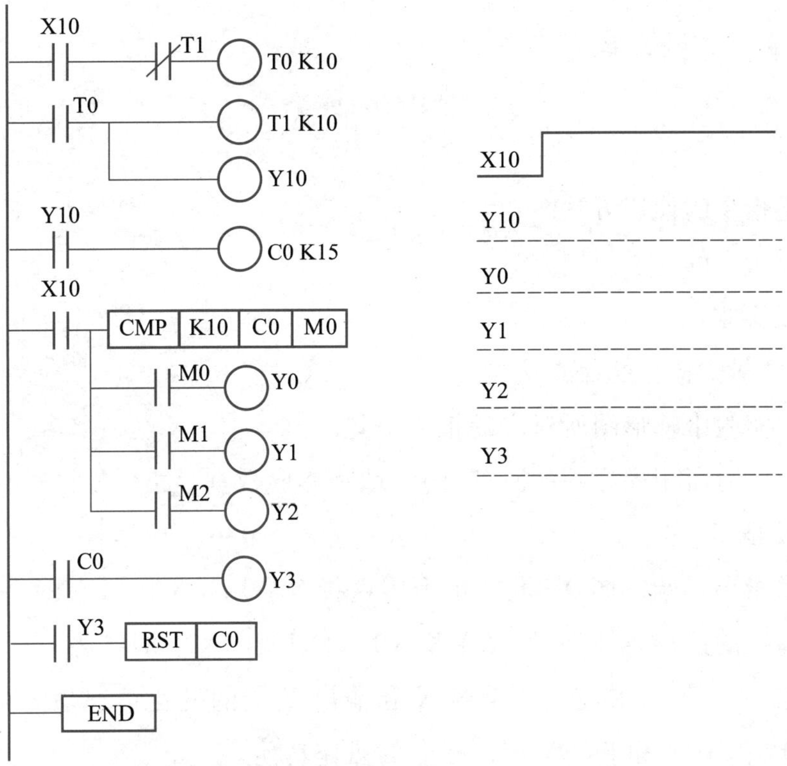

图 9-23　采用比较指令监视计数值的梯形图

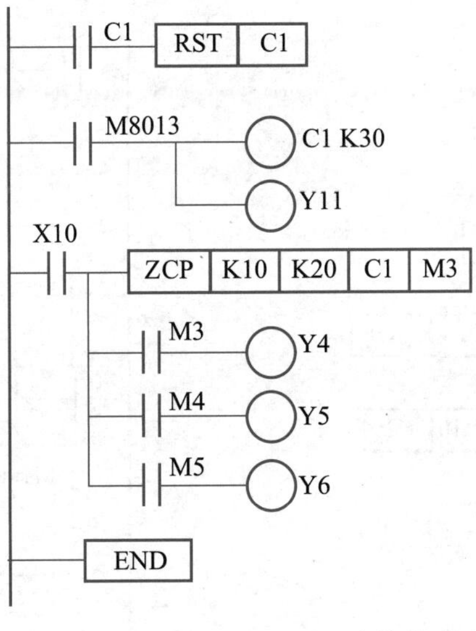

图 9-24　用区间比较指令监视计数值的梯形图

**5. 实验报告要求**

(1) 整理实验操作结果(表格内容)。

(2) 总结实验中所用指令的使用方法。

## 9.7 传送、移位指令实验

**1. 实验内容**

(1) 数据传送指令的使用方法。

(2) 数据移位指令的基本使用方法。

**2. 准备内容及要求**

(1) 复习传送、移位指令的操作功能。

(2) 写出本次实验中梯形图所对应的指令语句。

(3) 分析本次实验所用梯形图的原理,同时填写实验数据表格。

**3. 实验要求及步骤**

(1) 数据传送指令实验。图 9-25 所示为传送指令应用梯形图。在图 9-25 中,X30~X33 为梯形图中各个梯级的执行条件,分别改变 K1X0、K1X10、K1X20 的状态,在满足执行条件时观察输出端 Y 的状态变化情况,并将输入信号 X 和输出 Y 端的变化情况填入数据表格(自行设计表格),分析 MOV、BMOV 和 FMOV 传送指令的操作功能。

(2) 移位指令实验。图 9-26 所示为左移位指令应用梯形图(一),实验数据填入表 9-5。图 9-26 中,X10 为执行条件,当 X10 为 ON 时,电路以 1 s 为间隔进行数据左移位操作。

X30
MOV(P) K0 K4Y0
X31 X30
MOV(P) K1X0 K1Y0
X32
BMOV(P) K1X10 K1Y10 K2
X33
FMOV(P) K1X20 K1Y20 K3
END


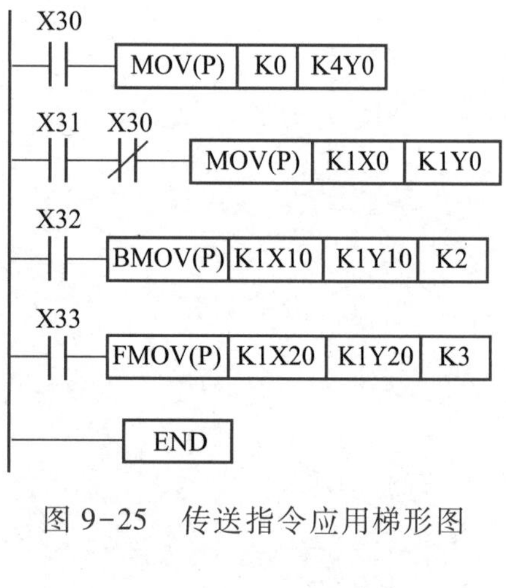

图 9-25 传送指令应用梯形图

X10 T1
T0 K10
T0
T1 K10
Y27
Y27
PLS M100
Y3 Y2 Y1 Y0
M0
M100
SFTL M0 Y0 K4 K1
END


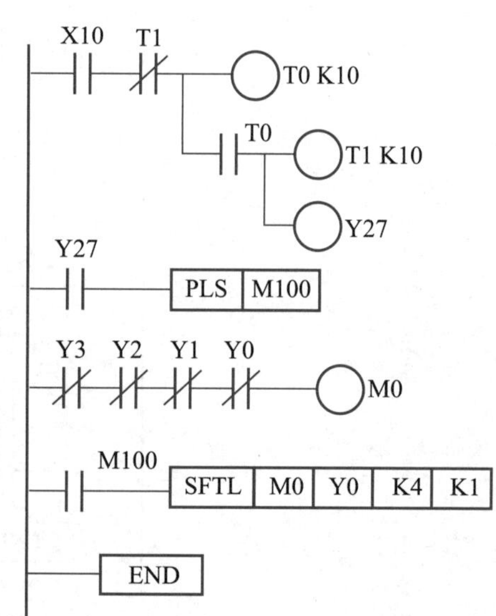

图 9-26 左移位指令应用梯形图(一)

图 9-27 所示为左移位指令应用梯形图(二),实验数据填入表 9-6。图 9-27 中,X10 为执行条件,当 X10 为 ON 时,电路以 1 s 为间隔进行数据左移位操作。

**表 9-5 实验数据**

| 移位脉冲 | 输出 Y 的状态 | | | |
|---|---|---|---|---|
| T0 | Y3 | Y2 | Y1 | Y0 |
| 0 | | | | |
| 1 | | | | |
| 2 | | | | |
| 3 | | | | |
| 4 | | | | |
| 5 | | | | |
| 6 | | | | |
| 7 | | | | |
| 8 | | | | |
| 9 | | | | |

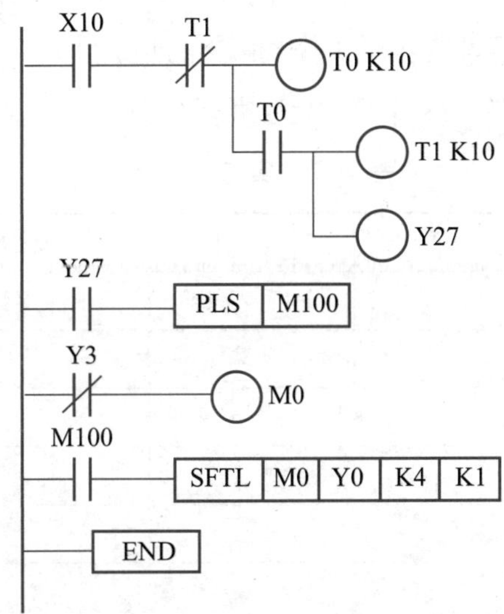


图 9-27 左移位指令应用梯形图(二)

**表 9-6 实验数据**

| 移位脉冲 | 输出 Y 的状态 | | | |
|---|---|---|---|---|
| T0 | Y3 | Y2 | Y1 | Y0 |
| 0 | | | | |
| 1 | | | | |
| 2 | | | | |

续表

| 移位脉冲<br>T0 | 输出 Y 的状态 | | | |
|---|---|---|---|---|
| | Y3 | Y2 | Y1 | Y0 |
| 3 | | | | |
| 4 | | | | |
| 5 | | | | |
| 6 | | | | |
| 7 | | | | |
| 8 | | | | |
| 9 | | | | |

实验步骤：

① 正确输入程序后，运行程序。

② 手动操作输入信号 X10 为 ON，观察 Y0～Y3 的输出。

③ 将结果填入表格中。

(3) 解码指令实验。图 9-28 所示为解码指令的应用梯形图，实验数据填入表 9-7。图 9-28 中 X10 为执行条件。

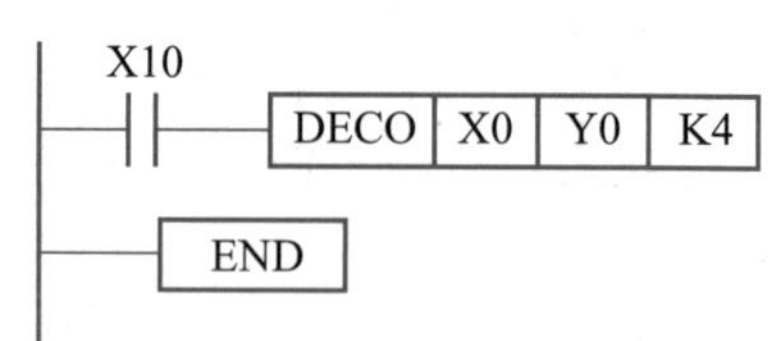


图 9-28　解码指令的应用梯形图

**表 9-7　实 验 数 据**

| X 的状态(X10＝ON) | | | | 输出 Y 的状态 | | | |
|---|---|---|---|---|---|---|---|
| X3 | X2 | X1 | X0 | Y17～Y14 | Y13～Y10 | Y7～Y4 | Y3～Y0 |
| | | | | | | | |
| | | | | | | | |
| | | | | | | | |
| | | | | | | | |
| | | | | | | | |
| | | | | | | | |
| | | | | | | | |

实验步骤：

① 使输入 X0～X3 均为 ON，观察 Y0～Y17 的输出。

② 改变输入的数据(X0～X3 的状态)，观察 Y0～Y17 的状态变化，并将结果填入表 9-7。

**4. 选做内容**

图 9-29 所示为编码指令的应用梯形图，实验数据填入表 9-8。在图 9-29 中，X30 为编码指令的执行条件。当 X30 为 ON 时，将 X7～X0 所表示的十进制数转换为二进制数，由 K1Y0 输

出；当 X31 为 ON 时，数据寄存器 D10 的数据为零，K1Y0 中的数据也为零。

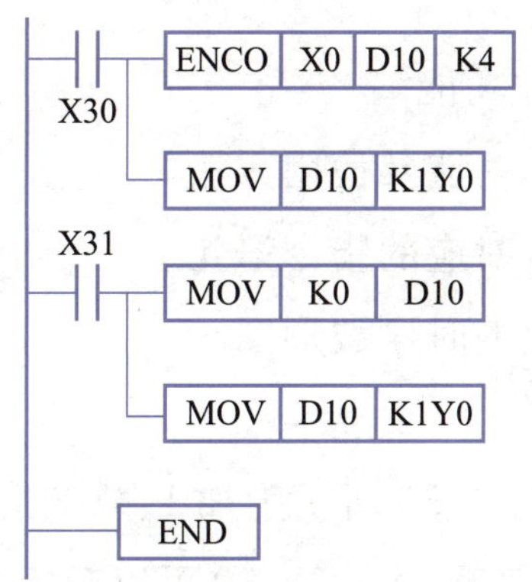


图 9-29 编码指令的应用梯形图

**表 9-8 实 验 数 据**

| 十进制数 | 输入 X 的状态（X30=ON） | | | | | | | | 输出 Y 的状态 | | | |
|---|---|---|---|---|---|---|---|---|---|---|---|---|
| | X7 | X6 | X5 | X4 | X3 | X2 | X1 | X0 | Y3 | Y2 | Y1 | Y0 |
| 0 | | | | | | | | | | | | |
| 1 | | | | | | | | | | | | |
| 2 | | | | | | | | | | | | |
| 3 | | | | | | | | | | | | |
| 4 | | | | | | | | | | | | |
| 5 | | | | | | | | | | | | |
| 6 | | | | | | | | | | | | |
| | X31=ON | | | | | | | | | | | |

实验步骤：

① 正确输入程序后，首先操作 X31=ON，使 K1Y0 中的数据全部为 0；再使 X31=OFF、X30=ON，观察 Y0~Y3 中数据的变化。

② 改变输入的数据（X7~X0 的状态），观察 Y3~Y0 的输出并将结果填入表中。

**5. 实验报告要求**

（1）整理实验操作结果（表格内容）。

（2）总结实验中所用指令的使用方法。

## 9.8 加 1、减 1 和交替指令实验

**1. 实验内容**

（1）加 1、减 1 指令的操作功能。

（2）交替输出指令的基本使用方法。

**2. 准备内容及要求**

（1）复习加 1、减 1 指令的操作功能。

（2）复习交替输出指令的操作功能及使用方法。

（3）写出本次实验中梯形图所对应的指令语句。

（4）分析梯形图并画出相对应的时序波形图。

**3. 实验要求及步骤**

（1）加 1、减 1 指令的使用。图 9-30 所示为加 1、减 1 指令应用梯形图，图中用 X0 将原始数据 K0 送到数据寄存器 D0，进行清零，由 Y3～Y0 可以观察出 D0 中的数据。X10 为加 1 运算的执行条件，X10 由 OFF 到 ON 每变化一次，进行加 1 运算一次，由 Y3～Y0 可以观察到加 1 运算的数据变化。X11 为减 1 运算的执行条件。采用比较指令将加 1 和减 1 运算中 K1Y0 中的数据和 K6 进行比较。

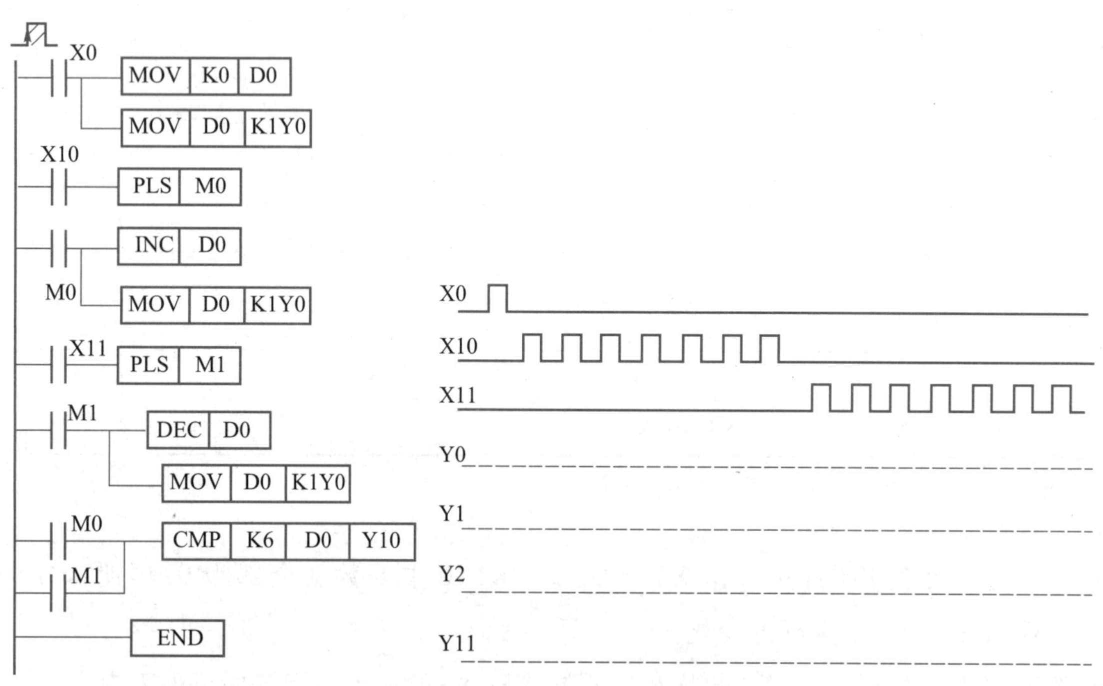


图 9-30　加 1、减 1 指令应用梯形图

实验步骤：

① 使 X0=ON，D0 清零，使 K1Y0 中的数据为 0。

② 使 X0=OFF，操作 X10 进行加 1 操作，X10 由 OFF 到 ON 每变化一次，进行一次加 1 运算，并观察输出端 Y0～Y3 的状态变化情况。

③ 利用 X11 用同样的方法进行减 1 操作，观察输出端 Y0～Y3 的状态变化情况。

④ 观察比较指令执行的结果，即 Y10～Y12 的状态变化情况，并在图 9-30 中画出其对应的时序波形图，检验程序的正确性。

（2）交替输出指令的使用。图 9-31 所示为交替输出指令应用梯形图（一），图中 X10 为 ON 时，在 M0 的上升沿，Y0 和 Y1 的状态变化频率相同，但状态完全相反，即交替输出。

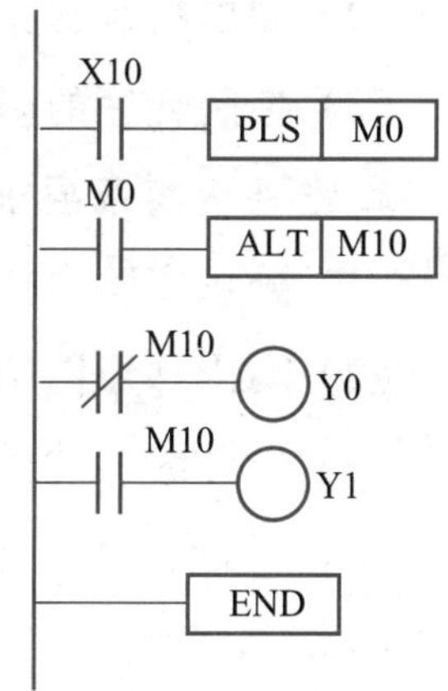

图 9-31　交替输出指令应用梯形图（一）

实验步骤：

正确输入程序后，操作 PLC 运行程序，观察 PLC 的输出端 Y0、Y1 的状态，学习交替输出指令的操作功能，检验程序的正确性，同时画出 Y0 和 Y1 的时序波形图。

图 9-32 所示为交替输出指令应用梯形图（二），图中由 T0、T1 控制 Y0 的 OFF/ON 时间间隔，Y0 为 OFF 的时间为 2 s，为 ON 的时间为 4 s，输出 6 s 周期的方波信号。Y10 在 Y0 的上升沿交替输出，Y20 在 Y10 的上升沿交替输出。

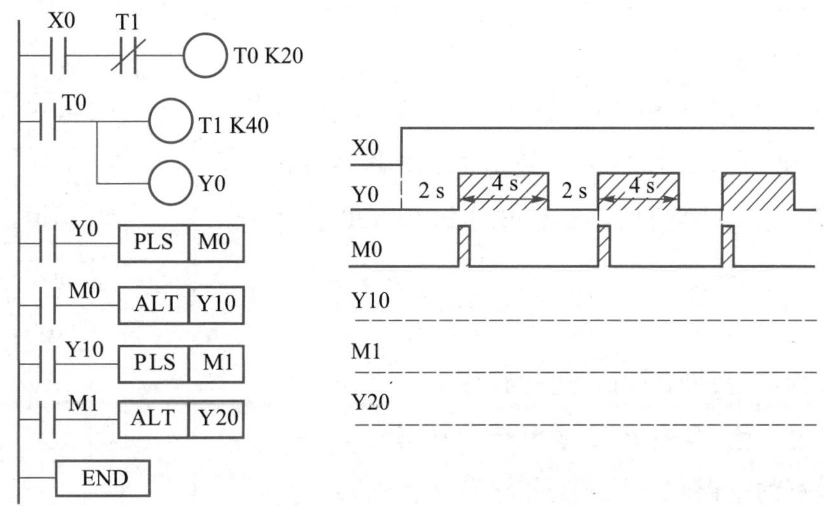

图 9-32　交替输出指令应用梯形图（二）

实验步骤：

正确输入程序后，操作 PLC 运行程序，手动操作 X0=ON，观察 PLC 的输出端 Y0、Y10、Y20 的状态，学习交替输出指令的操作功能，检验程序的正确性，同时画出相应的时序波形图。

**4. 实验报告要求**

（1）整理实验操作结果（时序波形图）。

（2）总结实验中所用指令的使用方法。

## 9.9　功能指令应用实验

**1. 实验内容**

（1）功能指令的应用方法。

（2）简单控制程序的设计方法。

（3）控制程序的调试方法。

**2. 准备内容及要求**

（1）分析实验中梯形图的工作原理。

（2）写出梯形图所对应的指令语句。

（3）设计编写选做内容的控制程序。

**3. 实验设备及器材**

（1）FX 系列 PLC 一台。

（2）手持式编程器一台。

（3）编程电缆。

（4）模拟电路板一块（彩灯模拟电路板）。

（5）连接导线。

**4. 实验要求及步骤**

（1）四则运算实验。图 9-33 所示为四则运算程序梯形图，此程序可以实现“[（$20x$）/2]+3”的运算，式中 $x$ 为输入 K2X0 的二进制数。运算的结果送到输出 K2Y0，X20 为执行条件。

实验步骤：

① 正确输入程序后，操作 PLC 运行程序。

② 改变式中的 $x$ 值，观察 PLC 输出端的状态。

③ 将四则运算的结果填入表格（自行设计表格）。

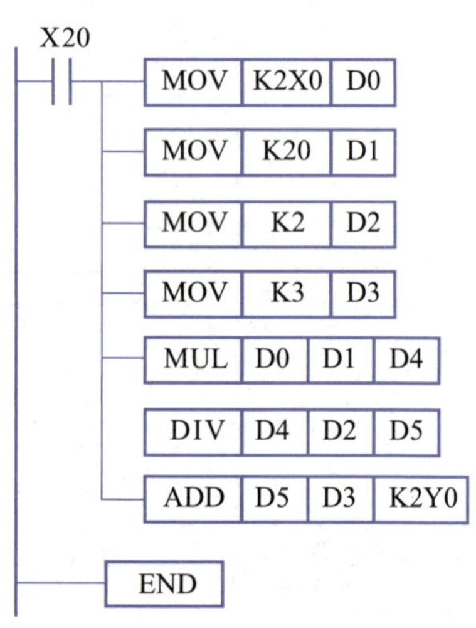


图 9-33　四则运算程序梯形图

（2）彩灯循环控制实验。图 9-34 所示为彩灯循环控制程序梯形图，图中采用 4 s 时钟发生器和 MOV 指令实现控制，X0 为开关，8 个彩灯分别连接在输出端 Y7～Y0，可以实现隔灯显示，每 2 s 交换一次，反复运行。K85 和 K170 在 PLC 内部是两组状态（0、1）完全相反的二进制数码，所以可以实现隔灯显示的功能。

实验步骤：

① 使 X0=ON，观察输出端彩灯（Y0～Y7）的状态变化。

② 改变彩灯的点亮频率（改变 T0 和 T1 的延时时间），观察输出端彩灯（Y0～Y7）的变化；通过实验，分析梯形图的工作原理，总结功能指令的使用方法。

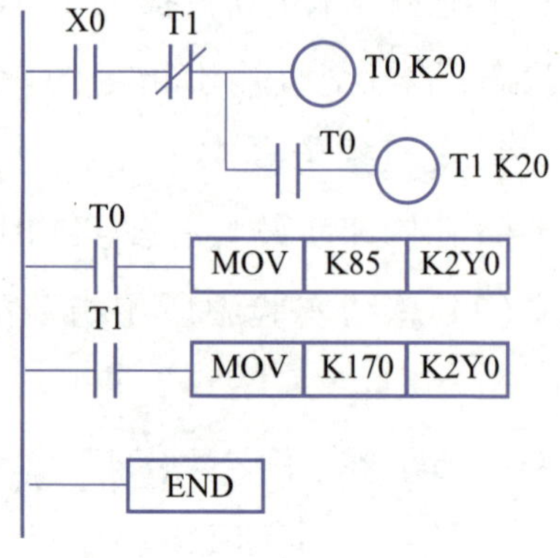


图 9-34　彩灯循环控制程序梯形图

（3）多谐振荡电路实验。图 9-35 所示为多谐振荡程序梯形图，图中振荡电路的频率可以设定，在 X30 为 ON 时，将 K2X0 的数值设置为振荡器的频率值。X10 为振荡器的开关。

实验步骤：

① 正确输入程序后，操作 PLC 运行程序。

② 观察 PLC 的输出端的状态。

③ 手动改变输入信号 X0～X3 的状态，设置振荡频率值，观察输出 Y0 状态的变化。

④ 记录参数及时序波形图。

**5. 选做内容**

图 9-36 所示为乘法指令的程序梯形图，该梯形图可以实现按照一定频率执行乘法运算，实现控制输出端 K4Y0 的状态。首先使 X30＝ON，观察 K4Y0 的变化；在此基础上，试在程序中加入指令语句：

LD　Y17

PLS　M11

LD　M11

MOV　K0　K4Y0

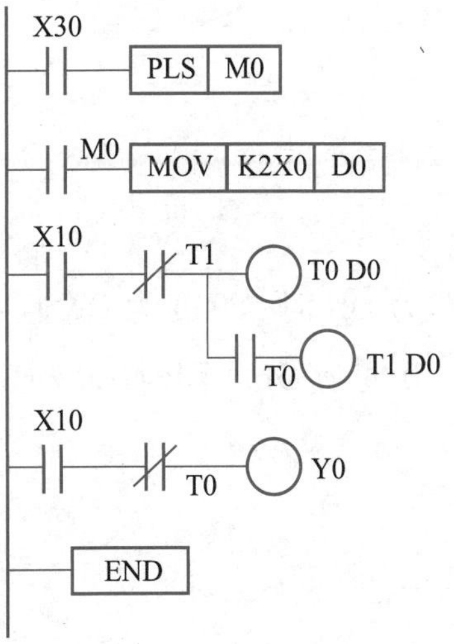

图 9-35　多谐振荡程序梯形图

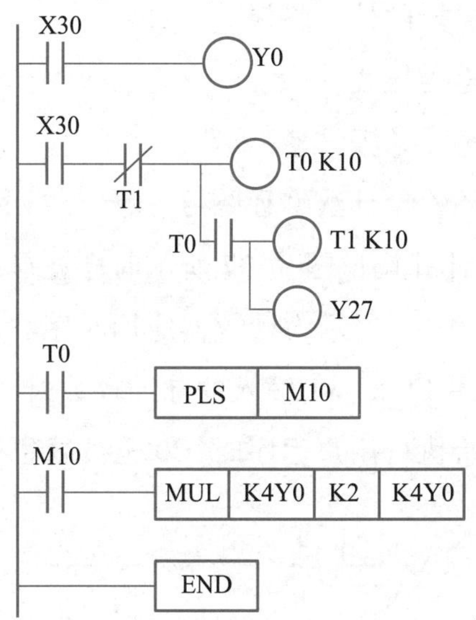


图 9-36　乘法指令的程序梯形图

再观察 K4Y0 的变化，分析所加入指令语句的操作功能。

**6. 实验报告要求**

（1）分析实验所用梯形图的工作原理。

（2）总结实验中功能指令的使用方法。

（3）总结验证、调试程序的方法。

## 9.10 简单控制程序应用实验

**1. 实验内容**

（1）简单控制程序的编程方法。

（2）简单控制程序的调试方法。

（3）PLC 解决实际控制问题的方法。

**2. 准备内容及要求**

（1）复习基本单元电路和顺序控制的编程方式。

（2）将本次实验的题目，按作业的形式预先完成理论设计（功能图、梯形图及指令语句）。在实验中进行程序的调试、修改和优化。

**3. 实验设备及器材**

（1）FX 系列 PLC 一台。

（2）手持式编程器一台。

（3）编程电缆。

（4）模拟硬件电路板。

（5）连接导线。

**4. 实验要求及步骤**

（1）经验设计法编程练习。

① 设计并调试图 9-37 所示时序波形图的控制程序。

② 图 9-38 所示为计数器应用时序波形图，要求在 X0 为 ON 时，Y0 变为 ON 且自保；T0 定时 7 s 后，用 C0 对 X1 输入的脉冲计数，计满 4 个脉冲后，Y0 变为 OFF，同时 C0 和 T0 复位；在 PLC 刚开始执行用户程序时，C0 也被复位。

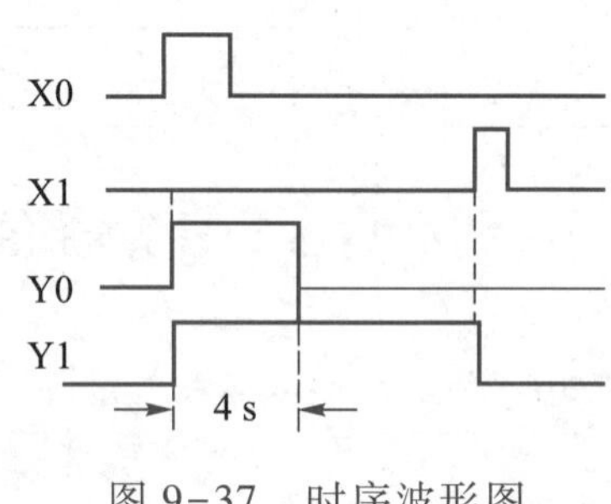


图 9-37 时序波形图

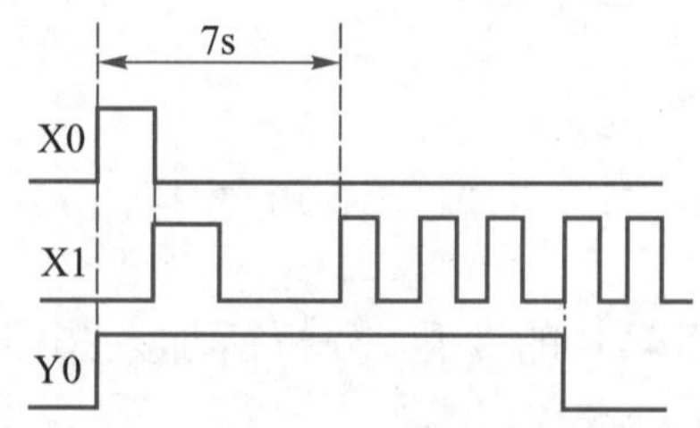


图 9-38 计数器应用时序波形图

（2）顺序功能图编程练习。

① 要求对 3 台电动机 M1、M2、M3 实现起动和停止控制。按下起动按钮后，要求 3 台电动机按照 M1、M2、M3 的顺序间隔 2 s 起动；停止时要求按照 M3、M2、M1 的顺序间隔 5 s 停止。

② 某液压动力滑台的运动控制如图 9-39 所示。动力滑台在初始位置时停在最左边(原位),行程开关 X0 为 ON。按下起动按钮后动力滑台的进给运动如图 9-39b 所示。试编程实现动力滑台运动的控制。

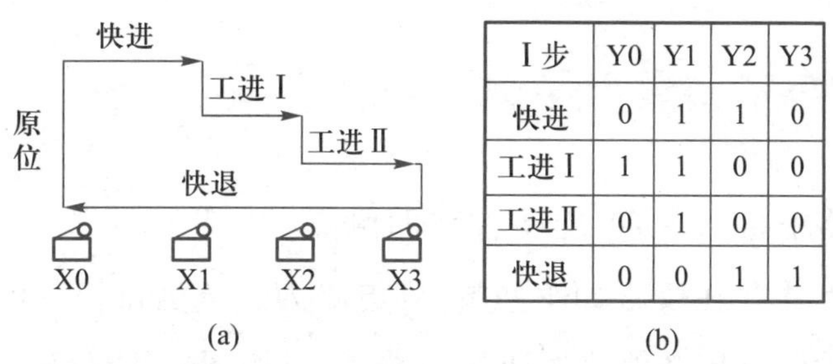


| 工步 | Y0 | Y1 | Y2 | Y3 |
|---|---|---|---|---|
| 快进 | 0 | 1 | 1 | 0 |
| 工进Ⅰ | 1 | 1 | 0 | 0 |
| 工进Ⅱ | 0 | 1 | 0 | 0 |
| 快退 | 0 | 0 | 1 | 1 |

(b)

图 9-39　某液压动力滑台的运动控制

(3) 功能指令编程练习。

① 彩灯点亮控制。用 X10 控制 16 个彩灯循环点亮,点亮时间为 2 s。初始状态时,第一个彩灯为点亮状态。

② 计数及 BCD 变换指令的使用。用 X0 给计数器输入计数脉冲信号,X10 给计数器复位;将计数器的当前值转换为 BCD 码后,送入 Y0~Y7 中。

实验步骤:

根据实际情况,在(1)、(2)、(3)项练习中各选择一项练习。正确输入程序后,操作 PLC 运行程序,手动操作输入信号,观察 PLC 输出端的变化,调试并检验程序。

**5. 选做内容**

交通灯控制程序的设计和调试。图 9-40 所示为某交通灯的控制时序波形图。要求在 X4 为 ON 时,Y0(红)、Y1(绿)、Y2(黄)端口的指示灯按照图中的时序波形图变化。

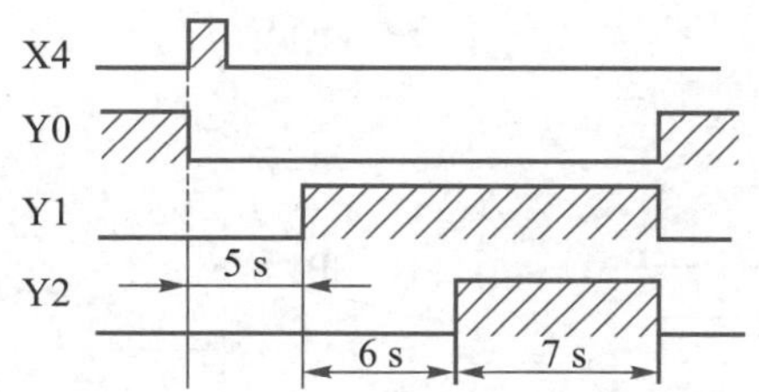


图 9-40　某交通灯的控制时序波形图

**6. 实验报告要求**

(1) 整理实验程序。

(2) 总结调试程序中出现的问题及解决的方法。

# 部分习题参考答案

**题 2-3**　答案如下。

图 2-29a：由于电路中接入 KM1 的动合辅助触点，所以 KM1 线圈不能得电，电路无法工作。若将 KM1 动合触点并联在按钮 SB1 两端，则电路为连续运行控制电路。

图 2-29b：由于自锁触点接在停止按钮的上端，所以按下停止按钮时，电路不能停止。应将 KM1 的动合触点并联在按钮 SB1 的两端，为连续运行控制电路。

图 2-29c：由于自锁触点为 KM 触点，而不是 KM1 的动合触点，所以此电路为点动电路。应将 KM 动合触点改为 KM1 的动合触点，电路为连续运行控制电路。

图 2-29d：由于自锁触点 KM1 接得不对，造成短路故障。应将 KM1 动合触点并联在按钮 SB1 两端，电路为连续运行控制电路。

图 2-29e：由于 KM1 动断触点的接入，造成电路一直为通断状态。应将 KM1 动断触点改为动合触点后并接在按钮 SB1 的两端，电路为连续运行控制电路。

图 2-29f：当按下按钮 SB1 时，电路为连续运行状态。当按下按钮 SB 时电路断电停止，不能实现点动。若将按钮 SB 的动合触点并联在 SB1 的两端，此电路为既能点动又能连续运行的控制电路。

**题 2-5**　答案如图 1 所示。

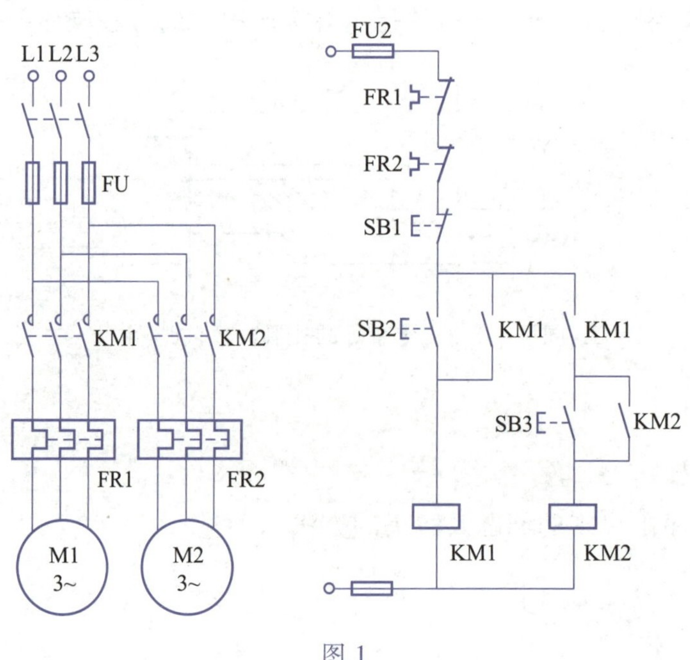


图 1

**题 4-5** 答案如图 2 所示。

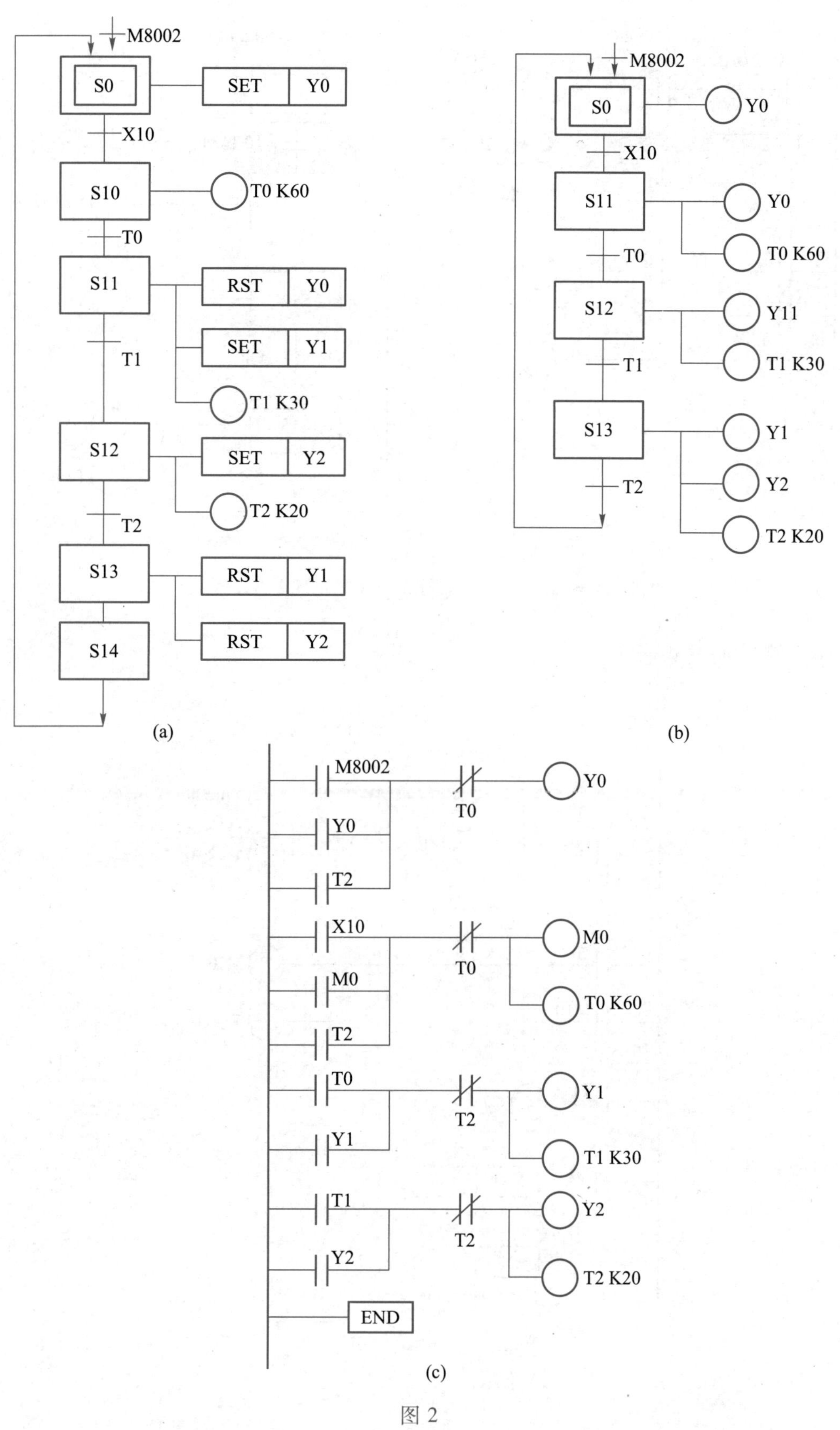


图 2

**题 4-7** 答案如图 3 所示。

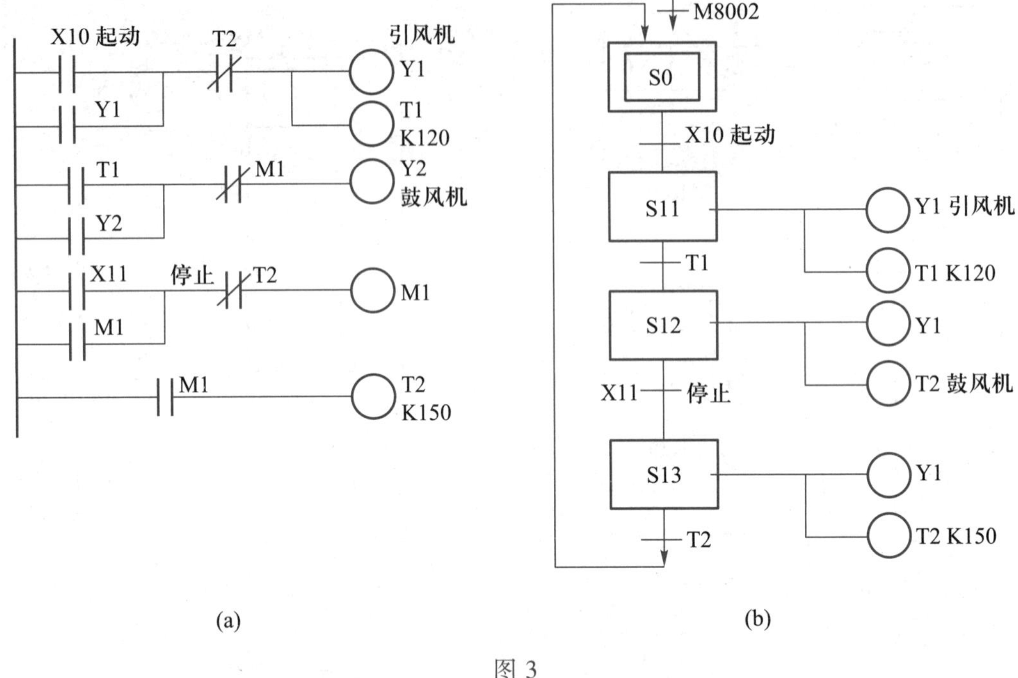

(a) (b)

图 3

**题 4-8** 答案如图 4 所示。

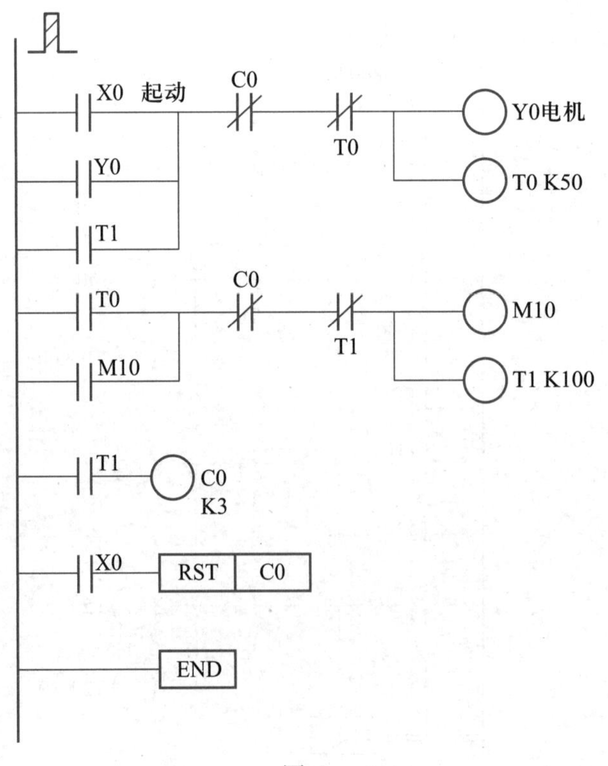

图 4

**题 4-10** 梯形图答案如图 5 所示。

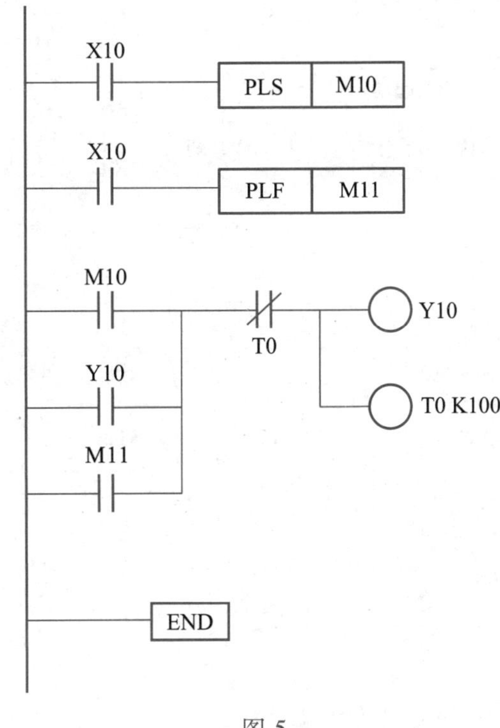


图 5

**题 4-11** 梯形图答案如图 6 所示。

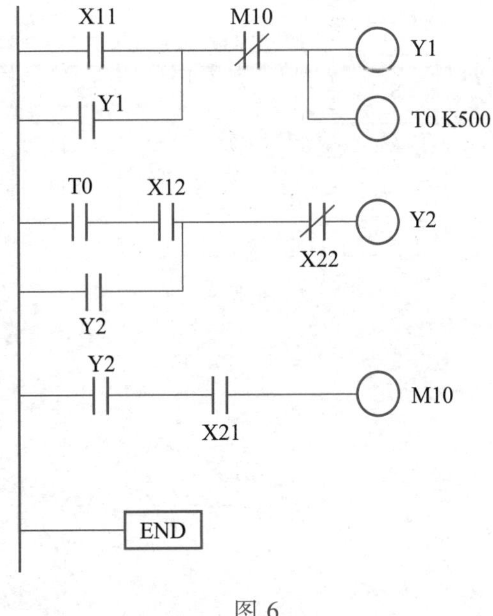


图 6

**题 7-1** 功能图答案如图 7 所示。

**题 7-2** 功能图答案如图 8 所示。

M8002
S0
SB1
X1(起动)
S10
Y1泵1
X̄4
(停止)
Y2泵2
T0
T0 K150
(高位)
X2
X̄3(低位)
S11
X̄4
Y2
S12
X̄4
Y1
T1
T1
K10
T2
T2
K10

图 7

M8002
S0
X1
X1
X̄3
X̄1
S10
Y1
泵
S11
Y3水塔无水
指示灯
Y1
S12
Y2蓄水池
无水指示灯
X2
X2
S13

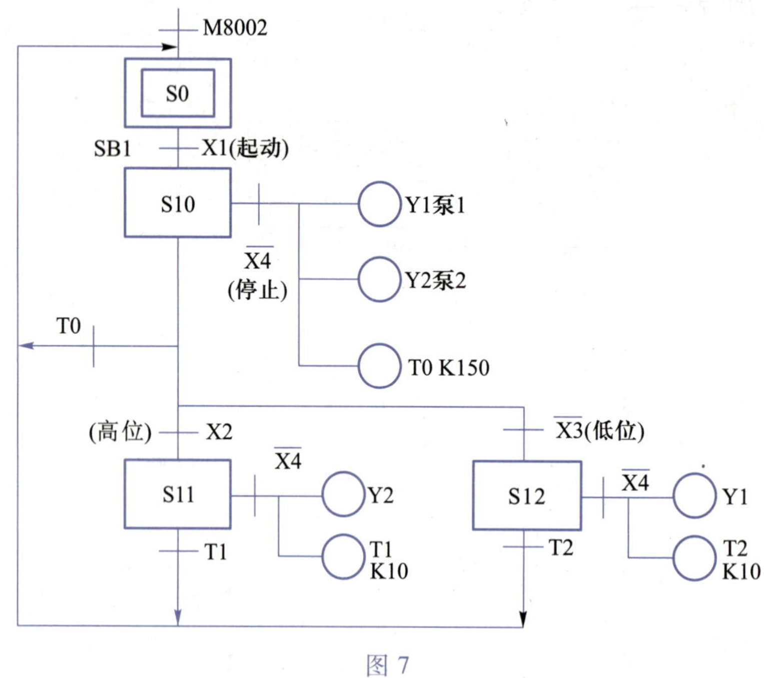

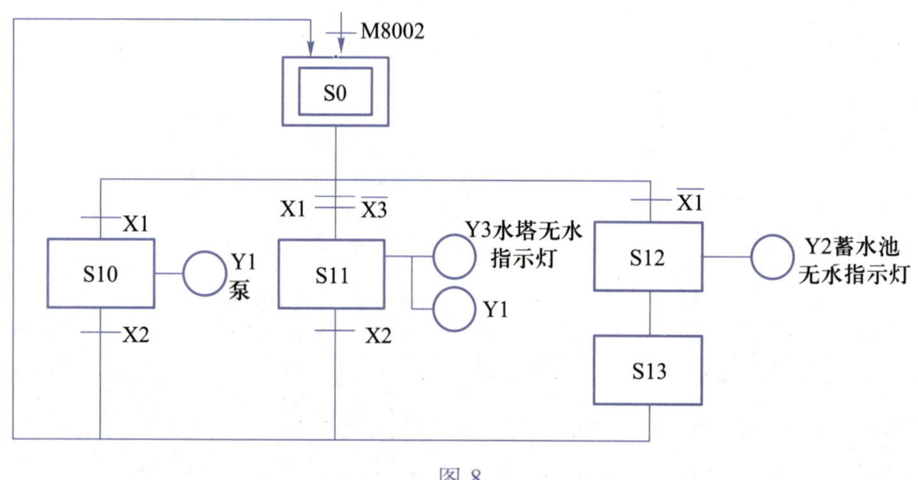

图 8

# 附　　录

## 附表 1　FX 系列 PLC 的部分特殊继电器及功能

| 特殊辅助继电器编号 | 功能 | 特殊数据继电器 | 功能 |
|---|---|---|---|
| M8000 | RUN 监控(动合触点) | D8000 | 警戒时钟 |
| M8001 | RUN 监控(动断触点) | D8001 | PC 型号及系统版本 |
| M8002 | 初始脉冲(动合触点) | D8002 | 存储器容量 |
| M8003 | 初始脉冲(动断触点) | D8003 | 存储器类型 |
| M8004 | 出错 | D8004 | 出错 M 的编号 |
| M8005 | 电池电压低 | D8005 | 电池电压 |
| M8006 | 电池电压低锁存 | D8006 | 电池电压低时的数值 |
| M8007 | 电源瞬停检出 | D8007 | 瞬停次数 |
| M8008 | 停电检出 | D8008 | 停电检出时间 |
| M8009 | DC24 V 关断 | D8009 | DC24 V 关断的单元号 |
| M8011 | 10 ms 时钟 | D8010 | 当前扫描时间 |
| M8012 | 100 ms 时钟 | D8011 | 最小扫描时间 |
| M8013 | 1 s 时钟 | D8012 | 最大扫描时间 |
| M8014 | 1 min 时钟 | D8013 | s(0~59) |
| M8020 | 零标志 | D8014 | min(0~59) |
| M8021 | 借位标志 | D8015 | h(0~23) |
| M8022 | 进位标志 | D8016 | 日(1~31) |
| M8023 | 浮点操作 | D8017 | 月(1~12) |
| M8024 | BMOV 方向,ON 计数器方向 | D8018 | 年(1~99) |
| M8029 | 指令执行结束 | D8019 | 星期(0~6) |
| M8030 | 电池 LED OFF | D8028 | Z 数据寄存器 |
| M8034 | 禁止所有输出 | D8029 | V 数据寄存器 |

续表

| 特殊辅助继电器编号 | 功能 | 特殊数据继电器 | 功能 |
|---|---|---|---|
| M8035 | 强制操作模式 | D8039 | 固定扫描宽度 |
| M8036 | 强制运行信号 | D8040 | 最小的活动 STL 状态器号 |
| M8037 | 强制停止信号 | D8041 | 第 2 个活动 STL 状态器号 |
| M8040 | 禁止状态转移 | D8046 | 第 7 个活动 STL 状态器号 |
| M8041 | 状态转移开始 | D8049 | 最小的活动报警器号 |
| M8042 | 启动脉冲 | D8060 | 引起 I/O 编号出错的第一个 I/O 元件号 |
| M8043 | 回原点完成 | D8061 | PLC 硬件出错码编号 |
| M8044 | 原点条件 | D8062 | PLC/PP 通信出错的错误码编号 |
| M8045 | 禁止输出复位 | D8063 | 并机通信错误码编号 |
| M8046 | STL 状态置 ON | D8064 | 参数出错的错误码编号 |
| M8047 | STL 状态监控有效 | D8065 | 语法出错的错误码编号 |
| M8060 | I/O 编号错 | D8066 | 电路出错的错误码编号 |
| M8061 | PLC 硬件错 | D8067 | 操作出错的错误码编号 |
| M8064 | 参数出错 | D8068 | 操作出错的步序号编号 |
| M8065 | 语法出错 | D8069 | 错误的步序号 |
| M8066 | 电路出错 | D8070 | 并行连接看门狗定时 |
| M8067 | 运算出错 | D8102 | 内存容量 |
| M8069 | I/O 总线检查 | D8109 | 输出刷新错误 |

# 附表 2　FX 系列 PLC 的基本指令及步进指令

| 类型 | 指令 | 操作元件 | 步数 | 执行时间/μs ON | 执行时间/μs OFF |
|---|---|---|---|---|---|
| 触点指令 | LD | X,Y,M,S,T,C,特 M | 1 | 0.74 | |
| | LDI | | 1 | 0.74 | |
| | AND | | 1 | 0.74 | |
| | ANI | | 1 | 0.74 | |
| | OR | | 1 | 0.74 | |
| | ORI | | 1 | 0.74 | |
| 连接指令 | ANB | 无 | 1 | 0.74 | |
| | ORB | | 1 | 0.74 | |
| | MPS | | 1 | 0.74 | |
| | MRD | | 1 | 0.74 | |
| | MPP | | 1 | 0.74 | |
| 其他指令 | MC | N-Y,M | 3 | 42.8 | 47.8 |
| | MCR | N(嵌套) | 2 | 40.4 | |
| | NOP | 无 | 1 | 0.74 | |
| | END | 无 | 1 | 960 | |
| 步进 | STL | S | 1 | 39.1+21.4*n*① | |
| | RET | 无 | 1 | 40.5 | |

| 类型 | 指令 | 操作元件 | 步数 | 执行时间/μs ON | 执行时间/μs OFF |
|---|---|---|---|---|---|
| 输出指令 | OUT | Y,M | 1 | 0.74 | |
| | | S | 2 | 50.0 | 48.1 |
| | | 特 M | 2 | 38.1 | 38.8 |
| | | T-K,D | 3 | 72.4③ | 52.6 |
| | | C-K,D(16 位) | 3 | 67.9③ | 40.3 |
| | | C-K,D(32 位) | 5 | 82.3③ | 40.3 |
| | SET | Y,M | 1 | 0.74 | |
| | | S | 2 | 39.0② | 25.5 |
| | | 特 M | 2 | 41.9 | 28.5 |
| | RST | Y,M | 1 | 0.74 | |
| | | S | 2 | 40.5 | 25.5 |
| | | 特 M | 2 | 41.8 | 28.9 |
| | | T,C | 2 | 50.1 | 38.3 |
| | | D,V,Z,特 D | 3 | 35.5 | 25.5 |
| | PLS | Y,M | 2 | 41.9 | 41.5 |
| | PLF | Y,M | 2 | 42.7 | 40.6 |
| 标号 | P | 0~63 | 1 | 0.74 | |
| | I | 0□□~8□□ | 1 | 0.74 | |

① “*n*”表示连续的 STL 指令的条数(并行/合流指令的条数)。

② 对于 STL 电路块,接通时需时间(45.2+14.2*n*) μs,关断时需 25.5 μs。

③ 间接指定(T-D、C-D)所需时间要多 7.6 μs。计数以后(定时器或计数器)接通时间与断开时间一样。

## 附表 3　FX 系列 PLC 的输出接口电路技术指标

| 项目 | | 继电器输出 | 晶闸管输出 | 晶体管输出 |
|---|---|---|---|---|
| 回路构成 | | 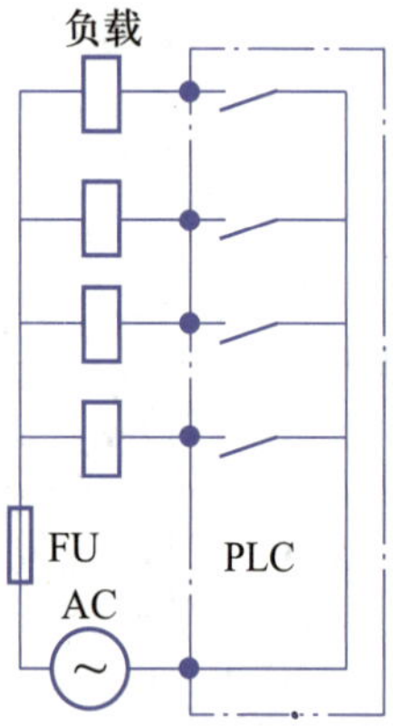 负载 FU AC PLC | 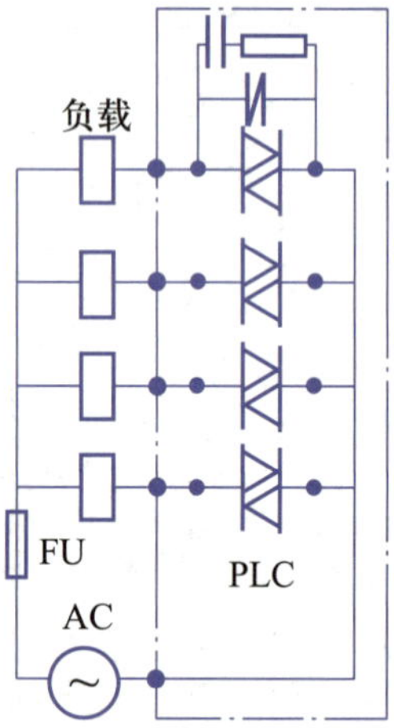 负载 FU AC PLC | 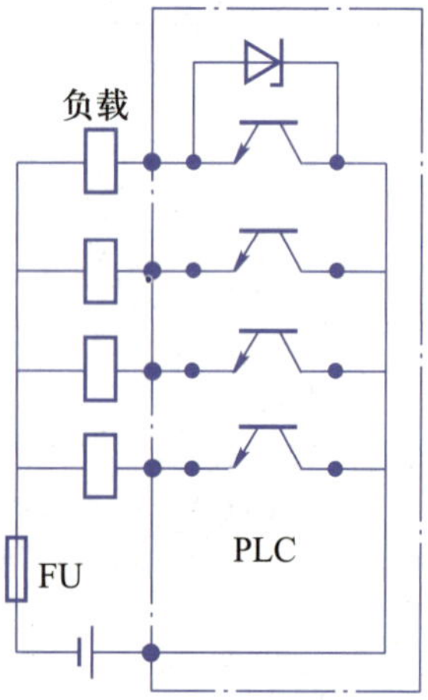 负载 FU PLC |
| 外部电源 | | AC 250 V,DC 30 V 以下 | AC 85~242 V | DC 5~30 V |
| 最大负载 | 电阻负载（A/点） | 2/1 | 0.3/1<br>0.8/4 | 0.5/1<br>0.8/4 |
| | 感性负载 | 80 VA | 15 VA/AC 100 V<br>30 VA/AC 240 V | 12 W/DC 24 V |
| | 灯负载 | 100 W | 30 W | 1.5 W/DC 24 V |
| 开路漏电流 | | — | 1 mA/AC 100 V<br>2.4 mA/AC 240 V | 0.1 mA/DC 30 V |
| 最小负载 | | ① | 0.4 VA/AC 100 V<br>2.3 VA/AC 240 V | — |
| 相应时间 | OFF→ON | 约 10 ms | 1 ms 以下 | 0.2 ms 以下 |
| | ON→OFF | 约 10 ms | 最大 10 ms | 0.2 ms 以下② |
| 回路隔离 | | 继电器隔离 | 光电晶闸管隔离 | 光电耦合器隔离 |
| 动作显示 | | 继电器停电时 LED 灯亮 | 光电晶闸管驱动时 LED 灯亮 | 光电耦合器驱动时 LED 灯亮 |

① 当外接电源电压不大于 24 V 时,尽量保持 5 mA 以上的电流。

② 相应时间 0.2 ms 是在条件为 24 V、200 mA 时,实际所需时间为电路切断负载电流到电流为 0 的时间,可用并联续流二极管的方法改善响应时间小于 0.5 ms,应保证电源为 24 V、60 mA。

# 参 考 文 献

[1] 邓则名,谢光汉,高军礼,等.电器与可编程控制器应用技术[M].4版.北京:机械工业出版社,2017.

[2] 彭利标,徐耀生,王芯.可编程控制器原理及应用[M].西安:西安电子科技大学出版社,1997.

[3] 王兆义.小型可编程控制器实用技术[M].2版.北京:机械工业出版社,2007.

[4] 熊葵荣.电气逻辑控制技术[M].北京:科学出版社,2002.

[5] 余雷声.电气控制与PLC应用[M].北京:机械工业出版社,2005.

[6] 王家桢.调节器与执行器[M].北京:清华大学出版社,2001.

[7] 郁汉琪,郭健.可编程序控制器原理及应用[M].2版.北京:中国电力出版社,2017.

[8] 施金良.可编程序控制器[M].重庆:重庆大学出版社,2005.

[9] 黄净.电气控制与可编程序控制器[M].北京:机械工业出版社,2004.

[10] 温贻芳,李洪群,王月芹.PLC应用与实践:三菱[M].北京:高等教育出版社,2017.

## 郑重声明



读者意见反馈

为收集对教材的意见建议，进一步完善教材编写并做好服务工作，读者可将对本教材的意见建议通过如下渠道反馈至我社。

咨询电话　400-810-0598

反馈邮箱　zz_dzyj@pub.hep.cn

通信地址　北京市朝阳区惠新东街4号富盛大厦1座

高等教育出版社总编辑办公室

邮政编码　100029

防伪查询说明

用户购书后刮开封底防伪涂层，使用手机微信等软件扫描二维码，会跳转至防伪查询网页，获得所购图书详细信息。

防伪客服电话

（010）58582300

学习卡账号使用说明

一、注册/登录

访问http://abook.hep.com.cn/sve，点击“注册”，在注册页面输入用户名、密码及常用的邮箱进行注册。已注册的用户直接输入用户名和密码登录即可进入“我的课程”页面。

二、课程绑定

点击“我的课程”页面右上方“绑定课程”，在“明码”框中正确输入教材封底防伪标签上的20位数字，点击“确定”完成课程绑定。

三、访问课程

在“正在学习”列表中选择已绑定的课程，点击“进入课程”即可浏览或下载与本书配套的课程资源。刚绑定的课程请在“申请学习”列表中选择相应课程并点击“进入课程”。

如有账号问题，请发邮件至：4a_admin_zz@pub.hep.cn。